# <sup></sup>신고 시설원예학


저자대표

이용범 · 전하준 · 손정익

저 자

강호민 · 김영식 · 김용현 · 김일섭
남상운 · 박권우 · 박중춘 · 박한영
배종향 · 서전규 · 오명민 · 이정현
이현우 · 임상철 · 정병룡 · 조영열
최종명 · 황승재 · 황재문



향 문 사

내가 오늘 이 책을 읽을 수 있다는 것은 내 생애에 가장 기록될 날이다. 훗날 내가 이 책을 다시 손에 들었을 때 오늘과 그 날을 비교해 보고, 나의 지식이 넓어졌음을 감개 깊게 느낄 것이다.

년　　월　　일

성 명

# 머 리 말

최근 농업에서 원예분야의 생산액이 30% 이상을 차지하고 있고, 농가의 10대 소득작목 중 대부분이 원예작물인 것에서 알 수 있듯이 원예산업이 눈부시게 발전해 왔다. 원예산업에서 시설원예 분야가 차지하는 비중이 40% 이상이며, 앞으로도 지속적으로 발전할 것으로 보인다. 이처럼 우리나라의 시설원예는 그동안 장족의 발전을 이루었는데, 이는 5만 ha 이상의 시설면적과 1,100 ha의 수경재배 면적으로 알 수 있다. 이에 따라 채소·화훼·과수 등 대부분의 재배품목이 다양한 작형으로 도입되어 안정된 생산이 이루어지고 있으며, 특히 주요 재배품목은 연중 생산체계를 확립하여 소비자들의 욕구에 부응하고 있다.

우리의 짧은 시설원예 역사에도 불구하고 시설 내 환경조절을 비롯한 재배기술은 안정적 고품질 생산체계가 확립되어 가고 있다. 또한, 이를 뒷받침하기 위한 시설구조·자재·부대장치 등이 획기적으로 개선되고 다양하게 발전해 왔다. 최근에는 시설의 대형화, 규모화 추세와 더불어 컴퓨터를 활용한 온실 내 복합환경 제어기술이 일반화되어 하루가 다르게 발전을 거듭하고 있다. 또한, 소비자는 보다 우수한 품질의 농산물을 요구하고 있고, 생산자는 생력화와 자동화로 육체노동의 어려움에서 벗어나려 하고 있다. 이러한 농업환경의 변화에 따라 특별히 각광받고 있는 분야가 시설원예이다. 더욱이 수경재배(水耕栽培)의 발달과 이로부터 발전된 식물공장(植物工場)과 수직농장(垂直農場; vertical farm)으로 대변되고 있는 공장식 농업생산시스템의 개발로 시설원예는 그야말로 미래지향적인 원예산업으로서 크게 주목받고 있다.

시설원예(施設園藝)는 과학기술과 자본의 집약적인 생산방식으로서, 작물의 생산에 최적조건을 유지하기 위한 식물의 생리학 분야, 시설 신축 및 환경조절을 위한 물리 및 공학 분야, 배양액이나 토양에 대한 화학분야 등의 종합적인 지식을 필요로 하는 종합학문이라고 할 수 있다. 또한, 시설의 건축뿐만 아니라 환경조절과 작업의 생력화를 위한 장비·장치를 갖추기 위해서는 많은 자본을 필요로 하는 분야이기도 하다. 이러한 학문들은 대단히 빠른 속도로 발전하고 있기 때문에 새롭게 변하고 있는 학문 영역을 대변할 수 있도록 교재내용에서도 대폭적인 변화를 주었다.

본 '신고 시설원예학'에서는 저자들의 오랜 현장경험과 연구 결과를 바탕으로 현장감 있는 최신의 정보와 이론을 담고자 노력하였다. 아울러 본서의 내용을 보면, 전반부에는 시설과 자재 분야를 다루었고, 후반부에는 시설환경, 수경재배 및 식물공장을 비롯한 첨단 시설원예 분야를 다루었다.

앞으로, 이 한 권의 책이 우리나라 시설원예를 공부하는 학부학생뿐만 아니라 생산현장에 종사하는 경영인 및 지도자들에게도 유용하게 활용되어 우리나라의 시설원예 발전에 조그마한 도움이 되기를 빌어 마지않는다. 본서에서 다루지 못한 부분이나 부족한 점에 대해서는 앞으로 계속 관심을 가지고 보완해 나아가고자 한다.

끝으로, 이 책을 출간하는 과정에서 원고정리에 수고를 아끼지 않은 서울시립대학교 식물환경조절학연구실의 최기영 박사와 이혜진 박사에게 감사를 표합니다. 또한, 이 책이 출간되기까지 깊은 이해와 호의(好誼)를 베풀어 주신 향문사(鄕文社) 사장님과 동사(同社) 여러분의 노고에 심심한 사의를 표하는 바이다.

저자대표 씀

# 차 례

## 제 1 장 시설원예의 개요



## 제 2 장 원예시설의 구조 및 자재

## 제 3 장 자재의 종류와 특성

## 제 4 장 시설 내 환경특성과 재배관리

# 제 5 장 수경재배

# 제 6 장 다양한 시설원예 기술

# 제 7 장 시설 내 생리장해와 병충해

# 제 1 장 시설원예의 개요

## 1.1 시설원예의 의의

'환경을 인위적으로 제어하여 작물을 재배하는 것'을 시설재배(施設栽培)라고 할 수 있겠다. 환경을 인위적으로 제어하기 위해서는 외부와 격리된 공간을 만들 필요가 있으며, 이에는 유리나 플라스틱이 쓰인다. 여기서, 환경이란 기상환경(지상부환경)과 토양환경(지하부환경)을 모두 포함하게 되며, 온도 · 수분 · 공기 · 광선 · 배지 등이 제어대상이 된다. 제어는 작물생육에 가장 적합한 수준을 목표로 하게 된다. 따라서, 시설재배에 의하여 수량과 품질의 향상이 가능하게 된다.

시설재배는 집약적 관리를 필요로 하는 원예작물을 재배하면서 발달하게 되어 자연스럽게 시설원예(施設園藝; protected horticulture, horticulture under structure)라고 부르는 것 같다. 재배작물도 원예작물인 채소, 화훼류가 주이고 일부 과수가 이에 포함된다.

시설원예의 발달을 경지에 대한 투입 에너지량의 관점에서 고찰한 矢吹의 이론에 많은 학자들이 동의하고 있어 소개하고자 한다. 그는 수렵으로부터 시작된 농경을 '자연생태계로부터의 이탈'이라고 보고 있으며, 농업기술의 발달을 다음과 같이 설명하고 있다. "농경기술 변천의 특징은 경지에 대한 투입에너지 형태를 달리해서 보다 많은 에너지를 투입하는 기술의 개발이었다. 될수록 많은 에너지를 경지에 투입하여 경지를 자연생태계로부터 한층 이탈시켜 경지생태계를 만들어 식물의 에너지 고정효율을 높임으로써 생산성을 높이려고 노력하였다. 즉, 경운 · 관수 · 제초 등으로 생산성을 높여 왔다."고 하였다.

이러한 농경기술은 적지적작(適地適作) 중심으로 이루어졌으며 환경조절의 대상도 주로 토양에 한정되었으나, 투입에너지에 대한 생산성의 향상에는 한계가 있었다. 이에 지상부 환경조절이 가능한 격리된 공간을 만듦으로써 시설은 "시간적 · 공간적으로 새로운 적지를 조성하여 작물의 생산성을 높이고 더욱 안정시킬 수 있게 되었다. 시간적인 적지의 조성은 주년재배(周年栽培)를 가능하게 하여 소위 계절을 없애고, 한 작기의 재배기간을 단축시켰다. 공간적으로는 사막 · 황무지 · 한랭지 등에서 시설의 설치가 가능하게 되어 지구 상의 모든 지역에서 필요한 작물을 재배할 수 있게 되었다."고 하여 시설원예의 필요성과 기능을 설명하고 있다. 이어서 시설원예 기술을 농경기술의 최종적인 형태라고 하였다.

矢吹의 이론으로 추론하면 시설원예는 경지에 대한 생산효율을 최대한으로 높일 수 있는 새로운 에너지의 투입형태로서 더욱 발달하게 될 것으로 생각된다.

## 1·2 시설원예의 발달

### 1·2·1 발달과정

시설원예의 발달과정은 표 1-1에서 보는 바와 같이 플라스틱필름 1겹으로 피복하는 터널형태에서부터 첨단 정밀제어시스템을 갖춘 소위 식물공장에 이르기까지 다양한 단계로 구분할 수 있다.

도입장비와 채용기술 수준이 높아질수록 시설투자 자본액과 에너지 투입량은 증가하게 되고, 이에 따라 생산물 가격도 상승하게 된다. 생산현장에서는 경영적인 면을 고려해야 하므로 최종생산물을 구매하는 소비자의 소득수준이 시설원예의 발전단계를 결정짓는다고 하겠다. 소득수준이 낮은 개발도상국에서는 지금도 기초피복이나 보온 위주의 시설단계에 머무르고 있는 것은 이러한 이유 때문이다.

### 1·2·2 발달할 수 있는 여건

시설재배는 생산시기를 조절할 뿐만 아니라 작물의 생육에 알맞은 환경조건을 조성해 줌으로써 수량과 품질을 높일 수 있게 된다. 한편, 시설의

〔**표 1-1**〕 시설원예의 발달과정

| 발달단계 (연대) | 노지재배 | 기초피복 (1960) | 보온위주 시설 (1970～1980) | 현대화시설 (1990～2000) | 식물공장 |
|---|---|---|---|---|---|
| 형태 | 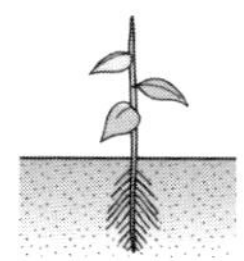 |  | 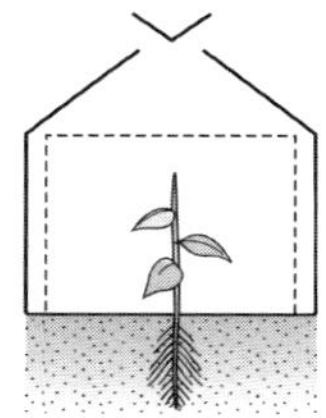 | 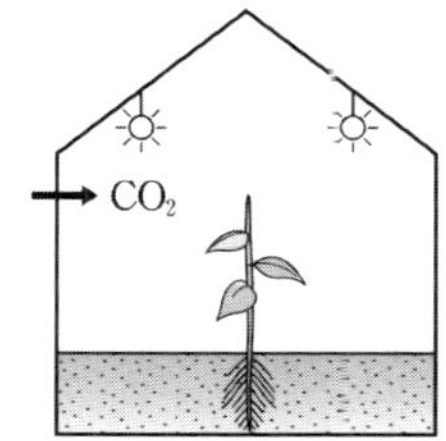 | 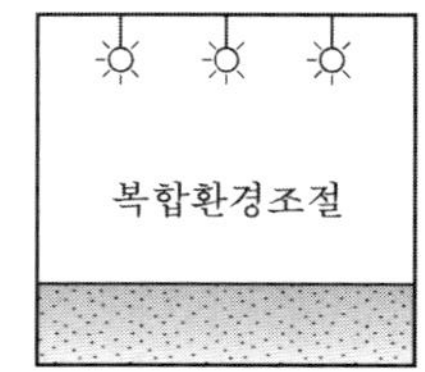 |
| 도입장비 및 기술수준 | 제초, 관수, 시비 | 터널수준 피복 | 보온, 환기 | 보온, 환기, 난방, 냉방, 전조(電照 ; lighting), $CO_2$(이산화탄소)시비, 수경시설(水耕施設 ; nutriculture system) | 복합환경조절시스템, 재배상 이동, 작업 로봇 |
| 투자자본 및 생산물 가격 | 시설투자 자본액 증가 → | | | | |
| | 관리비용 및 투입에너지 증가 → | | | | |
| | 생산물가격 증가 → | | | | |

건축비와 환경조절을 위한 장비·장치를 갖추어야 하며, 이들의 작동에 많은 에너지가 투입됨으로써 생산비가 높아지게 된다. 따라서, 생산물의 구매력을 뒷받침할 수 있는 GNP 수준이 시설원예의 발달수준을 결정하게 됨은 앞에서 설명한 바 있다.

원예 산물은 곡류와 같은 저장력을 갖지 못한다. 시든 채소나 시든 꽃의 상품성을 상상할 수 없듯이 원예작물은 신선한 상태로 소비자에게 공급되어야 하며, 신선할수록 고품질로 인정받게 된다. 또한, 원예작물의 수요는 주년적이며, 생활수준의 향상에 따른 주년수요의 욕구는 더욱 강하다. 시설원예는 온대지방 겨울철의 원예 산물 수요를 충당하는 주요한 기능을 갖고 있으며, 그 기능이 오늘날과 같은 시설원예의 발달을 가져오게 되었다.

한편, 미국은 국토가 넓어서 집약적 관리를 요구하는 시설원예가 갖는 장점이 적으며, 국토가 열대에서 온대까지 분포되어 있어 자국 내 원예 산물의 계절적 수요를 수송원예로 극복하고 있다.

이상 살펴본 바와 같이 시설원예가 발달할 수 있는 국가의 몇 가지 공통점은 ①온대에 위치하며, ②국토면적이 비교적 좁고, ③GNP가 어느 정도 이상 높은 나라로 규정할 수 있겠다. 실제로 국토면적 대 시설설치면적, 투입기술수준 등을 종합적으로 고려할 때 세계적인 시설원예 발달국가로는 우리나라를 비롯하여 네덜란드·일본·이스라엘·스페인 등이다.

## 1·3 우리나라의 시설원예

### 1·3·1 성립과 발달

우리나라에서 시설재배가 시작된 것은 해방 전 대전지방(지금의 대전광역시 유성구)에서 목재골조에 유지(油紙)를 발라 지은 페이퍼하우스나 익산지방(현 원광대학교 부근)에 있었던 유리온실을 그 효시로 들고 있으나 그것들에 대한 정확한 규모는 자료로 남아 있는 것이 없다.

1950년대 이전까지는 약간의 유리온실이 산재되어 있었으나 대부분이 학교 등의 전시 및 보존 온실이었다. 1950년대 초 김해지방에 플라스틱필름하우스가 최초로 건립되면서 생산시설 면적이 증가하기 시작하였다.

**그림 1-1** 가는 통나무로 지은 목재하우스 골조

**그림 1-2** 대나무를 양쪽으로 박고 휘어 묶어서 만든 죽재하우스 골조

**그림 1-3** 보온 외피복재인 거적을 아침저녁으로 걷고 덮는 모습

**그림 1-4** 시설원예 발전을 위한 학계와 산업계의 많은 노력의 일환인 현장견학 모습

**그림 1-5** 현대화된 파이프 단동하우스

**그림 1-6** 네덜란드에 많이 설치되어 있는 벤로형 유리온실의 국내 도입

그림 1-1, 1-2 에서 보는 바와 같이 초기의 시설골조는 목재나 죽재 골조가 사용되었으며, 보온 위주의 노동집약적 관리형태이었다(그림 1-3 참조).

1970～1980 년대를 거치면서 시설면적이 급격히 증가하였는데, 이는 이 무렵 산업화에 따라 국민소득이 증대되면서 생긴 원예작물의 주년적 수요가 있었기 때문이다. 또한, 비교적 저렴하면서도 강도 있는 펜타이트 파이프가 골재로 보급된 것도 면적증가를 용이하게 한 요인이었다.

재배지역이나 작목 면에서 보면 1970～1980 년대에는 김해 · 순천 · 남지 등 일조와 온도 조건이 좋은 남부지방을 중심으로 한 과채류(果菜類) 재배지와 대도시 근교의 엽채류(葉菜類) 재배지가 주된 산지였다. 1990 년대 이후 교통망이 좋아지면서 시설면적의 전국적인 분포를 보이지만, 기후조건과 특수작물에 대한 전문재배기술의 정착으로 성주참외 · 구례오이 · 함안수박 등과 같은 작물별 특산지를 형성하고 있다.

### 1·3·2 시설재배면적의 변화와 현황

원예작물별 시설재배면적을 보면 2000 년 우리나라 시설재배면적 105,758 ha 중 채소면적이 90 % 이상이며 화훼 6 % , 과수 3 % 정도이다.

1970～1980 년대 보급된 시설이 규모나 규격 면에서 열악했다면, 1990 년

〔표 1-2〕 연도별 시설채소 현황 〈농림부〉

| 연도(년) | 시설면적 | | | 재배면적(ha) | 생산량(천 t) | 재배면적당 생산량(t/ha) |
|---|---|---|---|---|---|---|
| | 면적(ha) | 5 년 전 대비 | | | | |
| | | 증가면적(ha) | 증가율(%) | | | |
| 1970 | 763 | — | — | — | — | — |
| 1975 | 1,746 | 983 | 128.8 | — | — | — |
| 1980 | 7,143 | 5,396 | 309.0 | — | — | — |
| 1985 | 16,569 | 9,427 | 131.9 | — | — | — |
| 1990 | 23,698 | 7,129 | 43.0 | 39,994 | 1,017 | 25.4 |
| 1995 | 40,077 | 16,379 | 69.1 | 81,604 | 2,423 | 29.7 |
| 2000 | 48,853 | 8,776 | 21.9 | 90,627 | 3,247 | 35.8 |
| 2005 | 48,574 | −279 | −0.6 | 78,469 | 3,219 | 41.0 |
| 2006 | 48,680 | — | — | 76,361 | 3,208 | 42.0 |

㈜ 1985 년까지의 재배면적에는 터널면적이 포함되어 있어 제외하였음.

대 들어 정부의 자금보조 및 융자를 통해서 시행된 시설현대화사업은 우리나라 시설원예산업을 획기적으로 발전시키는 계기가 되었다. 이 기간 중 시설면적은 1990 년 25,450 ha 에서 2000 년 52,189 ha 로 10 년 사이에 2 배 이상 증가하였다.

표 1-2 에서 보는 바와 같이 채소재배 시설면적도 2000 년까지 급격하게 증가하였으며, 이후 소폭 감소 내지 정체하여 49,000 ha 정도를 유지하고 있다. 채소 재배면적도 2000 년까지 증가한 후 감소하였다. 생산량은 2000 년까지 급격히 증가한 후 3,200 t 수준에서 안정·정체 상태를 보이고 있다. 2000 년 이후 재배면적이 감소하였음에도 불구하고 생산량에서 안정성을 유지하고 있는 것은 재배면적당 생산량이 증가한 때문인데, 이는 난방기 도입에 따른 장기재배와 재배기술의 향상에 기인한 것으로 생각된다.

### 1·3·3 금후 발전방향

시설원예의 역사는 유구한 농경의 역사에 비추어 보면 수십 년에 불과한 일천함에도 불구하고 실로 많은 발전을 이룩하였다. 우선 기술적인 면에서 보면, 시설재배에서 개발된 관리기술들이 모든 식물의 재배기술로 활용되고 있다. 예를 들면, 점적관수(點滴灌水)는 이제 모든 식물의 생육에 수분을 효과적으로 공급하는 기술로 정착되었다. 시설면적을 보면, 시설면적이 급증하던 1990 년대에 많은 전문가들은 2000 년대에도 지속적으로 증가할 것으로 예상했었다. 그러나 최근 수년간에 걸쳐 시설면적은 5 만 ha 정도의 답보상태가 지속되고 있다. 금후 원예 산물의 수요는 지속적으로 증가하겠지만 시설면적의 획기적인 증가는 기대하기 어려울 것 같다. 소규모 시설은 감소하고 규모화로 국제경쟁력을 강화하는 경향이 뚜렷해질 것이다.

금후 시설원예가 산업으로 더욱 발전하기 위해서는 다음과 같은 사항들에 유념할 필요가 있다고 생각한다.

1) **생산시설의 규모화와 생산성 향상** : 원예산물의 안정적 공급과 수출을 위해서는 시설의 조직화와 규모화는 필연적이다. 또한, 안정적인 경영을 위해서는 저비용 생산기술의 지속적 개발과 도입이 필요하다. 경영규모의 확대에 따른 기계화, 자동화, 경노동화 등이 요구된다.
2) **고부가가치의 산물 생산** : 지금까지는 생산성 향상을 위한 연구나 관리가 주였다면, 앞으로는 건강기능성 등이 강화된 고품질 산물 생산이 요구된다.

3) **친환경 생산시스템** : 생태농업의 범주 안에서 친환경적이고 생력적인 관리방법이 필요하다. 친환경적인 수경재배법 도입, 폐자재를 적게 배출하고 에너지를 보다 효과적으로 절감할 수 있는 재배방법 등이 요구된다.

4) **기업경영 마인드** : 농사꾼의 마음자세로는 현대 산업사회에서 승자가 되기 어렵다. 시설농업도 이제 대규모화되어 가는 추세에 있어 대기업을 경영하는 CEO와 같은 기업경영 마인드를 갖고 운영하는 것이 필요하다.

## ◇ 참 고 문 헌 ◇

1. 농림부. 1990~2006. 채소류 생산실적.
2. ———. 2006. 화훼재배현황.
3. 농촌진흥청. 2002. 시설재배 환경관리기술 현황분석 및 금후 연구방향.
4. 원예연구소. 2000. 시설원예연구 주요성과 요약.
5. 矢吹万壽 外. 1983. 施設園藝學. 朝倉書店.
6. Plasticulture. 2001. Vol. 2-N 120.

# 제 2 장 원예시설의 구조 및 자재

## 2·1 시설의 종류

온실은 외부의 기상여건에 관계없이 작물생육에 적당한 환경조성을 위해 만들어진 구조물이다. 따라서, 온실의 형식 및 구조는 재배작물의 종류 및 작형에 따라 여러 형태로 발전되어 왔다. 온실구조는 기본적으로 태양광의 투과가 양호하고, 바람이나 눈 등에 대해 안전하고 경제적이어야 한다.

온실은 피복자재, 지붕의 모양, 동의 형식, 골조의 종류, 재배작목, 가온 여부, 설치 방향 및 방식, 사용목적 등에 따라 다음과 같이 분류된다.

1) **피복자재의 종류** : 유리온실, 플라스틱온실
2) **지붕의 형식** : 양지붕형 온실, 외지붕형 온실, 3/4형 온실, 벤로형 온실, 더치라이트형 온실, 아치형 온실, 터널형 온실, 둥근지붕형 온실
3) **동(棟)의 형식** : 단동형 온실, 연동형 온실
4) **골조의 종류** : 철골온실, 파이프 온실, 철골 및 파이프 혼용 온실, 경합금 온실, 목재온실, 죽재온실
5) **재배작목** : 채소온실, 화훼온실, 과수온실, 번식전용 온실
6) **가온 유무** : 가온온실, 무가온온실
7) **설치방향** : 동서동 온실, 남북동 온실
8) **설치방식** : 고정식 온실, 이동식 온실
9) **사용목적** : 취미온실, 오락온실, 표본식물온실, 영리온실

### 2·1·1 유리온실의 형식

#### (1) 양지붕형 온실

양지붕형(even span) 온실은 좌우대칭형의 지붕으로 가장 일반적인 형태

로서, 단동(單棟)이나 연동(連棟)의 철골온실에 이용되고 있다. 주로 화훼용으로 많이 쓰이고 있으며 대형화가 용이하고 온실의 너비도 다양하다. 이 형식은 광환경이 균일하고 통풍이 양호한 장점이 있으나, 온실의 너비가 넓은 경우에는 적설에 의한 피해가 우려되는 단점이 있다.

### (2) 외지붕형 온실

외지붕형(half span) 온실은 지붕이 남향의 한쪽 방향으로만 경사진 온실로서, 동서방향으로 짓는 것이 일반적이다. 겨울철에 채광량이 많으며 북쪽 벽의 반사열로 인하여 온도상승에 유리하고 벽체를 통한 열손실이 적어 보온성이 뛰어나다. 이 형식은 건물의 남쪽 벽에 부착된 형식으로, 가정용이나 취미용 등의 소형 온실에 적합하다.

### (3) 3/4형 온실

3/4형(three quarter) 온실은 양지붕형과 외지붕형이 복합된 형태로서, 남쪽 지붕의 면적이 전체의 60~64%를 차지한다. 겨울철에 투광량이 많고 보온성이 양호하기 때문에 멜론과 같은 고온성 작물의 재배에 적당하고, 온실의 방향은 동서동이 일반적이다.

### (4) 연동형 온실

단동형(單棟型; single span) 온실의 너비가 넓어지면 상대적으로 온실이 높아지기 때문에 풍압에 불리하고 단위면적당 건축비도 증가된다. 이와 같은 결점을 보완하기 위하여 온실을 처마부분에서 연결시켜 높이는 그대로 유지하면서 재배면적을 확장하는 형식으로, 동(棟)의 수에 따라 2연동, 3연동 등으로 구분된다. 연동형(連棟型; multi span) 온실은 보온성이 우수하고, 시설비를 절약할 수 있으며, 작업성을 향상시킨다. 그러나 광 및 온도의 분포가 불균일하고, 통풍이 불량하며, 적설하중(積雪荷重)에 대하여 취약하다.

### (5) 벤로형 온실

벤로형(Venlo) 온실은 처마가 높고 너비가 좁은 양지붕형 온실을 연결한 형태로서, 종래의 연동형 온실의 결점을 보완한 것이다. 이 형식은 서까래의 간격이 넓어질 수 있기 때문에 골조가 적게 들어 시설비가 절약되고,

골격률 감소에 의한 투광률을 향상시킬 수 있다. 그러나 골격률이 낮으므로 유리의 두께가 일반온실의 3 mm 보다 두꺼운 4 mm 를 사용해야 한다.

### (6) 더치라이트형 온실

더치라이트형(Dutch light roof) 온실은 양지붕형 온실의 일종으로, 측면이 수직이 아니라 풍압을 낮추어 구조강도를 증대시키기 위하여 바깥쪽으로 약간 경사져 있다.

### (7) 둥근지붕형 온실

둥근지붕형(curved roof) 온실은 곡선유리를 사용하여 지붕을 둥글게 만든 온실로서, 식물원 전시용으로 많이 쓰인다.

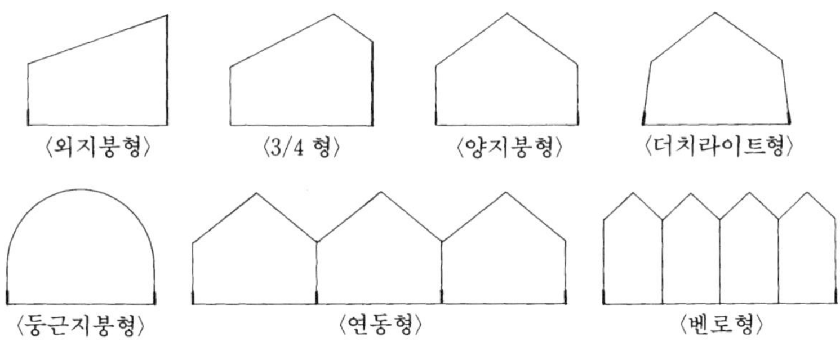


**그림 2-1** 유리온실의 지붕형식

## 2·1·2 플라스틱온실의 형식

플라스틱온실은 파이프 골조에 연질 플라스틱필름을 피복재로 사용한 터널형 또는 아치형 온실이 대부분이다. 그러나 골조재로 목재 또는 철골과 파이프를 혼용한 형태, 피복자재로 경질필름이나 경질판을 사용한 온실, 지붕형태로 지붕형을 채용한 온실도 일부 사용되고 있다. 한편, 플라스틱온실은 사용되는 피복자재에 따라 PVC, PE, EVA, FRA, FRP, PET, PC 온실 등으로도 구분된다.

### (1) 터널형 온실

터널형 온실은 우리나라 시설원예 초창기의 대표적인 온실로서, 반원형 온실(半圓形 溫室)이라고도 한다. 골조재로 대나무를 많이 사용하였으나 지금은 주로 파이프(아연도 강관)를 사용한다. 대체로 너비 4.0~5.4 m, 높이 1.6~2.0 m 정도이며, 지붕과 측면의 경계인 처마높이가 없는 형태로서 아치형과 구분된다. 터널형 온실은 보온성이 크고 내풍성이 강하며 입사광의 분포가 균일한 장점이 있으나, 환기가 불량하고 내설성이 약한 단점을 가지고 있다.

### (2) 지붕형 온실

지붕형 온실은 유리온실의 양지붕형과 같은 형태이며, 바람이 많이 불고 눈이 많이 내리는 지방에 적합한 형태이다. 천창(天窓) 및 측창(側窓)을 설치하기 쉬우며 경질의 플라스틱 피복자재를 설치하기도 용이하다. 경질판(硬質板)을 사용한 온실의 경우에는 대부분 이 형식을 채용하며, 단동보다는 연동인 경우가 많다.

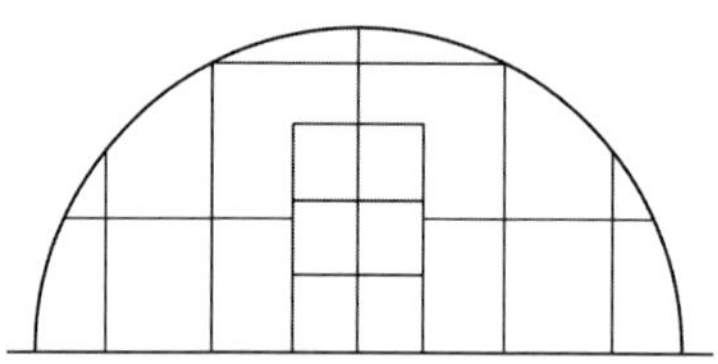

〈터널형〉

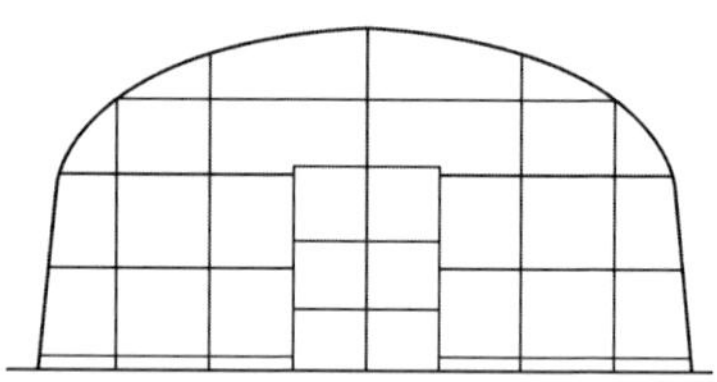

〈아치형〉

**그림 2-2** 터널형 및 아치형 플라스틱온실

### (3) 아치형 온실

아치형 온실이란 지붕이 곡면이고 측면이 수직형태인 온실을 말한다. 처마높이가 있으므로 실내 측면작업이 용이하고, 온실높이가 대체로 터널형에 비하여 높다. 터널형과 마찬가지로 지붕형에 비하여 내풍성이 크며 광선이 고르게 입사한다. 단동의 경우에는 천창을 설치하기가 곤란한 구조로서, 일반적으로 측창에 의한 환기만을 실시하여 환기가 불량하므로 기온이 높은 계절에는 고온장해가 일어나기 쉽다. 연동의 경우에는 권취식 천창환기를 실시하지만, 천창이 연동의 곡부에 위치하므로 환기구조가 불량한 편이다. 아치형 온실은 자재비가 적게 들고, 각종 조립 연결장치들이 개발되어 간단하게 건축할 수 있는 형태로서 가장 많이 사용되고 있는 우리나라의 대표적인 온실형태이다.

### 2·1·3 특수원예시설

#### (1) 공기하우스

공기하우스(air inflated house)는 2중의 피복재 사이에 공기압을 형성하여 온실의 형태를 유지하는 시설이다. 2중피복에 의한 보온효과와 공기층의 단열효과가 있고 구조재에 의한 열손실이 없으므로 보온성이 높다. 구조재는 몇 개의 기둥과 보조재만으로 설치할 수 있으므로 골조에 의한 광차단이 감소된다.

#### (2) 비가림하우스

비가림온실(rain shelter)은 고냉지(高冷地) 지역과 여름 장마철의 작물재배에 이용되는 온실로서, 생리적 장해 방지, 병충해 방제, 바람막이 및 고온장해 극복 등의 효과가 있으며, 전면 비가림시설과 우산형 비가림시설로 구분된다. 한랭한 지역에서는 전면 비가림시설을 사용하는데, 이 경우에는 일반 플라스틱온실과 큰 차이가 없고 단지 비가림이라는 기능을 고려한 것으로 생각할 수 있다. 그리고 환기가 필요한 지역에서는 우산형 비가림시설을 사용하는데, 이 경우 강우 시 필름을 덮는 노동력을 절감하기 위해 상부에 강우의 유입을 방지하면서 자연환기가 가능한 형태로 사용된다. 한편, 과수재배 시설로 포도재배를 중심으로 우산형 비가림시설이 널리 사용되고 있으며, 당도상승, 상품화율 상승, 병해충방제 효과가 뛰어난 것으로 알려져 있다.

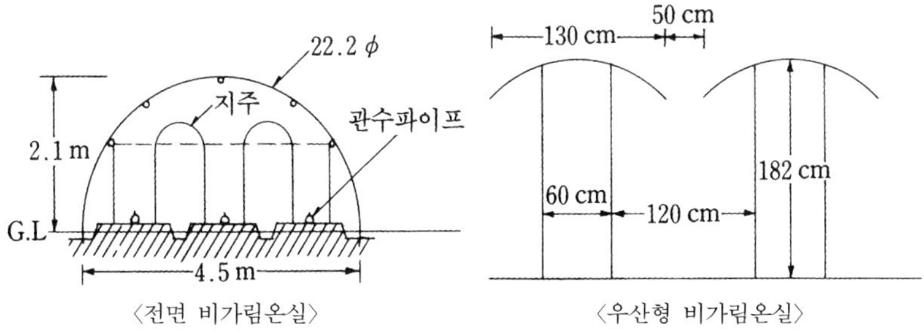


**그림 2-3** 비가림 온실의 예〈이 등, 1993〉

#### (3) 펠릿온실

펠릿온실(pellet house)은 단열성이 높은 발포 폴리스티렌(polystyrene) 입자를 이용하여 온실의 보온성을 높일 목적으로 설계된 온실이다. 야간에는 펌프를 이용하여 간격 9 cm 정도의 이중필름 사이에 발포 폴리스티렌 입자를 충전하여 열손실을 방지하고, 주간에는 입자를 다시 회수하여 광투과에 문제가 없도록 한 것이다.

### 2·1·4 다양한 구조의 외국 온실

우리나라의 온실은 벼 재배 위주의 농업에서 농한기에 시설원예를 통해 농가소득을 증대시킴과 동시에 겨울철 노지재배(露地栽培)가 불가능한 시기에 작물재배를 통해 단경기(端境期)에 신선채소를 공급하는 역할을 수행해 왔다. 이러한 형태의 시설원예는 벼 재배 후에 이동식 온실을 설치하여 이루어지고 이듬해 봄에는 온실을 해체하는 간이형태의 시설로서, 이는 점차 줄어들고 있는 반면에 고정식 온실의 설치는 날로 증가하고 있다.

우리나라는 4계절이 뚜렷하고 여름과 겨울의 기온차가 크기 때문에 고정식 온실로 주년재배를 실현하기가 쉽지 않고, 또한 이를 실현하기 위해서는 매우 높은 냉난방 비용을 필요로 한다. 최근 외국에서는 고정식 온실에서 주년재배 실현과 에너지비용 절감을 목표로 한랭한 지역의 폐쇄형 온실과, 온난한 지역의 개방형 온실이 주목을 받고 있다.

우리나라에서도 제주도와 남해안 등 따뜻한 남부지방에서는 개방형 온실로, 강원도와 중북부 지방에서는 폐쇄형 온실로 2원화하는 것이 에너지비용 절감 등의 측면에서 유리할 것으로 생각되어 여기에 몇 가지 대표적인 온실의 형태를 소개한다.

#### (1) 일광온실

일광온실(日光溫室)의 대표적인 예는 중국의 폐쇄형 온실로 추운 지역을 중심으로 무가온(無加溫) 온실로 발전해 오고 있다(그림 2-4 참조). 일광온실은 북쪽 벽을 콘크리트나 흙담 또는 벽돌 등을 사용하여 단열벽으로 시공하고, 지붕과 남쪽 벽만 투광성 플라스틱필름으로 피복한 형태의 온실이다. 대부분 난방설비나 환경제어설비가 없고, 섬피 · 보온매트 · 부직포 등의 보온덮개를 사용하여 실온을 유지한다.

**그림 2-4** 일광온실의 예(중국)

### (2) 이중에어온실

이중에어온실(double-layer air-inflated polyethylene greenhouse)은 미국 럿거스대학의 BILL ROBERTS 박사가 개발한 온실로, 공기팽창식 플라스틱 이중에어온실이 북아메리카 지역의 한랭한 지방을 중심으로 널리 보급되고

**그림 2-5** 이중에어온실단지(A : 면적 20 ha), 온실 외부(B) 및 내부 작물재배(C) 전경

있다. 이 온실은 이중의 폴리에틸렌 피복 사이에 연속적으로 공기를 불어넣어 팽창시킴으로써 광투과를 저해하지 않으면서 공기막에 의한 단열효과를 높이는 방식으로 에너지 비용을 40 %까지 절감할 수 있는 것으로 알려져 있다.

### (3) 개방형 온실

온난한 지역에서의 시설원예는 한랭한 지역에 비하여 난방비용의 경감이나 조기출하 등 겨울철 재배에 유리한 조건을 갖추고 있다. 그러나 여름철 고온기에는 극단적으로 작물재배에 부적합한 조건이 되어 재배를 중지하게 되는 경우가 많다. 여름철 고온극복 대책으로 환기, 차광 또는 증발냉각시스템 등이 이용되고 있으며, 최근에 천창 환기면적을 크게 확대함으로써 자연환기를 극대화하여 외기온과 같은 실온유지를 목표로 하는 개방형 온실이 개발되어 실용화되고 있다.

#### ① 지붕개방형 하우스

지붕개방형 하우스(full open greenhouse)는 우리나라의 농가보급형 자동화온실(아치형 플라스틱온실)의 권취식 천창구조와 비슷하나, 연동 곡부에서부터 용마루까지 지붕 전체의 피복재를 감아올려서 개방하는 구조이다. 1990년대 후반부터 일본에서 도입되기 시작하였으며, 피복재는 주로 두께 0.15 mm의 폴리올레핀(PO)계 필름이 사용되고 있다. 한편, 미국에서는 지붕면의 필름을 용마루로부터 감아내려 개방하는 방식이 사용되고 있다.

**그림 2-6** 지붕개방형 하우스(일본)

#### ② 릿셀온실

릿셀(Richel)온실은 프랑스의 Serres de France 사에서 개발한 것으로서, 파이프 골조의 아치형 연동온실 구조에 경질판을 피복재로 사용하며 용마루부터 곡부 물받이까지의 한쪽 지붕이 전면 개폐되는 형식으로 되어 있다. 경질판은 공기막 구조의 2중피복 형태로 되어 있어 에너지절감 효과가 높으며, 지붕이 전면 개폐되므로 환기능력이 우수하고, 골조재가 적어서 채광성이 높은 특징을 가지고 있다.

**그림 2-7** 릿셀온실(프랑스)

③ **리트랙타루프온실**

리트랙타루프(retract a roof)온실은 캐나다의 Cravo Equipment 사가 개발한 것으로서, 지붕면의 피복재를 한 스팬(span)마다 길이방향으로 접는 방식이다. 지붕면의 90 % 정도까지 개방할 수 있으며, 피복재로는 직조섬유를 삽입하여 강화시킨 폴리에틸렌필름이 사용되고 있다.

④ **퓨트라온실**

퓨트라(Futura)온실은 이탈리아의 Serre Italia 사에서 개발한 것으로서, 양지붕형 유리온실의 곡부 물받이를 축으로 편지붕이 각각 수직으로 개방되어 지붕

**그림 2-8** 퓨트라온실(이탈리아)

전체가 열리는 방식의 온실이다. 온실의 동 너비는 10 m, 처마높이는 4~5 m, 지붕경사 22° 로 설계되어 있고, 각 동당 트러스보 위에 지붕 3 개가 올라가 있어 벤로형 온실의 형태를 취하고 있으면서 측창을 구비한 경우도 있다.

양지붕형 온실의 지붕 전체를 개방하는 유사한 온실로, 벨기에의 Deforche 사가 개발한 Cabrio 온실이 있다. 한쪽의 물받이가 인접한 다른 쪽의 물받이를 지점으로 하여 수평방향으로 이동하면서 지붕이 접어지는 방식으로 개폐가 이루어지며, 피복재는 주로 플라스틱제품이 사용되고 있다.

## 2·2 시설의 구조

### 2·2·1 유리온실의 기본구조

국내에 보급되고 있는 유리온실의 표준형태로 농촌진흥청(2001)의 농가보급형 유리온실과 농림부·농어촌진흥공사(1997)의 한국형 유리온실이 있다.

농가보급형 유리온실은 양지붕형으로 단동형 2 종(S 형, L 형)과 연동형 8 종(2~5 연동, 각각 S, L 형)이 있으며, 동 너비 9.0 m, 처마높이 3.0 m, 지붕높이 5.25 m 이고, 길이는 S 형이 46.5 m, L 형이 60 m 이상의 장형이다. 기둥간격 3.1 m, 3 mm 두께의 판유리를 채택하고 있다.

한국형 유리온실은 경량 철골조 5 종으로 양지붕형(4~11 연동) 2 종(동 너비 9.0 m, 12.8 m), 벤로형(4~15 연동) 2 종(동 너비 6.4 m, 9.6 m), 에너지절약형(3/4 지붕형, 단동) 1 종(너비 15.0 m)이 있다. 양지붕형과 벤로형 유리온실은 기둥간격 4.0 m, 길이 60~100 m, 에너지절약형은 기둥간격 1.2 m, 길이 48~96 m 로 계획되어 있다. 처마높이는 3.8~4.8 m, 지붕경사는 26° 로 설계되어 있으며 4 mm 두께의 판유리를 채택하고 있다.

농가보급형 유리온실의 기본시설, 기본 장치 및 기기, 선택설비는 다음과 같고, 그림 2-9 는 3 연동 유리온실 주 단면도의 예이다.

1) **기본시설** : 가설 및 기초 공사, 철골공사, 알루미늄창호 및 유리 공사, 홈통 및 배수로 공사, 천창개폐장치(전동), 측창개폐장치(3 단 미닫이 또는 권취창-전동), 측면 방충망 시설(패드고정식), 강제환기장치(환기팬-전동), 내부 전기공사

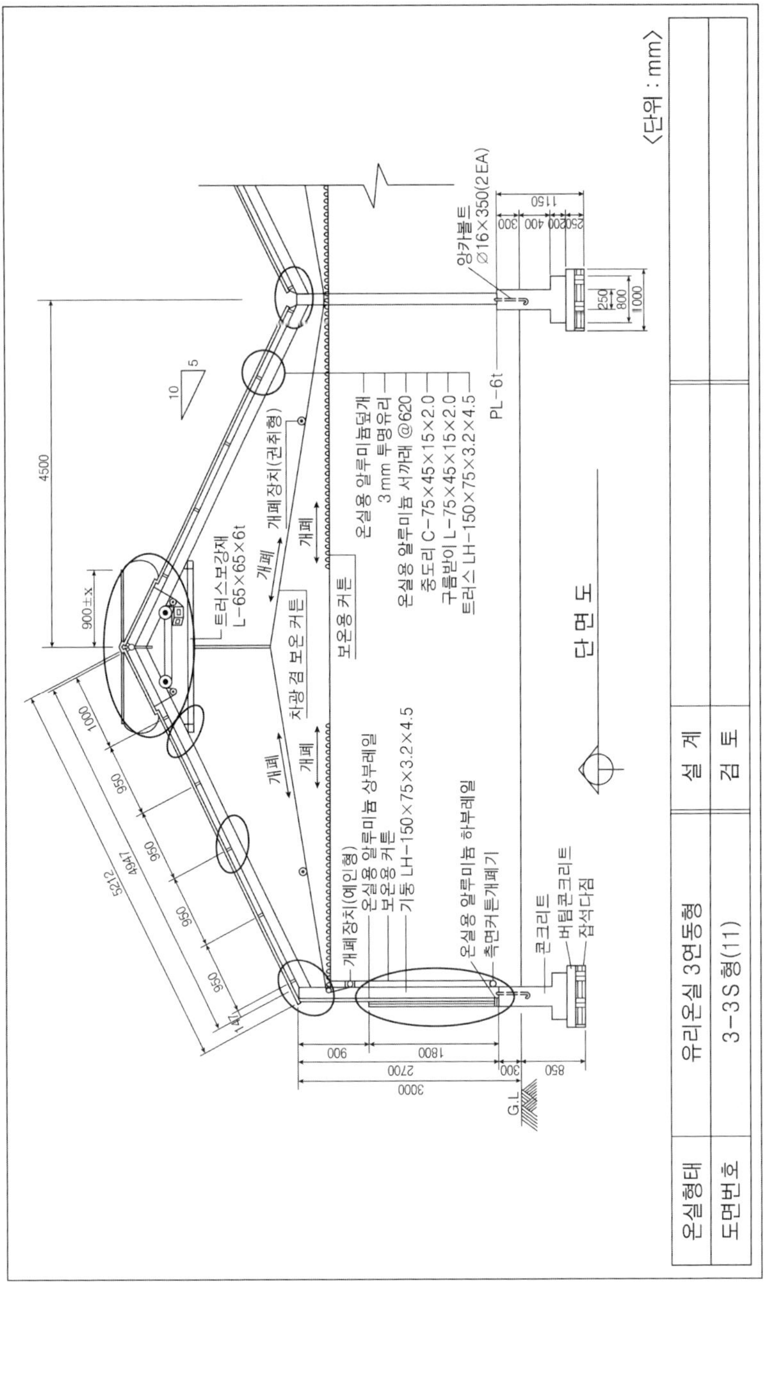


**그림 2-9** 양지붕형 유리온실(3-3S형) 주 단면도의 예〈농촌진흥청, 2001〉

2) **기본 장치 및 기기** : 천정상단 커튼장치(중앙절개형-전동), 천정하단 커튼장치(중앙절개형-전동), 측면 보온커튼장치(권취식-전동), 관비장치(액비혼입장치 포함), 난방장치(온수난방기-온도감응식), 중앙집중식 동력제어반(개별제어기능 확보)

3) **선택설비** : $CO_2$ 시비시설, 온풍난방기(선택), 방제기(살수장치, 연무식 방제기), 차광 자동개폐장치(커튼 겸용), 내피복 자동개폐장치, 토양증기소독기, 순환팬, 보광시설, 냉방장치(하이미스트 등), 운반장치

### 2·2·2 플라스틱온실의 기본구조

플라스틱온실의 구조는 지붕모양에 따라 아치형과 지붕형으로 구분할 수 있으며, 이들의 주요 특징은 다음과 같다.

**1) 아치형 온실의 특징**

a. **내 성** : 내풍성이 우수하지만 적설에는 약하다.
b. **환 기** : 권취식 측창방식을 채택하며, 천창이 없으면 불량하다.
c. **골 재** : 주로 파이프(아연도금) 골조를 사용한다.
d. **재료비** : 경제적이다.
e. **규 모** : 비교적 소규모의 온실에서 채택한다.

**2) 지붕형 온실의 특징**

a. **내 성** : 내적설성이 우수하지만 바람에는 약하다.
b. **환 기** : 천창 및 측창개폐 방식을 채택하여 양호하다.
c. **골 재** : 주로 각관이나 C 형강 골조를 사용한다.
d. **재료비** : 비용이 많이 든다.
e. **규 모** : 대규모 온실에서 채택한다.

우리나라 플라스틱온실의 대부분은 아치형이며, 지붕형은 목재를 골조로 사용하는 소형 온실과 철골 경질판 온실에 일부 사용되고 있다. 철골 경질판 온실은 양지붕형 유리온실과 동일한 형태의 경량 철골을 사용하는 경우가 대부분이므로 별도로 설명하지 않고, 여기에서는 아치형 플라스틱온실을 중심으로 살펴보기로 한다.

국내에 보급되고 있는 아치형 플라스틱온실의 표준형태는 농촌진흥청(1995, 2001)에서 설정한 농가보급형 자동화하우스(연동형) 4종과 농가 지도형 비닐하우스(단동형) 10종으로 유지되었으나 2000년대 초반 폭설과

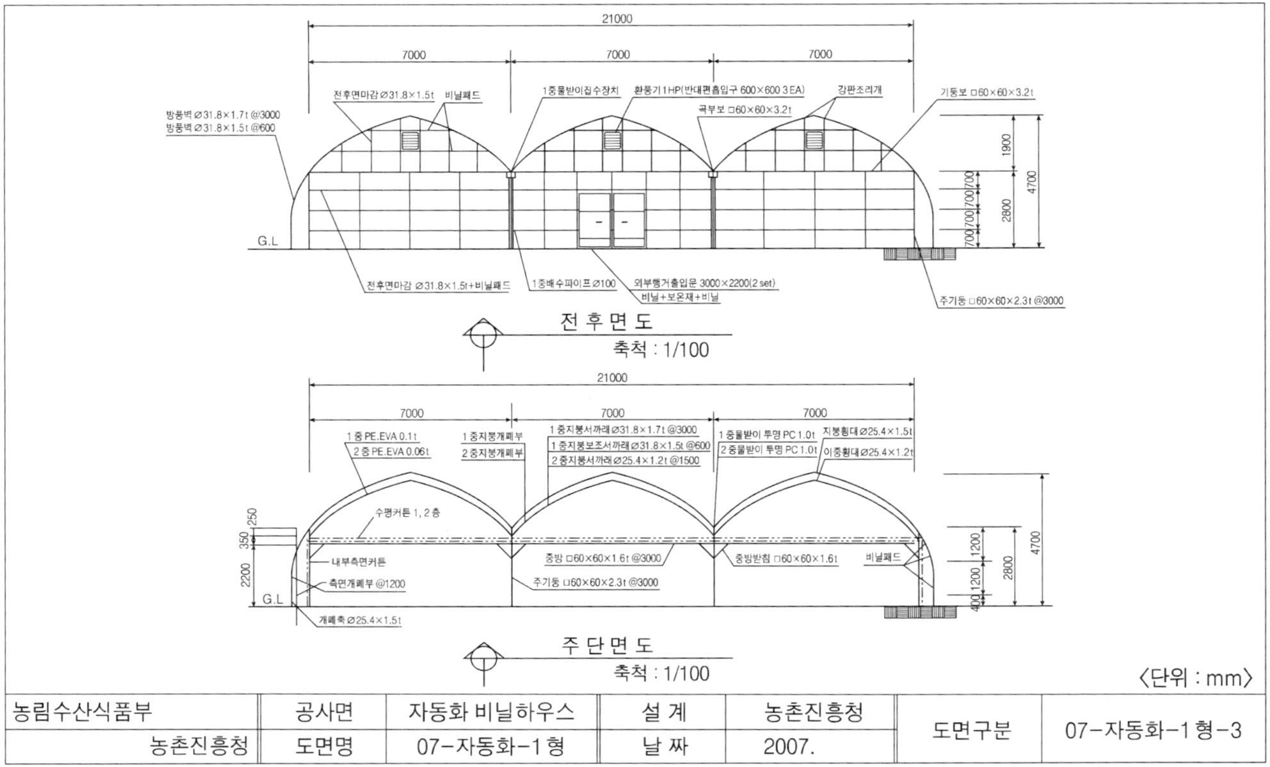


**그림 2-10** 아치 연동형 자동화 비닐하우스 주 단면도의 예〈농촌진흥청, 2007〉

태풍으로 인한 온실의 피해가 속출하면서 2007년 4월부터 규격이 폐지되었고, 새로운 내재해형 규격이 지정 고시되었다. 내재해형 규격에는 자동화 비닐하우스 1종, 단동 비닐하우스 18종, 과수 비닐하우스 3종(포도 2, 감귤 1)을 개발 고시하여 보급 중에 있다.

대표적인 아치 연동형 자동화 비닐하우스의 기본사양, 기본시설 및 부대시설은 다음과 같고, 주 단면도는 그림 2-10과 같다.

1) **기본사양** : 온실 너비 21 m(7 m×3 연동), 길이 50 m, 면적 1,050 $m^2$, 처마높이 2.8 m, 지붕높이 4.7 m
2) **기본시설** : 골조공사, 피복공사, 곡부 1, 2중 개폐장치(권취식-자동), 측면 개폐장치(권취식-자동), 수평커튼장치(1, 2중, 예인식-자동)
3) **부대시설** : 난방시설(온풍난방기 또는 온수보일러), 관수장치(점적관수-액비혼입 여과기), $CO_2$ 발생기 시설, 방제시설, 종합조절장치

단동 비닐하우스는 사용하는 파이프 규격에 따라 ∅25.4(1.5 t) 5종, ∅31.8(1.5 t) 7종, ∅31.8(1.7 t) 6종이 있으며, 온실의 너비는 5.0~8.2 m, 높이 2.6~3.6 m, 서까래 간격 50~90 cm의 범위에 있다.

### 2·2·3 온실의 유지관리

시설의 안전성에 직접 영향을 미치는 요인은 폭설·태풍·호우 등의 기상현상이지만 불충분한 유지관리는 내구성을 저하시키는 가장 큰 원인이 되기 때문에 시설의 유지관리에 특별한 관심이 요망된다. 재해에 대비한 유지관리로는 기상정보의 파악, 전달방법, 재해에 대한 처치 등 사전대책을 철저하게 계획하고 응급대책용 자재를 준비해 두는 것이 무엇보다 중요하다. 또한, 폭설이나 태풍으로 인해 필름이 찢어져 온실의 주 골조를 보호하는 것도 생각해 둘 필요가 있다. 설계하중 이상의 재해에 대해서는 우선 응급보강용 자재로 보강하고, 상황을 판단하여 더 이상의 저항이 불가능하다면 필름을 찢어서 구조물을 보호하는 것이 피해를 줄일 수 있는 방법이다.

여기에서는 파이프 골조의 플라스틱온실을 중심으로 유지관리 방법을 설명하기로 한다.

#### (1) 평상 시의 유지관리

구조의 안전성뿐만 아니라 빛의 투과, 보온성 등 시설의 기본적 성능을

유지하는 수단은 평상 시의 적절한 유지관리 이외에는 없다. 그리고 시설은 사용하지 않을 때에도 반드시 유지관리가 필요하다.

시설의 열화(劣化)에 의한 내력(耐力)의 감소로 주목해야 할 것은 강재(鋼材)의 부식, 즉 녹이다. 시설 내부는 고온다습 하므로 녹이 발생하기 쉬운 환경이다. 강재의 부식을 예방하기 위한 방법은 녹슬기 쉬운 부분(지중 매설부분, 절단면, 휨가공 부위, 접합에 의해 겹쳐진 부분, 아치 상면, 항시 수분이 체류하기 쉬운 부분)을 항상 청소하여 건조상태로 유지하는 것이다. 녹을 발견하면 신속히 녹을 완전히 제거하고 도장을 실시하여 녹의 진행을 막는 것이 중요하다.

집중호우 등에 의한 파이프 매설부위 주변 흙의 유실이나 느슨해짐 등이 시설의 변형이나 파손의 원인이 되고, 매설깊이의 감소는 강풍에 의한 시설의 부상에 대한 저항을 감소시키므로 발견 즉시 흙을 메워 원상태로 잘 다져주어야 한다. 또한, 농기계 작업 중 트랙터 등의 접촉에 의해 기초부분에 충격을 주지 않도록 주의해야 한다. 그리고 조립 연결구가 느슨해지지 않도록 정기적으로 점검해야 한다.

피복재는 시간이 지남에 따라 오염이 진행되어 광선의 투과성능이 저하하므로 때때로 세제와 호스를 이용하여 청소나 세척을 할 필요가 있다. 하절기에 휴경을 할 경우 시설을 밀폐해 두면 온도가 올라가 필름의 품질을 열화시키므로 적당히 통풍을 시켜 주어야 한다. 피복재의 파손은 강풍 시 피복재 전체나 구조체의 파손을 야기할 수 있고, 겨울철의 열손실을 유발하므로 즉시 수리해야 한다.

출입구의 미닫이 레일 부근은 항상 청소하여 난방열의 손실이나 강풍 시 바람이 불어 들어오는 것을 방지한다. 경운기나 트랙터의 출입 시에는 레일 부근을 두꺼운 판 등으로 보호한다. 연동의 경우 평상 시에 육안으로 관찰하기 어려운 곡부 홈통은 낙엽, 모래먼지 등이 쌓이기 쉬워 배수가 정체되고, 빗물이 새서 부식의 원인이 되므로 정기적으로 점검하고 청소한다.

#### (2) 폭설에 대한 유지관리

폭설에 대비하여 응급보강용의 가지주(假支柱)나 기타 보강재 등을 미리 이용하기 쉬운 장소에 정돈 보관하여 둔다. 지붕의 표면에서 눈이 미끄러져 내리는 것을 방해하는 돌출물 등의 유무를 미리 점검하여 있을 경우 이를 제거하고, 방풍망이나 차광망 등은 반드시 철거한다. 연동 곡부의 빗물

받이 홈통에 쌓인 낙엽이나 모래먼지 등을 제거하여 눈이 녹아서 흘러내릴 경우 배수가 잘 이루어지도록 한다.

눈이 쌓이면 신속히 쓸어내린다. 눈이 쌓여 필름이 처지면 눈이 미끄러져 내리는 것을 방해하므로 필름이 처지는 것을 방지해야 한다. 무가온 시설의 경우에는 시설의 기밀성을 높이고 내부 보온커튼을 개방하여 지열의 복사에 의하여 실온을 상승시킴으로써 지붕 위의 눈이 미끄러져 내려오는 것을 촉진시킬 수 있다. 가온설비가 있는 경우에는 눈이 내리기 시작하면 실내온도를 높이고, 내부 보온피복을 개방하여 지붕면을 따뜻하게 하여 눈이 미끄러져 내려오는 것을 촉진시킨다.

한쪽으로 치우친 일조 또는 풍향에 의하여 지붕 한 쪽으로만 치우쳐서 눈이 쌓이면 주 골조에 예상 외의 큰 힘이 가해져서 온실이 붕괴되는 경우도 있으므로 신속히 제설을 해야 한다. 또한, 온실 측면에 퇴적된 눈은 지붕의 눈이 미끄러져 내리는 것을 방해하므로 가급적 신속히 제설을 한다. 폭설 시 응급 보강용의 가지주 또는 기타 보강재 등은 폭설경보 발령과 동시에 설치하도록 한다. 폭설대책으로서 가지주를 사용할 때에는 지붕도리 또는 서까래의 지붕 중심에 대칭위치를 지지하는 것이 유효하다.

폭설 후에는 온실 각부의 손상이나 휘어짐, 조립 연결구의 느슨해짐 등의 유무를 전체적으로 점검하고, 필요하면 신속히 보수한다.

### (3) 강풍에 대한 유지관리

강풍에 대하여 가장 중요한 유지관리는 필름의 파손이나 벗겨짐에 의하여 시설 내부로 바람이 불어 들어오지 않도록 하는 것이다. 개구부의 일부 개방이나 피복재의 파손부로부터 바람이 들어오면 시설 내의 압력이 높아져서 피복재가 벗겨지거나 시설이 부상하는 원인이 되므로 파손부위는 신속히 보수해 주어야 한다.

필름이 느슨해져 있으면 강풍에 날려서 피해가 생기기 쉬우므로 필름 고정재나 고정끈을 긴장하고, 국부풍압을 받기 쉬운 온실의 양측 모서리를 보강하며, 방풍망의 피복 등을 점검하고, 파이프의 매설부분 및 부상방지를 위한 나선형 말뚝의 매설상태나 구조물의 고정상태 등을 잘 점검하여 정비해야 한다. 강풍에 의하여 나뭇조각이나 작은 돌 등이 날아와 필름을 손상시키지 않도록 시설 주변을 청소한다. 브레이스·지주·지선 등의 임시 보강재를 준비해 두고 태풍경보 발령과 동시에 설치한다.

강풍이 내습하면 출입문이나 환기창 등에 틈이 생기지 않도록 잘 닫고, 강풍에 대비한 사전준비 및 정비상태를 다시 한번 점검한다. 강풍 통과 후에는 필름이나 고정재의 느슨해짐 또는 파이프 등의 휘어짐, 조립 연결구의 느슨해짐 등을 전체적으로 점검하여 필요하면 신속히 보수한다.

## 2·3 시설의 계획 및 설계

원예시설의 생산성을 높이기 위해서는 기후 및 지형 특성을 고려하여 설치지역이 결정되어야 한다. 원예시설은 투광성이 우수하고, 환기가 용이하며, 적절한 온·습도가 유지되어야 하고, 작물재배에 필요한 충분한 너비를 가져야 하며, 피복재의 교체가 용이해야 한다. 또한, 재배작물의 환경조절에 적합한 시설 형태와 크기를 갖추어야 하고, 장래의 확장을 고려하여 여유공간이 미리 확보되어야 한다. 원예시설의 골조는 많은 투과광량의 확보를 위해 서까래와 중도리 간격을 넓게 유지하면 유리하지만, 풍하중과 적설하중에 안전하도록 간격이 유지되어야 한다. 피복재는 다양한 너비와 중량을 가진 제품이 생산되므로 시설구조의 모양, 규모, 형태 등도 다양하게 설계될 수 있다.

이와 같이 원예시설의 구조는 매우 다양하고 복잡하기 때문에 여기에서는 대표적인 시설의 기본적인 설계기술에 대해서만 설명하기로 한다.

### 2·3·1 시설의 입지조건

원예시설을 이용하여 작물을 경제적이고 안정적으로 생산하기 위해서는 먼저 시설물을 설치할 지역이 시설재배를 하기에 적절한지를 판단해야 하며, 이때 고려해야 할 조건들은 다음과 같다.

#### (1) 재배조건

1) **지 형** : 넓고 평탄해야 하며, 토양이 적합하고, 아침과 저녁에 일사량이 확보되어야 한다.
2) **수 질** : 양질의 물이 확보되어야 하고, 재배 및 보일러용으로 적합해야

한다.

3) **배 수** : 배수가 잘 되는 위치와 토양이어야 한다.

4) **기상조건** : 풍향 및 풍속이 적당한 지역이어야 한다.

### (2) 관리조건

1) **도 로** : 생산물의 출하, 연료·비료 등의 자재의 반입이 편리하고, 도로의 포장상태가 양호해야 한다.

2) **거 리** : 주거지역과 근접하여 재배 및 관리가 편리한 지역이어야 한다.

### (3) 구조조건

1) **지 반** : 지반이 약하거나 너무 단단하여 온실의 시공이 용이하지 않은 지역은 피한다.

2) **지 형** : 기복이 심하지 않은 지역으로 경사지는 가능한 한 피한다.

### (4) 경영조건

◇. **부대시설 비용** : 기존 고압전류의 수전(受電)장치, 물 공급장치, 진입도로 등이 완비되어 있어 불필요한 비용의 지출이 없어야 한다.

## 2·3·2 시설의 기본구조

### (1) 온실 구조체의 종류

1) **골조재** : 목구조, 철골구조, 목철골 혼합구조, 알루미늄구조

2) **접합방법** : 트러스(truss), 라멘(rahmen), 합성골조

3) **안정성** : 정정구조(靜定構造), 부정정구조(不靜定構造)

### (2) 골조 부재의 명칭

1) **서까래**(rafter) : 지붕의 하중을 받치는 경사재(傾斜材)이다.

2) **중도리**(purlin) : 서까래를 받치는 수평재(水平材)이다.

3) **대들보**(ridge purlin) : 용마루에 놓이는 수평재이다.

4) **처마도리, 측면보**(plate) : 기둥 상단을 연결하는 수평재이다.

5) **보**(beam) : 기둥에 수직방향인 수평재이다.

6) **버팀대, 가새**(bracing) : 기둥과 기둥 사이의 경사재로, 온실 모서리에 받는 큰 풍압을 지지하는 부재이다.

**7) 기 둥**(column) : 지붕의 하중을 주로 담당하는 수직재(垂直材)이다.
**8) 샛기둥**(stud) : 기둥과 기둥 사이의 수직재이다.

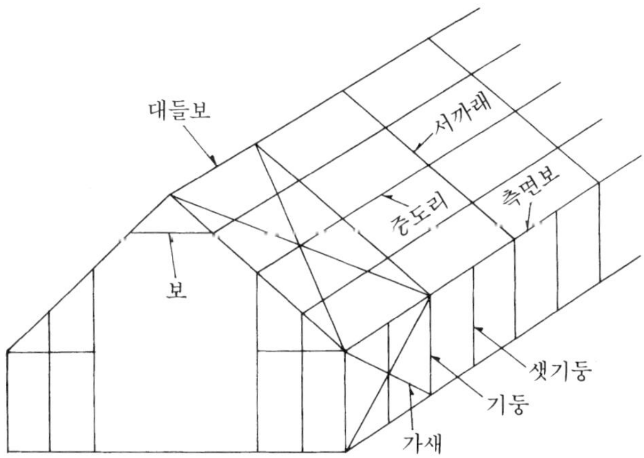


**그림 2-11** 온실의 각 부분 명칭

### 2·3·3 구조설계

원예시설의 구조설계(構造設計)란 용도 · 규모 · 지형 · 지반조건 등 주어진 제반조건을 이용하여 최대한으로 안전하고 경제적인 구조물을 건설하기 위해 필요한 설계도를 완성하는 과정을 뜻하며, 구조계획 → 구조계산 → 설계도 작성 → 적산의 4 단계를 거쳐 실시하고, 각 단계별 개요는 다음과 같다.

#### (1) 구조계획

원예시설의 설계에서 구조계획은 부지 · 시설규모 · 공기 · 공사비 등의 요구조건을 만족하는 구조형식 · 재료 및 공법을 결정하여 기능성, 경제성, 안전성 및 시공의 편리성을 검토하는 과정이다. 이 과정은 설계의 개요를 결정하는 중요한 과정이므로 복수(複數)의 계획안에 대하여 소요재료 · 응력 · 부재단면 등을 비교, 검토하여 결정하는 방법이 바람직하다.

#### (2) 구조계산

구조계산은 설계하중을 고려하여 구조물에 발생하는 단면력(인장력 · 압축력 · 전단력 및 휨모멘트)을 계산한 후 응력을 계산하고, 사용재료의 허용응력과 비교하여 단면을 결정하며, 변형이나 접합부 및 기초의 설계를 포함하는 구체적인 계산과정이다.

#### (3) 설계도 작성

설계도는 구조계산 결과를 이용하여 작성하며, 이에는 주설계도 · 시방서(示方書) · 구조계산서 및 현장설명서가 포함되며, 건설공사 계약 시 기초가 되는 자료이다. 주설계도에는 일반건축 구조물의 설계에 포함되는 기본도면과 난방 · 환기 · 관수 · 배수 · 전기배선 등의 설비와 관련된 도면이 포함된다. 시방서는 주설계도를 기초로 하여 공사할 때 필요한 지시서로, 사용재료의 종류 및 등급의 지정, 시공법 및 특기사항 등을 명시한다.

#### (4) 적 산

적산(積算)이란 소요공사비를 결정하여 예산과 입찰자의 공사견적을 확인하기 위한 것으로, 사용재료비, 소요인건비 및 기타 공사관련 제반경비를 적산한 건설예정가격을 결정하는 과정이다.

### 2·3·4 설계하중

구조설계 시 순간하중은 시설물의 내용년수와 안전도를 설정하고, 재현기간을 구한 후 그 지역의 적설심(積雪深)과 풍속의 재현기대치를 설계용 하중의 기본값으로 취하는 통계적 방법을 이용하여 구하며, 하중을 산정하는 방법은 다음과 같다.

#### (1) 재현기간과 기대치

통계적 처리방법을 이용하여 강설이나 폭풍 등 불규칙한 기상자료의 재현기간에 해당하는 기대치를 구하는 방법이 있다. 재현기간이란 어떤 기상현상의 연최대치의 확률분포함수 $F(V)$를 알고 있을 때, 어떤 값 $V_T$를 초과할 확률 즉 초과확률의 역수로 정의되며, 다음과 같은 식으로 표시된다.

$$P(V > V_T) = 1 - F(V_T) \quad \cdots\cdots (2\cdot1)$$

$$T = \frac{1}{1 - F(V_T)} \quad \cdots\cdots (2\cdot2)$$

식에서, $P$ : 초과확률, $V$ : 풍속(m/s) 또는 적설심(m), $F$ : 기상현상의 연최대치 확률분포함수, $T$ : 재현기간(년)

즉, 설계지점에서 $V_T$ 이상의 강풍이나 적설심이 평균 $T$년에 한 번의 비율로 발생할 것으로 기대된다고 할 수 있으며, 이 $T$년이라고 하는 값을 풍속 또는 적설심, $V_T$에 대한 재현기간이라고 한다.

### (2) 내용년수와 안전도

시설물의 내용년수를 $R$년이라 하고 설계용 풍속 또는 적설심을 $V_T$라고 하면, $R$년 동안에 $V_T$를 초과하지 않을 확률(비초과 확률) $q$는 다음과 같은 식으로 표시된다.

$$q = (F_T)^R = \left(1 - \frac{1}{T}\right)^R = \frac{Q}{100} \quad \cdots\cdots (2\cdot3)$$

이것은 설계에 이용한 $V_T$를 초과하는 폭풍이나 적설심이 시설물의 내용기간 중에는 발생하지 않을 확률로서 시설물의 구조안전성에 대한 하나의 척도가 되기 때문에 이 확률의 백분율을 안전도 $Q$(%)라고 부른다.

이 관계식에서 시설물의 내용년수와 안전도를 정하면 그에 대응하는 재현기간이 결정된다.

내용년수와 안전도는 추천되는 값이므로, 설계자가 시공주와 합의하여 결정할 수 있고, 축산시설 · 육묘시설 · 환경제어설비 · 생력화설비 등 설비투자에 많은 비용이 투입되는 중요 시설은 안전도를 높이는 것이 바람직하다.

표 2-1은 원예시설의 종류별 안전도 및 내용년수를 나타낸 것이고, 표 2-2는 원예시설의 안전도 및 내용년수에 따른 재현기간을 나타낸 것이다. 이 표들을 이용하면 설치하고자 하는 원예시설의 종류와 내용년수 및 안전

〔표 2-1〕 원예시설의 종류별 안전도 및 내용년수 〈김 등, 2000〉

| 시설의 종류 | 내용년수(년) | 안 전 도(%) | |
|---|---|---|---|
| | | 소규모 | 대규모 |
| 유리온실 | 20 | 50 | 70 |
| 플라스틱온실 | 10~15 | 50 | 70 |
| 파이프하우스 | 5 | 50 | — |

도를 고려하여 설계에 적용할 재현기간을 구할 수 있고, 이에 따라 설계하중 산정을 위한 설계풍속이나 설계적설심을 결정할 수 있다.

〔표 2-2〕 원예시설의 안전도 및 내용년수에 따른 재현기간 〈김 등, 2000〉

| 안전도(%) | 내용년수(년) | | | |
|---|---|---|---|---|
| | 5 | 10 | 15 | 20 |
| 50 | 8 | 15 | 22 | 30 |
| 70 | 15 | 30 | 43 | 57 |

### (3) 풍하중

#### ① 설계용 풍속

설계용 풍속은 재현기간에 따른 확률최대 풍속으로 최소한 20년 이상의 최대순간풍속의 관측기록을 이용하여 구한다.

앞에서 설명한 내용년수와 안전도로부터 재현기간이 결정되면 시설물의 설치지역에 대한 설계용 풍속을 구할 수 있다.

#### ② 속도압

속도압(速度壓)은 동압(動壓; dynamic pressure)으로서 바람의 운동에너지이며, 풍속이 $V$(m/s)인 바람의 동압은 다음과 같은 식으로 표시된다.

$$q = \frac{1}{2}\rho V^2 \fallingdotseq 0.0197\, V_0^2 \sqrt{h} \quad \cdots\cdots (2\cdot4)$$

식에서, $q$ : 속도압(kgf/m$^2$), $\rho$ : 공기 밀도(≒1/8 kgf·s$^2$/m$^4$), $V$ : 높이 $h$(m)에서의 풍속(m/s), $V_0$ : 높이 10 m에서의 기준풍속(m/s), $h$ : 시설 높이(m)

앞의 식에서와 같이 속도압은 높이의 제곱근에 비례하여 증가하기 때문에 높이에 따라 차이가 있다. 그러나 구조계산 시 시설의 높이별로 속도압을 산정하는 것은 실제로 어렵기 때문에 일반적으로 지붕높이와 처마높이의 평균높이에 대한 속도압을 산정하여 사용한다.

#### ③ 풍력계수

풍하중(風荷重) 산정의 기본요소가 되는 풍력계수(風力係數; wind force coefficient, $C_F$)는 일반적으로 구조물의 형상이나 크기, 풍속 등에 따라 구조물

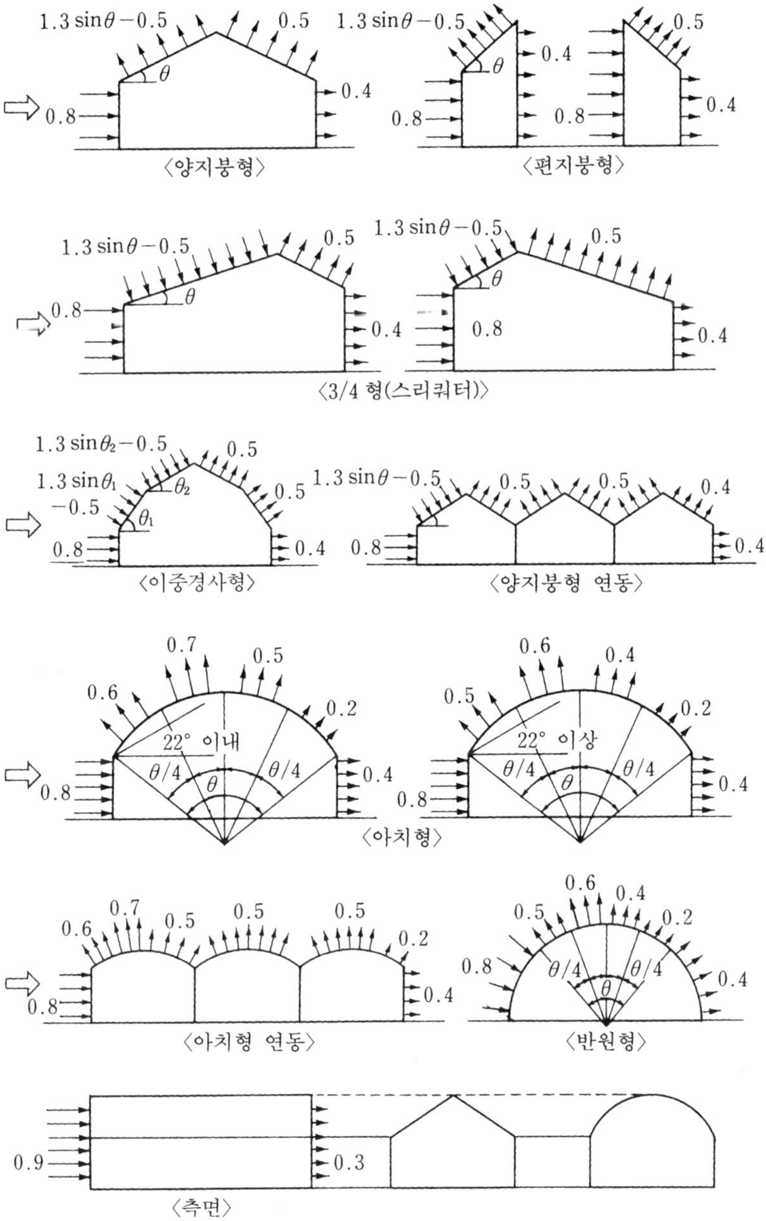


**그림 2-12** 풍력계수의 분포도〈김 등, 2000〉

고유의 값을 갖게 되며, 실험적으로 구해진다. 시설물의 형태에 따른 풍력계수는 그림 2-12와 같다.

### ④ 풍하중 계산

시설물의 지붕면이나 벽면에 작용하는 풍하중은 다음과 같은 식으로 구한다.

$$W_V = C_F \times q(\mathrm{kgf/m^2}) \qquad (2\cdot5)$$

식에서, $W_V$ : 풍하중($\mathrm{kgf/m^2}$), $C_F$ : 풍력계수, $q$ : 속도압($\mathrm{kgf/m^2}$)

## (4) 적 설

### ① 설계용 적설심

설계용 적설심은 설계용 풍속과 마찬가지로 재현기간에 따른 확률최대 적설심으로서 최소한 20년 이상의 적설기록을 이용해서 구한다. 앞에서 설명한 내용년수와 안전도로부터 구한 재현기간이 결정되면 시설물의 설치지역에 대한 설계적설심을 구할 수 있다.

### ② 연동 곡부의 적설심

연동의 곡부에는 그림 2-13의 A와 같이 용마루 부근의 눈이 떨어져서 많은

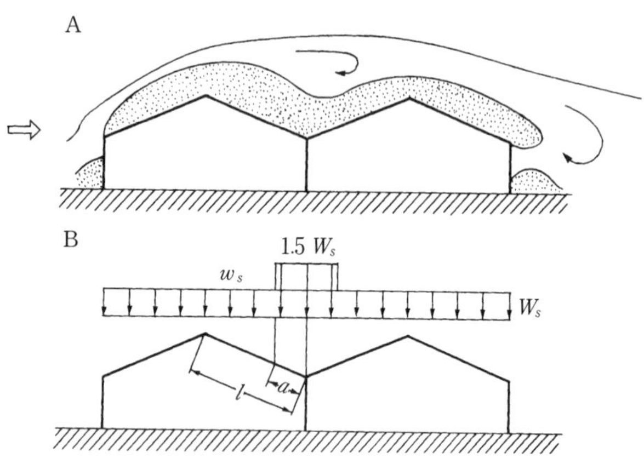


**그림 2-13** 연동 곡부의 적설($a$는 $l/3$ 또는 3 m 중 작은 값이고, 1.5 $W_s$는 설계용 적설심이 40 cm 이상일 때는 2 $W_s$) 〈日本施設園藝協會, 1981〉
A : 바람 부는 상태의 적설 모식도 B : 설계용 적설하중

눈이 퇴적되므로, B와 같이 곡부의 설계용 적설하중은 할증률을 곱하여 증가시키도록 하는 것이 바람직하다.

### ③ 적설하중의 계산

적설하중(積雪荷重)은 온실 지붕 위에 쌓인 눈의 무게로서, 적설심과 눈의 단위중량을 곱해 계산한다. 이때 지역별 설계적설심은 설계풍하중과 같이 시설의 내용년수와 안전도로부터 구한 재현기간에 기대되는 적설심을 사용한다.

시설물의 지붕 위에 작용하는 적설하중의 계산식은 다음과 같다.

$$W_S = \rho \times D \times \alpha \quad \cdots\cdots (2\cdot6)$$

식에서, $W_S$ : 적설하중(Kgf/m$^2$), $\rho$ : 적설의 단위체적중량(kgf/cm·m$^2$), $D$ : 설계용 적설심(cm), $\alpha$ : 지붕경사 및 피복재의 종류에 따른 감소계수

적설의 단위체적중량은 수평면에 대한 중량을 의미하며, 기온·풍속·적설심·지붕경사 등에 따라 다르다. 적설심별 중량은 표 2-3을 기준으로 하고, 적설하중을 계산할 때에는 지붕의 경사도를 감안해야 하며, 수평면에 대한 감소계수를 1.0으로 할 때 단동 유리온실 등의 지붕경사에 따른 적설하중의 감소계수는 표 2-4와 같다. 연질 플라스틱필름을 사용한 경우나 연동의 곡부에는 별도의 기준이 요망된다.

**〔표 2-3〕** 적설의 단위체적중량 〈김 등, 2000〉

| 적 설 심(cm) | 50 이하 | 100 이하 | 200 이하 | 400 이하 |
|---|---|---|---|---|
| 단위체적중량(kg/cm·m$^2$) | 1.0 | 1.5 | 2.2 | 3.5 |

**〔표 2-4〕** 단동 유리온실 등의 지붕경사에 따른 적설하중의 감소계수 〈김 등, 2000〉

| 지붕의 경사(°) | 10~20 | 20~30 | 30~40 | 40~50 | 60 이상 |
|---|---|---|---|---|---|
| 감소계수 | 0.90 | 0.75 | 0.5 | 0.25 | 0 |

## (5) 고정하중

고정하중(固定荷重)이란 시설물을 구성하는 골조재, 접합재, 창, 기타 모든 부속재를 포함하는 구조재의 하중과 피복재의 자중을 합한 하중을 말하며, 이 하중은 일정한 위치에서 일정한 크기로 영구적으로 작용하게 된다.

### (6) 작물하중

원예시설의 구조체에 작물을 매달았을 때의 작물하중(作物荷重)은 실제로 측정된 것이 아니면 수평면 $1\,m^2$ 당 15 kg 의 값으로 하면 된다. 또한, 수평방향으로 지지선을 길게 단 경우에는 이에 따른 수평력도 동시에 고려해야만 한다.

### (7) 조합하중의 적용

조합응력(組合應力)이란 구조재가 휨·축방향력 및 전단력을 동시에 받거나 구조재에 2개 이상의 하중이 동시에 작용할 경우에 발생하는 응력을 조합한 것을 말한다.

1) 적설 시=고정하중+적설하중+특수하중(작물+내부장치)
2) 폭풍 시=고정하중+풍하중+특수하중(작물+내부장치)

## 2·3·5 부재설계

설계하중 계산에 의하여 시설구조물에 가해지는 하중이 결정되면 구조해석용 소프트웨어를 이용하여 장기 또는 단기별 조합하중에 의하여 각 부재(部材)에 발생하는 단면력(인장력·압축력·전단력 및 휨모멘트)을 계산하고 응력을 계산한다. 응력이 결정되면 부재와 접합부에 발생하는 각종 응력이 부재의 허용응력 이하가 되도록 부재를 설계한다.

## 2·3·6 기초설계

기초(基礎)의 종류에는 독립기초·연속기초·말뚝기초 등이 있다. 강도만을 고려하면 주위 전체를 연속기초로 하면 안전하지만, 경비가 많이 들기 때문에 대부분 독립기초를 사용하고 있다. 시설물의 기초는 상부구조에 의한 접지압이 지반의 허용지지력 범위 내에 들고, 기초의 침하가 허용침하량 범위 내에 들며 인발력(引拔力)에 대해서는 안전하도록 지반조사 결과를 근거로 크기·형상 등을 정해야만 한다.

지붕면에 가해지는 풍압에 의한 부압은 풍하측(風下側)에서 강하게 발생하고, 연동형식에서는 곡부의 지붕면에서도 발생한다. 이 때문에 주각부에는 인발력이 생겨 기초가 뽑힐 염려가 있다. 구조해석 결과에 의하면 연동형식에서 특히 샛기둥의 인발력이 크게 발생하므로 주의가 요망된다. 수평력에 의한 기초의 이동에 대해서는 주변의 흙으로 지지하고, 인발력에 대해서는 기초의 자중 및 흙의 무게, 특히 인발될 때 경계면에서 발생하는 전단저항력으로 지지하도록 한다. 특히, 큰 수평력을 받을 때에는 가새재로 접속하는 기둥에 인발력이 발생하여 기초가 뽑히는 원인이 되기 때문에 주의해야 한다.

기초의 설계조건은 기초 슬래브(slab) 아래에 발생하는 지반반력의 최대치를 지반의 허용지지력 이하로 하는 것이다. 또한, 기초 슬래브 아래의 지반반력에 의하여 발생되는 휨모멘트, 전단력에 대하여 기초 슬래브가 안전하도록 해야 한다.

독립기초의 설계는 다음과 같은 순서로 한다.

1) 기초 저면에 작용하는 하중 및 지지 지반의 허용지지력을 산정한다.
2) 기초의 인발력을 산정한다.
3) 침하 및 인발에 저항할 수 있도록 기초 저면의 형상 및 크기를 결정한다.
4) 기초의 단면 및 배근을 결정한다.

## 2·4 적 산

### 2·4·1 적산과 견적

적산(積算)은 공사에 필요한 재료 및 품의 수량, 즉 공사량을 산출하는 기술활동이고, 견적(見積)은 공사량에 단가를 곱하여 공사비를 산출하는 기술활동이다. 오늘날에는 적산과 견적을 같은 의미로 서로 혼용하여 쓰는 경우가 많으나, 공사비를 예측하는 모든 업무를 적산이라고 말하는 것이 통설로 되어 가고 있다.

### 2·4·2 적산의 종류

적산은 시설의 계획, 설계, 시공, 경영의 각 부분에 있어서 그것을 다루는 사람의 입장, 목적, 내용 등에 의하여 몇 가지로 나누어질 수 있지만 다음과 같이 열거할 수 있다.

1) **발주자의 적산** : 계획예산의 적산과 발주예정가격 산출용 적산으로 나눌 수 있다.
2) **수주자**(시공자)**의 적산** : 입찰 시의 적산, 계약 시의 적산, 실행예산의 적산, 설계변경 공사비 적산으로 나눌 수 있다.

### 2·4·3 견적의 종류

#### (1) 개산견적

개산견적(概算見積)이란 과거의 공사실적 자료, 통계자료 및 물가지수 등을 기초로 하여 개략적으로 공사비를 산출하는 것으로 공사의 계획, 기본설계의 단계, 예산조정, 상세견적 점검, 적산시간이 부족한 경우 등에 사용되며, 매우 중요한 역할을 한다. 개산견적에는 단위면적에 따른 개산견적, 단위설비에 따른 개산견적, 부분별에 따른 개산견적이 있다.

#### (2) 명세견적

명세견적(明細見積)이란 완성된 설계도면, 시방서에 준해서 정확한 수량을 명확하게 산출하여 집계, 정리한 다음 공사의 실제 상황에 맞는 적절한 단가를 조사한 후 명기하여 견적하는 방법이다. 명세견적은 발주자 측의 공사예정가격, 수주자 측의 공사입찰금액, 실행예산, 설계변경 등의 적산에 사용되며, 각각의 중요한 공사비를 결정하는 것으로서 가장 정밀도가 높은 내용이 요구된다.

### 2·4·4 원가계산

원가계산이란 어떤 제품을 만들기 위하여 필요한 원가의 산출과정을 말하며, 기업이 생산하는 일정한 제품, 제공하는 각종의 서비스에 필요한 여러 가지 재료, 연료 및 노동력 등 그 목적을 위하여 소비된 물건 모두를 화폐가치로 환산하여 나타낸 것이다. 일반적으로 재료비 · 노무비 · 경비 및 외주비 네 가지로 구분된다.

### 2·4·5 공사비의 구성

공사비란 시설물을 완성하는 데 필요한 모든 비용을 말한다. 공사비는 그림 2-14 에서 보는 바와 같이 공사원가와 일반관리비 및 이윤으로 구성된다.

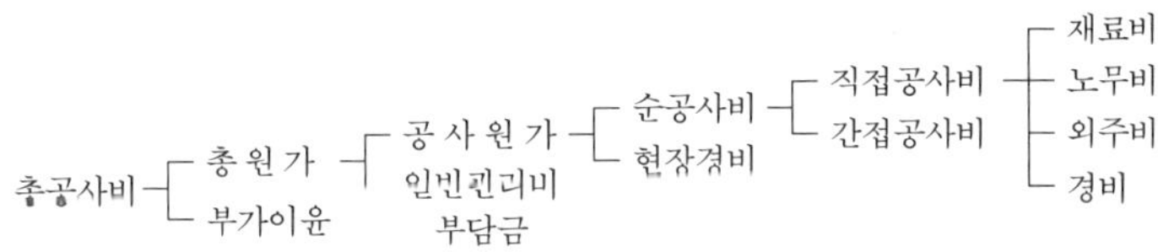


**그림 2-14** 공사비의 구성

### 2·4·6 품　셈

품셈이란 한 공사단위에 필요한 표준적 재료수량 및 노무량을 말하며, 이는 일반적으로 단가의 산출에 사용되고 있다.

표준품셈은 각 공종별로 표준적이고 보편적인 공법 및 공종을 기준으로 단위면적당 소요되는 재료수량 · 노무량 · 장비사용시간 등을 수치로 표시한 적산기준이다. 이 표준품셈은 정부시행 공사에 대한 공사비의 적정 산정을 위한 일반적인 기준을 제공하고자 정부가 1970 년에 제정한 것이다.

### 2·4·7 일위대가

표준품셈에서 제시된 재료수량 및 노무량에 각각 해당하는 단가를 곱하여 재료비와 노무비를 산출하고, 또한 이에 소요되는 소모품비와 사용기계의 손료 등을 산출하여 이를 집계해서 단위당 공사비로 계산하는 것을 일위대가(一位代價)라고 하며, 이를 알아보기 쉽게 표로 나타낸 것을 일위대가표(一位代價表)라고 한다.

### 2·4·8 실행예산

실행예산이란 시공자가 공사 목적물을 계약된 공기 내에 완성하기 위하여 공사 손익을 사전에 예상하고 이익계획을 명확히 하여 합리적이고 경제적인 현장운영 및 공사수행을 도모하도록 사전에 작성하는 예산을 말한다.

〔자재 수량산출 예제〕

〈예제 1〉 다음과 같은 독립기초의 터파기량, 잔토처리량 및 되메우기량을 각각 계산하시오.

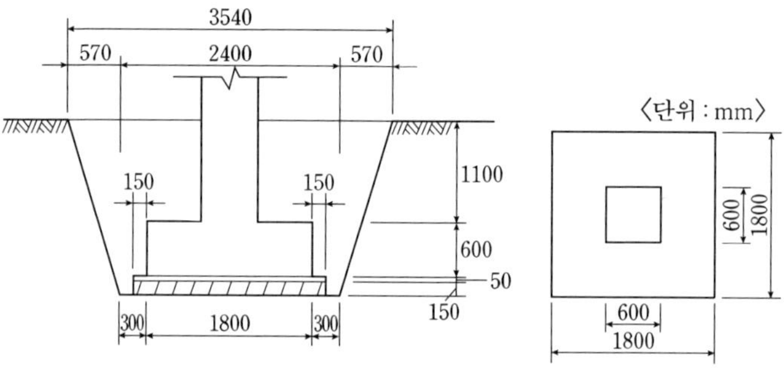


**그림 2-15** 독립기초의 단면도 및 평면도

〈풀이〉

1) 6분법 공식을 이용하여 터파기량을 계산하면 다음과 같다(김 등, 2002).

$$\text{터파기량} = \frac{h}{6}\{(2a+a')b+(2a'+a)b'\}$$

$$= \frac{1.9}{6}\{(2\times3.54+2.4)\times3.54+(2\times2.4+3.54)\times2.4\}$$

$$= 16.96\ \text{m}^3$$

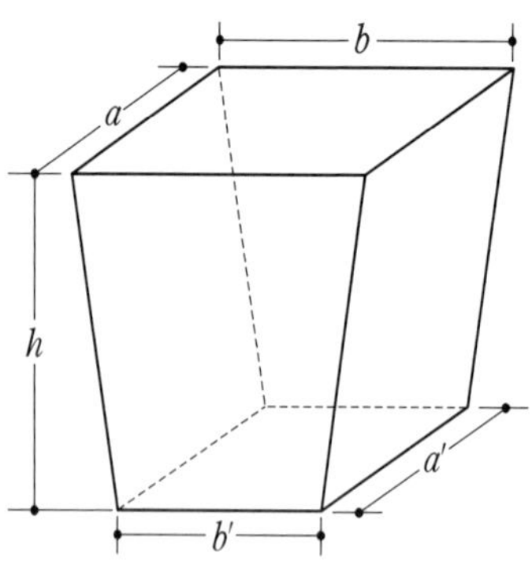


**그림 2-16** 터파기 단면

2) 잔토처리량=지면이하 기초 구조부의 체적=0.66+0.22+2.34=3.22 $m^3$

a. 잡석=2.1×2.1×0.15=0.66

b. 밑창콘크리트=2.1×2.1×0.05=0.22

c. 콘크리트=(1.8×1.8×0.6)+(0.6×0.6×1.1)=1.94+0.40=2.34

3) 되메우기량=터파기량−잔토처리량=16.96−3.22=13.74 $m^3$

〈예제 2〉 그림 2-17 에 제시된 플라스틱온실의 재료수량 및 노무량을 산출하시오.

**〔표 2-5〕** 재료수량 및 노무량

| 일련번호 | 품 명 | 규 격 | 단위 | 수량 |
|---|---|---|---|---|
| ① | 파이프(아치형) | ⌀22×1.2×8 m | 본 | 123 |
| ② | 파이프(직관) | ⌀22×1.2×9 m | 본 | 47 |
| ③ | 비닐패드(스프링 포함) | 6 m | 본 | 45 |
| ④ | 출입문 | — | 개 | 2 |
| ⑤ | 행거레일(상) | 4 m | 개 | 2 |
| ⑥ | 행거레일(하) | 4 m | 개 | 2 |
| ⑦ | 철항 | | 개 | 50 |
| ⑧ | 연결핀 | ⌀22 용 | 개 | 55 |
| ⑨ | 조리개 | ⌀22×⌀22 | 개 | 383 |
| ⑩ | 고정구 | ⌀22 | 개 | 32 |
| ⑪ | 비스볼트 | ⌀ 4×1 cm×1,000 개 | 봉 | 1 |
| ⑫ | 권취축 | ⌀ 22×1.2×9 m | 본 | 22 |
| ⑬ | 수동개폐기 | | 개 | 2 |
| ⑭ | 외부필름 | PE 0.06×450 cm×105 m | roll | 1 |
| ⑮ | 처마비닐 | PE 0.06×60 cm×100 m | roll | 1 |
| ⑯ | 하우스끈 | 200 m | roll | 3 |
| ⑰ | 하우스클립 | ⌀22 | 개 | 200 |
| ⑱ | 숙련공 | | 인 | 5 |

〔수량산출 상세내역(일련번호별)〕

① 97 m(온실 길이)÷0.8 m(서까래 간격)=121.25≒122, ∴ 122+1=123 본

② 97 m(온실 길이)÷9 m(직관 길이)=10.78≒11 본, 11 본×3(도리 세 곳)+4 본(브레싱)+10 본(양쪽 마구리)=47 본

③ 97 m(온실 길이)÷6 m(비닐패드 길이)=16.17≒17 본, 17 본×2 곳(비닐패드 두 곳)+11 본(양쪽 마구리 및 문짝)=45 본

④ 전 · 후 출입문 2 개

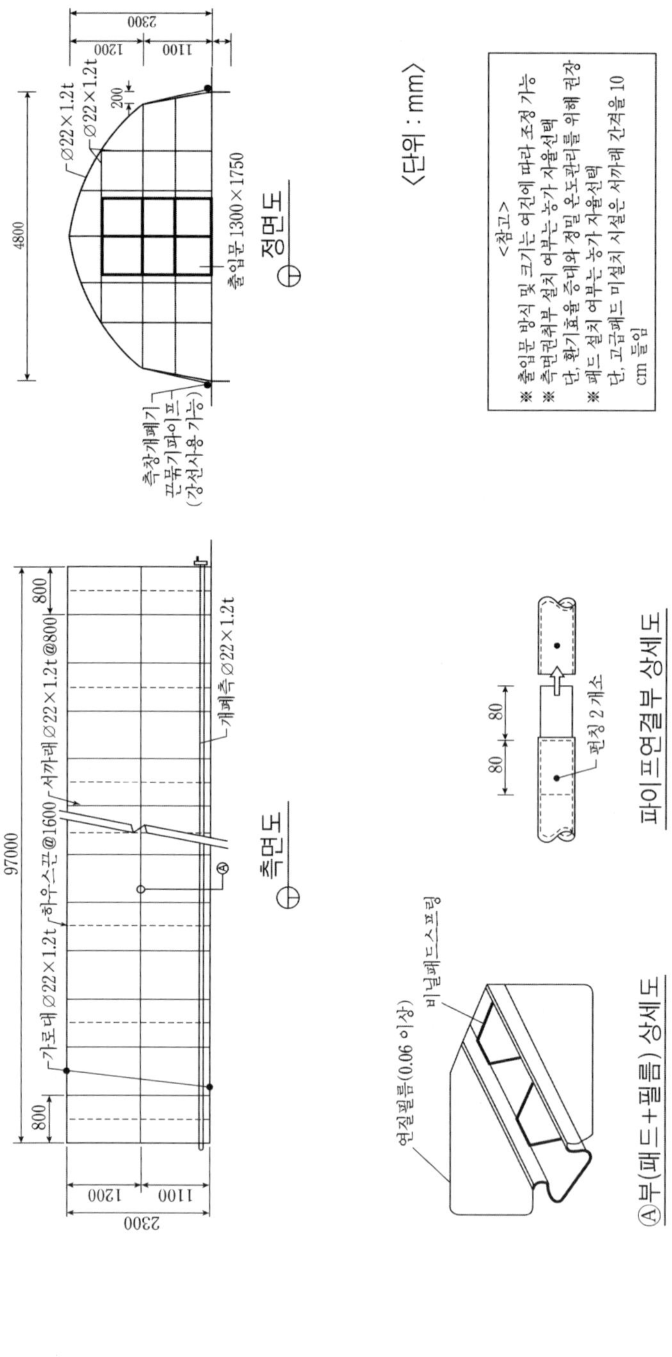
2300
1200
1100
4800
Ø22×1.2t
Ø22×1.2t
200
출입문 1300×1750
정면도
측창개폐기
끈묶기파이프
(강선사용 가능)
〈단위 : mm〉
<참고>
※ 출입문 방식 및 크기는 여건에 따라 조정 가능
※ 측면권취부 설치 여부는 농가 자율선택
단, 환기효율 증대와 정밀 온도관리를 위해 권장
※ 패드 설치 여부는 농가 자율선택
단, 고급패드 미설치 시설은 서까래 간격을 10 cm 들임
97000
800
800
가로대 Ø22×1.2t
하우스끈 @1600
서까래 Ø22×1.2t @800
개폐축 Ø22×1.2t
Ⓐ
측면도
80
80
펀칭 2 개소
파이프연결부 상세도
연질필름(0.06 이상)
비닐패드스프링
Ⓐ부(패드+필름) 상세도

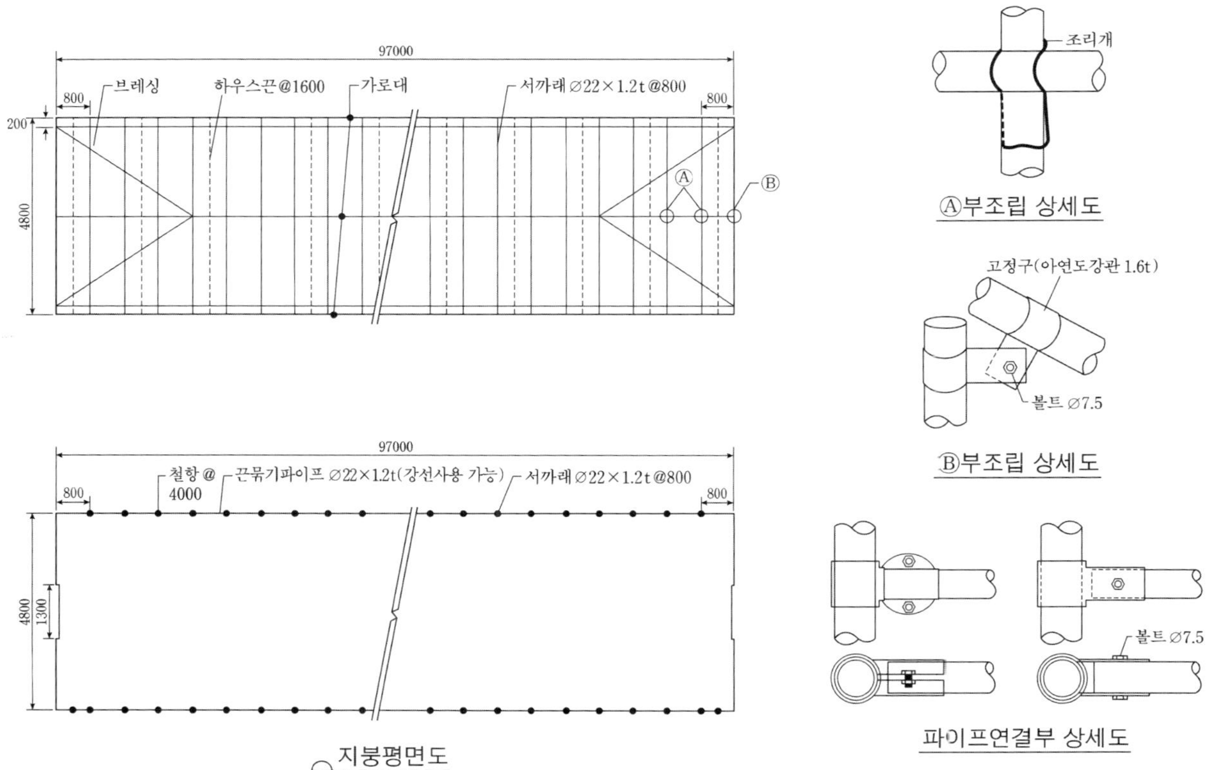


**그림 2-17** 플라스틱온실 도면

⑤ 전・후 출입문 상부

⑥ 전・후 출입문 하부

⑦ 97 m(온실 길이) ÷ 4 m(철항 간격) = 24.25 ≒ 25 개, 25 개 × 2 곳(양쪽 측면) = 50 개

⑧ 33(도리에 사용된 직관 수) + 22(권취축에 사용된 직관 수) = 55 개

⑨ 97 m(온실 길이) ÷ 0.8 m(서까래 간격) = 121.25 ≒ 122, ∴ 122 − 1 = 121 개, 121 개(서까래와 도리의 연결부) × 3 곳 + 10 개 × 2 곳(양쪽 마구리) = 383 개

⑩ 16 개 × 2 곳(양쪽 마구리) = 32 개

⑪ 봉지단위로 필요량을 계산하였을 때 한 봉지로 충분함.

⑫ 97 m(하우스 길이) ÷ 9 m(직관 길이) = 10.78 ≒ 11 본, 11 본 × 2(양쪽 측면 두 곳) = 22 본

⑬ 양쪽 측면 두 곳

⑭ 너비와 길이에 맞춤

⑮ 너비와 길이에 맞춤

⑯ 97 m(온실 길이) ÷ 1.6 m(끈의 설치간격) = 60.62 ≒ 61 곳, 61 곳 + 1 = 62 곳, 62 곳 × 9 m(끈 1 개의 길이) = 558 m ≒ 600 m, ∴ 200 m 의 끈 3 롤이 필요함.

⑰ 97 m(온실 길이) ÷ 1 m(권취축에 설치된 클립의 설치간격) = 97 곳, 97 × 2(양쪽) = 194 ≒ 200 개

⑱ 5 인/일/동

## ◇ 참 고 문 헌 ◇

1. 김문기, 남상운, 서원명, 윤용철, 이석건, 이현우. 2000. 농업시설공학. 향문사.
2. 김정수, 최도승. 2002. 건축적산. 구미서관.
3. 남상운, 유인호, 김종원. 2001. 파이프 골조 온실의 유지보수 보강 기술 개발. 농림부.
4. 농림부, 농어촌진흥공사. 1997. 한국형 유리온실 표준설계도.
5. 농촌진흥청. 2001. 농가보급형 자동화하우스 표준설계서.
6. ────, 농업공학연구소. 2007. 농업시설 기상재해 경감 가이드북.
7. ──────────, 원예연구소. 2007. 원예특작 내재해 시설 설계도.
8. 손정익 외. 2000. 시설원예와 관리 Ⅰ. 향문사.
9. 이병일 외. 1993. 신제 시설원예학. 향문사.
10. 이석건 외. 1995. 원예시설의 구조안전기준 작성. 농어촌진흥공사.
11. 최준오. 2000. 건축 적산 견적. 도서출판 서우.
12. 특허청. 2002. 신기술동향조사 보고서—자동화 재배기술.
13. 農業施設學會. 1990. 農業施設ハンドブック. 東洋書店.
14. 三原義秋. 1980. 溫室設計の基礎と實際. 養賢堂.
15. 日本施設園藝協會. 1981. 園藝用施設安全構造基準(暫定基準).

16. 日本施設園藝協會. 1994. 施設園藝ハンドブック.
17. 立花一雄 外. 1979. 園藝施設ハウスの設計と施工. オーム社.
18. BALLS, R.C. 1986. Horticultural Engineering Technology Fixed Equipment and Buildings. Macmillan Education Ltd.
19. MWPS. 1987. Structure and Environment Handbook. Midwest Plan Service : 1-604.4.
20. LINDLEY, J.A. & J.H. WHITAKER. 1996. Agricultural Buildings and Structures. ASAE.

# 제 3 장 자재의 종류와 특성

## 3·1 온실의 건축자재

온실의 건축은 기초공사, 골격(주로 철골)공사, 알루미늄피복공사, 창문공사, 커튼공사, 환기공사, 관비공사, 전기공사 등으로 분류되며, 이들에 사용되는 자재는 온실의 형태에 따라 수십 종에서 200여 종에 이른다. 여기에서는 온실의 기본구조물을 구성하는 골격자재와 알루미늄자재에 대하여 알아보기로 한다. 골격에 이용되는 자재로는 목재·죽재·철재·경합금재 등이 있다. 초기부터 1980년대 이전까지는 값이 싸고 구하기 쉬운 목재와 죽재가 많이 이용되었지만 그 후 점차 철재 골격으로 대체되었으며, 최근에는 부자재로 가볍고 녹이 슬지 않는 경합금재(輕合金材)가 보급되고 있다.

### 3·1·1 목 재

초창기 유리온실과 필름하우스에 많이 사용되었던 골격자재는 비교적 구하기 쉬웠던 목재이었다. 목재는 건축비가 저렴할 뿐만 아니라 구입하기 쉽고 가공하기 쉬워 매우 편리한 자재인 반면, 강도가 약하고 부패하기 쉬워 내구연한이 짧다. 그리고 부피 때문에 골격률이 커서 투과광량이 적고, 재질이 변하여 휘거나 뒤틀려 틈새가 생기기 쉽다. 이러한 단점 때문에 점차 재질이 우수한 철재나 경합금재가 보급되어 현재에는 거의 이용되고 있지 않다.

### 3·1·2 죽 재

죽재(竹材)는 우리나라 시설재배 초기의 중요한 골격자재로서 주로 터널형 하우스 건립에 많이 이용되었다. 특히, 원통형의 대나무를 하우스 너비 양쪽에 박고 그 끝을 구부려 터널형의 골격구조를 만들었다. 죽재의 내구 연한은 대개 3년 정도인데, 11~12월에 수확한 것이 내구성이 길다. 그러나 죽재는 벌레가 먹거나 썩기 쉽고 규격화가 어려워 시설원예가 발전하는 과정에서 철재 파이프로 대체되기 시작하여 1990년대에 들어오면서 죽재 하우스는 볼 수 없게 되었다.

### 3·1·3 철 재

온실의 안정성과 내구성을 높이고 광선투과율을 향상시키기 위해 여러 가지 다양한 철재 골격자재가 이용되고 있다. 철재 골격자재는 크게 형강(形鋼; steel sections)과 파이프(圓形鋼管; pipe)로 구분된다. 형강은 유리 온실이나 지붕형 하우스의 골재로 이용되며, 빔(beam : H형강, I형강), 앵글(angle : L형강), 채널(channel : 홈형강, C형강, ㄷ형강), 스퀘어튜브(square tube : 사각형강, □형강) 등의 강재(鋼材)로 구분된다. 규격은 두께(T)×너비(W)×높이(H)의 치수를 mm로 표시하여 나타낸다. 빔은 광폭형 양지붕 유리온실의 기둥으로 쓰이고, 앵글은 유리온실의 골격자재로 가장 많이 쓰이는데, 주로 3×40×40 mm 또는 6×65×60 mm의 것이 이용되고 있다. 채널은 비틀림에 강하기 때문에 ㅅ자 보로 이용되고, 스퀘어튜브는 직사각의 형관(形管)으로 두꺼운 것은 □형강, 얇은 것은 각 파이프라고 구분하여 부르기도 한다. 특히, 두께가 얇은 각 파이프는 녹이 슬면 위험하므로 물기가 닿지 않는 부위에 이용하는 것이 좋다.

다음의 그림 3-1에서 양지붕형 철골 유리온실의 단면도와 주요 골격자재를 볼 수 있다.

파이프는 아치형 플라스틱온실의 골격자재로 많이 쓰인다. 이 파이프는 강관 표면에 녹이 슬지 않도록 아연을 용융 도금시킨 것으로 펜타이트파이프라고 부르기도 한다. 파이프는 가늘지만 유연하고 강도가 강하여 무게가 동일할 경우 L형강이나 H형강보다 강도가 높다. 파이프의 규격은 외경으로 나타내는 지름(∅)과 파이프를 구성하는 철판의 두께로 나타낸다. 지름과 두께는 파이프의 재질과 밀접한 관련이 있는데 일반적으로 지름은 31.8 mm, 25.4 mm, 22.2 mm, 두께는 1.9~2.2 mm의 것이 많이 사용된다. 그러나 안전도를 확보하기 위하여 중간기둥과 지붕도리는 지름 40 mm 이상의

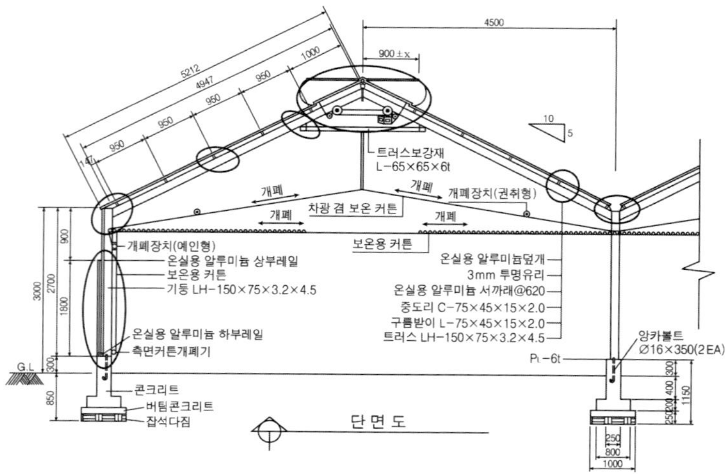


〈단위 : mm〉

〈기본사양〉 온실너비 : 9 m×3 연동,
축고 : 3 m, 동고 5.25 m
길이 : 46.5 m, 면적 1,255.5 $m^2$

| 품 명 | 규 격 | 단위 | 수량 |
|---|---|---|---|
| **철골공사** | | | |
| 포스트 | H−150×75×3.2×4.5 | kg | 1,540 |
| 트러스 | H−150×75×3.2×4.5 | kg | 4,230 |
| 중도리 | C−75×45×15×2.0 | kg | 4,050 |
| 용마루중도리 | C−75×45×15×2.0 | kg | 420 |
| 인방재 | C−75×45×15×2.0 | kg | 810 |
| BASE PLATE | □ 200×150×6 T | kg | 250 |
| 조립 PLATE | □ 200×75×6 T | kg | 165 |
| 조립 PLATE | △ 300×150×6 T | kg | 165 |
| 트라스보강재 | L 형 65×65×6 T | kg | 855 |
| 구름받이 | L 형 50×50×4 T | kg | 150 |
| 브레싱 | ∅12 환봉 | m | 648 |
| **알루미늄 · 피복공사** | | | |
| 용마루바 | 백색알루미늄바×6 m | 본 | 24 |
| 천창 회전바 | 백색알루미늄바×6 m | 본 | 48 |
| 천창 받이바 | 백색알루미늄바×6 m | 본 | 48 |
| 천창 마감바 | 백색알루미늄바×6 m | 본 | 48 |
| 서까래바 | 백색알루미늄바×6 m | 본 | 390 |
| 덮개바 | 백색알루미늄바×6 m | 본 | 390 |
| 서까래고정구 | 백색알루미늄바×6 m | EA | 450 |
| 박공바 | 백색알루미늄바×6 m | 본 | 9 |
| 측면 마감바 | 백색알루미늄바×6 m | 본 | 2 |
| 처마 마감바 | 백색알루미늄바×6 m | 본 | 16 |

**그림 3-1** 농가보급용 3-3 S 형 철골 유리온실의 단면도와 철골공사 자재〈박, 1994, 경상대학교〉

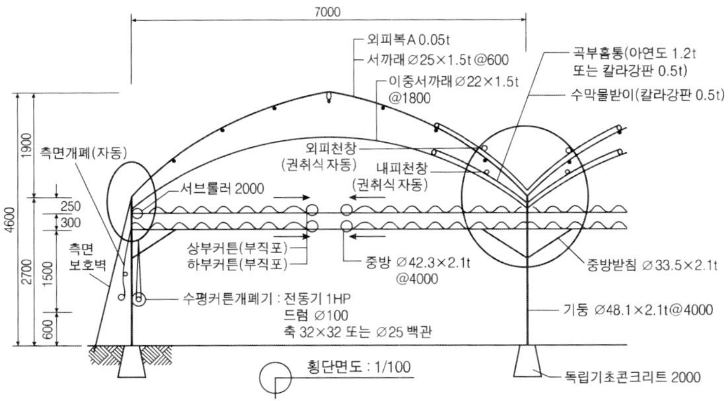


〈단위 : mm〉

〈기본사양〉 하우스 너비 : 7 m×3 연동,
축고 : 2.7 m, 동고 : 4.6 m,
길이 : 48 m, 면적 : 1,008 m$^2$

| 철골공사 | | | |
|---|---|---|---|
| 품 명 | 규 격 | 단위 | 수량 |
| 기둥 | Ø48.1×2.1×2.7 m | 개 | 124 |
| 가로보(곡부보) | Ø48.1×2.1×6 m | 본 | 39 |
| 중방 | Ø42.3×2.1×7.03 m | 본 | 36 |
| 기둥부렛싱 | Ø33.5×2.1×6 m | 본 | 16 |
| 측면보강대 | Ø33.5×2.1×6 m | 본 | 25 |
| 중방받침 | Ø33.5×2.1×0.85 m | 개 | 72 |
| 지붕서까래 | Ø25×1.5×8 m | 본 | 243 |
| 커튼지지파이프 | Ø25×1.5×8 m | 본 | 60 |
| 측면, 마구미등 | Ø25×1.5×8 m | 본 | 48 |
| 이중서까래 | Ø22×1.5×8 m | 본 | 75 |
| 가로대 | Ø22×1.2×8 m | 본 | 168 |
| 지붕부렛싱 | Ø22×1.2×8 m | 본 | 24 |

**그림 3-2** 농가보급용 1-2 W 형 파이프 표준온실의 단면도와 철골공사 자재〈박, 1994, 경상대학교〉

것을 사용해야 한다.

그림 3-2 에서 우리나라 농가보급용 1-2 W 형 파이프 표준온실의 단면도와 철골 구조재를 볼 수 있다.

철재는 고온다습한 시설 내에서 부식하기 쉽고, 특히 다습조건에 노출되어 있는 토대나 기둥의 기초에 접하는 부분은 녹이 슬기 쉽다. 철재의 부식은 적절한 보존과 관리가 필요하다. 예를 들면, 방청제와 함께 페인트칠을 하거나 아연도금을 하여 화학비료나 부식성 물질이 닿지 않도록 주의해야 한다.

### 3·1·4 경합금재

경합금(輕合金)이란 알루미늄(aluminium)을 주성분으로 하는 여러 종류의 합금을 말하는데, 가벼우면서도 녹이 잘 슬지 않는 것이 특징이다. 무게가 가벼워 용적이 작아질 수 있기 때문에 골격률을 크게 낮추면서 광선투과율을 증가시킬 수 있으며, 성형이 쉬워 매우 복잡한 단면을 갖게 할 수도 있다. 그러나 철재보다는 강도가 떨어지며 값이 비싼 것이 단점이지만, 주골격인 철재와 잘 조합하면 서로의 결점을 보완할 수 있다. 현재 중형 이상의 실용 온실에 이러한 복합 구조재를 도입하여 온실을 건립하고 있다. 양지붕형 유리온실에서 사용하고 있는 경합금재의 사용처와 종류별 규격은 그림 3-1 에서 볼 수 있다.

## 3·2 환경조절자재(피복재)

온실의 환경조절이라 함은 광환경을 비롯하여 난방, 냉방을 포함한 온도환경, 공기환경, 수분환경 그리고 이들 환경을 복합적으로 관리하는 복합환경 등 다양한 환경관리가 있을 수 있고, 이와 관련된 수많은 환경 조절자재들이 개발 도입되고 있다. 여기에서는 이들 자재 모두를 다룰 수는 없어 온실 환경조성의 근본이 될 수 있는 피복자재에 대하여 자세히 살펴보고, 그 밖의 것들은 시설 내 환경특성 분야에서 부분적으로 언급될 수 있을 것이다.

### 3·2·1 피복자재의 종류와 특성

피복(被覆)은 외부와 격리된 시설 내에서 저온이나 강풍, 강우 등의 실외 기상의 영향으로부터 작물을 보호할 뿐만 아니라 병충해, 동물, 조류 등의 침입도 방지할 수 있다. 더욱이 피복은 시설 내에서의 빛, 온도, $CO_2$, 토양 수분 등 모든 환경을 조절 가능하게 하는데, 이것이 시설원예의 특징이라고 할 수 있다.

#### (1) 피복자재의 종류

시설의 피복재는 운모판에서 시작하여 유지(油紙)를 거쳐 판유리, 연질 플라스틱필름, 경질판, 복층판에 이르기까지 다양하게 발전해 왔다. 특히, 우리나라에 유지를 사용한 기록은 약 500 년 전인 1459 년경 조선시대 성종실록의 '산가요록(山家要錄)'이란 농업기술서에 기름 먹인 창호지를 피복재로 사용한 기록이 있다. 이 기록으로 우리나라 온실역사는 15 세기 중반의 일로, 서양의 17 세기 후반보다 약 170 년 앞선 것으로 추측하고 있다.

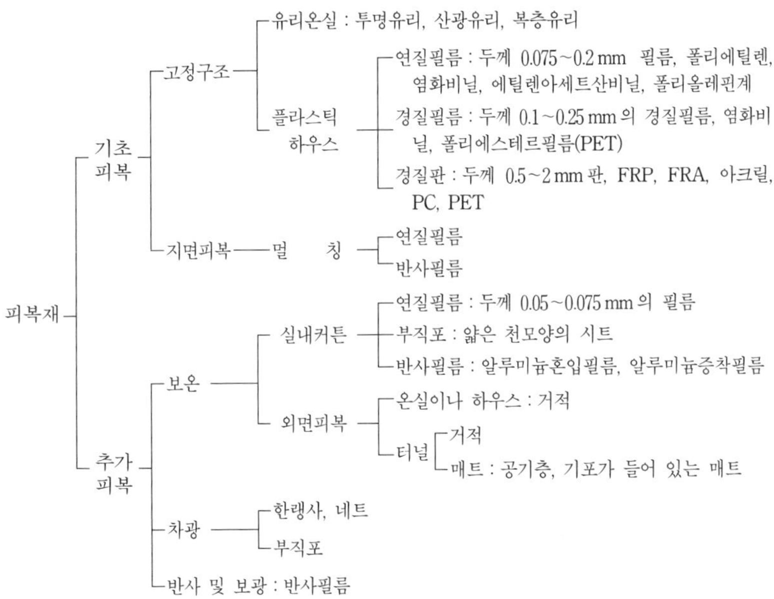


**그림 3-3** 온실 피복자재의 종류

이러한 피복자재의 발달은 시설면적의 증가에 결정적인 영향을 끼쳐 왔다. 무엇보다도 플라스틱필름의 보급은 우리나라 시설원예의 발전을 크게 촉진시키는 원동력이 되었다.

시설의 피복은 크게 기초피복(고정피복 ; fixed covering)과 추가피복(가동피복 ; movable covering)으로 구분할 수 있다. 기초피복이란 기본골격 구조물 위에 유리나 플라스틱자재 등으로 피복하는 것을 말하고, 추가피복이란 기초피복의 안팎에서 주로 보온・보광・차광 등을 목적으로 연질필름・반사필름・한랭사・부직포・거적・매트 등을 이용하여 추가적으로 피복하는 것을 말한다.

피복재의 종류는 그림 3-3 과 같이 정리할 수 있다.

### (2) 피복자재의 특성

피복재의 특성은 광학적 특성, 열적 특성, 역학적 특성, 종합적 특성으로 구분할 수 있다. 이 중 일부는 모든 피복재에 적용되며, 일부는 피복재의 종류에 따라 적용내용이 다르다. 종합적 특성은 피복재 선택의 판단자료로 이용된다.

피복자재의 특성별 구성요소와 그 내용을 정리하면 표 3-1 과 같다.

## 3·2·2 유리 피복재

온실의 피복재로 사용하는 유리에는 보통판유리, 형판유리, 열선흡수(반사)유리, 복층유리 등이 있다.

보통판유리는 투명유리로서 두께 3 mm, 너비 508 mm 또는 610 mm, 그리고 길이 960 mm 안팎의 것이 많이 쓰이고 있다. 그러나 적설량이 많은 지역, 바람이 강한 지역에는 4 mm 정도의 두꺼운 유리를 쓰는 것이 안전하고, 벤로형(Venlo) 온실은 구조상 4 mm 정도의 유리를 쓰는 것이 바람직하다. 투명유리는 광선투과율이 가장 높으며, 특히 가시광선(可視光線)의 투과율이 90 % 이다. 형판유리는 유리 표면에 요철(凹凸)모양이 있어 투과율은 투명유리에 비하여 떨어지지만 투과광의 일부를 산란시켜 시설 내의 광분포를 고르게 하는 장점이 있다. 열선흡수제를 첨가하여 만든 열선흡수 또는 반사 유리는 유리에 미량의 철, 니켈 또는 칼륨 등의 금속산화물을 첨가하여 장파장의 열선을 흡수하거나 반사시켜, 낮에는 실내온도를 낮추고 밤에는 보온력을 향상시킨 것이다.

〔표 3-1〕 피복자재의 특성별 구성요소

| 특 성 | 구성요소 |
|---|---|
| 광학적 특성 | 광선투과율 : 일사광이 투과되는 정도<br>입사광량−(반사광량＋흡수광량)/입사광량×100＝<br>투과광량/입사광량×100<br>분광투과율 : 태양광선의 파장별 투과율<br>광선흡수율 : 재질 및 두께에 따라 변함<br>광선반사율 : 표면형태 및 광 입사각에 따라 변함<br>굴절률 : 유리, 경질판에서 광이 굴절되는 정도<br>산란율 : 유리, 경질판에서 광이 산란되는 정도 |
| 열적 특성 | 열전도율 : 열이 통과되는 정도(kcal/m$^2$/h/℃)<br>열전도량 : 열전도율×온도차×면적/두께<br>열팽창계수 : 온도변화에 따라 팽창되는 정도 |
| 역학적 특성 | 기본특성 : 두께, 밀도<br>신장률 : 피복재가 늘어나는 정도<br>인장강도 : 인장에 대한 저항 정도<br>인열강도 : 직각 또는 수평 방향 찢김에 대한 저항 정도<br>충격강도 : 충격에 대한 저항 정도<br>굴곡강도 : 휨에 대한 저항 정도<br>경도 : 표면긁힘에 대한 저항 정도 |
| 종합적 특성 | 물리성 : 충격 및 인장에 강한 정도와 팽창수축의 정도<br>보온성 : 주간온도 상승, 야간냉각 방지, 실내보온 정도<br>무적성 : 물방울이 부착되지 않고 흘러내리는 정도<br>방진성 : 먼지의 부착 정도<br>내구성 : 실용적으로 사용 가능한 피복재의 수명<br>작업성 : 자재간의 접착성, 무게 등 피복작업의 용이성<br>내후성 : 기후변화에 따른 변색, 착색, 강도유지 정도<br>기타 : 가격, 폐기성, 내약품성, 유독가스 발생 여부 |

이들 유리의 파장별 분광투과 정도를 그림 3-4 에서 보면 투명유리와 형판유리는 파장 330~380 nm 의 자외선을 80~90 % 투과시키나, 310 nm 이하의 자외선은 투과시키지 않는다. 열선흡수유리는 350~380 nm 의 자외선을 40~70 % 투과시키나, 330 nm 는 투과시키지 않는다. 투명유리는 가시광선투과율이 90 % 이고, 형판유리는 이보다 약간 낮다.

열선흡수유리는 600~700 nm 의 적색광의 투과율이 상당히 낮은 편이며,

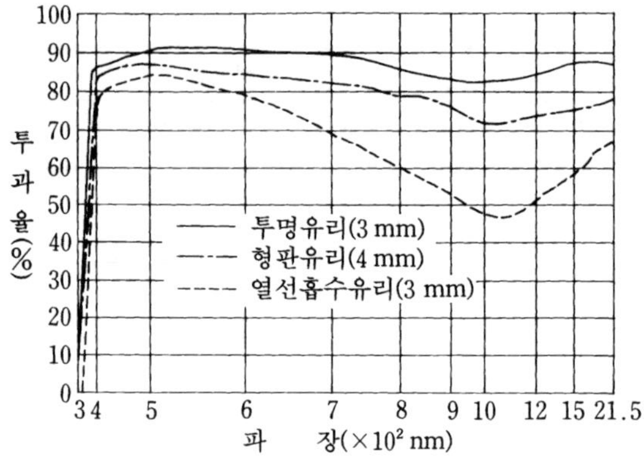


**그림 3-4** 유리 종류별 분광투과율 비교

**〔표 3-2〕** 기초피복자재의 물리적 특성 비교

| 항 목 | PE | EVA | PVC | FRA | FRP | 유리 |
|---|---|---|---|---|---|---|
| 두께(mm) | 0.1 | 0.1 | 0.1 | 1.0 | 0.7 | 3.0 |
| 밀도(g/mL) | 0.92 | 0.93 | 1.4 | 1.5 | 1.5 | 2.1 |
| 인장강도(kg/mm$^2$) | 1.0 | 2.2 | 2.3 | 10.0 | 13.0 | 6.0 |
| 연신율(%) | 500 | 600 | 300 | — | — | — |
| 인열강도(kg/cm) | 50 | 60 | 58 | — | — | — |
| 충격강도(kg·m/cm$^2$) | 20 | 54 | 65 | — | — | — |
| 압축강도 | — | — | — | 10.0 | 15.5 | 90.0 |
| 굴곡강도 | — | — | — | 15.5 | 17.5 | 6.5 |
| 열전도율(kcal/m$^2$/h/℃) | 0.28 | 0.28 | 0.14 | 0.09 | 0.09 | 0.68 |
| 열팽창계수(×10$^{-5}$) | — | — | 8.0 | 4.8 | 2.8 | 1.0 |
| 투명도(%) | 86 | 89 | 91 | — | — | — |
| 광선투과율(%) | 88.2 | 88.2 | 91.5 | 90.0 | 90.0 | 91.0 |
| 장파투과율(%) | 75 | 55 | 25 | — | — | 0~1 |
| 장파흡수율(%) | 15 | 35 | 65 | — | — | 95 |
| 장파반사율(%) | 10 | 10 | 10 | — | — | 5 |
| 가온필요량(kcal)* | 3,200 | 2,883 | 2,790 | — | — | — |
| 폴리에틸렌(PE)에 대한 비율(%) | 100 | 90.1 | 87.2 | — | — | — |

㊟ 개발 자료를 종합 정리한 것으로, 조사기준이 다를 수도 있음.
  * : 외부기온 0℃ 일 때 12℃ 유지를 위해 필요한 열량

어느 것이든지 4,000 nm 까지의 근적외선은 투과시키지만 이보다 긴 파장은 투과시키지 못한다. 열선흡수유리는 1,000 nm 부근의 근적외선광을 50 % 정도 투과시키지만 열선은 거의 투과시키지 못한다.

그 밖에 2 장의 판유리 사이에 금속을 증착시킨 필름을 넣은 복층유리가 있으며, 이것은 전일사량 투과율은 높아 승온효과는 있지만 가시광선투과율은 낮아 광합성을 저하시키는 결점이 있다. 또, 최근에는 온도나 광의 강도에 따라 색이 변하는 크로믹색소를 이용한 유리제품이 개발되어 색의 변화에 따라 광투과율과 보온성이 조절되는 특수유리가 개발되어 있다.

### 3·2·3 경질 플라스틱판 자재

경질판(硬質板 ; plastic panel)은 두께가 0.2 mm 이상 되는 플라스틱판으로 FRP, FRA, MMA, PC 등이 있다. 이들 판은 시설의 기초피복재로서 유리와 거의 비슷한 성질을 지니고 있다.

#### (1) FRP 판

FRP(fiber glass reinforced polyester)판은 불포화 폴리에스테르 수지에 유리섬유를 보강시킨 복합재로서, 충격에 강하고 굽힘강도가 있으며 열수축도 없다. 분광투과율은 자외선 투과율이 경질판 중에서 가장 낮으며, 값은 비싸지만 수명이 길어 8~10 년 동안 연속하여 사용할 수 있다. 그러나 장기간 사용하면 유리섬유의 분리에 의하여 백화현상이 일어난다.

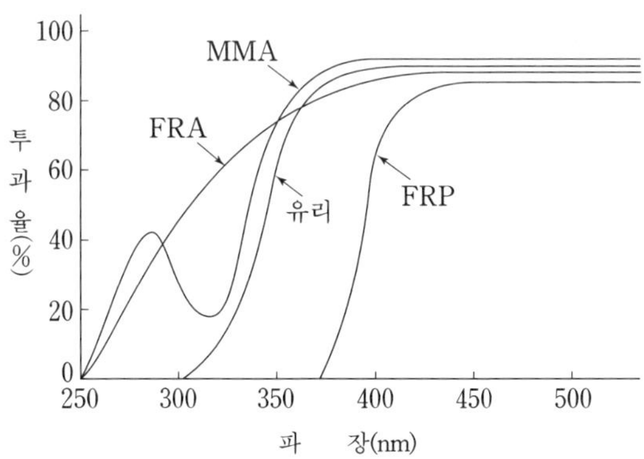


**그림 3-5** 경질판 피복자재의 자외선 분광투과율

### (2) FRA 판

FRA(fiber glass reinforced acryl)판은 아크릴산 수지에 유리섬유를 샌드위치 모양으로 넣어 가공한 것으로서 두께 0.7~1.0 mm 이며, 1973 년부터 시판되기 시작하였다. 이 경질판은 아크릴산 수지와 유리섬유가 벗겨짐에 따라 백화하는 경향이 있는데, 내후성이 뛰어나고 광선투과율도 약 90 % 로 높은 편이다. 그리고 이 경질판은 23 % 산광성을 지닌 피복재로서 자외선의 투과율도 FRP에 비하여 높은 편이다(그림 3-5 참조).

### (3) MMA 판

MMA(polymethyl methacrylate)판은 유리섬유를 첨가하지 않은 100 % 아크릴산 수지이며, 두께 0.7~1.7 mm 의 경질판이다. 이 판은 유리와 비슷한 투과성을 지니고 있으며, 10~15 년을 사용하더라도 광선투과율이 그리 떨어지지 않는다. 300 nm 이하의 자외선 투과율이 높고, 2,500 nm 이상의 적외선은 거의 투과시키지 않으므로 보온성도 매우 높다.

### (4) PC 판

PC(polycarbonate)판은 평판보다는 파판이 많이 이용된다. 광선투과율이 높아 가시광선의 경우 90 % 의 투과율을 보여 유리와 거의 같은 수준이다. 자외선 차단제의 처리효과가 잘 나타나 자외선 투과율이 매우 낮다. 피복재가 쉽게 황변하지 않아 광선투과율이 계속 지속되며 무적성이 뛰어나다.

〔표 3-3〕 여러 가지 기초피복 자재의 종합적 특성 비교

| 특성 | PE | EVA | PVC | FRP | 유리 |
|---|---|---|---|---|---|
| 투명성 | △ | ○ | ◎ | ○ | ◎ |
| 강도 | ○ | ○ | ◎ | ◎ | ○ |
| 내구성 | △ | △ | ○ | ◎ | ◎ |
| 내한성 | △ | △ | ◎ | ◎ | ◎ |
| 방진성 | ○ | ○ | △ | ○ | ◎ |
| 유적성 | × | ○ | ◎ | △ | ○ |
| 보온성 | △ | ○ | ◎ | ◎ | ◎ |
| 작업성 | ◎ | ◎ | ◎ | × | × |
| 비용 | ◎ | △ | △ | × | × |

㈜ ◎ : 아주 좋음, ○ : 좋음, △ : 보통, × : 나쁨

가벼우면서도 보온성이 좋으며 무엇보다도 아크릴판이나 FRP 판에 비해 충격강도가 커서 잘 파손되지 않는다. 내용년수는 10～15 년으로 길다.

### (5) 복층판

복층판(複層板; double wall skin)은 기초피복재의 보온성을 향상시키기 위하여 개발한 것으로 두께 4～20 mm 의 공간을 가진 이중구조의 중공판(中空板)이다. 아크릴 복층판, 폴리카보네이트(polycarbonate) 복층판 등이 있는데, 실제로 사용되고 있는 것은 두께가 4 mm 와 6 mm 로 매우 얇은 편이다. 복층판의 열관류율은 3.0 kcal $m^{-2}$ $h^{-1}$ $℃^{-1}$ 로서 커튼 한 겹을 친 것과 비슷한 보온성을 지니고 있다. 이중구조이기 때문에 중공부에 물이 들어가지 않도록 접합을 잘 해야 하고 구조재와의 합리적인 조합법이 확립되어야 한다. 값이 비싸고 광선투과율이 낮은 것이 단점이다.

## 3·2·4 플라스틱필름 자재

플라스틱필름은 연질과 경질로 나누어지며, 두께 0.05 mm 의 연질필름은 파이프하우스 · 터널 등에 이용되며, 이용기간이 1～3 년 이내로 짧다. 경질필름은 보통 두께가 0.1～0.2 mm 이고, PET 필름, 불소수지필름 등이 있다. 최근에는 불소수지필름이 철골온실의 유리 대용으로 일부 쓰이고 있다.

### (1) 연질 플라스틱필름 자재

#### ① 염화비닐필름

염화비닐(polyvinyl chloride, PVC)은 1939 년 미국에서 개발되어 1950 년부터 하우스의 피복재료로 이용되기 시작하였다. 이 필름은 제조과정에서 부드러움과 탄성을 주기 위한 가소제(可塑劑), 수지(樹脂)의 분해를 방지하기 위한 열안정제, 그리고 내후성을 강화하기 위한 자외선 흡수제 등이 첨가되어 있다. 이 필름은 광선투과율이 높고 장파투과율과 열전도율이 낮기 때문에 보온력이 뛰어나며, 항장력과 신장력이 크고 내후성이 강하며, 화학약품에 대한 내성이 크다는 장점이 있다. 반면에 가소제가 표면으로 용출되어 먼지가 잘 달라붙어 사용 중 광선투과율이 낮아지고, 필름끼리 서로 달라붙어 취급이 다소 불편하며, 값이 비싼 것이 단점이다. 일본에서는 기초피복재로 많이 이용되고 있으나, 우리나라에서는 2 중피복 보온재로 일부 이용되고 있다.

### ② 폴리올레핀계 필름

폴리올레핀(polyolefin, PO)이란 에틸렌프로피렌프텐 등 $\alpha$-올레핀의 단독중합체 또는 복합중합체의 총칭으로, 농업용 필름에는 PE, EVA, PO 특수필름 등이 있다.

### ③ 폴리에틸렌필름

폴리에틸렌(polyethylene, PE)은 $(CH_2-CH_2)n$의 구조를 갖는 합성 고분자 물질로 중합방식의 차이에서 생기는 폴리머(polymer)의 특성에 따라 저밀도 PE와 고밀도 PE로 구분된다. 분자량은 일반적으로 50,000~500,000으로, 폴리에틸렌은 분자량이 서로 다른 분자들로 구성되어 있어 분자량의 분포에 따라 가공성과 물성이 크게 달라진다. 필름이란 대개 두께가 0.25 mm 이하의 경우를 말하는데, 상용으로 제작되는 폴리에틸렌필름은 0.12 mm 이하의 것들이다. 1950년대 초부터 하우스의 피복재로 이용되기 시작하였으며, 2008년 말 기준으로 우리나라 온실면적 49,964 ha의 88 % 인 44,115 ha의 기초 피복재로 이용되고 있다.

이 필름은 광선투과율이 높고, 필름 표면에 먼지가 잘 부착되지 않으며, 필름이 서로 달라붙지 않아 취급이 용이하고, 여러 약품에 대한 내성이 크며, 가격이 싸다는 장점이 있다. 반면에 내후성이 약해 수명이 짧고 보온력이 떨어지며, 항장력과 신장력이 작은 결점이 있어 우리나라 겨울재배 시에만 주로 쓰이는 이동식 하우스의 피복재료로 적당하다.

여러 가지 연질필름에 대한 파장별 분광투과율을 보면 그림 3-6과 같다.

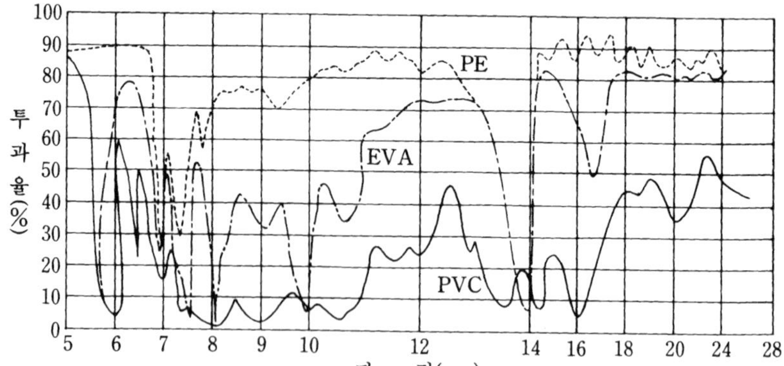


**그림 3-6** 여러 가지 연질필름의 파장별 분광투과율(필름 두께 0.1 mm)

#### ④ 에틸렌아세트산비닐필름

에틸렌아세트산비닐(ethylene vinyl acetate, EVA)은 $CH_2=CH_2$와 $CH_2=CHOCOCH$의 공중합수지로 온실 피복재로서의 우수한 특징을 지니고 있다. 이 필름은 광선투과율이 높고 항장력과 신장력이 크며, 먼지의 부착이 적고 화학약품에 대한 내성이 강하다. 또한, 저온에서 굳지 않고, 고온에서도 잘 견디는 특성을 지니고 있으며, 가스발생이나 독성의 염려가 없다는 장점이 있다. 이 필름의 내후성(耐候性)은 앞의 두 필름의 중간 정도이고, 값은 폴리에틸렌보다 비싼 편이다. 현재 이용률이 증가하고 있으며, 2008년을 기준으로 시설년석의 약 8.7%인 4,365 ha를 차지하고 있다.

#### ⑤ 폴리올레핀계 특수필름

폴리올레핀(PO)계 특수필름이란 보온성을 향상시키기 위하여 폴리올레핀계 수지(PE와 EVA)를 3~5층으로 다층화하고 적외선 흡수제를 혼합한 것을 말한다. PO계 특수필름의 특성은 가볍고, 달라붙지 않으며, 산란광 비율이 15% 정도로 약간 높다. 사용연한은 일반용은 1~2년이나 장수제품은 3~5년까지 이용 가능하다. 최근 일본에서 수입하여 일부 농가에서 사용하고 있다.

#### ⑥ 연질필름의 특성 비교

각종 연질필름의 파장별 분광투과율은 그림 3-6에서 보는 바와 같다. 자외선, 가시광선, 적외선 모두 PE>EVA>PVC의 순이다. 낮 동안 저장된 열은 일몰 후부터 적외선의 형태로 방출되는데 PE는 80%, EVA는 48%, PVC는 20%를 방출한다(자료 : 일신화학).

특히, 적외선은 열선이며 야간은 장파방사이기 때문에 투과가 잘 된다는 것은 그만큼 보온력이 떨어진다는 것이다. 그러므로 PE는 보온성이 약하고 PVC는 보온성이 강한 것이 특징이다. PVC가 보온성이 큰 이유는 밀도가 높고 열전도율이 작기 때문이다. 연질필름은 설치 후 시간이 경과하면서 광선투과율이 떨어진다. 오염도에 따라 PE>EVA>PVC 순으로 투과율이 떨어진다. PE는 상당 기간 투과율을 유지하는 반면, PVC는 투명도가 높아 초기에는 투과율이 가장 높지만 먼지 부착이 잘 되기 때문에 설치 후 2개월부터 투과율이 떨어져 다른 필름보다 낮다.

### (2) 경질 플라스틱필름 자재

초기에는 경질 염화비닐(PVC)필름도 이용되었으나, 현재는 PET, ETFT 두 종이 사용되고 있으며, 연질필름에 비하여 기계적 강도가 우수하므로 유리나 경질판을 대체할 수 있는 필름피복재로 보급이 확산되고 있다.

① **경질 폴리에스테르필름**

폴리에틸렌테레프탈레이트(polyethylene terephthalate, PET)필름은 에틸렌글리콜과 테레프탈산의 축합반응으로 제조하는 일종의 포화 폴리에스테르(polyester)이다. 이 경질필름은 전체적으로 광선투과율이 높고 장파장의 투과가 어렵기 때문에 보온성이 높다. 그리고 인열강도(靭裂强度)가 보강되어 있고, 무적성(無滴性)도 좋은 편이다. 이 필름에는 자외선투과형과 자외선차단형이 있다. 자외선투과형도 수명이 길어 5년 이상 연속사용이 가능한데, 자외선차단형의 경우에는 내구연한을 8~10년까지 연장할 수도 있다.

② **불소수지필름**

불소계 수지는 결합력이 강하고 비중이 높아 투광성·방진성·강도 등이 오랫동안 유지되어 내구연한이 긴 것이 특징이다. 불소계 수지필름으로는 에틸렌 4불화에틸렌(ethylene tetra fluoro ethylene, ETFE), 4불화에틸렌(poly tetra fluoro ethylene, PTFE) 등이 있다. 현재 국내에 보급되는 ETFE는 일본에서 수입한 것이며 에틸렌, 소금, 형석($CaF_2$) 등을 원료로 하여 제조하는 필름이다. 이것들은 단층필름으로 투명도가 높고 광선투과율이 0.1 mm 두께에서 95%로 어떤 피복재보다 높다. 또한, 강도와 내구성도 우수하여 10~15년 정도 사용할 수 있으며, 10년이 지나도 92% 이상의 광선투과율을 유지한다. 내열성이 높아 170℃ 이상에서도 변형되지 않으므로 온도변화에 따른 변화가 작다.

### 3·2·5 추가 피복재

추가 피복재란 기초피복 외에 보온·차광·보광 등을 목적으로 이용하는 피복재를 말하며, 기초 피복재인 연질필름은 추가피복에도 이용되는데, 그 밖의 몇 가지 주요 추가 피복재의 특징을 살펴보면 다음과 같다.

#### (1) 반사필름

반사필름(reflective film)에는 보온 및 보광용으로 이용되는 알루미늄을 반사면으로 하는 필름, 즉 알루미늄분말 혼입필름, 알루미늄 증착필름, 알루미늄박을 이용한 필름 등이 있다. 알루미늄분말 혼입필름은 폴리에틸렌으로 알루미늄분말을 샌드위치 모양으로 감싼 것으로, 염화비닐필름에 혼입한 것도 있다. 알루미늄 증착필름은 증착층의 양면을 PVC 또는 PE 필름으로 감싸거나 부직포 등으로 보강한 것인데, 광택이 가장 많이 나고 약간 빳빳하며 광선 일부를 투과시킨다. 알루미늄박 필름은 양쪽을 폴리에틸렌으로 씌운 것, 발포폴리에틸렌에 바른 것 또는 종이에 바른 것 등이 있는데, 이들은 모두 빳빳하고 무거우며 광택이 있다.

### (2) 부직포

부직포(不織布; non-woven fabric)는 폴리에스테르의 긴 섬유로 짠 천 모양의 시트(sheet)로서 두께가 0.1~0.2 mm 이고 색깔이 흰색 또는 검은색이다. 광선투과율이 일반필름에 비하여 뚜렷이 낮으므로 커튼이나 차광피복재로 많이 이용되고 있다. PVC 와 PE 에 비하여 보온성은 떨어지나 보수성이 있으며, 습기를 투과시키는 성질이 있으므로 커튼피복을 할 경우에도 실내습도가 너무 높아지지 않는 이점이 있다.

### (3) 보온용 매트

보온용 매트(mat)는 폴리에틸렌 발포시트로서 저배율 발포시트와 고배율 발포시트가 있다. 색깔은 흰색이고, 두께는 저배율이 0.3 mm, 고배율이 1~2 mm 정도이다. 열전도율은 0.03 kcal/m$^2$/h/℃ 로 낮은 편이며, 투명필름에 비하여 단열성은 크지만 광선투과율과 유연성이 낮다. 따라서, 소형 터널의 보온피복에 많이 쓰이고 있다.

### (4) 거 적

짚으로 만든 거적(straw mat)은 공기층에 의한 단열효과는 크지만, 덮고 걷는 데 많은 노력이 필요하고 먼지가 많이 생기며, 물에 젖으면 단열효과가 현저히 낮아질 뿐만 아니라 하중을 크게 하는 결점 때문에 최근에는 플라스틱 보온피복재로 대체되어 거의 사용되지 않고 있다.

### (5) 한랭사 및 네트

한랭사(寒冷紗; cheesecloth)와 네트(net)는 다소 구별하기 어려운데 일반적으로 비닐론·폴리에스테르·아크릴 등 실모양의 섬유로 짠 것을 한랭사라 하고, 폴리에틸렌이나 폴리프로필렌을 원료로 한 노끈모양의 섬유로 짠 것을 네트라고 한다. 이들은 시설의 차광피복재로 이용되거나 서리를 막기 위한 피복자재로 많이 쓰인다.

# 3·3 기능성 피복자재

기능성 피복자재란 그 자재가 지니고 있는 원래의 특성 외에 특수기능을 가지고 있는 피복자재를 말한다. 특수성의 구분은 정확히 구별하기는 어려우나 현재까지 연구 개발되고 있는 것을 보면, 광·온도·습도환경 등을 작물생육에 적절하게 조절하는 데 기여하는 기능성을 가지는 피복자재와 공해유발을 막을 수 있는 생분해성 피복자재 등을 들 수 있다.

## 3·3·1 광환경 조절자재

### (1) 광파장 선택성 필름

온실 내 투광하는 빛은 자외선부터 가시광, 적외선까지 분포되어 있다. 작물생육(광합성)에 필요한 것은 400~700 nm의 가시광에 가까운 파장으로, 일반적으로는 그 투과율이 높은 것이 바람직하다. 광파장을 선택 투과하는 자재로는 자외선을 차단하는 착색필름이 있는데, 이 필름은 곤충의 활

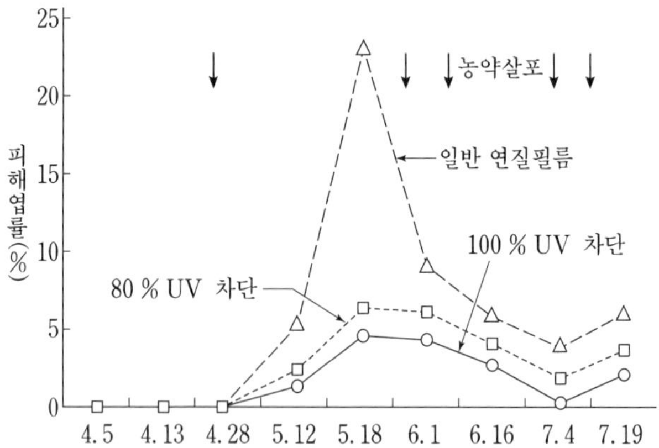


**그림 3-7** 자외선 차단 필름과 응애 피해와의 관계
〈日本 高知縣農業技術센터, 2001〉

동 등을 억제하기 때문에 해충기피효과가 있다. 최근의 연구 결과에서 바이러스성 병해를 일으키는 응애라는 해충을 기피하는 효과가 보고된 바 있다(그림 3-7 참조).

이와 반대로, 자외선 차단 또는 감소는 꿀벌과 같은 수분용 곤충의 비상을 방해하게 되므로 과채류의 원활한 수정을 위해서는 전문 수정벌(서양뒤영벌 ; bumble bee)이 사용되어야 한다. 또한, 작물에 따라서는 자외선이 없는 경우에 장해를 가져오는 경우도 있다. 예를 들면, 가지는 착색불량이 되고, 화훼류에서는 화색에 변화가 생기기도 한다 반면에 어떤 작물(예 부추)에서는 생장촉진효과가 있는 경우도 있다.

### (2) 적색광과 원적색광의 비율변환 필름

적색광(R, 680 nm)과 원적색광(FR, 760 nm)의 광강도, 즉 R/FR 비를 바꾸면 생육이 억제되거나 또는 촉진되는 것으로 알려져 있는데, 이를 이용하여 필름에 색소를 혼입하여 R/FR 선택 파장필름이 개발되었다(그림 3-8 참조).

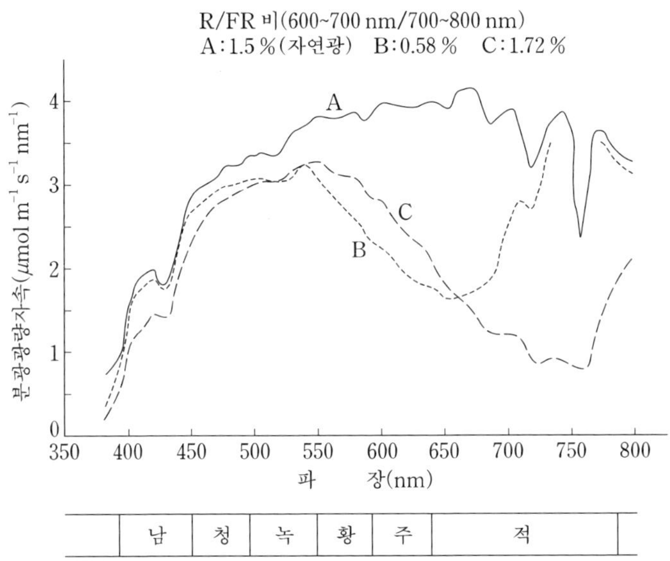


**그림 3-8** 적색광과 원적색광의 투과율이 다른 피복재의 분광투과 특성 비교〈中村·兒玉·相賀 등, 1993〉

R/FR 비를 크게 하면 신장이 억제되고, 작게 하면 신장이 촉진되어 생육조절이 가능하다. 예를 들면, R/FR 비를 크게 하면 왜화제(矮化劑)를 사용하지 않고 초장을 짧게 할 수 있어 도장묘 방지효과를 기대할 수 있으며, 반대로 R/FR 비를 작게 하면 신장을 촉진시킬 수 있어 엽채류의 경화를 방지할 수 있다. 그러나 광합성 유효파장역에서의 투과율 저하가 문제되므로 필요한 파장영역만 차단되어야 최적의 R/FR 비 조절이 가능할 것이다. 현재 이러한 것들이 시작품 단계에서 개발되고 있다.

#### (3) 광파장 변환 필름

광파장 변환 필름이란 피복자재에 형광물질을 혼입하여 식물생육에 효과가 적은 파장역을 유효한 파장으로 변환하여 광합성효율을 높이는 필름이다. 식물의 흡수스펙트럼을 보면 녹색파장은 식물생육에 크게 유효하지 않다. 따라서, 녹색파장을 적색으로, 또는 자외선부를 가시광으로 변환하는 광변환 필름이 개발되어 시험 중이다. 그러나 물질혼입에 의한 광합성 파장역 전체의 투과율이 일반 투명 피복재보다 감소하게 되는데, 이것이 최대의 장해가 되고 있다.

#### (4) 변색필름

빛이나 온도자극에 의하여 색이 변화하는 필름에 대한 연구가 진행되고 있다. 빛의 강도에 따라 변색하는 것을 광변색(光變色 ; photo chromic)이라고 하며, 선글라스 등에 상품화되어 있다. 또한, 아크릴아미드 등의 특수한 수용성 자재는 고온이 되면 백화현상이 생겨 일사투과를 억제하고, 반대로 저온으로 되돌아오면 다시 투명해진다. 이러한 현상을 온도변색(溫度變色 ; thermal chromic)이라 하고, 농업용 필름에 도입을 시도하고 있다.

어느 것이든 농업자재로 이용하기에는 가격 등 개선되어야 할 것이 많아 실용화에 이르기까지는 시간이 필요하다. 그러나 광질 선택 및 고온회피 등의 효과를 생각한다면 기대하고 싶은 소재이다.

#### (5) 산광성 필름

작물이 군락을 형성하고 있을 때 산란광 비율이 증가하면 군락광합성이 증가된다는 것이 이론적 또는 실험적으로 알려져 있다. 산란광 0 % 에 비하여 100 % 때에는 광합성이 30 % 나 증가된다는 계산 예도 있으며, 여름철에는 직사광선의 차광효과에 의한 고온장해 회피와 광분포 균일화가 동시에 가능해진다. 산광성(散光性) 필름 제품은 여러 종류들이 출시되어 있지만 산광효과에 대한 시험연구는 적어 앞으로의 검토가 필요하다.

### 3·3·2 온도환경조절 자재

우리나라 시설재배에서 온도환경이 문제되는 것은 여름철의 고온과 겨울철의 저온이다. 시설을 효율적으로 운영하기 위하여 겨울철 저온에서는 보온성이 높은 필름을 사용하거나 난방 등으로 온도를 유지해야 하며, 고온대책으로는 기화냉방이나 지붕개방형 하우스 등 여러 가지 수단을 생각할 수 있지만 최근 적외선을 반사 또는 흡수시켜 하우스 내 고온을 방지하는 필름이 개발되고 있다.

#### (1) 적외선 반사필름

만약, 태양이 방사하는 에너지의 적외선을 절반 정도 차단할 수 있다면 온실고온은 방지할 수 있을 것이다. 폴리에스테르필름에 적외선 반사물질(금속산화물 등)을 증착하여 이것을 유리판에 박막하거나 복층유리 사이에 끼워서 적외선 반사자재로 개발하고 있다. 현재는 적외선 반사자재를 이용한 유리가 시판되고 있다.

#### (2) 근적외선 흡수자재

태양광의 적외선 에너지는 근적외선이며 이 파장을 흡수하는 기능을 갖는 필름에는 폴리에스테르, 불소계, PO계 필름들이 있고 이들을 대상으로 시험되고 있으며, 일부는 상품화되어 있다. 예를 들면, 열차단 피복자재의 파장별 투과량을 비교한 결과 에너지투과가 25% 저감된 반면, 가시광역에서도 15% 저감되었다. 이 결과 지온상승을 최대 5℃ 억제하는 효과가 있었지만 겨울재배의 경우 가시광역의 투광률 감소가 문제점으로 지적되고 있다.

### 3·3·3 습도조절 자재

하우스 내의 기상환경은 일반적으로 고온다습하고 병해가 발생하기 쉬운 환경이다. 특히, 하우스 내에 안개가 발생하였을 때에는 회색곰팡이병 등이 발생하기 쉽다. 이와 같은 습해를 방지하기 위하여 투습성·흡수성·방무성 등의 기능이 있는 피복자재가 개발되어 있으며, 이것은 습도환경 개선뿐만 아니라 농약사용을 줄이는 데도 기여할 수 있다.

### (1) 방무성 자재

방무성(防霧性) 기능이란 필름 그 자체에는 흡습성과 투습성이 없지만 필름 성형과정에서 특수한 첨가제를 배합하거나 도포함으로써 필름 표면에 응축하는 수분을 흐리게 하여 안개발생을 억제하는 기능을 말하며, 그 자재를 방무성 자재라고 한다. 투습성 자재나 흡습성 자재도 방무기능을 가지나 피복재 결로(結露)와 관련된 방무특성과는 다르다. 결로 낙하방지를 위한 무적(無滴)필름 제조를 위해 소수성(疏水性) 자재를 친수성으로 바꾸기 위해 방운제나 방무제를 필름에 도포하여 방무기능을 갖게 하고 있다.

하우스피복용으로 방운성(防雲性)과 무적성(無滴性) 자재를 사용한 효과는 그림 3-9에서 보는 바와 같이 결로가 떨어지지 않고 흐르며 안개발생도 억제된다.

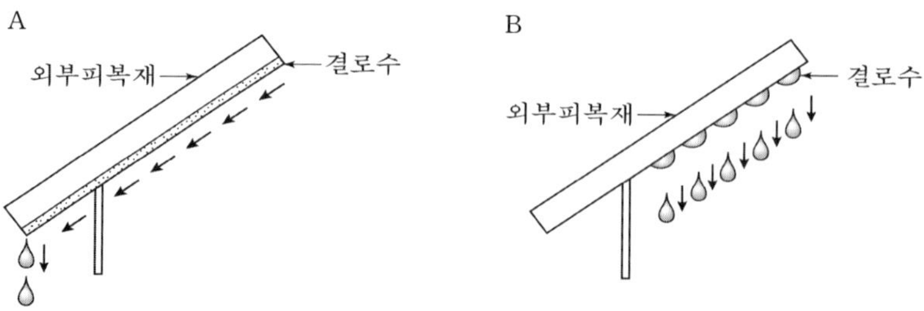


**그림 3-9** 하우스 외피복재 지붕 내면의 결로 낙하상태 비교〈入江, 1995, 日本施設園藝協會〉

A : 방운성, 무적성 시트를 사용하며, 결로는 스스로 흘러 외부로 배출됨
B : 일반 연질필름 피복재를 사용하며, 결로는 방울이 되어 실내로 떨어짐

결로처리와 관련된 중요한 기능 중 하나가 무적성이다. 유리는 친수성이기 때문에 표면에 물방울이 맺히지 않는다. 깨끗한 유리 표면에 수증기가 응결되면 얇은 수막을 형성하거나 흘러내린다. 반면에 플라스틱필름은 소수성이기 때문에 표면에 그대로 붙어 있게 되고 커지면 큰 물방울이 되어

바닥으로 떨어진다. 물방울이 맺히면 광선투과율이 낮아지고 바닥이나 작물에 떨어져 병해발생의 원인이 되고 있다. 이에 따라 무적필름의 사용이 권장되고 있다. 무적필름이란 무적제(無滴劑; antifogen)를 사용하여 소수성 필름을 친수성 필름으로 변환시킨 것이다. 무적제란 유지방산에서 추출하여 정제한 계면활성제(界面活性劑)를 말한다. 이 물질을 폴리에틸렌 수지에 일정량 배합하여 제품을 만들면 필름 표면의 미세한 구멍 사이로 계면활성제가 서서히 스며나와 피막을 형성하여 표면장력을 약하게 하여 무적성을 띠게 되는 것이다. 그렇기 때문에 무적필름은 시간이 지나면 계면활성제가 씻겨내려가 무적성이 없어진다.

### (2) 흡수성 자재

무적성 피복자재 또는 내부커튼에 폴리비닐알코올필름(PVC)이나 비닐론 같은 투수성 자재를 조합 사용하면 실내의 야간습도를 감소시킬 수 있다.

## 3·3·4 내후성 자재

하우스 필름재의 사용가능기간은 투자비와 노동력, 그리고 폐기물 발생량 등에 영향을 미친다. 일반 연질필름은 1년 정도의 내구성을 가지나, 방진처리를 한 필름은 2~3년 사용할 수 있으며, 또 폴리에스테르 실과 테이프를 그물모양으로 넣은 필름은 4년 정도 사용할 수 있다. 최근 이용이 증가되고 있는 폴리올레핀(PO)계 특수필름은 3~5년 정도 내구성이 있는 것도 있다. 또, 경질필름은 투명도가 높고 강도가 있으며, 내구성도 높다. PET 필름의 경우 4~10년, 불소계 필름은 10~15년의 장기이용이 가능한 것으로 알려져 있다.

## 3·3·5 병해충 발생억제 및 기피성 자재

병해충 기피자재로는 방충네트 외에 광환경을 변환시키는 자재, 병해충 기피제를 첨가한 자재들이 있다. 최근에는 성페로몬을 이용한 자재개발도 검토되고 있다. 앞에서 설명한 근자외선(近紫外線)을 흡수하거나 반사하는 자재는 광변환 자재로서 응애·진드기·바퀴벌레 등을 억제하는 효과가 있다. 기피제 첨가자재는 살충제를 첨가하거나 코팅하여 병충해를 기피하는 자재로서 주로 살충제 Pyrethroid계 약제가 이용되며, 유효기간은 연중 사용할 경우 2~3년, 여름철에만 사용할 경우에는 5~6년으로 알려져 있다. 이러한 기피성 자재는 개선의 여지가 많으며, 금후 연구개발 전망이 있다.

### 3·3·6 생분해성 피복자재

생분해성 플라스틱이란 사용 중에는 일반 플라스틱과 같은 기능을 가지면서 사용 후에는 자연계에 존재하는 미생물에 의하여 저분자화합물로 분해되어 최종적으로는 물과 이산화탄소 등의 무기물로 분해되는 고분자 소재를 말한다. 생분해성 플라스틱은 환경오염 걱정 없이 자연순환 속에 되돌릴 수 있는 환경조화형 플라스틱이라고 할 수 있다. 원료의 대부분이 전분이나 유기물 또는 미생물을 이용한 퇴비화가 용이하며, 화석자원 유래의 플라스틱과 달리 순환지속적 생산이 가능한 것이다.

농업분야에서 이용 가능한 생분해성 플라스틱이 가져야 할 기능을 보면 다음과 같다.

1) 생분해성 자재는 최종적으로 물과 이산화탄소로 분해되어 종래의 플라스틱과 같이 공해물로 잔류하는 것이 없어야 한다.
2) 전분이나 바이오매스 등 농산물 유래의 원료에 의하여 플라스틱이 생산되어 종래 화석자원과 다른 자연순환형의 생산과 소비가 가능해야 한다.
3) 멀칭필름 · 포트 · 끈 등에 생분해성 자재를 사용하면 자연히 분해되어 회수나 폐기처리 노력이 생략되어 생력화가 가능해야 한다.

또한, 생분해 자재를 이용하는 데 있어서 유의할 점을 들어 보면 다음과 같다.

1) 기존 자재와 교체할 경우 그 기능의 특성을 충분히 검토할 필요가 있다.
2) 멀칭필름으로 사용할 때에는 작물재배에 적합하고 친환경적인 분해속도와 강도 등이 적절한 멀칭재료의 선택이 필요하며, 경운 후 토양미생물 생태에 미치는 영향을 충분히 고려할 수 있어야 한다.
3) 저가의 생분해 자재생산이 중요한 과제인데, 이를 위해서는 농업분야 수요확대와 다양한 용도개발이 필요하다.
4) 시설원예 영농에서는 많은 폐자재 배출이 발생하므로 환경부하 경감의 관점에서 생분해성 플라스틱의 활용과 새로운 활용모색이 필요하다.

# 3·4 상토 및 관수자재

## 3·4·1 상 토

공정육묘(工程育苗)에서 좋은 배지는 없어서는 안 될 아주 중요한 자재 중 하나이다(그림 3-10 참조). 토양과는 달리 육묘 트레이(tray)에 담긴 상토는 그 기능이 달라지기 때문에 많은 상토들이 개발(그림 3-11 참조)되어 이용되고 있다(그림 3-12 참조).

**그림 3-10** 인공배지인 상토가 담긴 72구 공정 육묘 트레이에서 생산한 수박의 접목묘

### (1) 상토의 기능

상토(床土)의 주된 기능은 양분의 저장과 공급, 수분의 보유와 공급, 가스유통 및 식물체의 지지이다. 상토의 재료는 유기물의 안정성, 적정한 C : N율, 가비중(假比重 ; bulk density), 수분보유, 가스교환 및 양이온치환용량을 가지며, pH가 적정하게 유지되는 것이 바람직하다. 수분보유력은 상토 구성입자의 표면적에 비례(굵은 입자<고운 입자)하고, 상토 구성입자가 클수록 공기를 많이 함유한다. 물질에 따라 이 네 가지 기능을 모두 지닌

**그림 3-11** 공정육묘 트레이에 담아 사용한 천연토양(A : 그 이화학적 특성이 작물재배에 알맞지 못해 생육이 부진함), 혼합상토의 재료로 이용되는 이화학적 특성이 서로 다른 다양한 재료(B), 적정 혼합상토를 개발하기 위해 실시한, 다양한 혼합상토에서의 피튜니아의 생육 모습(C)

**그림 3-12** 공정육묘용 상토로는 피트모스·펄라이트·질석 등을 혼합하여 만든 혼합상토(왼쪽 : 널리 사용되고 있음)와 국내에서 제조하여 시판 중인 공정육묘용 혼합상토의 하나(오른쪽)

것도 있으나 대부분은 그렇지 못하므로 한 가지 이상의 물질을 섞어 만든 혼합상토가 많이 이용된다.

### (2) 상토로 쓸 수 있는 재료

상토의 재료로는 펄라이트 · 피트모스 · 질석 · 코이어 · 암면 등 다양하다. 상토는 물리화학성이 우수하고 가격이 싸며 구하기 쉬운 것이 좋다. 대개 수분과 양분 보유능력은 서로 비례하고 통기성은 이들과 상반되는 특성을 지니므로, 수분과 양분 보유능력이 좋은 재료는 통기성이 나쁘고, 통기성이 우수한 재료는 수분과 양분 보유능력이 낮다(표 3-4 참조).

**〔표 3-4〕** 상토의 재료로 이용될 수 있는 물질들의 이화학성

| 재 료 | 수분보유력 | 양분보유력 | 통기성 | 관수 후 무게 |
|---|---|---|---|---|
| 스패그넘 피트모스 | 높음 | 높음 | 낮음 | 보통 |
| 코이어 | 높음 | 높음 | 낮음 | 보통 |
| 버미큘라이트 | 높음 | 높음 | 낮음 | 가벼움 |
| 펄라이트 | 낮음 | 낮음 | 높음 | 가벼움 |

#### ① 피트모스

여러 종류의 피트모스(peatmoss) 중에서 스패그넘 피트모스(sphagnum peatmoss)는 분해 정도가 덜 진행된 상태로서, 다른 피트모스에 비해 입자가 굵다. 피트모스는 쉽게 구할 수 있고 적절한 가격 때문에 육묘용 상토로서 가장 많이 이용되는 유기물질이다. 보수력이 강하여 보통 건물중의 10 배의 물을 함유할 수 있다. 일반적으로 1.0 % 정도의 질소성분을 함유하고 있으나 다른 무기

**그림 3-13** 피트모스를 수확하는 모습(왼쪽)과 포대에 담겨 시판 중인 피트모스(오른쪽)

성분 함량이 아주 낮으며, pH는 3.8~4.5의 강한 산성을 띠고 있다. 비교적 청결하고 가벼우며 보수력이 대단히 강하다. 국내에서는 전혀 생산되지 않고 있으며, 대부분이 노르웨이 · 캐나다 등지에서 수입하고 있다.

### ② 코이어

최근에는 공정육묘용 상토의 성분 면에서의 피트모스 대체용으로 코이어(coir)가 이용되고 있다. 피트모스나 코이어가 국내에서는 전혀 생산되지 않아 전량 수입에 의존하고 있는데 해상 수송비용이 높기 때문에 원가절감이 매우 어렵다. 코이어는 피트모스와 매우 유사한 이화학적 특성을 지니고 있고, 피트모스의 생산이 기후적 및 생태적 훼손에 대한 저항 등의 이유로 인하여 불안정하기 때문에 코이어의 상토재료로서의 이용은 매우 바람직하다.

코이어는 코코넛 열매의 중과피를 구성하고 있는 섬유질(그림 3-14 참조)로서 외관상 피트모스와 매우 유사하고, 옅은 갈색~진한 갈색을 띠며 리그닌과 셀룰로오스 함유 입자들로 구성되어 있다. 코이어는 나뭇가지, 잡초 및 병원균 등 이물질의 오염이 적고, 피트모스와는 달리 친수성이므로 초기 관수부터 수분을 쉽게 흡수하며, 피트모스와 비슷하거나 그 이상으로 보수력과 배수력이 있다. 또한, 피트모스보다 물리적 탄력성이 높고 분해속도가 더디며, pH, CEC 및 EC가 육묘에 적정한 범위 내에 있고, 한정된 자원이 고갈되어 가는 피트모스와는 달리 계속적인 생산이 가능하다.

**그림 3-14** 코이어의 원료물질인 코코넛 열매(왼쪽)와 상토로 사용하기 위해 장거리 수송에 편리하도록 압착한 코이어 블록(오른쪽)

### ③ 펄라이트

펄라이트(perlite)는 화산 기원의 규산 화합물로서 원광을 분쇄하여 노(爐)에서 고온 가열하여 만든 것으로(그림 3-15 참조), 질석과 마찬가지로 세편(細片) 중에 있는 수분이 증기로 되어 세편을 팽창시켜서 스펀지 구조상으로 만들어진 것이다. L 당 80~130 g 으로 매우 가볍고 처리온도가 높기 때문에 제품은 무균이며, 원예용으로는 보통 직경 1.6~2.2 mm 의 입자가 이용된다. 펄라이트는 자기 무게의 3~4 배 정도의 물을 함유할 수 있고 pH 6.0~8.0 으로 중성에 가깝다. 그러나 완충능력이 없고 CEC 도 아주 낮으며 무기양분도 함유되어 있지 않다. 펄라이트는 상토의 통기성을 증가시키기 위하여 많이 이용된다.

**그림 3-15** 상토의 통기성을 개량하는 펄라이트(왼쪽)와 질석(오른쪽)

### ④ 질 석

질석(蛭石 ; vermiculite)은 운모를 함유한 광석을 고온에서 가열 팽창시켜 만든 것으로, 수분이 증기로 되어 운모의 엷은 층을 파괴시켜 가는 다공성의 스펀지와 같은 구조로 만든 것이다(그림 3-15 참조). Mg, K, Al, Si, P 등을 함유하고 있으며 110~160 kg/m$^3$ 로 가비중이 낮다. 비교적 높은 양이온치환용량으로 인해 많은 무기원소를 흡착할 수 있고, 높은 완충력으로 인해 pH 가 쉽게 변하지 않는다. 질석은 잘 부수어지는데 특히 수분을 보유하고 있을 때 압착하는 등 물리적인 충격을 가하면 부수어져 질석의 독특한 물리 및 화학성을 잃게 된다. 고온으로 처리하였기 때문에 완전히 살균되어 있고 L 당 0.4~0.5 L 의 물을 흡수할 수 있으며 양이온치환용량이 높다. 원예용 질석은 입자의 크기에 따라 네 종류로 분류되는데, 육묘용으로는 No. 4 가 이용된다.

### ⑤ 암 면

암면(岩綿 ; rockwool)은 섬유물질인데, 광석을 고온처리 하여 만들어지므로 병원균이 없으며, 균일성이 있기 때문에 상토의 구성성분으로 많이 이용되어 왔다. 암면은 친수성과 소수성의 두 형태로 생산되며, pH 는 약알칼리성을 띠고 완충력은 거의 없다. 양이온치환용량은 아주 낮고, 높은 보수성과 통기성이 가장 큰 장점이다. 육묘용으로는 혼합상토의 구성성분으로 입상 암면이, 그리고 양액재배용 육묘에는 큐브가 널리 이용된다(그림 3-16 참조).

**그림 3-16** 입자(A), 플러그 트레이용 큐브(B), 블록(C)으로 가공되어 육묘용으로 쓰이는 암면

### (3) 공정육묘용 상토의 특성을 결정하는 요소

상토의 특성을 결정하는 요소로는 질감과 구조가 있다.

#### ① 질 감

질감(質感 ; texture)은 상토 구성물질의 입자크기의 분포인데, 물질마다 다르다. 상토 내 수분은 상토입자 표면에 달라붙어 막을 형성하여 보존되고 이용된다. 입자크기가 작은 물질일수록 표면적이 증가되므로 더 많은 수분을 보유한다. 질감은 상토의 수분보유력을 결정한다. 상토 내의 물과 공기 함량은 상토의 입자크기를 조절하거나 배합을 달리하면 조절된다. 상토의 깊이는 배수성과 관련이 있다. 깊이가 얕을수록 배수성이 불량해지므로 더 거친(입자의 크기가 더 큰) 상토재료를 사용해야 원하는 공극 내의 수분과 공기를 모두 적정한 수준으로 유지할 수 있다.

#### ② 구 조

구조(構造 ; structure)란 상토 내 입자들이 입단화된 정도인데, 상토의 수분보유력에 변화를 주지 않으면서 공극을 늘리는 한 방법이다. 다공성의 펄라이트는 입자가 굵어 수분보유력은 낮으나 입자 내에 산소를 함유할 공극이 많이 있다. 입단구조에 따라 상토의 성질이 달라진다. 상토의 입단화에는 유기물이 중요하며, 구조를 거칠게 하려면 거친 재료를 섞어야 한다. 고운 상토재료에 피트모스 등의 거친 재료를 첨가해 주면 상토가 입단 구조화되어 성질이 개선된다.

### (4) 좋은 상토의 조건

**① 유기물의 안정성**

상토 내에 첨가된 유기물은 분해속도가 더딜수록 좋다. 유기물이 분해되면 토성이 변하는데, 특히 상토의 부피가 줄어 공극이 감소된다.

**② C/N 율**

상토 내 유기물의 50 % 이상이 탄소로 구성되어 있고, 이 유기물은 미생물에 의하여 분해되는데 이때 미생물은 질소를 필요로 한다. 유기물에는 탄소(C) 30 kg 당 질소(N)가 1 kg(C : N 율 30 : 1) 이상 함유되어 있어야 상토재료로 적합하다. C : N 율이 30 : 1 이상이면 유기물에 함유되거나 비료로 첨가된 질소를 미생물이 이용하여 작물은 질소부족현상을 나타낸다. 유기물의 분해속도도 중요하다.

**③ 가비중**

가비중(假比重 ; bulk density)이란 재배용기에 담겨진 상태에서의 상토의 비중을 일컫는데, 가비중이 낮으면 이동, 취급 및 수송이 용이하다.

**④ 공극**(물과 공기)**의 조성**

관수횟수를 줄이고도 충분한 양의 물과 공기를 상토 내에 유지하기 위해서는 입자의 조성이 적합해야 한다. 상토는 고형물질, 수분 및 공기로 구성되어 있는데, 입자가 작을수록 적당한 공극(孔隙)과 수분을 유지하는 데 필요한 관수횟수를 줄일 수 있다. 공기를 잘 유통시키는 재료로는 질석, 펄라이트 및 암면이 있고, 공극이 작은 것으로는 피트모스가 있다. 이상적인 상토는 물과 공기의 함량이 높고 CEC 가 커야 하며 이를 위하여 혼합상토가 이용되는데, 입상 암면과 피트모스를 혼합한 상토는 매우 우수한 물리화학성을 지니고 있다(표 3-5 참조).

**⑤ 양이온치환용량**

상토의 양이온치환용량(cation exchange capacity, CEC)은 무기영양 저장고의 크기를 의미하므로 CEC 가 클수록 식물재배에 유리한데, 상토 100 mL 당 6～15 me 가 가장 좋다. 상토재료의 입자는 표면적이 넓을수록 양이온치환용량이 커지는데, 입자가 작을수록 표면적이 커진다. CEC 가 높은 물질로는 피트모스 · 질석 등이 있고, CEC 가 낮은 물질로는 펄라이트 · 암면 등이 있다.

〔표 3-5〕 지름 17 cm 아젤리아분에서 용기용수량으로 관수한 직후의 물리성 〈Fonteno, 2003〉

| 상토 재료 | 고형물 (%) | 수분 (%) | 공기 (%) | 유효수분 (%) | 가비중 (g/L) |
|---|---|---|---|---|---|
| 스패그넘 피트모스 | 15.4 | 76.5 | 8.1 | 50.7 | 859 |
| 질석 | 17.3 | 53.2 | 19.5 | 24.1 | 738 |
| 펄라이트 | 36.9 | 38.3 | 24.8 | 18.1 | 514 |
| 입상 암면 | 8.9 | 65.0 | 26.1 | 60.6 | 870 |
| 피트모스 : 질석(1 : 1) | 13.1 | 70.3 | 16.6 | 46.2 | 853 |
| 입상 암면 : 피트모스(1 : 1) | 8.3 | 70.9 | 20.8 | 59.6 | 829 |

#### ⑥ pH

상토 pH는 상토 내 영양분의 유효도를 결정한다. 부피비로 천연토양이 20 % 이상 함유된 토양 상토는 pH 6.2~6.8이 좋고, 천연토양이 20 % 이하 함유된 무토양 상토는 pH 5.4~6.0이 좋다. 피트모스는 pH 4.0 정도로 강산성이고, 펄라이트는 pH 7.0 정도의 중성이며, 질석은 pH 8.5, 암면은 pH 7.0 이상의 알칼리성이다. 상토의 산도를 높이는 데에는 석회석이 주로 이용된다.

#### ⑦ 균일성

공정육묘장(工程育苗場)에서는 연중 계속해서 상토를 이용하여 재배하므로 재배농가에서 설정한 기준에 맞는 상토의 물리성과 화학성을 유지할 수 있어야 균일한 품질의 작물을 생산할 수 있다. 매회 상토를 혼합할 때 혼합하는 구성재료의 종류, 양 및 순서를 동일하게 함으로써 상토의 균일성을 유지할 수 있다.

#### ⑧ 품귀성과 가격

상토는 쉽게 구할 수 있는 물질로 구성되어야 한다. 예를 들면, 인공상토 혼합 시 이용되는 노지토양의 경우, 물리화학적으로 균일한 양질의 토양을 연중 계속해서 구입하여 식물재배에 이용하기에는 많은 어려움이 있다. 이 경우 상토 가격이 상승할 수 있는 요인이 되므로 쉽게 구할 수 있는 물질을 상토의 구성재료로 이용하는 것이 바람직하다.

인공상토를 이용하여 작물을 재배하는 농가에서는 상토 구입에 따른 가격 상승요인이 있다. 동일한 이화학성을 유지할 수 있다는 전제 하에 값이 싼 상토재료를 이용해야 하고, 재료의 혼합도 단순할수록 소요되는 경비를 줄일 수 있다.

### (5) 상토소독

상토는 반드시 살균해야 하며, 특히 재사용되는 상토를 전혀 살균하지 않고 작물을 재배한다는 것은 위험하다. 상토를 소독하는 것은 상토에 누적된 병원균이 새로 시작되는 작기로 이행되지 않게 하여 병의 발생을 억제하는 방법이다. 상토의 소독에는 증기 또는 화학약제를 이용한다. 상토 살균은 병원체를 제거하는 외에 선충류·벌레·잡초 등을 억제하는 데에도 이용된다.

#### ① 약제소독법

상토소독에는 포름알데하이드(formaldehyde), 클로로피크린(chloropicrin), 메틸브로마이드(methyl bromide), 베이팜(Vapam) 등이 이용되고 있다. 화학적으로 처리된 상토는 처리 후 10일 동안 어린 작물에는 사용할 수 없다. 메틸브로마이드는 작물이 있는 온실에 사용되는 반면, 클로로피크린은 사용되어서는 안 된다. 습하며 무겁고 차가운 상토는 훈증제를 천천히 배출한다. 작물을 재배하기 전에 잔류물이 치명적인 수준 이하인지를 확인해야 한다.

#### ② 증기소독

증기소독은 토양 중의 유해 생물을 사멸시키는데, 대부분의 토양 병원균은 60℃에서 30분간의 소독으로 완전히 사멸되고, 잡초 종자는 80℃에서 10분간의 소독으로 거의 사멸된다. 작은 구멍(13 cm 간격에 지름 3 mm의 구멍)이 뚫린 파이프를 일정한 간격으로 깊이 30 cm에 수평으로 묻어 놓고, 단시간에 증기를 보내 소독한다. 증기의 압력은 그다지 문제가 되지 않고, 증기의 발생량이 많은 것이 능률이 높다. 소독시간은 100℃이면 10분, 80℃이면 30분 정도가 구미에서의 표준인데, 실제로는 75℃에서 30분간 소독을 하면 충분하다. 증기의 발생은 난방용 보일러나 이동식 증기소독기로 하므로, 증기난방기나 온수난방기를 이용하는 온실에서 가장 경제적으로 상토를 소독할 수 있는 방법이다.

## 3·4·2 관수자재

시설 내에서 원예작물을 재배하기 위하여 관수(灌水)는 필수적인 토양관리 중 한 과정으로, 분수호스 또는 스프링클러로 관수하다가 최근에는 점적관수(點滴灌水)를 이용한 관비재배(灌肥栽培)와 수경재배가 원예작물 재배에 중요한 위치를 차지하고 있다. 관수자재의 특성 및 용도를 알지 못하여 원예작물 생산의 효율성을 떨어뜨리고 있어 관비재배와 양액재배에 활용되고 있는 점적배관 자재 및 일반 관수자재를 소개하고자 한다.

### (1) PE 파이프

파이프에는 철제, 스테인리스, 동관, PVC, PE(폴리에틸렌) 파이프가 있으나 시설재배에서는 PE 파이프를 주로 사용하고 있다. 또한, PE 파이프의 이음방법은 주로 나사조임식 이음관이나 나사식 연결구를 사용한다.

경질파이프(HD, KS M 3408 수도용 폴리에틸렌관)는 고밀도 수도관으로 호칭되고, KS 규격은 KS M 3408 수도용 폴리에틸렌관으로 송수, 배수 또는 급수용으로 쓰이고 있으며 단층관과 이층관으로 생산되고, 상용압력은 10.0 kg/cm$^2$ 까지 사용되며, 16 mm 에서 600 mm 까지 생산되는데 20 mm 에서 75 mm 까지는 롤관과 직관이 생산되고 100 mm 이상은 직관만 생산된다. 직관은 6 m 로 펌프 · 관비시스템 · 양액시스템 · 물탱크 등에 접하여

〔표 3-6〕 연질파이프의 규격

| 규 격 (mm) | 외 경(mm) | | 두 께(mm) | | 포장단위 (m)* | 라인색상 |
|---|---|---|---|---|---|---|
| | 최소 | 최대 | 최소 | 최대 | | |
| 13 | 15.7 | 16.3 | 1.1 | 1.4 | 200 | 황색 |
| 20 | 27.0 | 27.6 | 1.7 | 2.1 | 100 | |
| 25 | 34.0 | 34.7 | 2.1 | 2.4 | 100 | |
| 30 | 42.0 | 42.8 | 2.8 | 3.2 | 100 | |

㊟ * : 직관은 없으며 롤관 100~200 m/롤

**그림 3-17** 나사조임식 이음관

짧거나 모양을 낼 때 사용되고, 롤관은 주관·부관·지관 등 먼 거리를 배관할 때 사용된다.

연질파이프(LD, 폴리에틸렌 연질파이프) 또는 연질호스는 원예용으로 개발된 호스로, 경질호스에 비하여 부드러워 미니스프링클러, 점적단추를 설치할 때 구멍을 뚫기가 쉬워 설치시간을 단축할 수 있고 구멍부위에 연결구가 밀착이 잘 되어 누수를 방지할 수 있다. 미니스프링클러 지관이나 수경재배 지관에 점적단추를 끼우기 위한 지관으로 이용되며, 3 mm 에서 30 mm 까지 생산되고 있다. 파이프산 이음관의 사용은 설치 후 수리, 변경, 추가설치 시 매우 편리하여 각종 이음관이 이용되고 있다.

### (2) 펌 프

펌프는 관수할 때 매우 중요한 장비로서 그 성능을 잘 파악하여 관수시설을 할 때 활용해야 한다. 펌프의 특성표를 보면 흡상은 펌프가 빨아들이는 능력을 말하고, 압상은 밀어내는 압력을 말하며, 온양정은 흡상과 압상의 합을 말한다. 펌프는 우물에서 물을 퍼 올릴 때에는 흡상이 큰 펌프를 사용해야 하고, 탱크에서 관수시설로 물을 공급할 때에는 압상이 큰 펌프를 사용해야 한다. 관정(管井)의 깊이가 50 m 이상 되면 심정용(深井用) 수중 모터펌프를 사용하여 물을 끌어 올려야 한다.

펌프를 결정하는 요소는 주·부관 및 지관의 헤드로스, 관수량, 경사도, 1회 관수 시 물의 소요량 등으로 이들 요소를 계산하여 펌프를 결정해야 한다. 소형 스프링클러에는 노즐에 압력이 2.0 kg/cm$^2$ 이상, 일반점적호스는 점적기에 압력이 0.8～1.0 kg/cm$^2$, 압력보상 점적기는 1.5 kg/cm$^2$ 이상 되도록 설계해야 한다.

점적관수에는 점적호스(20 cm 간격, 1.5 L/시간)는 1,200 m 를 1 구역으로 관수할 때에는 적어도 압상이 13 m 이상 되어야 점적호스에 8 m 정도의 수압이 걸려서 정상적인 관수가 된다. 또한, 펌프의 성능곡선을 보아 펌프 능력을 결정해야 한다(그림 3-18 참조). 그림 3-18 의 성능곡선을 갖는 펌프의 양수량(揚水量)을 알고 싶을 경우에는 점적호스(20 cm 간격, 1.5 L/시간)를 이용하여 점적관수를 할 때 펌프에서 12 m 의 압상으로 공급해야만 정상적으로 관수가 되므로 12 m 를 찾아 X 축의 양수량을 보면 230 L/분이 되므로 시간당 13,180 L 를 공급할 수 있다. 만약, 이 펌프의 최대 양수량인 18,000 L/시간으로 믿고 관수하면 점적관수가 제대로 되지 않을 것이다.

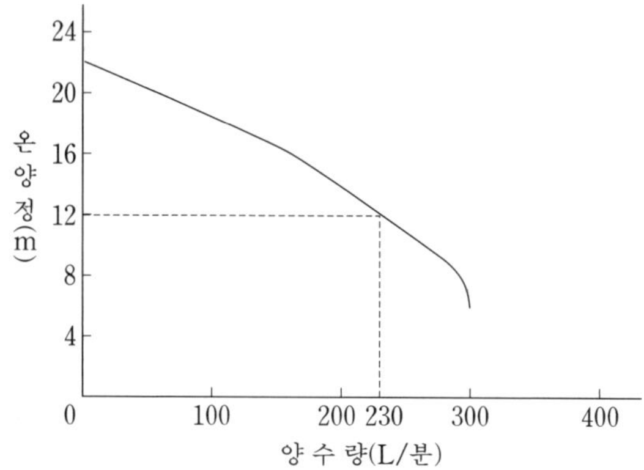


**그림 3-18** 펌프의 성능곡선

〈일반펌프(비자동)〉 〈자동펌프〉

〈소형 가압 펌프〉 〈가압펌프 (횡형)〉 〈대형 가압 펌프(입형)〉 〈심정용 펌프〉

**그림 3-19** 펌프의 종류

### (3) 분수호스

얇은 연질호스에 작은 구멍을 뚫어 0.5~2.5 kg/cm$^2$ 내외의 수압이 걸리면 구멍에서 물이 분수처럼 분출되어 관수가 되며, 외경(外徑) 26 mm, 32 mm, 38 mm, 40 mm, 44 mm의 것이 주로 사용되고 있다. 관수량은 수압에 따라 차이가 있으나 100 m를 관수할 때 1.5~2.5 L/m·분 정도로 살수된다.

분수호스는 엽채류 시설재배에 주로 사용되고 있으며, 과채류를 재배할 때에는 멀칭 하부에 설치하여 사용하고 있다. 장점은 저렴한 비용으로 관수를 할 수 있다는 점이다. 관수량의 조절이 어려워 배수가 잘 되는 엽채류 재배에 많이 사용되고 있다. 단점은 과채류 재배 시 멀칭 하부에 설치하여 재배하고 있으나, 성숙기에 관수량의 조절이 어려워 품질을 높이기 어렵다는 점이다. 관수속도가 매우 빨라 토양 표면에서 유거(流去)하며, 특히 환절기 및 겨울철에 시설 내 공중습도를 높여 병해발생의 위험이 높다. 측설, 고설, 저설, 멀칭용, 수막호스의 용도로 설치하며, 최근에는 분수호스도 입자가 고운 분무호스, 점적호스 겸용이나 관수물량이 적은 분수호스 등이 시판되고 있다.

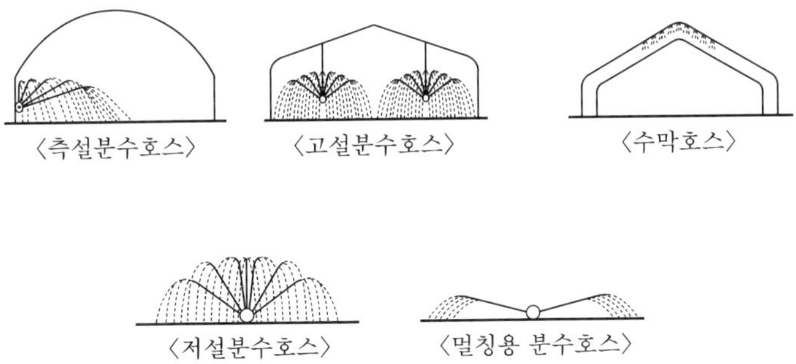


**그림 3-20** 분수호스의 설치형태

### (4) 스프링클러

시설 내에서 사용하는 스프링클러(sprinkler)는 살수반경에 따라 대형·중형 및 소형으로 구별되는데, 주로 소형 스프링클러가 설치된다. 스프링클러 헤드에 일정한 수압 이상의 물이 공급되면 노즐에서 분사될 때 소형 스프링클러는 회전체, 고정된 스프레더와 충돌하여 살수반경이 0.5~5 m 정도이고, 살수물량이 20~300 L/h 이며, 이때 수압은 2.5 kg/cm$^2$ 이다.

일반 소형 스프링클러는 보통 육묘장에서도 사용되나 전문 육묘장에서는 바이브로미스트(단미스트)가 적당하고, 포거는 입자가 매우 고와 열대식물을 재배할 때 습도 공급용으로 가능하다. 수관 하부나 상부에도 설치가 가능하고, 온실에서는 지붕에 설치하여 온도 하강용으로 이용하기도 하고 중방에 설치하여 위에서 살수하기도 한다.

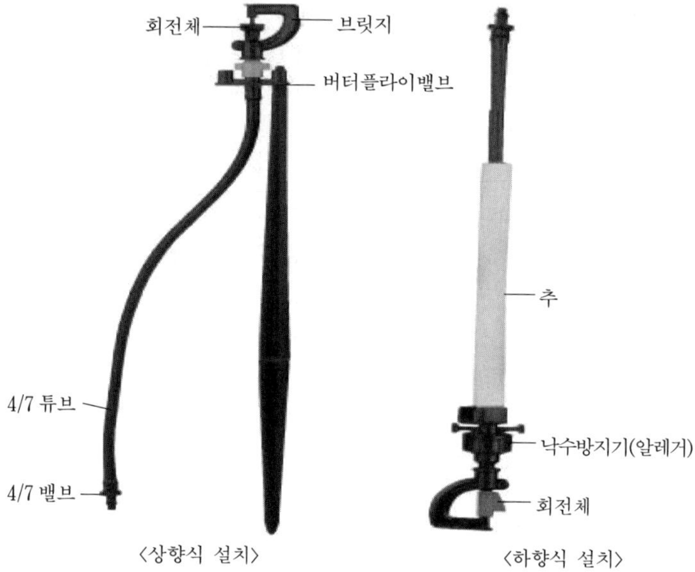


**그림 3-21** 소형 스프링클러 설치법

소형 스프링클러의 설치방법에는 하향식과 상향식이 있는데, 시설 내에서는 하향식이 주로 사용되고 있다. 설치할 때 주의할 점은 스프링클러 헤드수를 살수반경 간격으로 설치하고 한 구역을 관수할 때 들어가는 관수량을 감안하여 특히 지관 끝(스프링클러 헤드)에 수압이 2.5 kg/cm$^2$ 유지되어야 살수가 고르게 된다. 또한, 관수 중에 정지하면 PE 관에 들어 있는 물이 낙수되어 흙이 튀어서 작물체에 묻어 병이 발생하여 잎이 피해를 보게 되므로 낙수방지기를 설치해야 한다. 낙수방지기는 육묘장과 분화재배에서는 필수적인 시설이며, 이때 저압용 낙수방지기를 사용해야 한다. 상향식 스프링클러를 설치한 육묘장과 분화재배 시설에서는 설치대를 철사, FRP 지주대 등을 사용하며, 이때 여과기는 80 mesh 이상의 규격을 사용하면 충분하다.

### (5) 점적호스

점적호스는 이스라엘에서 1970 년대에 최초로 상용화되어 발전되었으며, 국내에는 1980 년대 중반에 점적단추가 과수원에 설치되고, 채소 및 화훼의 시설재배에서는 1980 년대 후반에 일반적으로 보급되었다.

① **점적호스**

◇. **일반점적호스**

점적호스에는 톱니형 수로가 있는 점적기(點滴器)가 내장되어 있으며, 점적기 간격은 10 cm 에서 100 cm 까지 있으나 국내에서는 20 cm 간격의 점적기를 갖는 점적호스가 채소 시설재배에서 가장 많이 사용된다. 딸기에서는 10 cm, 15 cm 간격의 점적호스가 사용되기도 한다. 물 퍼지는 거리는 사질토양에서도 반경 30～50 cm 까지 퍼지므로 점적기 간격이 30 cm 인 것을 사용하는 것이 경제적이고 점적효과도 높다. 특히, 노지재배의 경우는 30 cm 간격에 1.0～1.2 L/h 점적기를 사용하는 것이 좋아 현재도 노지고추 재배에 많이 사용하고 있다.

표 3-7 에서 보는 바와 같이 수압이 증가함에 따라 점적기 유량이 많아진다. 추천된 수압으로 점적호스를 사용해야만 정확한 유량이 나온다. 점적호스의 적정 수압은 10～14 m(1.0～1.4 kg/cm$^2$)이다.

〔**표 3-7**〕 수압에 따른 점적기의 유량(단위 : L/h)
(LIN, 메츠프라스사)

| 점적기 종류 | 수 압(m) | | | |
|---|---|---|---|---|
| | 5 | 10 | 14 | 18 |
| 1.2 L/h | 0.82 | 1.14 | 1.33 | 1.5 |

점적기 간격에 따라 최대설치길이가 다르다(표 3-8 참조). 이는 관수할 때 물이 균일하게 공급되어야 하므로 주관(보통 40 mm 또는 50 mm)에서 지관인 점적호스를 표 3-8 의 범위 내에서 설치해야만 물과 비료가 균일하게 되어 소기의 목적을 달성할 수 있다.

〔**표 3-8**〕 평지에서의 최대설치길이(10 % 내외
유량차이 시) (단위 : m)

| 수압(m) | 점적기 간격(m) | | | | | |
|---|---|---|---|---|---|---|
| | 15 | 20 | 30 | 40 | 50 | 75 |
| 10 | 72 | 89 | 119 | 144 | 168 | 219 |
| 15 | 74 | 91 | 121 | 147 | 172 | 224 |

㈜ 점적기의 유량 : 1.2 L/h

② **버튼형 점적기**

버튼형 일반점적기는 1990 년대 초 과수원에서 LD 호스에 부착하여 많이 설

치하였으나, 현재는 압력보상형 버튼식 점적기를 사용하고 있어 거의 사용되지 않고 있다. 버튼형 점적기의 톱니형 수로는 와류형태로 물이 지나감에 따라 구멍막힘을 방지하는 특징을 가지고 있다.

**③ 압력보상형 점적기**

**㉠ 압력보상형 점적호스**

압력보상형 점적호스란 점적기 내부에 실리콘 판막을 부착하여, 물을 공급하여 일정한 수압에 도달할 때까지 고무판막이 열리지 않다가 실리콘판이 휘어지면서 열리는 원리를 이용하여 만든 점적기를 말한다. 이러한 압력보상형 점적호스는 압력변화에도 균일한 유량을 유지하여 경사지 과수원, 조경수목 및 채소 관비 및 양액 재배에 적합하고 지중관수용으로도 각광을 받고 있으며, 자체 세척기능이 있어 막힘현상이 거의 없다. 점적기 간격이 20, 30 cm인 것은 채소와 화훼용으로 주로 쓰인다.

압력보상형 점적기의 특징은 그림 3-22에서 보는 바와 같이 점적호스 내의 수압이 일정 압력 이상이면 점적기에서 동일한 물량이 관수된다.

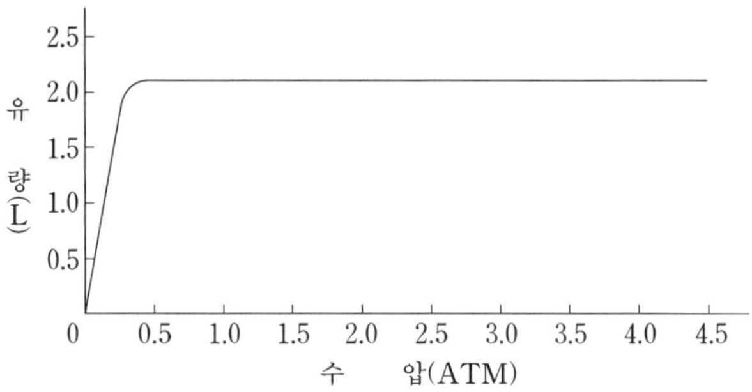


**그림 3-22** 압력보상형 점적기의 수압변화와 점적기 유량

공급되는 수압이 높을수록 멀리까지 설치할 수 있으나 국내 실정으로 보아 압상을 1.5 kg/cm$^2$ 정도로 공급하면 적당하다. 압력보상형 점적호스는 경사지에

**〔표 3-9〕** 압력보상형 점적(점적기 간격 30 cm)호스의 최대설치거리(단위 : m)

| 점적기 종류 | 공급수압(m) | | | | | |
|---|---|---|---|---|---|---|
| | 15 | 20 | 25 | 30 | 35 | 40 |
| 1.2 L/h | 156 | 180 | 199 | 215 | 228 | 241 |
| 2.1 L/h | 108 | 125 | 138 | 149 | 158 | 167 |

서 점적기 사이에 물량이 차이 나지 않고 고르게 공급되어 시설 내 관수는 물론 관비할 때에도 매우 유리하다.

압력보상형 점적호스는 압력보상 기능과 지중관수 시 뿌리가 점적기 내로 침투되는 것을 방지하는 기능이 있다. 사용수압은 0.5~4.0 $kg/cm^2$ 까지 가능하지만 가능한 한 1.5 $kg/cm^2$ 이상 주는 것이 제 성능을 십분 발휘한다.

표 3-10 의 지중점적처리의 경우, 지중 20~25 cm 점적호스를 설치하고 고추를 재배한 성적으로, 수확량이 증대하고 관수효율도 높아져 매우 좋은 효과를 보였다. 지중관수는 이 밖에도 잡초발생이 적고 양·수분의 공급이 원활하여 생육이 좋아지며, 또한 지표에서 증발되는 수분의 감소로 병발생이 억제되는 효과가 있다.

**〔표 3-10〕** 시설 내 녹광 풋고추의 지중점적처리 효과 〈원예연구소 지도사업반영자료, 2006〉

| 처 리 | 관수량(mm) | 그루당 수량 | |
|---|---|---|---|
| | | 양(g) | 수(개) |
| 지표점적 | 118.2 | 1,209 | 107 |
| 지중점적 | 82.7 | 1,476 | 131 |

### ㉡ 압력보상형 점적단추

압력보상형 점적단추는 일반 점적단추와 모양이 같으나 톱니형 수로 밑에

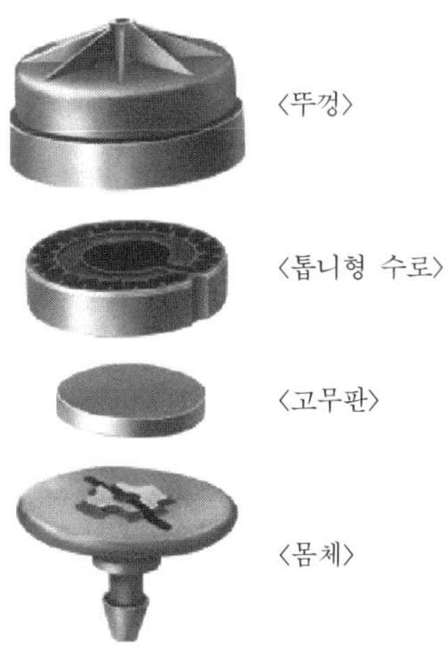


**그림 3-23** 압력보상형 점적단추

실리콘막이 하나 더 있어 일정한 수압에 도달해야만 실리콘판이 열려 그 틈새로 물이 나오는 원리를 이용하여 만든 제품으로, 기능은 압력보상형 점적호스와 같다. 현재 채소 및 화훼 재배에서는 수경재배용으로 가장 많이 설치되어 있다. 이 점적기는 수압이 최소한 0.5 kg/cm$^2$ 이상 되면 어느 정도 작동되지만 가능한 한 수압이 1.5~2.0 kg/cm$^2$ 이상 되어야 실리콘판의 자가세척기능이 정상적으로 작동되므로 양액공급 시 가능한 한 2.0 kg/cm$^2$ 이상의 수압을 주는 것이 좋다.

### (6) 수압식 전자밸브

원예작물의 관수용으로 주로 쓰이는 전자밸브는 일반적으로 사용하는 직동식이 아니고 전기신호가 주어지면 전자석이 작동하여 물을 통과시켜 그 수압으로 실리콘판을 밀어내어 밸브를 열어주어 물을 통과시킨다. 이와 같이 수압에 의하여 작동하므로 수압이 0.3 kg/cm$^2$는 되어야 정상적으로 작동된다.

이 전자밸브에는 글로벌 및 앵글 형태가 있고, 배관의 필요성에 따라 구분하여 사용한다. 글로벌 형태는 수평이나 수직으로 배관할 때 주로 사용하고, 앵글형태는 직각으로 굽는 배관을 할 때 사용한다.

### (7) 여과기

관수하는 물의 불순물을 물리적으로 걸러내는 데 사용하는 여과기에는 메디아필터, 그리고 모래 여과 및 분리에 사용하는 스크린필터와 디스크필터가 있다. 국내 온실에서는 스크린 및 디스크 필터를 주로 사용하고 있다.

## ◇ 참 고 문 헌 ◇

1. 건설화성. 2003. 건설 PEL 파이프 설계자료집. 서울.
2. 김영광. 1996. 양액공급 시스템의 기본구조와 특성. 양액재배연구회. 1(1) : 119~123.
3. 농촌진흥청. 2005.「산가요록」. 농업과학기술원 농촌환경지원과.
4. Metzerplas. 2007. 제품카다로그. 이스라엘.
5. 박중춘. 1994. 시설원예 현대화 하우스모델 설정 및 재배효과에 관한 연구. 농촌진흥청 특성화 연구보고서. 경상대학교..
6. Bermad 사. 2005. Bermard irrigation hydraulic contol valves 카다로그. 이스라엘.
7. 신광순. 2003. 관수지침서. 우진출판사. 안양. pp. 85~102.

8. Akal 사. 2002. 제품 카다로그. 이스라엘.
9. 윌로엘지펌프(주). 2001. 윌로－엘지펌프 카다로그. 진영.
10. 이병일, 문 원, 손정익. 2005. 시설원예학. 한국방송통신대학.
11. 임명순, 신건철, 박진면. 2001. 삼정 과수원 토양관리와 비료. 세명문화사. 수원. pp. 88～90.
12. 정병룡. 1998. 공정육묘. 첨단 유리온실 경영 및 재배기술. 농어촌진흥공사. pp. 571～661.
13. 최용문, 임재현, 박진면, 이중섭. 2002. 시설원예 토양관리기술. 표준영농교본. 농촌진흥청. 수원. pp. 119～139.
14. 한국네타핌. 2002/2003. 제품 카다로그. 서울.
15. 한국시설원예연구회. 1997. 시설원예 관수와 시비기술 심포지움.
16. 日本施設園藝協會. 2006. 施設園藝 Handbook(日本).
17. 青木雈史, 梅津憲治, 小野信一. 2001. 養液土耕栽培の理論と實際. 誠文堂新光社. 東京. 日本.
18. ASAE. 1985. Drip/Trickle Irrigation In Action. Vol. Ⅱ. In : Procedings of the Third International Drip/Trickle Irrigation Congress Nov. 18-21, 1985, Fresno, CA. USA. pp. 635～651.
19. Dasberg, S. & O. Dani. 1999. Applied Agriculture Drip Irrigation. Springer-Verlag Berlin Heidelberg, New York.
20. Fonteno, W.C. 1988. Know your media : The air, water and container connection. GrowerTalks on Plugs. pp. 90～92.
21. Horst, K. 1985. Chemicals for sterilizing. In Ball, V., The Ball Red Book, 14 th ed., pp. 133～145. Englewood Cliffs, NJ : Reston Publishing(Prentice-Hall Co.).
22. Jeong, B.R. & C.W. Lee. 1987. Bedding plant production in rockwool mixtures. HortScience 22 : 1,130.
23. Kramer, P.J. 1983. Water relations of plants. Academic Press Inc. New York. pp. 88～96.
24. Nelson, P.V. 1998. Greenhouse Operation and Management 5 th ed. Prentice Hall.
25. Reed, D.W. 1996. Water, Media, and Nutrition for Greenhouse Crops. Ball Publishing, Batavia, IL., USA.

# 제 4 장 시설 내 환경특성과 재배관리

## 4·1 광 환 경

광은 광합성의 에너지원으로서 작물의 물질생산에 필수 불가결한 요소일 뿐만 아니라, 식물체 각 부위에 작용하여 광형태형성, 개화반응 등 생장과 발육을 제어하는 데에도 깊이 관여하고 있다. 그러나 광은 온도나 수분처럼 단지 양적 요소로만 작용하는 것이 아니라 광질, 광도, 조사방향, 조사시간, 명암주기 등이 서로 연관되어 작용하는 특징을 갖는 환경요소이다. 광에 대한 작물의 반응도 종·품종, 조직·기관, 생장단계 등에 따라 서로 다른 경우가 많으며, 이러한 광환경은 장소, 시간 또는 시설물의 피복자재에 따라 변하기 때문에 광의 본질을 파악할 필요가 있다.

시설 내의 광환경은 노지와는 달리 광량이 감소하고 광질이 변하며 광분포가 고르지 못하다. 이러한 시설 내의 광환경 특성을 잘 파악하여 작물생육에 적합한 광환경을 만들어 주어야 한다. 불량한 광환경 조건에서는 여러 가지 생리장해가 발생하므로 적극적으로 광환경을 개선해 주어야 한다. 광환경의 개선대책을 수립하고, 나아가 적극적인 광환경 개선책으로 보광이나 인공광 등의 도입이 이루어져야 한다.

### 4·1·1 광의 본질

광선, 즉 빛은 단위에너지를 갖는 입자이면서 파동의 성질을 지닌 전자파(電子波 ; electromagnetic wave)이다. 빛의 어떤 성질은 질량과 부피를 가지는 입자(광량자 ; photon)로서 설명이 가능하지만, 어떤 성질은 소리(음파)나 연못에 던져진 돌에 의하여 생기는 것과 비슷한 파동(wave)의 형태로 우주공간을 여행한다.

전자파 중에는 파장이 짧은 것에서 긴 순으로 우주선(파장 $10^{-15}$ m), $\gamma$ 선, X 선, 자외선, 가시광선, 적외선, 마이크로파, 단파, 장파(파장 수 km)로 구분된다. 파장에 따라 에너지의 크기가 다른데, 전자파의 에너지는 파장에 역비례하고, 일정한 길이 내에서 진동수에 비례하기 때문에 파장이 길면 에너지가 작아지고 짧으면 에너지가 커진다. 예를 들어, 파장이 긴 라디오파는 에너지량이 극히 적고, X 선 · $\gamma$ 선 · 우주선 등은 파장이 대단히 짧아 큰 에너지를 가지며 무서운 파괴력을 지니고 있다.

자연광은 태양의 핵융합반응의 결과로 생긴 막대한 에너지가 빛과 열의 형태로 방출되어, 그 에너지의 일부가 지구에 도달한 것으로 파장이 다른 여러 가지 광선이 혼재되어 있는 혼합광이다. 태양으로부터 방사되는 광선(전자파) 가운데 장파장은 수증기 · 먼지 · 탄산가스 등에 흡수되거나 산란되고, 단파장은 오존층에서 흡수되어, 지구에 도달하는 빛은 복사파장으로 300～3,000 nm 사이의 빛이다. 이들 광선 가운데 320 nm 보다 짧은 자외선(紫外線 ; ultraviolet rays)과 760 nm 보다 긴 적외선(赤外線 ; infrared rays)이 있고, 그 사이의 380～760 nm 의 파장을 가시광선(可視光線 ; visible rays)이라고 한다. 인간에 시감(視感)을 주는 전자파인 가시광선은 다시 파장의 길이에 따라 보라색광, 청색광, 녹색광, 황색광, 주황색광, 적색광으로 구분된다. 760～$10^5$ nm 사이의 적외선도 760～2,500 nm 사이의 근적외선(近赤外線)과 2,500 nm 이상의 원적외선(遠赤外線)으로 구분되며, 자외선 역시 파장범위에 따라 UV C(100～280 nm), UV B(280～320 nm), UV A(320～

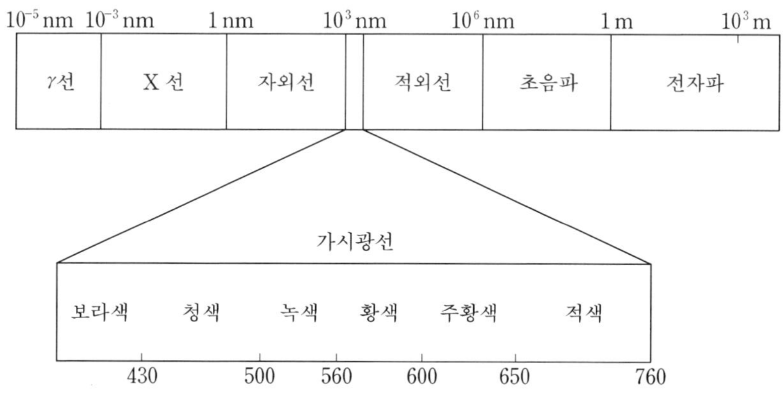


**그림 4-1** 태양광선의 파장별 분류

380 nm)선으로 세분하여 부른다.

식물의 생육에 영향을 주는 광선 영역을 생리적 유효방사(生理的 有效放射 : 300～800 nm)와 광합성유효방사(光合成有效放射 ; photosynthetically active radiation : 400～700 nm)로 나누어 설명하기도 한다. 생리적 유효방사는 색소의 생합성, 광주성, 굴광성, 형태형성 등 다양한 생리적 반응에 효과가 있는 파장역을 의미하고, 광합성유효방사는 광합성의 에너지원으로 작용하기 때문에 강한 광강도를 필요로 한다.

일반적으로 태양광은 전자기파 가운데 가시광선에 한정하기도 하지만 자외선과 적외선을 포함시키는 것이 보통이다. 직사광과 산란광을 포함하는 전체 태양복사에너지 가운데 이들이 차지하는 비율을 보면 자외선이 5 %, 가시광선과 적외선이 나머지 반씩을 차지한다. 광은 다시 파동의 성질을 강조할 때에는 광파(光波)라고도 부르며, 그 에너지의 전달경로를 나타낼 때에는 광선이라고 한다. 그리고 광파에 의한 에너지 전달을 복사(輻射, 방사 ; radiation)라고 표현하기도 한다.

일반적으로 광환경은 양적인 면에서 일사량, 광도(조도), 일조량 등으로 표시된다. 일사량(日射量 ; solar radiation)이란 단위시간당 단위면적이 받는 복사에너지로, 직사광과 산란광을 모두 포함한다. 단위로는 $W \cdot m^{-2}$나 $kcal \cdot m^{-2}$ 등이 있는데, 시간은 분(min), 시(h), 일(day) 단위로 나타낸다. 이들 사이에는 다음과 같은 관계가 성립한다.

$$1\ W/m^2 \fallingdotseq 1.43\ m^2 \times 10^{-3}\ ly/min \fallingdotseq 0.86\ kcal/m^2/h$$
$$1\ ly/min = 600\ kcal/m^2/h \fallingdotseq 700\ W/m^2 (langley = cal/cm^2)$$

광합성은 광의 에너지를 이용하므로 당연히 광량도 에너지량으로 측정해야 함에도 불구하고, 통상 일상생활에서 광도('광의 세기')를 '광의 밝기'로 인식하여 사람이 가시광선에 대하여 느끼는 휘도(輝度)를 나타내는 단위인 조도(단위 : lux)가 종종 사용된다. 그러나 사람의 눈이 밝게 느끼는 파장과 광합성에 유효한 파장과는 일치하지 않는다. 사람의 눈은 550 nm 부근의 황색·녹색의 광에 대한 감도가 가장 높으나, 이 파장 부근의 광은 광합성 효율이 비교적 낮다. 따라서, 여러 파장의 광을 포함하는 태양광의 광합성유효광량으로서 조도를 사용하는 것은 모순이다. 앞에서 언급한 바와 같이 광의 에너지는 파장이 짧을수록 높고, 파장이 길수록 낮다. 광합성효율도 광의 파장에 따라 다르나, 높은 에너지를 갖는 파장의 광이 광합성효율도 높은 것은 아니다. 즉, 광에너지와 광합성효율이 반드시 일치하는 것은 아니기 때문에 광합성유효방사량(photosynthetically active radiation, PAR)도 엄밀한 의미에서 광합성의 효율을 나타내는 광도 단위로 한계가 있어, 실제로는 엽록소의 흡수파장역인 400~700 nm 파장의 광량자(光量子 ; photon, light quantum) 개수를 나타내는 $\mu mol \cdot m^{-2} \cdot s^{-1}$ PAR 또는 $\mu E \cdot m^{-2} \cdot s^{-1}$ PAR 로 표시하는 경우가 많다.

일조량은 광도가 19.4 $W \cdot m^{-2}$ PAR(88.9 $\mu mol \cdot m^{-2} \cdot s^{-1}$ PAR) 이상 되는 빛이 쪼이는 시간(일조시간)으로 나타낸다. 일조시간은 지역과 계절에 따라 차이가 있는데, 우리나라에서 일조시간이 긴 지역은 대관령 · 수원 · 대구 · 진주 등으로 연 2,300~2,500 시간 정도이다. 계절적으로는 5 월과 10 월의 일조량이 특히 풍부하다.

지표면의 일사량은 태양의 고도, 계절과 시각, 지형이나 작물의 군락 등에 따라 차이가 크다. 중위도 지방에서 한겨울의 일사량은 여름 일사량의 절반에도 못 미치며, 하루 중에도 밤에는 0 에 가깝고 낮에는 정오경에 최대치를 나타낸다. 계절에 따라 태양고도가 달라지기 때문에 일사량도 변하며, 고위도 지역일수록 평균일사량이 적고 계절에 따른 일사량의 변동폭이 커진다(표 4-1 참조).

〔표 4-1〕 위도에 따른 일사량의 변화(단위 : cal)

| 위도 | 전평균 | 7 월 평균 | 1 월 평균 | 위도 | 전평균 | 7 월 평균 | 1 월 평균 |
|---|---|---|---|---|---|---|---|
| 0° | 880 | 809 | 863 | 40° | 694 | 1,051 | 326 |
| 15° | 852 | 934 | 687 | 50° | 601 | 1,015 | 181 |
| 20° | 830 | 958 | 621 | 60° | 500 | 1,002 | 51 |
| 30° | 773 | 998 | 477 | | | | |

### 4·1·2 광과 작물생육

빛은 작물이 생육하는 데 광합성(photosynthesis), 광주기성(photoperiodism), 기관형성에 작용하며, 이러한 작용에는 광질 · 광량 및 일장의 영향을 받는다.

#### (1) 광질과 생육

태양광은 파장이 다른 여러 종류의 광선이 다양한 비율로 분포하여 광질

(光質 ; light quality)을 결정하며, 광질에 따라 작물의 생육반응이 다르게 나타난다(표 4-2 참조). 노지재배에서는 계절이나 기상조건에 따라 광질이 달라질 수 있으나, 시설재배에서는 피복재를 투과하는 과정에 광질이 변하기 때문에 광질의 관리에 관심을 가져야 한다.

태양광은 크게 적외부・가시광선부 및 자외부로 구분되나, 가시광선부가 작물생육에 가장 큰 영향을 끼치며, 그중에서도 610~700 nm 의 적색광은 광합성작용과 일장반응을 일으키는 주된 광선이다. 광발아성인 상추 종자에 적색광을 조사하면 90 % 이상의 높은 발아율을 보이지만, 700~800 nm 의 근적외광은 적색광의 효과를 소멸시켜 적색광 조사 후 근적외광을 조사하면 거의 발아하지 않는다. 또한, 적색광은 배추의 엽구형성에 관여하여 잎의 직립과 결구를 촉진한다. 식물의 색소 역시 가시광선부에서 발현이 촉진되는데 카로티노이드계는 청색광(450~500 nm)에서, 안토시아닌계는 식물에 따라 청색광 또는 적색광에서 촉진된다. 자외선 영역은 초장을 짧게 하고 엽육을 두껍게 하는데, 자외선이 부족하면 도장하기 쉽다. 또, 자외선은 안토시아닌계의 색소발현을 조장하고 과채류의 수분을 도와주는 꿀벌의 활동을 활발하게 해준다. 그런가 하면 자외선은 균핵병과 회색곰팡이병의 균핵과 포자형성을 촉진시키기 때문에 자외선을 제거한 기능성 필름이 개발되어 시설 내 병해충의 발생을 억제하려는 연구가 시도되고 있다. 800 nm 이상의 적외선은 열효과 외에 식물에 대한 특별한 작용은 없다.

동일한 광에너지라도 광질에 따라 생육반응이 다르게 나타난다. 그림 4-2 에서 보는 바와 같이 청색광과 적색광은 백색광과 녹색광에 비하여 광

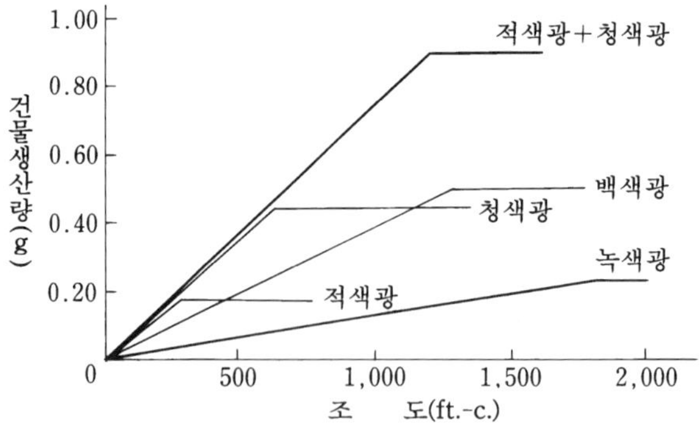


**그림 4-2** 광질에 따른 토마토 묘의 생육
〈WENT, 1967〉

합성률은 좋으나(그래프의 각도), 광포화점(그래프가 꺾이는 점)이 낮아 높은 광량 하에서 건물생산량이 적다. 청색광과 적색광의 혼합광에서는 광합성률과 광포화점이 높아서 건물생산량에 효과적이다.

### (2) 광량과 생육

광량(光量)은 1차적으로 광합성에 직접적인 영향을 끼친다. 광량이 증가하면 광포화점까지는 광합성작용이 왕성하여 생육량도 늘어나나 그 정도나 양상은 작물마다 다르며, 광포화점이 높은 작물을 호광성 식물(好光性 植物; sun plant), 낮은 작물을 호음성 식물(好陰性 植物; shade plant)로 구분한다. 시설재배는 노지재배에 비하여 광의 제약을 받으므로 작목을 선택할 때 동화특성을 고려해야 한다. 광포화점이 높은 수박·토마토·토란 등은 강광조건에서 생육이 촉진되고, 광포화점이 낮은 머위·생강·삼엽채 등은 약광조건에서도 비교적 생육이 잘 된다(표 4-2 참조).

**〔표 4-2〕** 주요 채소작물의 광합성 특성

| 광요구 | 광포화점(W·m$^{-2}$ PAR) | 작 물 명 |
|---|---|---|
| 강광 | 162 이상 | 옥수수·토마토·오이·멜론·호박·착색단고추·수박·토란 |
| 중광 | 81~162 | 양배추·배추·상추·셀러리·딸기·파·순무 |
| 약광 | 40.5 이하 | 미나리·양하·들깨·땅두릅 |

광량은 빛의 강도와 수광시간에 의하여 결정되지만 광포화점 이상의 광

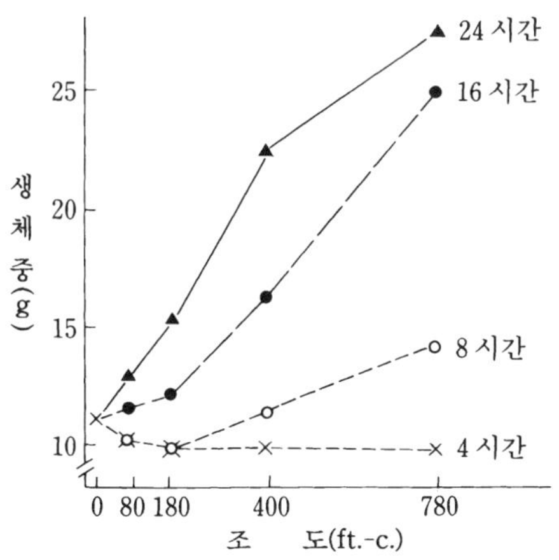


**그림 4-3** 조도와 조명시간이 토마토의 생체중에 미치는 영향<WENT, 1950>

량은 작물의 생육에 도움이 안 되며, 강광 하에서도 광 조사시간이 짧으면 생육량이 감소한다. 또한, 약광 하에서는 광합성량보다 호흡에 의한 소모량이 많기 때문에 오히려 생체중이 감소할 수 있다(그림 4-3 참조).

광도는 잎의 구조와 형태에도 영향을 미친다. 광도가 높은 조건에서 자란 작물은 잎이 작고 두꺼우며 진한 녹색을 띠면서 마디사이〔節間〕가 짧고 굵어지는 데 비하여 광도가 낮은 조건에서 자란 작물은 잎이 넓어지는 대신 두께는 얇아지고, 줄기가 가늘고 마디사이가 길어지는 도장현상이 나타난다.

이와 같이 광이 부족한 상태에서 자란 작물 잎의 내부구조를 보면 엽육세포가 작아지는데, 특히 책상조직(柵狀組織) 세포의 부피가 현저히 작아지고 엽록체 내 클로로필(chlorophyll)의 함량이 감소하는 특징이 있다. 또한, 광도가 낮으면 배추·양배추와 같은 결구채소는 결구가 늦어진다.

지하부의 근계도 약광에서는 가늘고 곁뿌리〔側根〕와 뿌리털〔根毛〕의 발생이 감소한다. 그리고 무·당근·비트(beet)와 같은 직근류(直根類)의 경우 동화산물이 감소하여 뿌리의 비대가 억제되고 당의 축적이 크게 감소한다. 광도가 낮으면 마늘과 양파의 구의 비대도 당연히 불량해진다.

광도는 영양기관뿐만 아니라 생식기관의 발달에도 영향을 미친다. 과채류의 여름재배나 노지재배에서는 일조량이 충분하기 때문에 문제가 없지만, 시설재배나 겨울철의 약광조건에서 재배하는 경우에는 광합성이 충분히 이루어지지 못하기 때문에 동화산물의 생성이 부족하여 곁가지〔側枝〕의 발생이나 암꽃수가 감소하고 낙과 및 낙화 수가 증가하며 과실의 비대도 불량해진다.

### (3) 일장과 생육

하루 낮(明期)의 길이를 일장(日長; day length)이라고 한다. 식물의 광주성에서는 약한 빛도 일장으로서 감응하므로 해뜨기 전이나 해진 후의 어스름한 현상(조도 약 4 lux)도 일장에 포함하는 것이 보통이다. 자연일장은 위도나 계절에 따라 규칙적인 변화를 한다. 그리고 계절에 따른 일장변화의 폭은 위도에 따라 크게 다르다. 적도지방은 일장의 변화가 거의 없어 연중 주·야간 시간이 12시간으로 일정하지만 적도에서 멀어질수록 계절별 일장의 변동폭이 커진다. 즉, 위도가 높아질수록 여름의 낮은 길어지고 밤은 짧아진다(그림 4-4 참조).

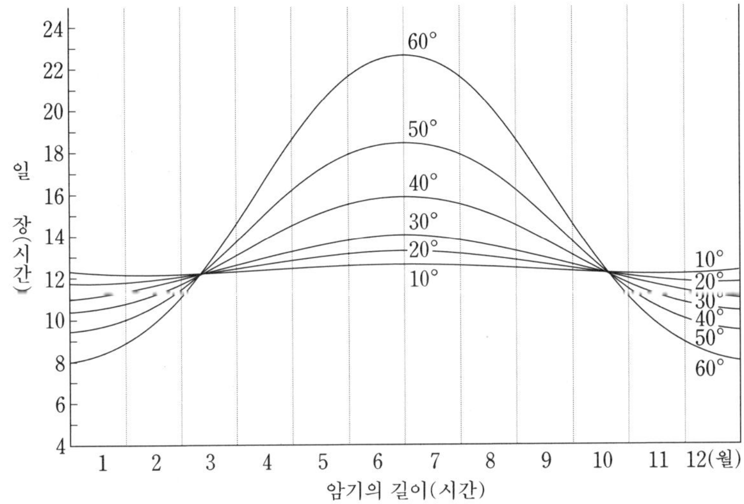


**그림 4-4** 위도별, 계절별 일장의 변화

북위 34∼42°에 걸쳐 놓여 있는 우리나라는 여름의 하지에는 일장이 16시간 정도 되고, 겨울의 동지에는 10시간 정도로 짧다. 물론, 춘분과 추분에는 12시간으로 밤과 낮의 길이가 같아진다(표 4-3 참조).

**〔표 4-3〕** 위도별 일장 변이 〈ROBERT 등, 1997〉

| 위도 | 식물이 감지하는 광도를 포함하는 일장(시 : 분) | | |
|---|---|---|---|
| | 최장 | 최단 | 연간 변이 |
| 0° | 12 : 50 | 12 : 50 | 0 : 00 |
| 10° | 13 : 29 | 12 : 19 | 1 : 10 |
| 20° | 14 : 11 | 11 : 44 | 2 : 27 |
| 30° | 15 : 01 | 11 : 04 | 3 : 57 |
| 40° | 16 : 01 | 10 : 22 | 5 : 39 |
| 50° | 17 : 53 | 9 : 20 | 8 : 33 |
| 60° | 22 : 25 | 7 : 48 | 14 : 37 |
| 70° | 24 : 00 | 0 : 00 | 24 : 00 |

일장은 식물의 휴면과 개화반응은 물론, 기관의 분화와 발달에도 크게 관여한다. 개화를 유도하는 데 필요한 최소한의 일장을 한계일장(限界日長 ;

critical day length)이라고 하는데, 장일식물이란 한계일장보다 긴 일장조건에서 개화하는 식물을 말하고, 단일식물이란 한계일장보다 짧은 일장조건에서 개화하는 식물을 말한다. 그리고 일장에 관계없이 개화하는 식물을 중성식물이라고 한다.

일장은 저장기관의 분화와 비대에도 관여한다. 채소의 엽구형성은 일장이 짧을수록 잎이 잘 직립하기 때문에 단일이 장일보다 엽구형성을 촉진한다. 따라서, 춘파와 추파를 비교하면 추파가 파종 후 일장이 짧아지기 때문에 결구가 용이하다. 무는 장일조건에서 지상부 발육은 촉진되지만 지하부 비대가 불량하고 T/R 율이 커지며, 단일에서는 이와 반대현상이 나타난다. 생육 전기에는 단일, 후기에는 장일로 관리하면 근부의 비대도 좋고 T/R 율도 증대된다.

마늘과 양파의 인경은 일정 기간 저온과정을 거친 후 고온과 장일 조건이 주어지면 형성된다. 단일조건에서는 인경이 형성되지 않을 뿐만 아니라, 마늘의 경우에는 분화된 곁눈〔側芽〕이 보통잎으로 발전하는 2 차 생장(벌마늘)이 발생한다. 양파의 인경형성에 필요한 한계일장은 품종에 따라 달라 조생종은 짧고 만생종은 길다. 감자의 괴경은 단일조건에 비대가 촉진되는데, 한계일장은 12 시간 전후이다. 구근베고니아의 괴경, 달리아의 괴근의 형성은 단일조건에서 촉진된다. 박과채소는 자웅동주식물로서 암수의 성비는 온도와 함께 일장의 영향을 크게 받는다. 특히, 오이의 경우 장일조건에서 수꽃이 많아지고, 단일조건에서는 암꽃의 착생비율이 크게 증가한다. 과수에 있어서 장일조건에서는 신초의 생장이 촉진되고, 단일조건에서는 억제된다. 그리고 일장과 T/R 율과의 관계를 보면 장일 하에서는 지상부 생육이 촉진되어 T/R 율이 커진다.

### 4·1·3 시설 내 광환경의 특성

시설 내의 광환경은 노지에 비해 불량할 뿐만 아니라 시설물의 구조·설치방향·형태 및 피복재의 종류 등에 따라 광질이 달라지고 광량이 감소되는 등의 변화가 생기기 때문에 시설물의 설치와 작물재배 시에는 시설 내부에 형성되는 광환경에 대한 특수성을 고려해야 한다.

#### (1) 광량의 감소

시설 내에서는 시설물의 골재가 광을 차단하고 피복물이 광을 차단하거나 반사하며, 피복재에 부착된 물방울·먼지 등이 광선의 투과를 방해하기 때문에 광량이 노지에 비해 많이 감소한다.

### ① 골격재에 의한 차광

골격자재에 의한 차광 정도는 사용하는 골재의 구조나 크기에 따라 다르며, 골재는 피복자재의 종류나 시설의 구조에 따라 달라진다. 일반적으로 목재온실은 차광률이 높고, 철골은 차광률이 낮다. 유리온실은 피복물(유리)의 하중을 지탱하기 위해서는 골재가 굵어야 하기 때문에 대체로 차광률이 20% 정도로 큰 편이나, 플라스틱온실의 파이프골재는 5% 정도이다. 그러나 같은 유리온실이라도 대형 온실의 경우에는 15% 정도로 낮아진다. 골격재를 거의 사용하지 않는 에어하우스와 같은 것은 차광률이 거의 0%에 가깝다.

### ② 피복재에 의한 광선의 흡수·반사 및 투과

무색 투명한 유리나 플라스틱필름의 광선흡수율은 1% 정도에 불과하지만 열선흡수제를 혼입하거나 착색제가 들어 있으면 그 양에 비례하여 흡수율이 높아진다. 또한, 피복재의 표면에 먼지와 물방울이 부착되어 있으면 흡수율이 높아지고 광산란이 많이 생긴다.

유리와 투명 및 유색 플라스틱필름의 입사각별 투과율을 보면 그림 4-5와 같다. 투과율은 입사각이 30~60°에서 감소하기 시작하여 60°를 넘으면 급격히 감소한다. 광의 흡수율은 각도와 무관하게 2~6%이기 때문에 투과율의 저하는 반사율의 증대에 의한 것이다. 이와 같이 입사각에 따라 피복재의 투과율이 서로 다르기 때문에 시설 내의 광량의 위치에 따라 많은 차이가 나게 된다.

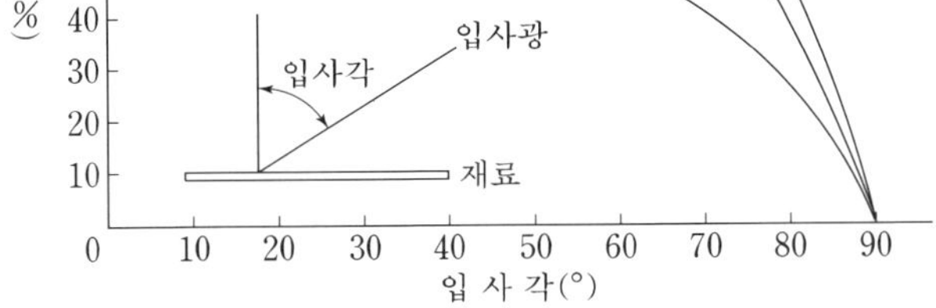


**그림 4-5** 입사각에 따른 광선투과율

### ③ 피복재의 오염과 부착

시설의 피복재에 먼지 · 특수성분 · 물방울 등이 부착되면 광선투과율을 크게 감소시킨다. 염화비닐은 가소제(可塑劑)를 첨가하여 대전성(帶電性)을 띠기 때문에 흙먼지가 부착되기 쉬워 심한 경우 50~60 % 까지 광선투과율이 낮아진다. 유리, PE 필름, EVA 필름, 아크릴산 수지판 등은 먼지가 잘 부착되지 않으며, 염화비닐의 경우도 표면을 아크릴산 수지로 도포하면 먼지의 부착 정도가 경감된다.

플라스틱필름은 유리, 플라스틱 경질판 등에 비하여 물방울이 많이 맺혀 투과광량을 감소시킨다. 그러나 최근에는 물방울이 덜 맺히는 무적(無滴)필름이 개발 · 보급되고 있다. 수막하우스의 경우 지하수에 철분 등이 많이 함유되어 있으면 피복재를 심하게 오염시켜 광선투과율을 크게 낮추는 경우가 있다.

### ④ 시설의 방향과 광선투과율

겨울에는 태양의 고도가 낮기 때문에 시설의 설치방향에 따라 광선투과율의 차이가 크다. 계절과 위도에 따라 시설방향에 따른 광투과율이 다르지만, 일반적으로 동서동이 남북동에 비하여 광선투과율이 훨씬 더 높다.

우리나라와 위도가 비슷한 일본에서 동서동과 남북동의 겨울철 평균 일사량을 측정한 결과를 보면 동서동의 일사량이 남북동에 비하여 오전에는 26 %, 오후에는 84 % 정도 높았다(표 4-4 참조). 따라서, 고위도 지역에서 저온기에 시설재배를 할 경우는 시설을 동서방향으로 설치하는 것이 유리하다. 그러나 연동의 경우에는 동서동이 남북동보다 그림자가 심하게 나타나서 광분포의 불균일성이 크다.

겨울철에는 동서동 온실의 투과율이 남북동 온실보다 높으나, 여름철에는 이러한 관계가 역전한다. 겨울철 동서동 단동온실의 투과율이 높은 것이 특징이나 봄에는 저하하여 동서동 연동온실의 투과율보다 낮아진다. 이에 비해 남북동 온실에서는 겨울에서 여름까지는 투과율이 점증하여 항상 단동온실이 연동온실보다 높은 투과율을 나타낸다(그림 4-6 참조).

**〔표 4-4〕** 시설의 설치방향과 일사량(단위 : cal/cm$^2$/3 h) 〈山本, 1967〉

| 방향 | 11 월 | | 12 월 | | 1 월 | | 평균 | |
|---|---|---|---|---|---|---|---|---|
| | 오전 | 오후 | 오전 | 오후 | 오전 | 오후 | 오전 | 오후 |
| 동서 | 98 | 114 | 146 | 206 | 144 | 200 | 119 | 173 |
| 남북 | 92 | 96 | 96 | 93 | 95 | 94 | 94 | 94 |

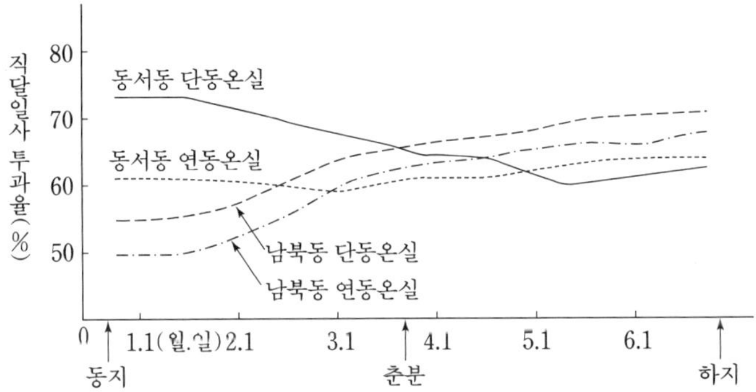


**그림 4-6** 일본 도쿄에서 직달일사 투과율의 계절적 변화 〈藏田, 1986〉

### (2) 광분포의 불균일

시설 내의 광량은 위치에 따라 많은 차이가 나서 작물의 생육이 균일하지 못한 경우가 많은데, 이와 같이 광분포가 균일하지 않은 원인은 시설골재에 의한 차광과 피복재에 대한 태양광의 입사각이 위치에 따라 다르기 때문이다. 일반적으로 동서동 온실의 평균직달일사량 투과율은 남북동 온

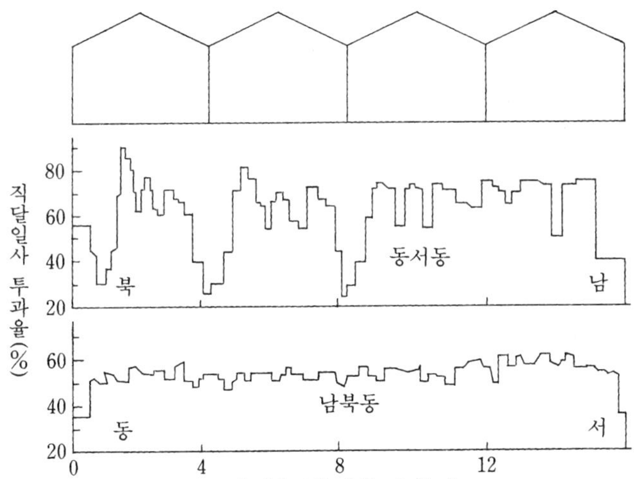


**그림 4-7** 4연동 온실의 직달일사량의 광투과율 분포 (북위 35°, 12월 22일)〈藏田, 1986〉

실에 비해 높지만 위치에 따라 광분포의 불균일 현상이 심하게 나타난다. 그 원인은 골격재에 의한 그늘 부분과 동서동 온실의 북측 지붕의 입사각이 큰 피복재에 도달한 부분은 약광대(弱光帶)가 되고, 반대로 온실 처마나 벽에 반사된 광이 입사되는 부분은 강광대(强光帶)로 되기 때문이다. 즉, 동서동 온실의 경우 시간대별로 약광대나 강광대가 크게 변하지 않기 때문에 일사량 투과율 분포가 불균일하게 되나, 남북동은 지붕면에서 본 태양의 위치는 시각에 따라 크게 이동하기 때문에 하루 중 직달방사 투과율은 평균화되어 동서동보다는 균일하게 된다(그림 4-7 참조).

실제로 겨울철(동지) 북위 35° 지점에서 온실 지붕 경사도에 따른 직달광 및 산란광의 투과율을 측정한 것을 보면, 동서동의 경우 단동온실은 지붕 경사각이 증가할수록 투과율도 증가하나, 연동온실은 경사각 30° 에서 투과율이 70 % 정도로 최고에 달한 후 그 이상 경사각이 증가하면 투과율은 저하하였다. 이에 비해 남북동 온실과 산란광 투과율은 지붕 경사각에 따른 큰 변화는 없었다(그림 4-8 참조).

폴리에틸렌과 EVA 필름으로 피복한 동서동 플라스틱온실 내의 조도를 위치별로 측정한 결과를 보면 시설 내 위치에 따라 조도의 차이가 크게 나타났으며, 북측 벽 가까운 곳은 약광대가 형성되어 조도가 낮았고 중앙이나

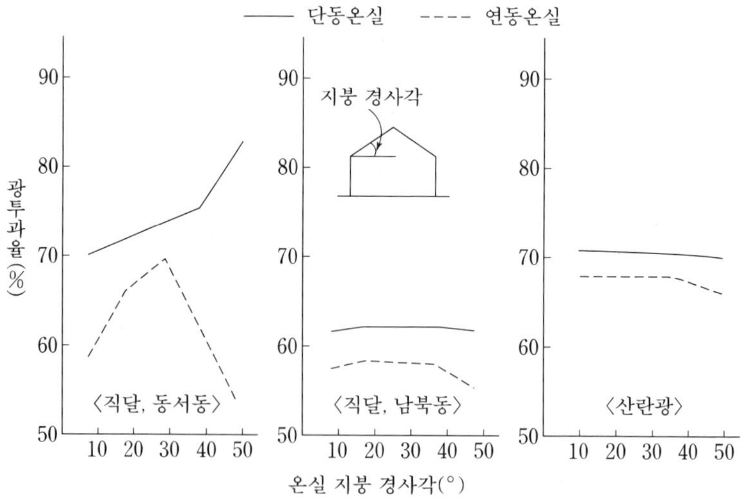


**그림 4-8** 동지, 북위 35° 에서 지붕 경사각에 따른 직달 및 산란 일사량 투과율〈藏田, 1996〉

〔표 4-5〕 플라스틱온실 내의 위치별 조도 비교 〈이, 1973〉

| 조사시간 (1월 5일) | 날씨 | 폴리에틸렌 | | | EVA | | | 노지 |
|---|---|---|---|---|---|---|---|---|
| | | 남쪽 | 중앙 | 북쪽 | 남쪽 | 중앙 | 북쪽 | |
| 9 시 | 맑음 | 1,595 | 1,340 | 965 | 1,830 | 1,080 | 890 | 6,000 |
| 11 시 | 맑음 | 18,800 | 14,600 | 1,750 | 21,700 | 18,000 | 11,200 | 30,000 |
| 13 시 | 맑음 | 20,500 | 19,000 | 15,000 | 22,500 | 21,000 | 16,500 | 25,000 |
| 15 시 | 맑음 | 5,400 | 4,500 | 3,750 | 7,750 | 5,850 | 4,750 | 52,000 |
| 16 시 | 맑음 | 1,500 | 1,500 | 1,200 | 2,100 | 1,800 | 1,300 | 2,400 |

남측 벽 가까운 곳에는 강광대가 형성되어 조도가 높았다(표 4-5 참조).

### (3) 광질의 변화

시설의 피복자재로는 판유리 · 경질판 · 플라스틱필름 등이 있는데, 이들의 가시광선 투과율은 거의 비슷하지만 자외선과 적외선은 각각의 물성에 따라 다르다. 이와 같이 파장별 광선투과율이 달라지면서 시설 내 광질은 노지와는 다른 광질이 된다.

폴리에틸렌필름은 자외선은 물론 장파장의 투과율이 두드러지게 높다. 염화비닐은 원래 자외선을 잘 투과시키지만 가소재 · 자외선흡수제 등이 첨가되어 투과율이 크게 떨어지며, 장파장(3 $\mu$m 이상)의 투과율은 폴리에틸렌필름보다 낮고 유리보다는 높다. 일반유리는 자외선 가운데 0.31 $\mu$m 이하, 그리고 3 $\mu$m 이상의 장파장은 거의 투과시키지 않으며 그 사이의 파장

〔표 4-6〕 각종 피복재의 광선투과 파장역 〈高橋, 1987〉

| 파장역 | 300 | 400 | 760 | 3,000 | 5,000 nm | |
|---|---|---|---|---|---|---|
| | 원자외선 | 근자외선 | 가시광선 | 근적외선 | 장 파 | |
| 유리 | × | ○ | ◉ | ◉ | ○ | × |
| FRP(경질판) | × | × | ◉ | ◉ | ○ | × |
| FRA(경질판) | × | ○ | ◉ | ◉ | ○ | × |
| MMA(경질판) | ○ | ◉ | ◉ | ◉ | ○ | × |
| PVC 필름 | × | ○ | ◉ | ◉ | ◉ | ○ |
| EVA 필름 | × | ◉ | ◉ | ◉ | ◉ | ○ |
| PE 필름 | ○ | ◉ | ◉ | ◉ | ◉ | ◉ |

㊟ 광선투과 정도 × : 투과하지 않음, ○ : 일부 투과, ◉ : 잘 투과함

은 80~90 % 정도 투과시킨다. 유리섬유강화 경질판은 유리와 거의 비슷한 투과성을 보이고 있다(표 4-6 참조).

자외선은 가지의 착색(안토시아닌 형성)이나 장미 등 화훼류의 착색을 촉진하고 작물의 도장을 억제하며, 생력화나 착과촉진을 목적으로 과채류 재배에 활용되는 교배용 벌(수정벌)의 활동에도 깊이 관여하고 있어, 유리나 PC 온실처럼 자외선의 투과율이 낮은 시설 내에서는 이러한 작물을 재배할 때 주의해야 한다. 한편, 자외선을 제거하면 작물에 따라 줄기나 잎의 신장이 촉진되거나 진딧물 등 해충이 억제되는 효과가 있어 자외선 제거필름이 기능성 피복재로 이용되기도 한다.

최근에는 피복자재에 적색광(R)이나 원적색광(FR)을 차단하는 색소를 혼입하여 줄기나 절간 신장에 영향을 주는 인자인 R/FR 비율을 조절하는 자재도 개발되어 있다.

#### (4) 일장의 변화

시설에서는 노지와 달리 차광을 하거나 인공광을 도입하여 장일 또는 단일 조건을 부여하여 화성유도나 휴면타파 등을 통한 작물의 생육을 인위적으로 조절할 수 있다. 단일처리를 위한 차광은 여름철 시설 내 온도상승을 제어할 목적으로 하는 차광과 달리 차광률이 100 % 되는 암막시설 아래서 이루어져야 한다. 보광에 의한 장일처리를 일반적으로 전조재배(電照栽培)라고 하며, 들깻잎 생산이나 딸기의 휴면타파 등에서 폭넓게 실용화되고 있다. 전조재배를 위한 보광의 광강도는 조명방법이나 작물의 종류에 따라 다르나, 조도로 환산하여 수십 lux 로 충분하여, 광원으로 백열전구가 많이 사용되고 있다. 조명방법으로는 ①일몰부터 일출까지 연속조명, ②일몰 후 4~8 시간 연속조명(일장연장), ③한밤중 2~5 시간 연속조명(광중단), ④야간 2~5 시간 동안 점등과 소등을 반복하는 간헐조명 방법이 있다.

### 4·1·4 광환경 제어

시설 내 광환경 방법은 크게 광질제어, 일장제어, 광량제어로 구분할 수 있다. 광질은 파장별 투과율이 다른 피복재를 선택함으로써 제어가 가능하고, 국화나 딸기 등에서 실용화된 일장제어는 인공광원을 통한 전조재배나 차광을 통해 이루어진다. 광량의 제어는 여름철 고온억제나 일소현상 방지를 위해 한랭사 등으로 차광하는 것처럼 시설 내에 투과광량을 억제하기도 하나, 대부분의 경우는 시설재배의 상당 부분이 저온 약광기에 이루어지고, 앞에서 설명한 바와 같이 다양한 시설 내외의 광차단 요소로 인하여 광량이 부족하기 쉽기 때문에 투과광량을 증대시키고, 투과광선을 효율적으로 이용하는 노력이 필요하다(그림 4-9 참조).

| 온실 내 광환경의 제어 | 〈수단〉 | 〈목적〉 |
|---|---|---|
| 광질제어 | 피복제 선택 | 자외선 투과율 등 제어 |
| 일장제어 | 인공광원<br>차광 | 꽃눈형성<br>휴면타파 |
| 광량제어 | 차광<br>피복제 세정<br>온실구조, 방향,<br>피복제 선택<br>인공광원<br>반사판 등의 이용 | 겨울철 광량 증가 |

**그림 4-9** 온실 내 광환경 제어법의 분류〈藏田, 1986〉

### (1) 투과광량의 증대와 광의 효율적 이용

#### ① 골격재의 선택

시설의 골격재가 굵으면 광차단율이 높아져 광투과율이 감소하므로 강도가 높으면서도 용적이 작은 골재를 사용하는 것이 바람직하다. 골재의 형태는 L·H·ㄷ·□ 등 다양한 종류의 형강이 있으나, 파이프형(○) 골재가 가장 차광률이 낮고, 재질로서는 목재나 알루미늄보다는 철골의 차광률이 낮다.

#### ② 피복재의 선택과 세척

피복재의 종류에 따라 광선투과율이 다르다. 가시광선 내의 범위(400~700 nm)에서는 피복재에 따른 광투과율에 큰 차이가 없지만, 유리는 700 nm 이상의 장파장에서의 광투과율이 합성수지 피복재보다 낮고, PE 필름이나 아크릴 등은 300 nm 이하의 단파장에서 투과율이 높다. 플라스틱필름에서는 친수성이 높아 표면에 물방울이 잘 맺히지 않는 무적(無滴)필름이 유적(有滴)필름보다 광투과율이 높다.

모든 피복재는 시간이 경과하면서 흙먼지 등으로 오염되어 광선투과율이 낮아진다. 특히, 염화비닐필름은 가소제와 자외선 흡수제를 첨가하여 대전성을 띠고, 그에 따라 먼지가 많이 부착되어 광선투과량이 감소한다. 광투과율이 높은 피복재라도 보온성을 높이기 위해 커튼 등으로 이중피복을 할 경우 광투과율이 40 % 이상 떨어지고, 오염된 피복물을 세척하면 현저하게 높아진다.

### ③ 시설의 설치방향 조절

위도가 높을수록 시설의 설치방향에 따른 시설 내 광투과율의 차이는 커진다. 우리나라 위도에서는 겨울철은 동서동, 여름철에는 남북동 온실의 광투과율이 높으므로, 저온 약광기에 촉성재배를 목적으로 설치하는 시설은 동서방향으로 설치하여 투과광량과 온도를 높이는 것이 유리하지만, 반촉성용 시설이나 여름재배용 시설은 남북방향으로 설치하는 것이 합리적이다. 그러나 온실 내 광투과율 분포는 동서동 온실이 남북동 온실보다 불균일하고, 이러한 경향은 단동보다 연동에서 그 차이가 심하므로 연중 작물을 재배하는 대형 연동온실에서는 남북방향으로 설치하여 고온기 지나친 실온의 상승을 억제하고 균일한 생육을 도모하는 것이 바람직하다.

### ④ 반사판 · 산광재의 이용

시설 내의 지면이나 벽면에 도달한 빛은 대부분 작물이 이용하지 못하는데, 이러한 빛을 반사물체를 설치하거나 산광피복재를 이용하여 산광시키면 시설 내의 광량을 늘릴 수 있을 뿐만 아니라 골격재에 의한 그늘이 없어져, 실내의 광분포가 고르게 된다.

그림 4-10 에서 보는 바와 같이 입사각이 35° 일 때, 투과광이 74 % 이고 반사광이 38 % 로서 전체 광량은 112 % 가 되어 노지보다 12 % 정도 광량이 더 많다. 이용되는 반사판으로는 알루미늄박(箔)이 가장 적당하다. 그리고 3/4 식

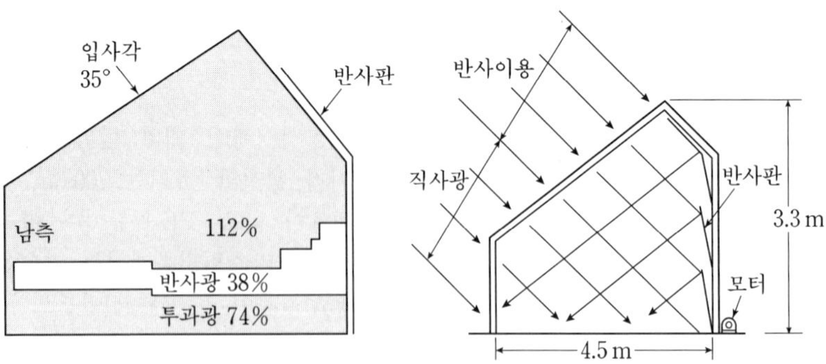


**그림 4-10** 반사판 이용 시의 시설 내 광분포 및 전동식 반사판 〈이 등, 2004〉

유리온실에서 북쪽 벽면에 반사판을 3단으로 설치하고, 전동모터로 각도를 태양고도에 맞추어 조절하거나, 시설의 종류에서 소개한 이동식 시설에서 보는 것처럼 시설 전체를 회전시키면 더 큰 효과를 나타낼 수 있다.

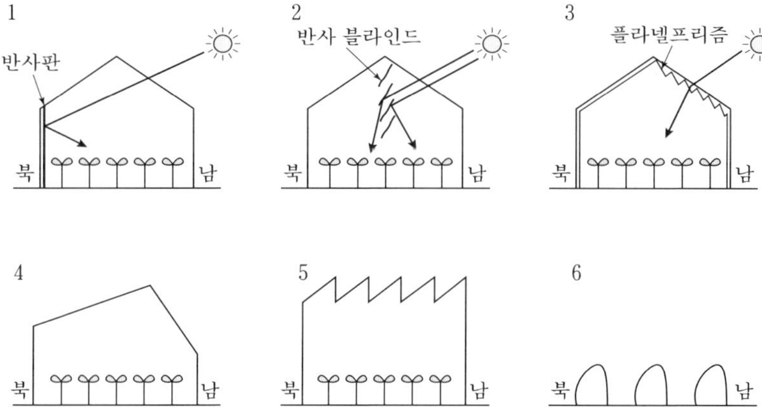


**그림 4-11** 겨울철 직달일사 투과율을 증가시키기 위한 다양한 방법
1. 古在·杉, 1972 2. CRITTEN, 1985 3. 藏田, 1983 4. KATURA·TACHIBANA, 1978 5. CRITTEN, 1984 6. KATURA 등, 1991

### ⑤ 경종적 방법

저온약광 상태의 시설에서는 가능한 한 내음성 작물이나 품종을 선택한다. 이러한 측면에서 보면 관엽식물이나 엽채류가 유리하고, 과채류나 개화식물은 불리하다. 시설재배에서는 가급적 재식간격을 넓히고, 덩굴성은 포복재배보다는 지주재배가 좋으며, 엽면적지수를 늘리는 것이 바람직하다.

과채류 재배 시 이랑의 방향도 군락 내 광선투과율에 영향을 준다. 동서이랑은 겨울철에 높은 직달광의 군락 입사율을 나타내나, 여름철에는 저하한다. 이에 비해 남북이랑은 입사율의 계절적 변화가 비교적 적다. 그러나 동서이랑의 경우, 이랑간격을 넓게 하지 않으면 작물의 하단부에는 광선이 잘 조사되지 못하는 단점이 있다(그림 4-12 참조).

## (2) 인공광의 도입

자연광만으로는 광량이 부족할 때 인공광원으로 시설의 부족한 광량을 보충하는 것을 보광(補光)이라고 한다. 시설재배에서 인공광의 이용은 광합성과 생육촉진을 위하여 부족한 광량을 보충하는 경우와, 장일처리를 하기

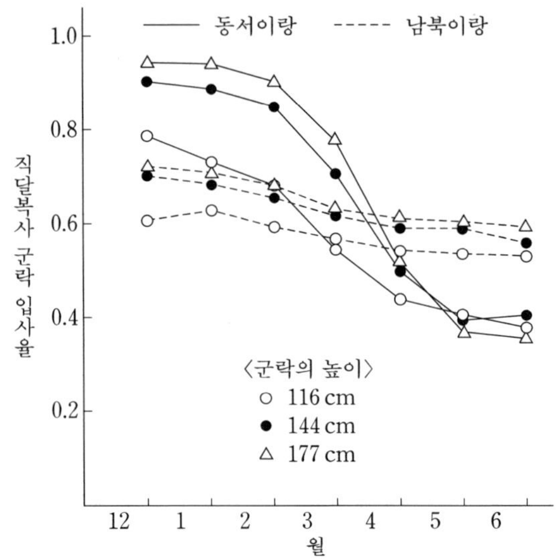


**그림 4-12** 토마토 군락의 이랑방향과 직달복사 군락 입사율의 관계(온실 내에 입사된 직달복사 투과율에 대한 작물군락에 흡수된 비율) 〈藏田, 1988〉

위하여 일몰 후 일정한 시간을 조명하는 경우가 있다. 실용적으로는 일장조절용으로 인공광을 많이 사용하고 있다.

광합성과 생장촉진을 위한 보광은 일조시간의 연장, 흐린 날 주간조명, 그리고 야간조명의 방법이 있다. 이러한 목적으로 보광을 할 때 광도는 광보상점 이상이 되어야 하며, 광포화점까지는 광도가 높을수록 효과가 커진다. 실제 광합성 촉진을 위한 보광은 전기요금 등으로 비용이 많이 소요되기 때문에 육묘과정에서만 이용하는 것이 일반적이다.

인공광은 종류에 따라 광질과 광량이 다르고, 그에 따른 식물 생육반응이 다르므로 선택 시 주의해야 한다. 인공광원을 식물재배에 이용하면 각종 효과가 기대되나, 이를 보급하기 위해서는 많은 과제가 있다. 그중에서도 특히 효율이 좋은 광원과 광 이용효율이 높은 기구의 개발이 시급하다.

### ① 인공광의 종류

#### ㉠ 백열등

백열등(incandescent lamp)은 전류가 텅스텐 필라멘트를 가열할 때 발생하는 빛을 이용하는 것으로 전구 안에는 아르곤, 질소 또는 크립톤 가스가 봉입되어 있다. 전체 방사에너지 중 생리적 유효방사율은 10～20 % 에 불과하지만, 적색광이 많아 광합성에 유리하고 장일식물에 효과가 커서 국화의 개화조절, 딸기의 휴면방지 등 광형태형성용(전조용)으로서 오래 전부터 사용되어 왔다. 그러나 청자색 광이 거의 없고 자외선이 없는 데 비해 원적색광이 많아 식물의 신장생장을 촉진하는 작용을 한다. 백열등은 안정기 등이 필요 없어 가격이 저렴하고 소형으로 취급이 용이하여 일장조절용 광원이나 광합성촉진용 광원으로 단독 또는 형광램프와 조합하여 보조소명으로 널리 사용된다.

### ㉡ 형광등

형광등(fluorescent lamp)은 유리관 내벽에 도포하는 형광물질에 따라 분광분포가 정해진다. 형광등 안에는 아르곤과 미량의 수은이 봉입되어 있어, 전극에서 발생하는 열전자가 수은 원자를 자극하여 자외선을 방출시키고, 이 자외선이 형광물질을 자극하여 가시광선을 방출시킨다. 백열등에 비해 소비전력당 발광효율이 4 배이고 수명은 10 배나 길다. 적외선이 적어 식물의 엽온상승이 없고 도장의 위험성이 적으며, 사용하는 형광체에 따라 다양한 광질의 램프 선택이 가능하다. 일상의 조명용으로 백색 · 3 파장형 등이 사용되고 있지만, 연구용으로는 원적색광 램프(파장피크 730 nm), 적색광 램프(파장피크 680 nm), 근자외 형광램프, 자연광에 가까운 $D_{65}$ 형광램프 등도 사용되고 있다. 3 파장 형광램프에 원적색광을 부가하면 잎이나 줄기의 생장을 촉진할 수 있어, 이들을 조합한 램프가 개발되어 있다.

형광램프는 적외방사가 적어 근접조명이 가능하고, 연속조광이 가능하기 때문에 균일한 조도분포를 얻기 쉽다는 점 등의 장점에도 불구하고 단위용적당 출력을 크게 할 수 없기 때문에, 주로 육묘나 엽채류와 같이 수 10 $\mu mol \cdot m^{-2} \cdot s^{-1}$ (수 klx) 정도의 광으로 재배할 수 있는 작물재배에만 한정되어 사용된다.

### ㉢ 고압방전등(HID 램프)

고압방전등(HID 램프 ; high intensity discharge lamps)은 금속 증기 중의 방전에 의해 발광하는 고압나트륨램프 · 메탈헬라이드램프 · 고압수은램프의 총칭이다. 발광관 내의 전극 사이에 전압을 가하면 시동용 가스(아르곤 및 크세논 가스) 내에 방전이 시작되고, 이때 발생하는 방전아크에 의해 첨가물(금속)이 증발하여 기체가 된다. 기체가 된 금속첨가물의 원자에 전자가 충돌하면서 그 첨가물의 고유 파장역의 빛이 발광한다. 수은은 청백색, 나트륨은 오렌지색, 탈륨(TI)은 녹색 빛을 낸다. 즉, 발광관 내에 봉입된 첨가물의 종류 또는 조합으로 램프의 발광색, 램프의 효율 등 여러 특성이 결정된다.

HID 램프는 램프 1개당 광속이 크며 백열전구에 비하여 효율이 높고 수명이 길며 경제성이 우수한 것이 특징이다. 열이 많이 발생하는데도 불구하고 광효율이 좋은 것은 아크튜브(arc tube) 안이 고압으로 유지되기 때문이다. HID 램프는 아크가 이루어지는 아크튜브와 바깥의 외구가 있는 2중구조로 되어 있는데, 이는 열손실을 막아 광효율을 좋게 하기 위해서이다.

### ㉣ 수은등

수은등(mercury vapor lamp)은 고압의 수은 증기 속의 아크방전에 의하여 빛을 내는 전등으로, 수은 및 아르곤 가스가 봉입되어 있고 수은이 발광하면서 약간 청백색을 낸다. 발광효율은 일반 형광등보다도 낮지만 텅스텐을 이용하는 백열등보다는 훨씬 높다. 그리고 출력이 강하면서도 원적외선이 적기 때문에 식물체를 도장시키지 않는다. 이러한 이점 때문에 적색 파장이 강한 전등과 조합하여 광합성 촉진 및 장일처리용으로 넓은 면적의 조명에 사용되고 있다.

### ㉤ 메탈할라이드등

메탈할라이드등(metal halide lamp)은 각종 금속 용화물(溶化物)이 증기압 중에 방전함으로써 금속 특유의 발광을 나타내는 현상을 이용한 등으로, 스칸듐(Sc : 백색), 나트륨(Na : 오렌지색), 탈륨(Tl : 녹색), 주석(Sn) 등의 종류가 있다. 수은과 함께 아르곤 가스가 봉입되어 있고, 봉입 금속 발광색의 혼광으로 백색광이 얻어진다.

이 등은 분광분포가 균형을 이루고 있으며, 적색광과 원적색광의 에너지 분포가 자연광과 유사하다. 또한, 청색광도 풍부하여 완전인공광형 식물공장에서 청색광 보광을 위해 사용된다. 특히, 주석(Sn)계는 연속스펙트럼으로 자연광과 유사하여 생장상 등의 실험연구용으로 많이 사용된다. 넓은 면적의 시설에서 사용되고 있지만 가격이 수은등의 2배이고, 시설비가 많이 드는 단점이 있다.

### ㉥ 고압나트륨등

나트륨등(sodium vapor lamp)은 나트륨·수은 및 크세논이 봉입되어 있고, 나트륨이 발광하면서 오렌지색을 낸다. 나트륨의 증기압에 따라 저압나트륨등과 고압나트륨등으로 구분된다. 고압나트륨등은 출력이 높고(수은등의 약 2배 효율), 광합성 효과가 높은 파장을 포함하고 있지만 500 nm 이하의 청색광이 적기 때문에 이 등만으로 식물을 재배하면 줄기가 도장할 염려가 있다, 자연광 병용의 보광에서는 이 등만 사용할 수 있지만, 완전인공광형 식물공장에서는 메탈할라이드 등으로 청색광 성분을 보강할 필요가 있다.

### ㉦ 발광다이오드

발광다이오드(light-emitting diode, LED)는 식물생육에 필요한 특수한 파장의 단색광만을 방출하는 인공광원이다. 기존의 광원에 비해 광질을 용이하게 조절할 수 있다. 예를 들면, 청색 LED는 청색광만을, 적색 LED는 적색광만을, 원적색 LED는 원적색광(far-red)만을 방출한다. 적색 LED는 적외선(열선)을 포함하지 않기 때문에 식물체 가까이 근접조사도 가능하다. 적색 LED와 원적색 LED를 조합시켜 2,100 $\mu$mol/m$^2$/s 이상으로 근접조명이 가능한 램프가 제품화되어 있다.

발광다이오드의 특징을 보면 다음과 같다.

1) 발광효율이 높고 저전류에서 고출력을 얻을 수 있나.

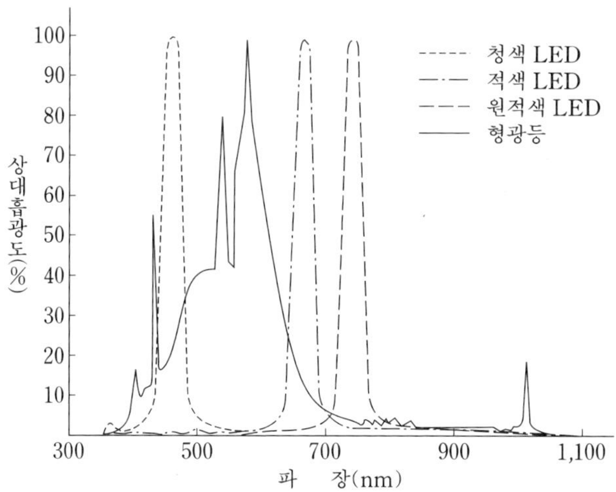


**그림 4-13** 형광등과 발광다이오드의 파장 분포 비교

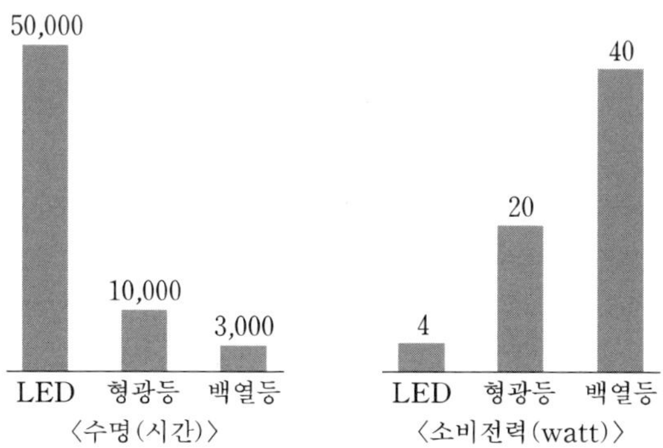


**그림 4-14** 발광다이오드 광원의 수명과 소비전력

2) 광출력을 전류제어로 용이하게 변화시킬 수 있다.
3) 소형 경량으로 전구수명이 길고, 소비전력이 적다.
4) 직류, 교류 어떤 것으로도 동작이 가능하다.

### ◎ 무전극 방전램프

방전램프는 일반적으로 전극의 전자방사물질(emitter)의 소모에 의하여 등의 수명이 결정되나, 무전극 방전램프는 전극이 없기 때문에 수명이 길다. 무전극 방전램프의 방식 가운데 전자유도 결합방전방식은 형광램프로 조명용으로 제품화되고, 메탈할라이드등은 램프효율이 120 lm/W 라는 보고가 있다. 마이크로파 방전방식은 황(S) 함유 램프의 분광분포가 자연광에 가깝고 효율 130 lm/W 의 등이 개발되어 식물생장상에 채택되었다.

〔표 4-7〕 식물육성과 인공광원 〈小原, 1997〉

| 용 도 | 목 적 | 광 원 |
|---|---|---|
| 전조용<br>(시설원예시설) | 국화·카네이션 등의 개화조절<br>딸기의 휴면방지<br>들깨·박하 등의 장일처리<br>버섯재배<br>과수의 보광조명(착색 등) | 백열등<br>백열등<br>백열등<br>형광등(백색, 근자외선)<br>고압나트륨등·메탈할라이드등·형광등 |
| 보광 조명용<br>(태양광병용 식물공장) | 베고니아·난·칼랑코에 등의 보광조명<br>엽채류·과채류의 촉성재배<br>묘의 촉성재배 | 고압나트륨등·메탈할라이드등<br>고압나트륨등<br>고압나트륨등 |
| 태양 대체용<br>(완전제어 식물공장) | 엽채류의 촉성재배 | 고압나트륨등+메탈할라이드등<br>형광등(근접조명) |
| 식물·바이오 연구용<br>(시험·연구 시설) | 육성용 환경제어장치(growth chamber)<br>선별육종, 식물육성 연구<br>조직배양 등<br>강광이 필요한 식물(벼 등) | 고연출 메탈할라이드등<br>고연출 메탈할라이드등+고압나트륨등<br>형광등+백열등, 크세논, LED<br>형광등<br>마이크로파 무전극램프 |
| 식물관상용<br>(사무실·점포·주택 등) | 사무실·아트리움 등<br>점포(꽃집 등), 주택 등<br>수조 | 고연색 메탈할라이드등<br>형광등(고연색형, 식물육성용)<br>고연색 메탈할라이드등, 형광등(고연색형, 식물육성용) |

## 4·2 온·습도 환경

시설 내부의 온·습도 환경은 작물의 생육속도, 동화산물의 이동, 수확시기, 품질, 병해예방 및 근권부의 양·수분의 이동 등에 매우 밀접한 영향을 미친다. 온도는 세포의 분화, 분열과 신장, 식물과 자물의 호흡량에 관여되며, 최적온도를 최고 광합성량을 기준으로 볼 때 시설작물의 재배관리 방법 및 작물의 생육단계, 다른 환경요인(예 광과 $CO_2$ 농도)에 따라 최고 순광합성량은 다르게 나타나기 때문에 최적온도라고 하는 것은 제한된 조건에서만 가능하지 그 범위를 벗어나면 최적온도값이 변화할 수 있다. 온실 내부의 온도환경은 공기 중의 포화수증기량(g/m$^3$, g/kg)과 포화수증기압력(kPa)에 영향을 주어 상대습도를 변화하게 한다. 공기습도는 토양의 수분 증발, 작물의 증산, 환기속도 및 풍속, 온실 내·외부의 온도편차, 근권부의 수분상태와 염류농도 및 작물의 엽면적지수에 따라 변화한다.

일반적으로 온도란 시설 내부의 공기온도를 말한다. 그러나 온도의 의미는 24 시간평균온도, 적산온도, 온실 내의 수직 및 수평 온도 분포, 주·야간 평균온도 및 주·야간 온도편차, 식물의 온도, 근권온도 및 시설 내부의 에너지와 관련되어 있는 온풍난방기의 온풍의 온도, 온수파이프의 온도 등, 작물의 생육과 품질관련 조절에 관여하는 온도의 의미는 매우 광범위하다.

일반적으로 습도란 상대습도를 말하지만, 공기 단위무게(1 kg 공기)나 단위부피(1 m$^3$)에 따른 수증기의 양(g), 수증기압(kPa), 포화수증기량과 절대습도의 차이, 포화수증기압력과 절대수증기압력에 대한 내용은 농업현장에서 잘 사용되지 않는 용어들이다. 그러나 온도에 따른 포화수증기량 또는 포화수증기압력과 절대습도, 절대수증기압력 등은 작물의 증산작용과 병원균의 발육에 밀접한 영향을 미치기 때문에, 상대습도 이외의 습도환경에 대한 이해에 매우 중요하다.

온도와 습도는 항상 상호작용을 가지고 있기 때문에 단적인 온도나 습도 환경의 물리적 개념에 대한 이해와 그 상호작용이 작물재배에 있어서 어떠한 영향을 미치는지를 이해해야만 최적의 온·습도 환경을 동적으로 조절할 수 있을 것이다.

### 4·2·1 작물생육과 온도

밀폐된 시설(온실 · 하우스) 내에서는 겨울이라도 광도에 따라 시설 내의 온도가 상승하여 고온이 된다. 그러나 밤에는 시설 내의 열을 외부로 빼앗기게 됨에 따라 하우스 내의 온도가 낮아져서 외부온도와 같거나 그 이하로 낮아진다. 이와 같이 하루 동안의 온도변화가 큰 시설 내에서 작물의 생육에 적합한 온도환경을 갖추려면 환기 · 보온 · 난방 · 냉방을 하지 않으면 안 된다. 따라서, 온도에 따른 작물의 기본적인 생리반응을 알고, 이에 따른 최적 온도관리 모델이 설정되어야 할 것으로 보인다.

#### (1) 온도에 따른 광합성과 호흡

작물의 광합성이란 대기 중으로부터 흡수된 이산화탄소($CO_2$)와 뿌리로부터 흡수된 물을 이용하여 식물체의 잎에서 햇빛을 받아 광화학반응에 의하여 탄수화물이 생성되는 과정을 말한다. 작물의 광합성으로 생성된 탄수화물은 일부가 전분 · 단백질 · 지방 · 당 등으로 저장되고, 핵산 · 효소 · 엽록소 · 인지질 · 셀룰로오스(cellulose) · 펙틴(pectin) 등으로 되어 식물체를 구성하는 물질이 된다. 이러한 생리작용은 식물체의 호흡에 의해 얻어진 에너지를 이용하여 이루어지는 복잡한 작용으로 재배환경의 영향을 받는다.

그림 4-15 에서 보는 바와 같이 작물의 광조건이 매우 좋은 경우 총광합성은 저온에서 온도가 증가할수록 온도에 민감하게 반응하다가 대략 20℃ 이상의 온도에서 둔감하게 반응하지만, 작물의 호흡량은 저온에서 고온으로

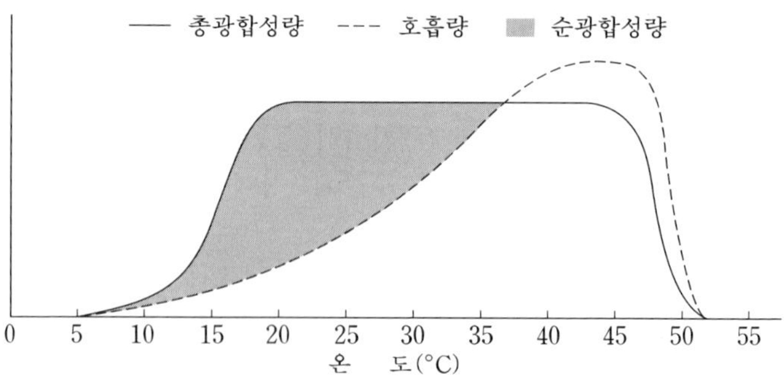


**그림 4-15** 온도에 따른 총광합성, 순광합성 및 호흡 반응

갈수록 온도에 매우 민감하게 반응하게 된다. 그림 4-15의 경우 순광합성의 최적온도는 총광합성에서 호흡량을 뺀 나머지가 가장 많은 곳인 20℃ 범위이다. 호광 하에서의 최적 광합성 온도는 20℃이지만, 저광 하에서의 광합성은 광도에 의해 매우 민감하게 영향을 받고, 호흡량은 온도에 민감하게 반응을 하여, 동일한 온도에서 저광 하에서는 총광합성이 낮아지고 호흡량은 동일하기 때문에 최적온도를 감소시켜야 한다.

그림 4-15의 경우 탄수화물을 생산하기 위한 최적온도는 대략 20℃ 범위에 있지만, 식물의 발육 최적온도는 20℃보다 더 높은 온도일 수 있다. 예를 들어, 정식 시 어린 식물체의 엽면적을 확보하여 수광량과 단위면적당 생산성을 확보하기 위해서는 초기의 식물 발육속도를 증가시켜 주어야 하므로 광합성 적정 온도보다 높게 호흡량을 증가시켜 엽수를 늘려주어야 한다. 이후 충분한 엽면적이 확보되었을 때 최대광합성을 할 수 있도록 온도환경을 관리해야 한다. 주간에 온도관리가 최적 상태로 되었더라도 야간에 시설 내가 저온이 되면 다음날 광합성에 부정적인 영향을 미친다. 예를 들어, 주간에 충분한 광합성을 하여 동화산물이 축적되었지만, 야간의 저온으로 동화산물이 잎에서 다른 기관으로 잘 이동되지 않아 잎의 크기와 엽육의 증가가 커지게 되어 다음날 광합성효율이 감소하게 된다. 뿐만 아니라, 고온에 의한 스트레스를 받은 작물의 회복속도를 보면 고온성 작물인 멜론은 1시간 후에 45% 정도 회복되었으나, 이보다 낮은 생육적온을 갖는 토마토와 오이는 회복되지 않았다. 이와 같이 작물이 고온 또는 저온

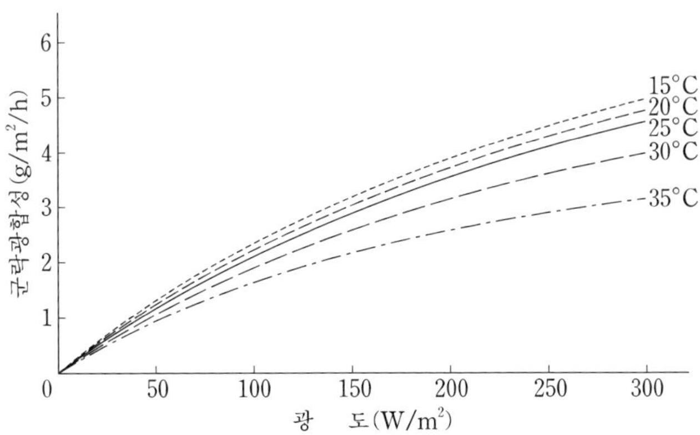


**그림 4-16** 광도와 온도에 따른 군락광합성 속도
〈Heuvelink, 1996〉

하에 접하게 되면 그 후의 광합성속도가 낮아지게 되므로 시설 내의 온도를 작물과 품종에 따라 적절히 유지할 필요가 있다.

토마토의 광도에 따른 군락광합성의 시뮬레이션 결과를 보면, 광도가 증가할수록 시간당 군락광합성의 속도가 증가하고, 온도가 높을수록 동일한 광도에서 광합성속도는 감소한다. 하지만 15~25℃의 군락광합성 속도는 많은 차이를 보이지 않고, 25℃ 이상이 되면 군락광합성 속도는 급격히 저하된다. 이는 작물의 호흡량이 25℃ 이상에서 급격히 증가하기 때문이다(그림 4-16 참조).

### (2) 온도와 광합성 산물의 전류

낮 동안 작물의 잎에서 생성된 동화산물(同化産物)은 작물의 각 부위로 빠른 속도로 전류(轉流)된다. 일반적으로 잎에서는 전분의 형태로 존재하다가 당(糖)으로 바뀌어 체관〔篩管〕을 통하여 줄기·뿌리·과일 등으로 전류된다.

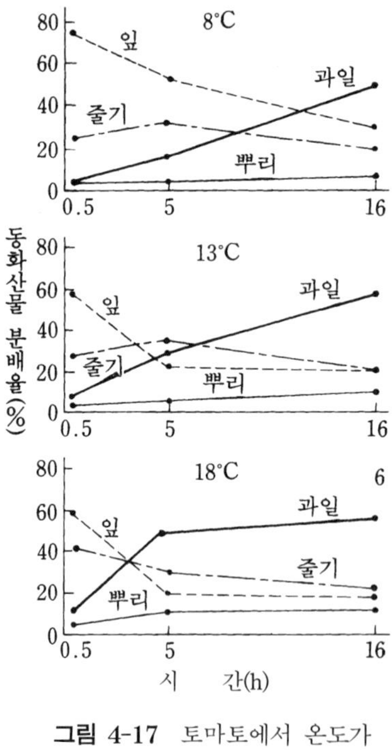


**그림 4-17** 토마토에서 온도가 동화산물의 전류에 미치는 영향〈吉岡, 1977〉

토마토의 전류과정을 살펴보면, 광합성이 이루어지는 낮 동안에 2/3 정도가 전류되고, 나머지 1/3 정도는 해가 진 후 4~5시간 동안에 이루어진다. 이러한 동화산물의 전류에는 온도가 가장 큰 영향을 끼치는데, 높은 야간온도(18℃)에서는 잎에서 과일과 뿌리로의 전류가 빠르지만 낮은 야간온도(8℃)에서는 동화산물의 전류가 느리고 전류량도 적다(그림 4-17 참조).

한편, 동화산물의 전류가 완전히 이루어지지 않은 상태에서 다음날 잎에 탄수화물이 계속 집적되면 잎은 짙은 녹색으로 되면서 두꺼워지고 빨리 노화되어 잎의 활동이 약화되고 줄기의 생장이 정지된다. 이 현상은 일종의 탄수화물 과잉증상으로서 야간온도가 낮거나 또는 저온지속시간이 길어질 때 많이 나타난다.

### (3) 온도와 생육

온도는 세포분화·세포분열 및 세포신장에 영향을 미친다. 24 시간평균온도 및 주간과 야간의 평균온도 차이에 의하여 식물의 생장과 발육에 영향을 준다. 온도별 토마토 과실 크기의 증가량은 개화 후 일수에 따라 큰 차이를 보인다(그림 4-18 의 A 참조). 24 시간평균온도가 높을수록 과실의 수확기간이 짧아지지만(그림 4-19 참조), 과실의 크기는 18℃ 를 기준으로 이보다 낮거나 높은 온도에서 과실의 크기는 작아진다. 과실 크기의 증가율($cm^3$/일)과 과실 크기의 최대 증가율도 온도에 따라 매우 민감하게 반응한다(그림 4-18 의 B 참조).

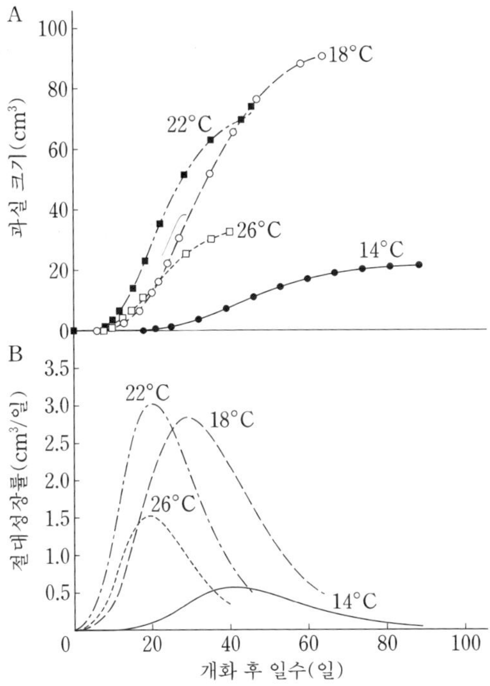


**그림 4-18** 온도가 토마토 과실의 생장량(A)과 생장속도(B)에 미치는 영향〈ADAMS, 2001〉

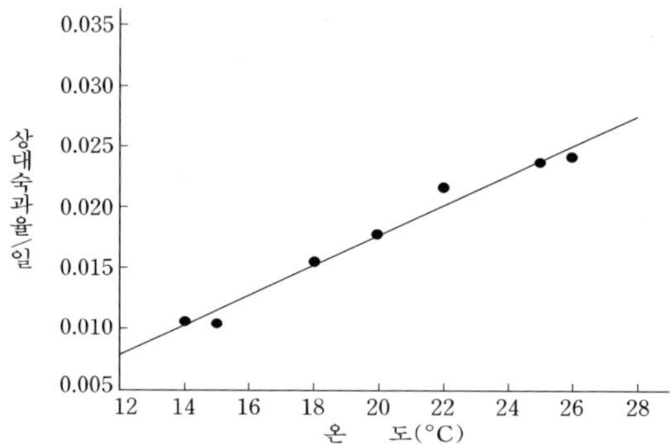


**그림 4-19** 온도가 토마토 상대수확기간에 미치는 영향 〈ADAMS, 2001〉

식물의 발육속도는 온도 및 광량과 정의 상관관계를 가지고 있다. 그림 4-20 에서 보는 바와 같이 오이의 출과율은 24 시간평균온도가 증가할수록 증가하며, 동일한 평균온도에서 광량의 증가는 더 높은 출과율을 나타내었다. 즉, 식물의 생육속도는 24 시간평균온도뿐만 아니라 광량과도 밀접한 관계를 가지고 있다.

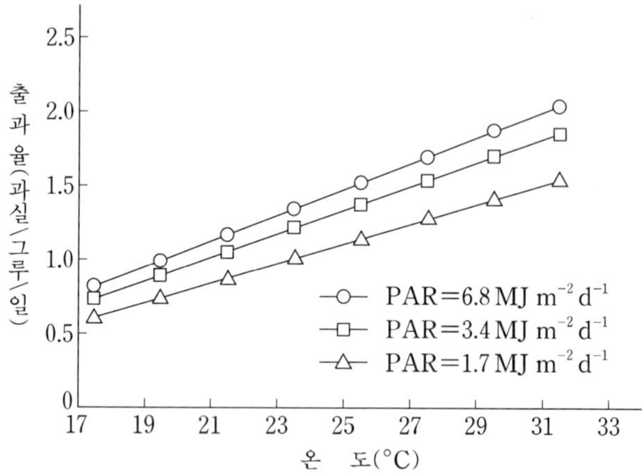


**그림 4-20** 오이 출과율이 온도와 광량에 미치는 영향 〔PAR(광합성유효방사량 ; photosynthetically active radiation) : 400~700 nm〕 〈MARCELIS, 1993〉

주간평균온도와 야간평균온도의 차이를 주야간온도편차(DIF)라고 한다. 잎과 잎 간의 길이를 절간장(節間長)이라고 하는데, 절간장은 DIF 값에 의하여 생육단계별로 밀접한 영향을 받게 된다. 그림 4-21 에서는 스프레이국화를 주·야간의 온도처리 후 10 일 동안의 주·야간 편차를 주었을 때 절간의 차이는 큰 차이가 없다가 처리 후 27 일이 지난 후 절간의 차이가 많이 나타났다. 주간온도가 16℃ 에서 28℃ 의 고온이 되더라도 절간의 길이는 온도편차에 의한 것임을 증명한 연구이다.

그림 4-21 에서 보는 바와 같이 시설원예에서 온도에 따른 식물의 가시적인 반응은 단기적인 온도 변화보다는 장기적인 변화에 반응한다는 것을 알 수 있다.

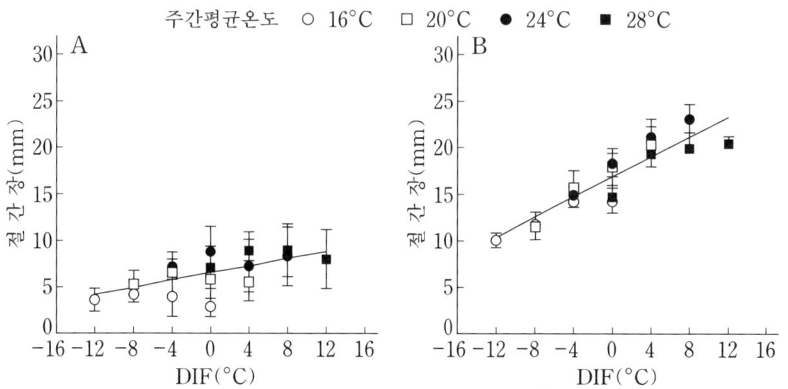


**그림 4-21** 스프레이국화의 DIF 처리 후 10 일(A), 27 일(B) 이후의 절간장의 변화(주야간온도편차는 16 개 조합으로 처리) 〈Carvalho 등, 2002〉

### (4) 작물별 생육적온

시설재배에서 난방이나 보온이 제대로 되지 않으면 겨울 동안 야간에는 저온이 된다. 저온에 의한 장해는 잎의 세포액이 동결하여 세포가 파괴되고 흑변하는 원인이 된다. 보통 0℃ 이하에서 동해가 일어나지만 세포막의 삼투압이 높아지면 과냉각현상이 보통 −1∼−3℃ 에서 일어난다. 동해가 일어나지 않을 정도의 저온(0∼10℃)이라 할지라도 작물의 생육을 지연시키게 되는데, 그 정도는 온도가 낮을수록, 또 지속시간이 길수록 심하다. 앞에서 설명한 바와 같이 이러한 생육지연에 의하여 광합성이 낮아지고 동화산물의 전류가 불충분해지며 호흡이 억제되어, 그 결과 에너지원인 ATP의 생성량을 감소시킨다.

저온장해를 막기 위해서는 표 4-8에서 보는 바와 같이 적온관리를 하는 것이 필요하다. 그러나 최저한계온도에서도 계속 재배하게 되면 심한 생육억제가 나타난다.

〔표 4-8〕 채소류의 생육적온과 한계온도(단위 : ℃)

| 구 분 | | 최저한계온도 | 생육적온 | 최고한계온도 |
|---|---|---|---|---|
| 가지과 | 토마토 | 5 | 20~25 | 35 |
| | 가지 | 10 | 23~28 | 35 |
| | 고추 | 12 | 25~30 | 35 |
| 박과 | 오이 | 8 | 23~28 | 35 |
| | 수박 | 10 | 23~28 | 35 |
| | 온실멜론 | 15 | 25~30 | 35 |
| | 참외 | 8 | 20~25 | 35 |
| | 호박 | 8 | 20~25 | 35 |
| 엽근채류 | 시금치 | 8 | 15~20 | 25 |
| | 무 | 8 | 15~20 | 25 |
| | 배추 | 5 | 13~18 | 23 |
| | 셀러리 | 5 | 15~20 | 23 |
| | 쑥갓 | 8 | 15~20 | 25 |
| | 결구상추 | 8 | 15~20 | 25 |
| 장미과 | 딸기 | 3 | 18~23 | 30 |

주간생육적온이 높은 작물이 야간생육적온과 최저한계온도도 높게 나타나는 경향이 있다. 그러나 생육적온은 동일 작물에서도 품종이나 작형에 따라 약간씩 다르다. 예를 들어, 오이의 백침계 품종이 흑침계 품종보다 적온이 1~2℃ 높다. 또한, 딸기는 전조촉성재배를 하는 경우 저온에 두면 휴면상태로 돌입하기 때문에 야간온도를 최저 5℃ 이상으로 하고 10~12℃의 적온으로 관리해 주어야 한다.

외부기온이 낮아도 시설이 밀폐된 상태에서는 내부의 온도는 상승하여 겨울에도 맑은 날은 40℃ 이상 되는 경우가 있는데, 이때에는 어린잎이 장해를 받게 되며, 온도가 높고 지속시간이 길어지면 그 정도가 심해져서 회복되지 않는 경우도 있다. 토마토의 경우 고온에 대한 내성을 보면 꽃눈분화기〔花芽分化期〕 이전까지는 강한 내성을 지니고 있으나 감수분열기(개화 전 8~10일)에 가장 약해 35℃ 이상의 고온에 처하면 꽃가루〔花粉〕와 배가 정상적으로 발달하지 않고 개화되어도 수정이 이루어지지 않는다.

이와 같이 고온은 생육장해의 위험성이 있을 뿐만 아니라, 호흡량이 많아져서 광합성률이 낮아지게 된다는 사실을 염두에 두고, 30℃ 이상 되지 않도록 온도관리를 해야 한다. 특히, 우리나라에서는 2월 중순부터 일사량이 많아지면서 실내온도가 고온으로 되는 경우가 많아지므로 주간에는 환기에 유념해야 한다.

### (5) 지온의 영향

지온은 기온과 마찬가지로 작물생육에 미치는 영향이 크다. 작물의 종류에 따라 다르지만 지온의 적온은 15~20℃ 범위에 있으며, 30℃ 이상 되면 뿌리털〔根毛〕의 발생이 억제되고 뿌리의 호흡이 왕성해져서 동화산물의 소모가 많아지므로 25℃가 최고한계지온이 된다. 한편, 지온이 낮아지면 뿌리의 신장과 활성이 낮아지게 되어 양분흡수가 억제된다. 무기양분 중 인산은 13℃ 이하가 되면 흡수가 급격히 낮아져서 인산결핍증이 나타나는데, 토마토에서는 잎과 줄기에 안토시아닌(anthocyanin)색소가 나타나서 짙은 자색을 띠게 된다. 또한, 칼리(K)나 질산태질소($NO_3$-N)의 흡수는 10℃ 이하가 되면 현저히 낮아지는데, 이는 질산화성균의 활동이 억제되기 때문이다. 그러나 암모니아태질소($NH_4$-N)·고토·석회 등의 양분흡수는 지온의 영향이 적다.

이와 같이 양분흡수와 토양미생물의 활동은 낮은 지온에서 현저하게 억제되므로 표 4-9에서 보는 바와 같은 적정 수준의 지온관리가 필요하다.

**〔표 4-9〕** 과채류 재배에서 적당한 지온과 한계지온(단위 : ℃)

| 구분 | 지 온 | | | 구분 | 지 온 | | |
|---|---|---|---|---|---|---|---|
| | 최고한계 | 적온 | 최저한계 | | 최고한계 | 적온 | 최저한계 |
| 토마토 | 25 | 15~18 | 13 | 참외 | 25 | 15~18 | 13 |
| 오이 | 25 | 18~20 | 13 | 호박 | 25 | 15~18 | 13 |
| 수박 | 25 | 18~20 | 13 | 피망 | 25 | 18~20 | 13 |
| 온실멜론 | 25 | 18~20 | 13 | 딸기 | 25 | 15~18 | 13 |

즉, 양열물질이나 전열선 및 온수순환에 의하여 지온을 상승시켜야 하며, 멀칭 외에도 지하단열이나 방열억제에 의한 상대적인 지온상승을 도모할 수 있어야 한다.

#### (6) 합리적인 온도관리모델

시설 내 온도는 주간에 높으나 해가 지면서 급격히 낮아지고 아침에 낮은 것이 보통이다. 시설 내부의 작물은 온실로 광이 투과되면 광합성을 시작한다. 하지만 일출 후 외부온도가 매우 낮아 온실에서 외부로 손실된 에너지량이 많고 난방을 하지 않으면 온실의 온도는 야간온도보다 더 떨어지는 경우가 많다. 그러므로 일출 후 광이 시설 내부로 유입되더라도 예비가온을 하여 식물의 증산작용을 촉진시켜 주고, 광선이 충분하면 광합성 적정온도로 유지해 준다. 일출 후의 온도변화 진폭은 계절별, 시설유형별, 시설 내부의 공기체적에 따라 달라지는데, 일출 직후 시설 내부의 습도가 높아지고, 온도가 급격히 상승하기 때문에 식물체의 온도와 공기온도 편차가 발생하여 공기온도보다 낮은 식물체 부위에 많은 결로가 발생한다. 특히, 과실·줄기·하엽·지제부의 결로는 병원균이 기생할 수 있는 수분을 제공함으로써 곰팡이류의 병해가 많이 발생한다. 그러므로 일출 후 합리적인 온도관리는 시설 내부의 습도, 작물의 생육단계, 광도에 따라 적정하게 해야 한다. 온도관리의 기본은 온도상승 시 시간당 1℃씩 증가되도록 하고, 온도하강 시 시간당 2℃씩 감소되도록 하는 것이 가장 합리적인 방법이라고 하겠다. 광량이 충분하고 작물의 생육이 왕성하여 겨울철에 난방에너지를 절감하기 위해 광량이 높은 시기에 시설 내부의 환기량을 조절하여 온도를 증가시키면 24시간평균온도를 증가시킬 수 있다. 주간에 광량이 충분하지 않을 때에는 주간의 동화산물이 적어 전류량도 적어지므로 초저녁 온도를 여러 단계로 조절할 수도 있다.

### 4·2·2 시설 내 온도환경의 특성

#### (1) 시설 내 열수지

온실 내 기온은 실내로 유입된 열량과 방출된 열량과의 차이, 즉 실내 열용량에 의하여 결정된다. 실내 유입열량은 주로 태양으로부터 도달되는 직달일사량과 산란일사량이며, 여기에 일부 장파방사가 부가된다. 이와 같이 온실에 도달한 일사량은 온실 외부에서 일부 반사가 이루어지고, 일부는 피복자재에 흡수되며, 그 나머지가 실내로 유입된다. 실내로 유입된 방사에너지의 일부는 지표면과 작물체에서 반사되어 다시 하늘로 방출되거나 실내온도를 높이는 데 이용되지만, 반 이상은 작물체와 지표면에 흡수되어 작물체와 지온상승에 이용되거나 증발산에 이용된다. 한편, 작물체와 지표면에서 흡수한 단파방사는 장파방사로 바뀌어 일부가 방열되어 대류로 실내에 전열되어 기온을 높인다.

이러한 온실의 에너지출입(熱收支)은 대단히 복잡하지만 그림 4-22와 같이 나타낼 수 있다.

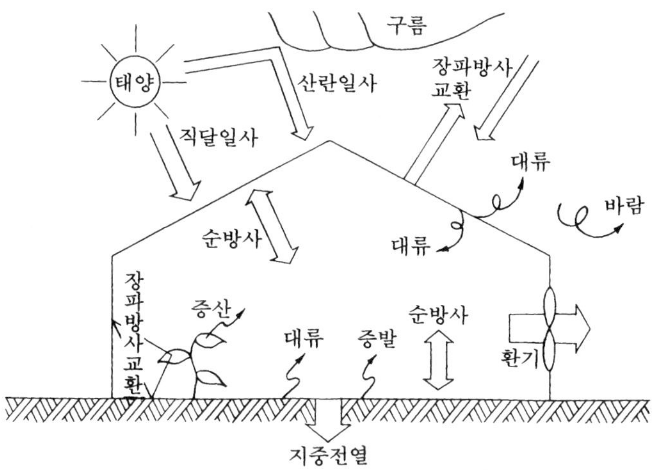


**그림 4-22** 온실의 열수지〈三原〉

하루 동안 온실의 열수지를 간략하게 표현하면 다음과 같다.

$$S-(r+R)=V+L+B+H \quad \cdots\cdots (4\cdot1)$$

식에서, $S$ : 직달 및 산란 일사량, $r$ : 일사의 반사량, $R$ : 장파방사량, $V$ : 증발산에 사용된 열량, $L$ : 환기를 포함한 외부로의 전열량, $B$ : 지중전열량, $H$ : 실내축열량

야간에는 태양열원이 없기 때문에 온실에서 모두 방열(放熱)만이 이루어진다. 즉, 온실 내 지표면이나 작물체에서 주로 이루어지면서 야간온도가

낮아진다. 이와 같이 야간에 온실 내로 유입되는 열량은 낮 동안에 저장하였던 지중전열량(地中傳熱量)뿐이다. 따라서, 무가온(無加溫)하우스의 야간 주요 에너지원은 지중전열량이므로 낮 동안에 충분한 축열(蓄熱)이 이루어져야 한다.

### (2) 시설 내 기온의 특성

시설 내 기온은 (4 · 1)식의 열수지에서 볼 수 있는 바와 같이 외부와 차단된 공간이므로 피복재에 의하여 방열이 차단되어 주간에는 온도상승이 현저하다. 야간에는 가온이 안 되면 급속한 기온저하가 이루어지는데, 이에 따른 주 · 야간 온도교차가 커서 사막의 기후를 연상시키게 된다. 특히, 야간에 난방을 하지 않은 온실 내부의 일출 후의 온도상승은 일사량에 따라 결정되는 것을 그림 4-23 에서 확연히 볼 수 있다. 광량이 낮은 겨울철에는 온실 내의 온도가 광도가 높은 봄철보다는 동일한 온실에서의 최고온도 편차가 10℃ 이상인 것을 볼 수 있다.

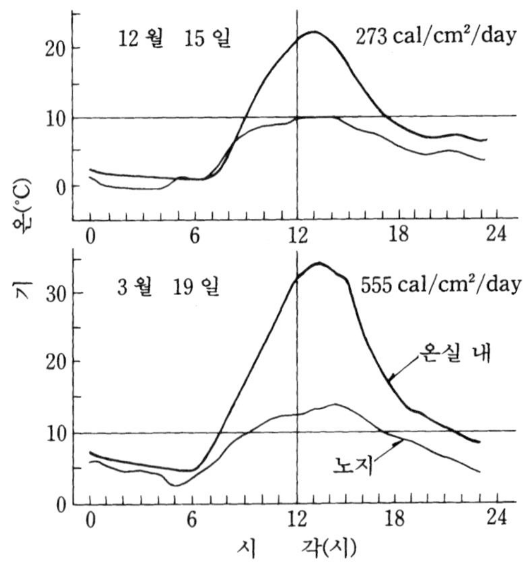


**그림 4-23** 겨울철과 봄철의 광량에 따른 온실 내 온도의 일변화

시각별 온실의 위치에 따른 온실 내 온도분포를 살펴보면, 겨울 오후에

는 중앙부에서 동쪽이 서쪽보다 2℃ 정도 높게 나타난다. 야간에는 위치에 따른 온도차가 최대 5℃까지 차이를 보이나, 전체적으로는 위치에 따라 2℃ 정도의 차이를 보이고 있다. 여름에는 천창과 측창을 열어도 주간은 극히 높은 온도를 나타내지만 겨울에 비하여 외기온과의 차이가 적고 야간에는 그 경향이 현저하게 차이가 적다. 위치에 따른 온도분포는 1~2℃ 정도의 차이를 보이고 있다. 이와 같이 온실 내 온도가 불균일한 것은 주로 실내유입에너지(일사량)의 분포가 고르지 않은 데 기인한다.

겨울철에 외부온도가 −6.8℃일 때 온실 내부의 온도를 19℃로 유지하기 위해, 스크린으로 보온을 하고 난방파이프에 온수를 전달하여 시설 내부의 공기온도를 유지한다(그림 4-24 참조). 스크린 주변의 난방파이프의 온도는 55℃, 작물 주변에 있는 생장난방파이프는 40℃로 유지하여 측정된 공기온도는 19℃이지만, 온실 내부의 수직분포의 온도는 매우 상이하게 분포된다. 더운 공기는 상승하기 때문에 위로 올라갈수록 공기온도는 높아지지만, 스크린은 9.2℃로 낮기 때문에 열손실이 증가하여 스크린 바로 밑은 온도가 다시 하강한다. 스크린으로 공기가 가지고 있는 열이 전달되고, 스크린이 가지고 있는 열은 차가운 유리면으로 손실을 하게 되며, 온실 외부를 감싸고 있는 유리면은 대기 중으로 열을 손실하게 됨으로써 시설 내부에서 열이 손실된다(그림 4-22 참조).

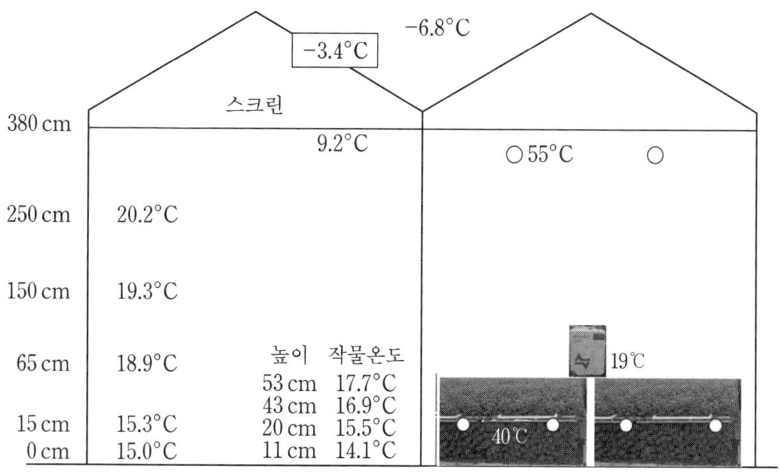

시설 내·외부 온도측정일:1월 6~7일(시간 18:00~08:15)

**그림 4-24** 난방 시 시설 내부의 수직온도 분포<PPO, 1997>

### (3) 시설 내 지온의 특성

온실 내 지온은 실외 지온보다 높은 것이 특징이다. 즉, 계속 피복된 온실 내 연평균기온이 실외 기온보다 고온이 되며, 이에 따라 온실 내 지온도 노지지온보다 상당히 높아진다.

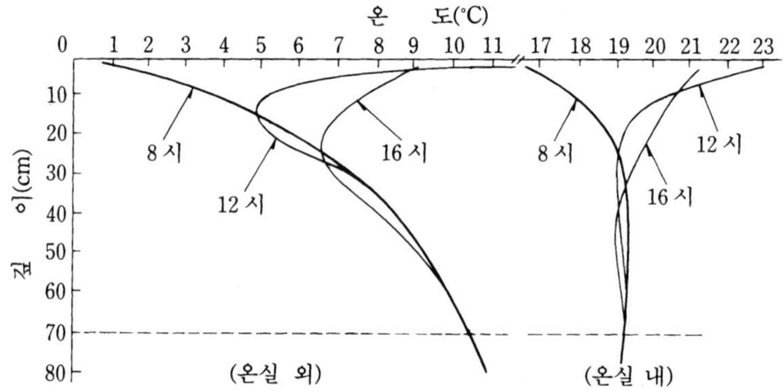


**그림 4-25** 온실 내외 지온의 수직분포(1981년 12월 25~26일 측정)

플라스틱하우스(122 m$^2$)의 지온비교를 보면 지온의 일변화가 없는 지하 70 cm의 지온을 비교해도 실외보다 온실 쪽이 약 9℃ 높다(그림 4-25 참조). 또한, 10 cm 지온은 일평균치가 실내 19℃, 실외가 6℃로서 그 차이가 13℃에 달하는데, 이러한 높은 지온은 온실규모가 클수록 현저하게 나타난다. 또한, 겨울 동안 난방을 하게 되면 최저지온의 실내외 차이가 커지면서 전체적으로 실내외 지온차가 상대적으로 커진다.

## 4·2·3 보 온

### (1) 보온의 기본원리

저온기에는 주간에 하우스 내에 저장되었던 열이 야간이 되면서 급속히 방열하는 현상이 나타나는데, 이와 같은 방열을 억제시키는 것이 보온(保溫)의 기본원리라고 할 수 있다. 방열억제에는 ①시설 내 대류전열의 억제, ②시설 내 방사전열의 억제, ③피복자재의 전도전열의 억제, ④환기전열의 억제, ⑤시설 외부로부터 대류전열과 방사전열의 억제 등의 방법이 있다.

무난방하우스에서의 실내온도 유지에 이용되는 열은 낮 동안 시설 내 토양에 축열된 열이 유일한 것이다. 실제 주요 시설단지의 태양에너지 이용률을 보면 5.8~12.2% 수준에 불과하다(표 4-10 참조). 일부 농가에서는 태양에너지의 이용률이 낮을 뿐만 아니라 방열도 많아 시설 내부가 작물생육에 부적합한 온도로 유지되기 때문에 저온장해가 나타나고 있다.

이러한 태양에너지의 재이용률은 하우스의 구조·방향 및 피복자재에 따라 그 정도의 차이가 있음을 알 수 있다. 특히, 우리나라와 같이 무난방에 의한 작물재배가 대부분인 상태에서는 가능한 한 많은 양의 태양에너지를 하우스 내에 축열시키는 것이 바람직하다.

시설 내부에 축열량을 증대시키기 위해서는 시설의 구조와 형태를 개선하고, 하우스의 방향을 동서동으로 하며, 투광률이 높은 피복자재를 이용하고, 고정식 커튼에서 이동식 커튼으로 바꿈으로써 열원을 증대시키는 반면, 야간에는 방열량을 최소화하여 보온력을 높이도록 한다.

### (2) 보온력 증진방안

시설 내에서 열이 빠져 나가는 것을 차단하여 보온력을 높일 수 있는 방법에는 ①시설구조상의 보온비 증대, ②보온다층커튼, ③고정다중피복, ④하우스 외면피복, ⑤외부풍속을 줄일 수 있는 방풍벽 설치, ⑥하우스 내 따뜻한 지온이 하우스 밖으로 빠져나가지 않도록 단열층 설치, ⑦자연에너지의 이용증대 등이 있다.

#### ① 시설구조상의 보온비 증대

시설구조상으로 볼 때 하우스의 바닥면적은 열을 저장하는 열원이고, 시설의 표면적은 방열시키는 방열체이다. 따라서, 보온비(시설 바닥면적/시설 표면적)가 클수록 보온에 유리하다.

국내 주요 시설단지 내 보온비를 보면 아치형 단동하우스가 0.6 내외이고, 표면적이 작은 반원형 하우스와 시설 바닥면적이 증가한 아치형 연동하우스가 0.7 수준으로 나타났다(표 4-10 참조).

이와 같이 보온비는 시설면적이 커지면 보온비도 이에 정비례하여 커진다. 그러나 1,000 $m^2$ 까지는 급격히 증대하나, 그 이상에서는 완만하여 큰 차이가 없다. 따라서, 외부온도가 낮은 지역은 시설규모를 대형화하여 연동(連棟)으로 짓되 1,000 $m^2$ 이상의 규모가 바람직하다(그림 4-26 참조).

〔표 4-10〕 주요 시설원예지대의 하우스 형태별 보온비와 방열계수 〈원예시험장, 1981〉

| 구분 | 하우스 형태 | 보온비 | 재배작물 | 태양에너지 이용률(%) | 방열계수 (kcal/m²/h) | 난방소요열량 (kcal/m²/h) |
|---|---|---|---|---|---|---|
| 수원 | 표준화 1.2 형 | 0.5 | 상추 | 9.2 | 1.10 | 0 |
| 진주 | 반원형 | 0.69 | 참외 | 11.0 | 0.93 | 0 |
| 김해 | 표준화 1.2 형 | 0.59 | 상추 | 5.8 | 3.10 | 0 |
| 나주 | 양지붕형 | 0.77 | 상추 | 12.2 | 2.48 | 8.7 |
| 순천 | 아치형 연동 | 0.74 | 파인애플 | — | 1.78 | 0 |
| | 아치형 | 0.59 | 프리지어 | — | 1.89 | 19.2 |
| 유성 | 아치형 | 0.62 | 배추 | 9.1 | 1.10 | 26.5 |
| 안양 | 아치형 B | 0.60 | 배추 | 9.4 | 1.7 | 40.4 |
| 광주 | 표준화 1.2 형 | 0.71 | 상추 | 9.4 | 2.1 | 0 |

㈜ 양열물 이용

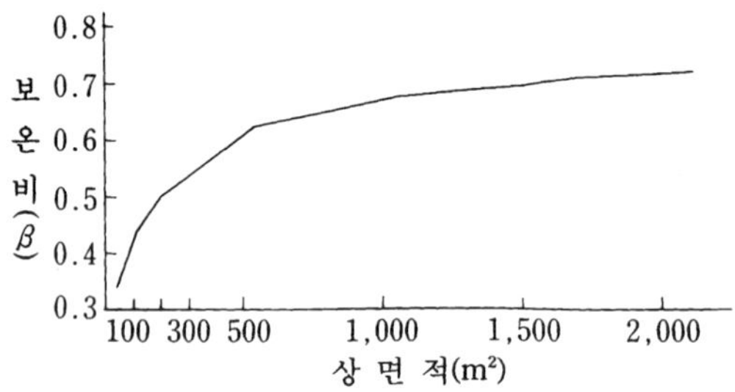


**그림 4-26** 시설면적 확대에 따른 보온비의 증가〈小澤〉

② **2 중고정피복**

하우스 2 중고정피복이란 외부에 2 매의 피복자재를 일정한 간격을 두고 고정 피복하는 경우를 말한다. 같은 2 중피복인 1 층커튼과 비교하면 기밀성(氣密性)이 뛰어나 보온효과가 높고 개폐장치나 노력이 들지 않아 좋으나, 광선투과량이 감소하여 일사량이 부족한 지역에서는 호광성 작물의 재배 시 생산량 및 품질이 감소한다.

고정피복의 경우 그 간격은 보온효과 면에서 보면 10~20 cm 가 양호하지만 간격이 넓어지면 투광량이 감소하므로 10 cm 정도가 실용적이다(표 4-11 참조).

〔표 4-11〕 2중고정피복하우스의 피복자재 간격에 따른 보온력

| 피복자재 간격(cm) | 기온(℃) | 지온(℃) | 피복자재 간격(cm) | 기온(℃) | 지온(℃) |
|---|---|---|---|---|---|
| 5 | 4.6 | 8.9 | 20 | 5.9 | 8.7 |
| 10 | 5.4 | 9.7 | | | |

### ③ 보온커튼

#### ㉠ 커튼의 보온성과 커튼수

보온을 목적으로 이제까지 주로 섬피와 보온매트를 피복해 왔으나 이것들은 작업노력이 많이 들고, 비에 젖으면 보온력이 떨어지며, 무게 때문에 시설에 대한 하중을 증대시키는 결점이 있다. 반면, 커튼은 낮에 개방하여 작물에 필요한 투광량을 높이고 밤에 밀폐하여 보온력을 높이므로 피복노력이 대폭 절감될 수 있는 특징이 있으며, 가온재배와 무가온 재배의 어느 경우에도 필수적인 보온시설이다.

커튼의 보온효과는 열절감률로 나타낼 수 있는데, 표 4-12 에서 보는 바와 같이 1층커튼의 경우 열절감률은 폴리에틸렌(PE)이 30 %, 염화비닐(PVC)이 35 %, 알루미늄 제품(Al)이 45~50 % 이다. PE+PE 이 45 %, PE+반사필름이 65 % 의 열 절감효과가 있다.

〔표 4-12〕 보온방법에 따른 피복자재 열절감률

| 보온방법 | 보온용 피복자재 | 난방부하계수 ($kcal/m^2/h/℃$) | | 열절감률 (%) |
|---|---|---|---|---|
| | | 유리온실 | 비닐하우스 | |
| 외피복 1중 | | 5.3 | 5.7 | |
| 2중고정커튼 | 유리, PVC 필름 | 3.2 | 3.4 | 35 |
| | PE 필름 | 3.3 | 3.5 | 30 |
| 1층커튼 | PE 필름 | 3.7 | 4.0 | 30 |
| | PVC 필름 | 3.3 | 4.0 | 35 |
| | 부직포 | 4.0 | 4.3 | 25 |
| | 알루미늄혼입필름 | 2.9 | 3.1 | 45 |
| | 알루미늄증착필름 | 2.7 | 2.9 | 50 |
| 2층커튼 | PE 필름 2층 | 2.9 | 3.1 | 45 |
| | PE 필름+알루미늄필름 | 1.9 | 2.0 | 65 |
| 외면피복 | 섬피 | 2.1 | 2.3 | 60 |

그러면 커튼수를 어느 정도로 하는 것이 합리적인가는 그림 4-27 에서 볼 수 있다. 반사성 필름을 이용할 경우 2 층커튼까지는 열관류율(熱貫流率)이 급격히 감소하나, 그 이상이 되면 열관류율의 감소량은 낮다. 반면, PVC 같은 연질필름만 피복하는 경우에는 3 층커튼까지도 보온성이 계속 증가한다. 그러나 보온성과 경제성을 감안한다면 반사필름을 이용한 2 층커튼 정도가 합당하다고 볼 수 있다.

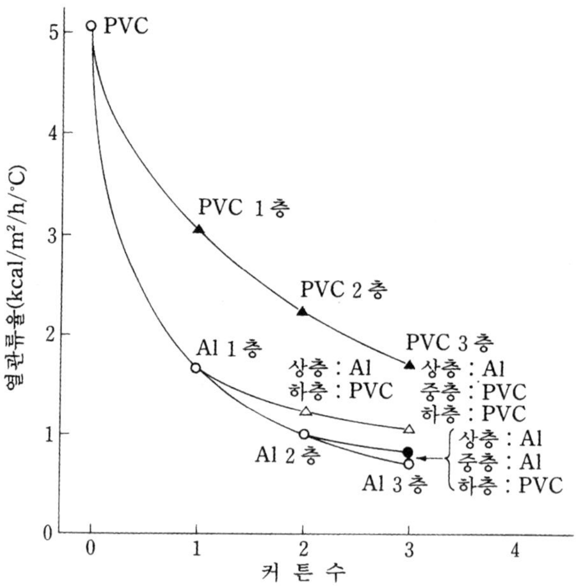


**그림 4-27** 다층피복에 의한 보온성 향상〈岡田〉

### ㉡ 피복방법에 따른 보온효과

각종 피복자재의 조합에 따른 보온력의 향상방법 중 표 4-13 에서 보는 바와 같이 반사필름의 피복효과가 크다는 사실이 밝혀진 후 그 이용률이 급속히 증가되고 있다. 그러나 보온력과 경제성을 감안한 가장 합당한 피복방법은 아직 정립되어 있지 않고 각 농가에서 편리한 대로 피복하고 있는 실정이다.

2 층커튼 자재의 조합에 따른 보온력을 보면, 위의 커튼을 연질필름으로 하는 경우가 보온력이 가장 낮고, 반사면을 위로 향하게 피복한 반사필름과 양면이 반사성인 필름의 조합에서 보온력이 높게 나타난다. 그러나 반사면을 아래로 (하우스 안으로) 향하게 피복하면 반사필름의 원래 보온력을 모두 발휘할 수

없다(표 4-13 참조). 여러 가지 피복자재의 조합에서 위의 커튼은 양면 반사성 필름을, 아래의 커튼은 위로 반사성인 필름을 조합시킨 경우에 가장 뛰어난 보온성을 나타낸다. 위의 커튼이 반사성 필름이고 아래의 커튼에 PE, PVC 와 같은 자재를 조합시킨 경우에도 거의 유사한 보온력을 나타내고 있다(표 4-13 참조).

〔표 4-13〕 2 층커튼에서 피복방법에 따른 보온효과 〈岡田〉

| 2 층커튼 자재 | | 보온성(%) | 2 층커튼 자재 | | 보온성(%) |
|---|---|---|---|---|---|
| 위 | 아래 | | 위 | 아래 | |
| PE | PE | 28 | H/AL | PE | 54 |
| PE | PVC | 31 | H/AL | PVC | 61 |
| PE | H/AL | 27 | H/AL | H/AL | 50 |
| PE | AL/H | 63 | H/AL | AL/H | 64 |
| PE | AL | 52 | H/AL | AL | 53 |
| 평 균 | | 40.2 | 평 균 | | 56.4 |
| AL/H | PE | 61 | AL | PE | 65 |
| AL/H | PVC | 61 | AL | PVC | 70 |
| AL/H | H/AL | 50 | AL | H/AL | 60 |
| AL/H | AL/H | 70 | AL | AL/H | 72 |
| AL/H | AL | 60 | AL | AL | 61 |
| 평 균 | | 60.4 | 평 균 | | 65.6 |

㊟ PE : 폴리에틸렌필름, AL : 양면 반사필름, H/AL : 반사면을 아래쪽으로 하고, 위쪽은 흡수성으로 한 반사필름, AL/H : 반사면을 위쪽으로 하고, 아래쪽은 흡수성으로 한 반사필름, PVC : 염화비닐

따라서, 실용적인 측면에서 위의 커튼을 반사필름으로 하고, 아래의 커튼을 PE, PVC, EVA, 부직포 같은 자재로 피복하는 것이 가장 바람직하다. 또한, 반사필름은 반사율이 60 % 이상 되어야만 충분한 보온력을 발휘할 수 있으므로 선택할 때 유의해야 한다.

반사필름의 반사율은 알루미늄필름에 증착되는 플라스틱필름의 종류에 따라 많은 차이가 있는데, 그림 4-28 에서 보는 바와 같이 흡수성 플라스틱필름보다 투과성 필름으로 된 경우가 높다. 투과성이 높은 자재로는 폴리에틸렌필름과 폴리프로필렌(polypropylene)이 있으며, 염화비닐은 흡수성이 강해 알루미늄과 함께 증착시키지 않는다.

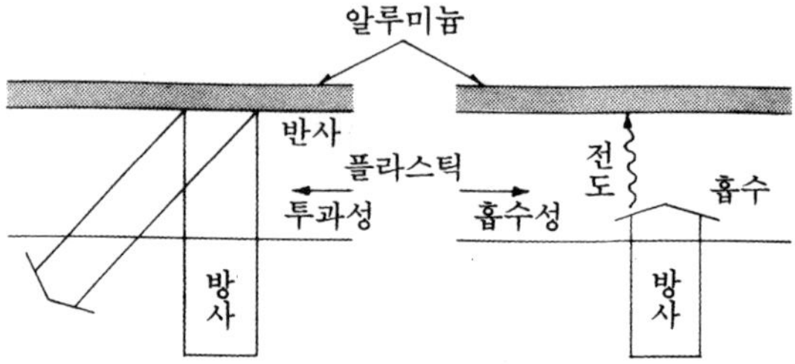


**그림 4-28** 알루미늄증착필름의 표면플라스틱의 성질에 따른 반사성

#### ④ 외면피복

외면피복이란 하우스 외부에 보온자재를 피복하는 경우를 말하는데, 이 경우 보온효과는 크지만 노동력이 많이 드는 단점이 있으며, 겨울철 적설량이 매우 적은 지역에서만 이용 가능하다. 외면피복 자재로는 섬피·보온매트·부직포 등이 이용된다. 강우 등으로 외면 피복재료가 습기를 함유하고 있으면, 외부온도가 낮을 경우 외면피복 자재가 얼게 되어 개폐가 곤란한 경우도 발생된다는 단점을 가지고 있다.

#### ⑤ 방풍벽 설치

시설재배를 하는 기간 동안의 바람은 주방향이 북서계절풍이므로 겨울철에 이 방향으로 방풍벽을 세우면 시설의 안정성이 향상되고 방열억제의 효과가 높다. 방풍벽에 의한 최저풍속은 방풍벽 높이의 3~5 배의 거리에서 가장 낮고, 이후의 거리에서는 풍속이 다시 높아져 9~12 배의 거리에서는 풍속이 50 % 정도로 줄어들어 효과가 높다(그림 4-29 참조). 방풍벽의 설치로 풍속이 낮아지면

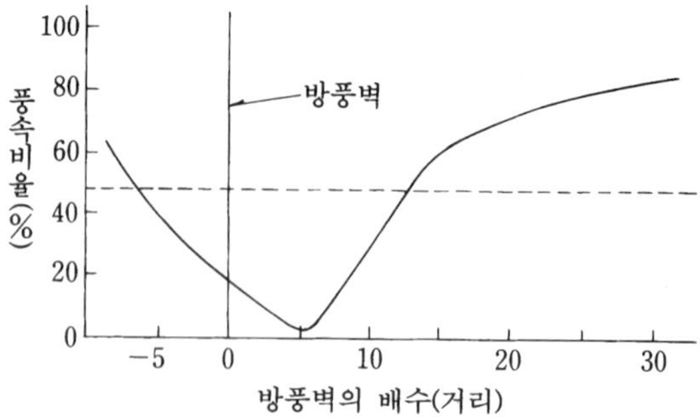


**그림 4-29** 방풍벽 앞뒤의 풍속분포

시설의 자연환기율이 낮아지는데, 이로 인해 기온상승을 1~2℃, 증발량을 20~30% 까지 감소시키는 효과가 있다. 방풍시설의 높이는 4~5 m 로 하는 것이 실용적이다.

### ⑥ 단열층 설치와 토양멀칭

겨울철 혹한기의 하우스 내 지온은 외부 지온의 영향을 받아 작물생육에 지장을 초래할 정도로 내려간다. 그림 4-30 은 12 월 초 하우스 내부의 온도분포를 나타낸 것이다. 섬피터널에서는 높은 지온을 나타내고 있으나, 하우스 측면으로 갈수록 지온은 낮아지고 있다. 따라서, 단열층으로 외부와 차단하면 지온이 낮아지는 것도 막을 수 있어 높은 지온을 유지할 수 있다.

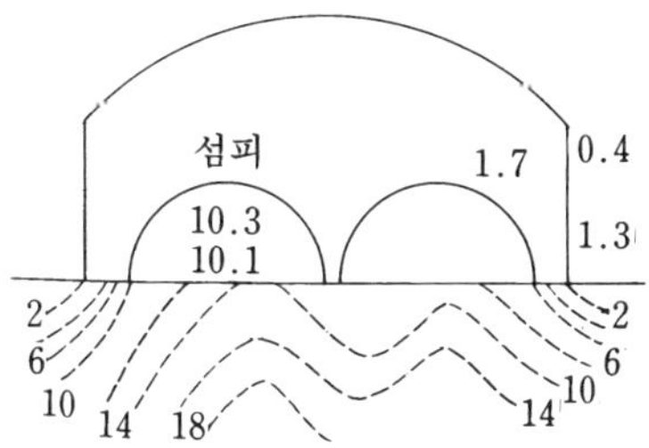


**그림 4-30** 하우스 내 야간 온도의 분포(단위 : ℃)

단열층 설치는 하우스 측면과 지하층 단열로 구분되는데, 이 두 가지 방법을 모두 사용하면 이상적인 온도관리가 가능하지만 지하단열층 설치는 경제성이 적으므로 손쉽게 할 수 있는 것이 측면단열이다. 설치방법은 스티로폼이나 짚 등을 지하 50 cm 정도 깊이로 하우스 주위에 묻는데, 이 방법은 외부 지온을 차단할 수 있어서 효과가 있다. 짚이나 왕겨를 이용하면 1 년밖에 사용할 수 없고, 반영구적으로 쓰기 위해서는 10~30 mm 두께의 스티로폼을 사용하면 된다.

낮 동안의 하우스 바닥은 햇빛을 받아 지온이 상승하는데, 이때 토양수분이 많으면 지온의 상승은 그만큼 늦어질 뿐만 아니라, 바닥 표면에서는 기화현상에 의한 기화잠열(氣化潛熱)로 상당한 열을 빼앗기기 때문에 수분증발을 억제하기 위하여 투명비닐을 멀칭하면 지온상승효과를 크게 얻을 수 있고 시설 내 습도도 낮출 수 있어서 효과적이다.

### ⑦ 자연에너지의 이용증대

#### ㉠ 축열물주머니의 이용

낮 동안에 태양열을 가능한 한 많이 물에 축열시켰다가 밤에 방열시켜 이용할 수 있는 방법으로서 그림 4-31 에서 보는 바와 같이 PE 튜브에 물을 넣어 축열매체로 이용하는 것을 축열물주머니라고 한다.

하우스 내 터널 속에 축열주머니를 설치하였을 때 터널 내 기온 및 지온의 상승효과는 각각 2.4℃, 3.4℃ 를 나타내었다(원예시험장 연구 결과, 1981). 이와

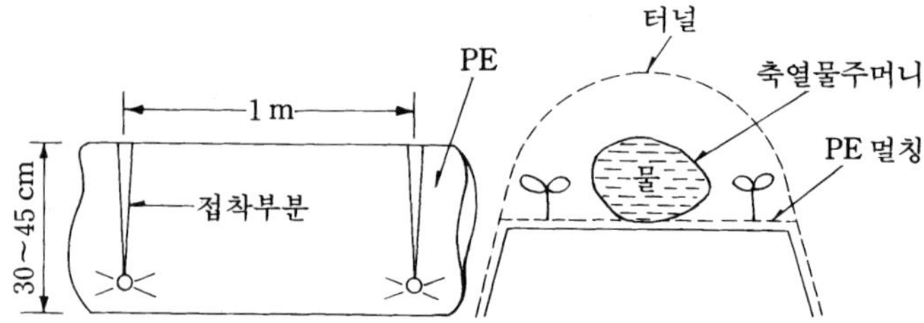


**그림 4-31** 축열물주머니의 규격과 설치위치
〈원예시험장, 1981〉

같이 축열물주머니를 이용한 축열보온방식은 관행에 비해 태양에너지 이용효율이 2배 정도 증가된다고 하였다. 축열주머니는 규격이 너비 30~45 cm, 두께 0.08~0.1 mm인 PE 튜브를 사용하면 되고, 설치방법은 터널 내 PE 멀칭을 한 위에다 물주머니를 작물 사이에 설치한다.

시설재배에서 축열물주머니의 이용이 가능한 작물은 토마토·오이·고추·딸기·호박·참외·수박·배추·무 등으로 물주머니를 설치할 수 있는 공간만 있으면 된다.

**㉡ 지중축열장치의 이용**

지중축열장치 구조는 축열용 통풍관으로서 지름 100 mm인 PVC나 PE 파이프를 사용하여 지하 50 cm 이하에 매설하고, 하우스 중앙에 송풍기를 설치하여 하우스 내 공기를 순환시킬 수 있도록 되어 있다. 즉, 하우스 내 토양에 묻혀 있는 파이프를 통해 낮에 더워진 공기를 불어 넣어 토양에 축열시켰다가 밤에 다시 불어내면 낮에 축열되었던 열을 회수하여 이용할 수 있다(그림 4-32 참조).

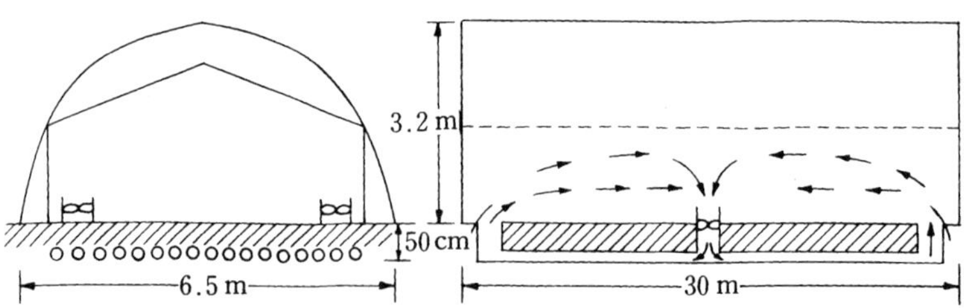


**그림 4-32** 지중축열하우스의 구조〈원예시험장, 1982〉

원예시험장에서 시험한 결과(1982) 노지일사량의 약 25%를 축열시킬 수 있었고, 하우스 내 투과일사량에 비해서는 50% 정도 축열시킨 것으로 나타났다.

보온효과도 12℃ 이상을 나타내었으며, 지온도 1~3℃ 상승시키는 효과를 보여주었다(표 4-14 참조).

**〔표 4-14〕** 지중축열하우스 내 축열 및 보온 효과

| 구분 | 노지 일사량 (A) | 태양열 이용 | | 보온 효과 (℃) | 비 고 |
|---|---|---|---|---|---|
| | | 축열량 (B) | 효과 (B/A %) | | |
| 수원 | 5,630 | 1,424 | 25.3 | 12.7 | 외피복 : EVA 필름<br>커튼 : PE 필름<br>축열물주머니 |
| 부산 | 3,456 | 871 | 25.2 | 12.6 | 외피복 : EVA 필름<br>커튼 : PE+AI 증착포<br>축열주머니 |

㈜ A와 B의 단위 : kcal/m²/day

### ㉢ 수막식 보온하우스

하우스 내에 비닐커튼을 설치하여, 커튼 위에서 적당한 간격으로 노즐(nozzle)을 단 살수파이프나 분무용 살수호스를 설치하여 야간에 지하수(14~16℃)를 끌어올려 살수함으로써 하우스 내를 보온하는 것이다(그림 4-33 참조).

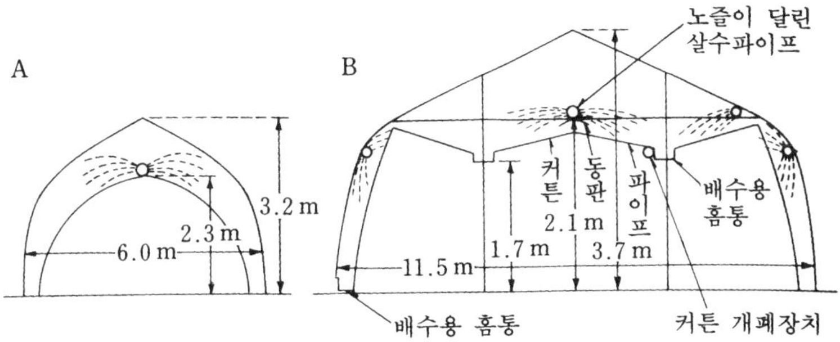


**그림 4-33** 수막식 보온하우스의 장치도

수막식 보온하우스(water curtain)는 살수된 물이 배수로로 흘러나갈 수 있는 배수시설이 완벽하게 갖추어져야 한다. 이 시설은 지하수만 충분하면 값싸게 이용할 수 있으며, 보온효과를 높이기 위해서는 지하수의 수온이 중요한데, 일반적으로 남부지방에서는 수온이 높아 보온효과가 크지만 중부 이북지방에서는 크지 않으므로 부수적인 보온시설이나 가온시설이 병행되어야 한다. 하지만 수

막식 보온하우스는 지하수 이용량이 많다는 단점을 가지고 있다.

1985 년 원예시험장 부산지장에서 실시한 시험 결과를 보면, 평균수온이 16.7 ℃ 이고 외기온이 −9.2℃ 일 때 하우스 내 기온이 9.4℃ 로서 내외 기온차가 18.6℃ 를 나타내었다(표 4-15 참조). 또한, 난방비 절감효과를 보면 10 a(1,000 $m^2$)당 1 분에 264 L 를 살수하면 76 % 의 난방비 절감효과가 인정되었다(표 4-16 참조).

**〔표 4-15〕** 수막식 하우스 내 보온효과(단위 : ℃) 〈원예시험장, 1985〉

| 측 정<br>연. 월. 일 | 최저기온 | | | 최저지온 | | | 수 온 | | |
|---|---|---|---|---|---|---|---|---|---|
| | 실외 | 하우스 내 | 기온차 | 실외 | 하우스 내 | 기온차 | 지하수 | 퇴수 | 차 |
| 1985. 1. 5 | −12.3 | 9.9 | 22.2 | −2.9 | 15.4 | 17.4 | 17.4 | 9.8 | 7.6 |
| 1985. 2. 1 | −9.3 | 9.8 | 19.1 | −0.4 | 13.9 | 14.3 | 16.6 | 10.0 | 6.6 |
| 1985. 2. 3 | −8.6 | 9.4 | 18.0 | −0.3 | 13.9 | 14.2 | 16.6 | 9.6 | 7.0 |
| 1985. 2. 4 | −9.3 | 9.3 | 18.6 | −0.3 | 13.9 | 14.2 | 16.6 | 9.8 | 6.8 |
| 1985. 2. 5 | −8.4 | 9.2 | 17.6 | −0.4 | 14.6 | 15.0 | 16.6 | 9.9 | 6.7 |
| 1985. 2. 6 | −7.2 | 8.9 | 16.1 | −0.6 | 14.6 | 15.2 | 16.5 | 9.6 | 6.9 |

**〔표 4-16〕** 지하수 살수 유무와 연료소비량 〈원예시험장, 1985〉

| 살수의 유무 | 살수량 (L/분/10 a) | 최저평균 외기온(℃) | 연료소비량 (L/10 a) | 보조난방기 설정온도(℃) | 살수시간 |
|---|---|---|---|---|---|
| 유 | 264 | −8.2 | 38.4 | 10 | 16 : 30～8 : 30 |
| 무 | 0 | −6.8 | 159.7 | 10 | 0 |

### 4·2·4 난 방

#### (1) 난방의 중요성

그동안 우리나라 시설원예의 온도관리는 주로 피복자재를 이용한 보온피복 위주로 이루어져 왔는데, 이에 따라 작물별로 온도관리가 이루어지지 않고 항상 불량한 재배환경 하에서 재배되는 관계로 재배기간의 연장으로 인해 노동력이 많이 들고, 수량과 품질이 떨어지고 있는 실정이다. 이러한 현상은 저온성 작물보다는 고온성 작물에서 더욱 심한 편이다.

시설원예는 생산비가 많이 들기 때문에 난방에 소요되는 난방기 구입과 연료비를 절감하는 것도 중요하지만, 적극적으로 난방에 의한 작물의 적정 온도관리를 함으로써 수량을 증대시키고 품질을 향상시켜 경영효과를 높이는 것이 바람직하다.

난방에 따라 증가되는 투자비용의 절감은 난방열량을 줄일 수 있는 작물의 선택, 재배시기 조절, 보온방법의 개선에 의한 방열억제, 난방효율 향상, 대체에너지 이용 등에 의한 종합적인 대책을 수립한다면 가능하다고 본다.

### (2) 난방설계

#### ① 난방의 기본 및 특수 조건

난방계획을 수립하기 위해서는 다음의 두 가지 기본조건을 갖추어야 한다. 일반 건축물에서와 같이 기본적으로 난방용량은 어떠한 기상조건에서도 하우스 내 작물의 생육을 왕성하게 유지시킬 수 있어야 하고, 난방 설비와 운영에 드는 비용이 저렴해야 한다.

이 밖에도 재배시설에서는 다음과 같은 특수조건을 고려하는 것이 바람직하다.

1) 실내온도의 분포가 균일해야 한다.
2) 난방설비에 의한 차광(遮光)이 최소화되어야 한다.
3) 정확하게 온도조절이 되면서 안정성이 높아야 한다.
4) 난방설비의 재배면적이나 재배관리에 대한 제약이 적어야 한다.

#### ② 난방부하

난방 설비용량을 구하기 위해서는 난방기간 중 가장 추울 때 난방에 필요한 열량을 알아야 하는데, 이 열량을 최대난방부하(最大暖房負荷)라고 한다. 난방을 하는 온실에서 열손실은 주로 ①피복자재를 통과하는 관류열량, ②틈새를 통해서 손실되는 환기전열량, ③토양의 열교환에 의한 지중전열량으로 나누어지는데, 이 중 피복자재를 통한 열손실이 60 % 이상을 차지한다.

최대난방부하를 산출하기 위해서는 앞의 세 가지 요소를 일괄적으로 취급하는 방법과 각각 산출하여 적산하는 방법이 있는데, 전자는 농가에서 쉽게 계산할 수 있는 방법이다.

시설 내에서 작물생육에 필요한 적정 온도를 유지하기 위해서는 야간에 보온만으로 부족한 열량만큼을 난방기로 공급해야 한다. 즉, 난방에 필요한 열량을 뜻하는 난방부하($Q$)는 다음과 같이 나타낼 수 있다.

$$Q=A_w \cdot U(T_i - T_o)(1-f_r) \quad \cdots\cdots (4\cdot2)$$

식에서, $A_w$ : 하우스 표면적, $U$ : 난방부하계수, $T_i$ : 하우스 내 설정온도, $T_o$ : 외부기온, $f_r$ : 보온피복에 따른 열절감률

여기서, $(T_i - T_o)$를 적산하면 난방적산온도가 된다. 이 수치는 지역 및 작물별로 계산된 자료를 활용하고, 난방부하계수는 표 4-17 과 같다. 보온피복에 따른 열절감률은 표 4-18 에 나타내었으므로 그 자료를 활용하면 난방부하를 계산할 수 있다.

〔표 4-17〕 피복재료의 종류에 따른 난방부하계수($U$)

| 구 분 | 난방부하계수 (kcal/m²/h/℃) | 구 분 | 난방부하계수 (kcal/m²/h/℃) |
|---|---|---|---|
| 유리온실 | 5.3 | 비닐하우스 | 5.7 |

〔표 4-18〕 보온피복방법에 따른 열절감률

| 보온방법 | 피복재료 | 열절감률 | |
|---|---|---|---|
| | | 유리온실 | 플라스틱 하우스 |
| 2 중피복 | 염화비닐필름 | 0.40 | 0.45 |
| | 폴리에틸렌필름 | 0.35 | 0.40 |
| 1 층커튼 | 폴리에틸렌필름 | 0.30 | 0.35 |
| | 염화비닐필름 | 0.35 | 0.40 |
| | 부직포 | 0.25 | 0.30 |
| | 알루미늄분말혼입필름 | 0.40 | 0.45 |
| | 알루미늄증착필름 | 0.50 | 0.55 |
| 2 층커튼 | 폴리에틸렌필름 2 층 | 0.45 | 0.45 |
| | 폴리에틸렌필름+알루미늄필름 | 0.65 | 0.65 |
| 외면피복 | 짚거적(섬피) | 0.60 | 0.65 |

### (3) 연료소비량

연료소비량의 예측은 난방설비의 운영경비를 파악하여 작물의 재배시기와 작형을 결정하는 데 절대적으로 필요한 사항이다. 연료소비량은 재배기간 동안의 난방열요구량을 계산하여 구하면 된다.

### ① 난방적산온도

시설 내부와 외부의 온도차를 적산한 것을 난방적산온도(暖房積算溫度)라고 하는데, 이것은 일정 기간 동안의 난방열요구량을 계산하는 데 필요하다. (4·2) 식에서 볼 수 있는 바와 같이 그 지역의 기상자료를 활용하여 난방기간 중의 시설 내부와 외부의 온도차를 적산한 자료가 필요하다.

그림 4-34는 원예시험장(1979~1982)에서 각지의 기상자료를 이용하여 연간 난방적산온도를 하우스 내 설정온도별로 계산하여 이를 지도에 나타낸 것이다. 설정온도별 적산온도 분포도를 보면 일반적으로 남부해안 지역과 동해안 지역이 낮은 수치를 보였고, 노령산맥과 소백산맥 사이의 지역이 높게 나타났다. 반면, 소백산맥 동쪽에 위치한 경북 상주·김천 지역이 낮았는데, 이는 우리나라 겨울에 부는 계절풍이 북서풍이기 때문이다.

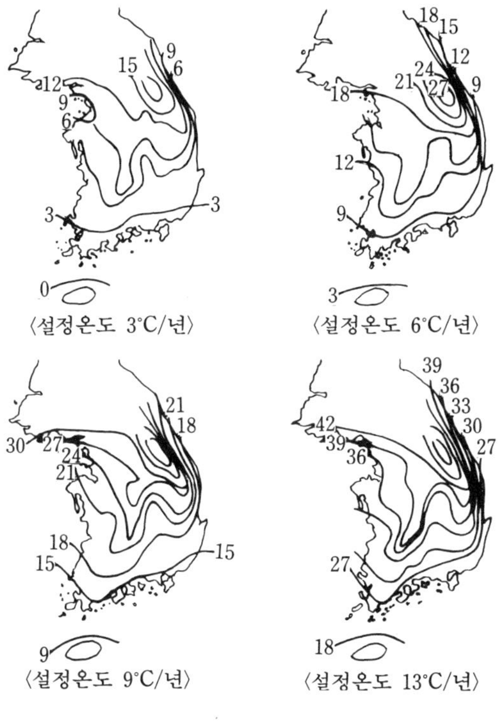


**그림 4-34** 지역별 난방적산온도 분포도
(단위 : ℃/h/년)〈園藝試驗場, 1984〉

### ② 난방연료소비량

일정 기간 동안 난방적산온도가 계산되면 (4・2)식에 대입하여 기간난방부하가 산출된다. 기간난방부하에서는 평균난방부하계수(平均暖房負荷係數)가 적용되므로 최대난방부하(最大暖房負荷) 계산에 이용되는 난방부하계수보다 25 % 정도 적은 수치를 적용한다.

따라서, 표 4-17 에 나타난 수치에 0.75 를 곱한 평균난방부하계수를 이용하여 기간난방부하계수가 계산된다. 이렇게 하여 구해진 값을 연료의 발열량과 난방장치의 열이용효율로 나누면 연료소비량($V_f$)이 계산된다.

$$V_f = \frac{Q}{H \cdot N} \quad \cdots\cdots (4\cdot3)$$

식에서, $V_f$ : 연료소비량, $Q$ : 난방부하, $H$ : 연료발열량, $N$ : 난방장치의 열이용효율

재배시설에 이용되는 연료의 평균발열량은 표 4-19 와 같고, 난방장치에 따른 열이용효율은 표 4-20 과 같다.

〔표 4-19〕 연료의 평균발열량

| 구분 | 평균발열량 (kcal/L) | 구분 | 평균발열량 (kcal/L) |
|---|---|---|---|
| 석유 | 8,500 | 중유 | 9,000 |
| 경유 | 8,700 | 무연탄 | 4,500 |

〔표 4-20〕 난방방식별 열이용효율

| 구분 | 열이용효율 |
|---|---|
| 온풍난방 | 0.7～0.8 |
| 온수난방 | 0.5～0.7 |

## (4) 난방방식의 종류와 특성

### ◈. 난방방식의 선정

난방방식을 선정하기 위해서는 그 지역에서의 최대난방부하가 계산되면 온실의 크기에 따라 난방능력을 갖춘 난방기를 도입하는 것이 작물생육에 알맞은 온도유지 측면에서 중요하며, 또한 경제성이 있는지의 여부를 검토하는 것이 중요하다. 이러한 난방방식의 결정에 있어서 시설의 규모도 중요하지만, 작물의 종류와 재배방식에 따라 난방방식이 고려되어야 한다.

일반적으로 대규모 유리온실과 같은 경우에는 파이프난방시스템을 이용하여 수확기나 전동차 등의 이동레일로 사용하고 있다. 우리나라 시설재배 농가에서는 플라스틱하우스가 대부분이므로 온풍난방기(溫風暖房機)를 이용한 난방이 많이 이용되고 있으며, 작물의 재배방식에 따라 파이프난방도 이용되고 있다.

### ㉠ 난로난방

난로난방이란 연탄·석유·장작 등을 연소시키는 난로를 시설 내에 설치하여 난로 본체와 연통 표면을 통해서 방산되는 열로 난방하는 방식을 말한다. 이 난방방식은 가장 단순하고 시설비가 값싸지만 열이용효율 면이나 관리적인 측면에서 자동화가 불가능하다. 또한, 연탄의 경우에는 작물이 일산화탄소(CO)와 아황산가스($SO_2$)의 장해를 받기 쉽고, 난로 근처는 온도가 높기 때문에 작물이 고온과 건조장해를 받기 쉬운 단점이 있다. 특히, 시설 내 기온분포가 불균일하고 안정성이 낮기 때문에 소규모 시설이나 보조난방으로서의 가치만이 인정되고 있다.

### ㉡ 전열난방

전열난방이란 전열온풍기와 전열선에 의한 난방을 말한다. 시설비가 저렴하고 취급이 가장 용이하며, 또한 예열시간이 짧고 온도조절이 가장 편리하지만, 정지 시 보온성이 없고 실용 규모의 시설에서는 경제성이 없다. 따라서, 소규모의 가정용 온실, 육묘시설, 보조난방, 소형 온실, 소규모 양액재배에서의 양액가온 등에 이용될 뿐이다.

### ㉢ 온풍난방

온풍난방이란 공기를 직접 가열하는 방식으로서 난방기 연소실의 표면에서 가열된 공기를 시설 내로 불어내 플라스틱필름 덕트(duct)를 통하여 시설 내 전체에 온풍이 고르게 퍼지도록 하는 방식을 말한다.

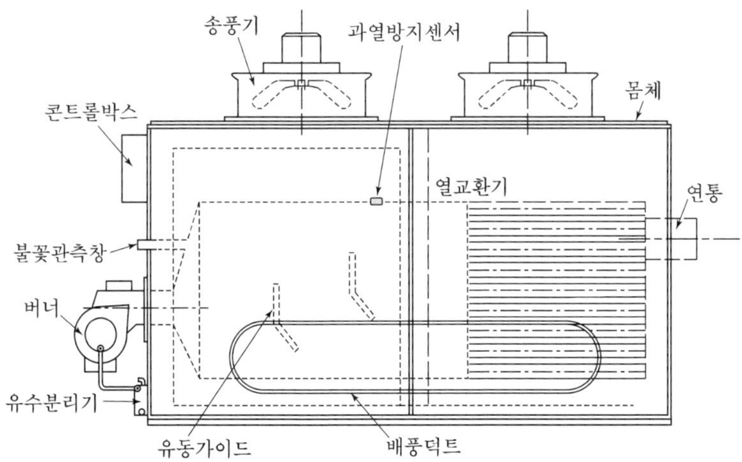


**그림 4-35** 온풍난방기의 구조<농업공학연구소, 2008>

ⓐ **구 조**

현재 가장 많이 사용되고 있는 온풍난방기는 열교환을 위해서 유압송풍기에 의하여 강제로 온풍을 불어내는 열교환형의 강제송풍방식으로서, 이것의 구조를 보면 크게 연소부분·열교환부분·송풍기·제어기 및 외장으로 나누어진다(그림 4-35 참조).

ⓑ **자동운전기능**

온풍난방기는 대부분 자동제어를 할 수 있도록 되어 있다. 즉, 연료가 송유관으로 들어와 소정의 온도에 달하면 버너(burner)가 작동되어 노즐(nozzle)에서 미립자로 연료가 분출되면서 연소된다. 송풍기는 버너운전과 동시에 작동하며, 연소상황은 항상 제어기기판에 나타나 불완전연소 등 이상이 있을 때에는 운전이 정지되고 경보가 울리게 된다.

정상적인 연소가 계속되어 하우스 내 온도가 설정온도에 도달하면 연소동작이 정지된다. 그러나 버너가 정지된 후에도 송풍기는 계속 운전되어 열교환부의 온도가 일정 온도 이하(보통 50℃)가 되어야 정지하며, 이후 설정온도와 온도조절기의 편차에 따라 자동적으로 개폐(on-off)동작이 이루어진다.

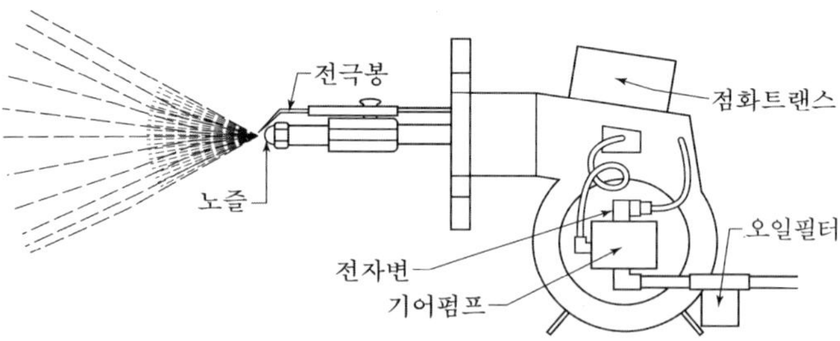


**그림 4-36** 버너의 구조〈농업공학연구소, 2008〉

ⓒ **송풍덕트의 배치**

온풍난방기에서는 온풍이 나오는 부분에 송풍덕트를 부착시키는 것이 보통이며, 송풍덕트의 설치방법에 따라 온실 내 온도분포가 달라진다. 온풍토출구(溫風吐出口)가 난방기의 윗부분에 있으면 온실 상승부에 따뜻한 공기층이 형성되어 기온의 수직분포가 큰 현상이 나타나지만, 온풍토출구가 난방기의 밑부분에 있으면 기온의 수직분포는 균일한 반면에 기온의 수평분포는 큰 차이가 있다. 따라서, 송풍덕트는 이러한 온도차이를 줄일 수 있도록 설치되어야 한다.

송풍덕트의 배치는 온실의 크기, 난방기의 위치, 토출구의 형태 등에 의하여 변하지만, 기본형은 그림 4-37과 같다. 덕트의 배치는 실내온도 분포를 균일하게 하는 데 있으나 처음부터 균일하게 하기는 어렵다. 일반적으로 분지덕트를 길게 하여 기온분포를 측정해 가면서 길이를 조절하거나 덕트 중간에 구멍을 뚫어 온도분포가 균일하게 되도록 한다.

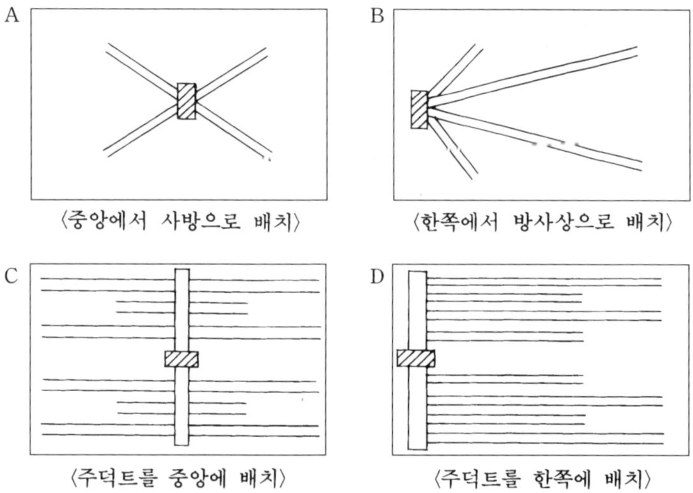


**그림 4-37** 온풍덕트의 설치방법(A와 B는 엘보형 토출구를 갖는 난방기에 적합하고, C와 D는 챔버형 토출구를 갖는 난방기에 적합함)

### ⓓ 난방기 용량의 결정

난방기의 용량은 다음과 같은 식에 의하여 구할 수 있다.

$$Q_b = Q_w \cdot F_h \cdot (1+r)$$

식에서, $Q_b$ : 난방기의 용량, $Q_w$ : 최대난방부하, $F_h$ : 송풍방식에 의한 보정계수, $r$ : 안전계수

온풍난방에서는 앞에서 설명한 바와 같이 송풍덕트를 부착시키는 것이 일반적이다. 또한, 송풍덕트는 지상덕트방식이 대부분이므로 이 경우 $F_h$는 0.9～1.0 이다. 또한, 안전계수를 0.1로 하면 $F_h(1+r) \fallingdotseq 1 \sim 1.1$이 된다. 따라서, 온풍난방기의 용량은 최대난방부하보다 10% 정도 큰 출력을 갖는 것이 요구된다.

### ⓔ 주의사항

1) 난방기 출력 10,000 kcal 당 20 m$^3$/h의 연소공기가 필요하므로 실외공기의

흡입덕트를 부착시킬 필요가 있다.

2) 연소통 적관부분이 3 m 이상 되도록 하여 비가 유입되지 않도록 상부를 H 형으로 한다.

3) 중유를 쓸 경우 −5℃ 이하에서 응고하는 경우가 있으므로 추운 중부지방에서는 기름호스의 보온에 주의해야 한다.

### ⓕ 특징 및 난방효율

온풍난방은 설치하기 용이하고 시설비가 온수난방이나 증기난방보다 저렴하며, 예열시간이 빠르고 배관이 필요 없으며 물을 이용하지 않기 때문에 취급하기 용이한 등의 장점이 있다. 반면에 하우스 내 공기가 건조하기 쉽고, 이에 따라 온풍난방에 있어서는 예비열원의 확보가 필요한 단점이 있다. 이러한 온풍난방은 온실과 하우스 전반에 걸쳐서 이용할 수 있으며, 난방효율은 일반적으로 다른 난방방식에 비해 높은 편으로 온수난방이나 난로난방보다도 높다.

### ㉣ 파이프난방시스템

파이프난방시스템이란 시설 내에 설치한 파이프나 방열기로 온수를 순환시켜 파이프에서 방열되는 열을 이용하는 방식을 말한다. 공급온수와 방열된 후 순환되어 나온 온수를 혼합시켜 다시 공급시키면 온수의 온도를 조절할 수 있다는 장점을 가지고 있다. 특히, 시설 내부에 순환하는 온수의 온도조절은 시설 내부의 환경조절을 매우 용이하게 한다. 시설 내부의 습도가 높은 경우 최소 난방을 하여 온실 내부의 공기를 수직으로 순환시킬 수 있고, 작물 주변에 설

〔표 4-21〕 시설 내부 공기온도와 파이프 온도 편차에 따른 방열량(단위 : W/m) 〈BAKKER 등, 1995〉

| 파이프 온도와 공기온도의 편차 (℃) | 강관 직경(mm) | | | 플라스틱튜브 |
|---|---|---|---|---|
| | 51 | 33.2 | 26.4 | 25 mm(직경) |
| 10 | 15 | 10 | 8 | 6 |
| 20 | 34 | 23 | 18 | 14 |
| 30 | 55 | 38 | 31 | 24 |
| 40 | 77 | 53 | 44 | 35 |
| 50 | 101 | 71 | 58 | 46 |
| 60 | 128 | 90 | 73 | —* |
| 70 | 156 | 108 | 90 | — |
| 80 | 185 | 129 | 107 | — |

㈜ * : 고온에서는 사용할 수 없음.

치하여 작물의 생육조절도 가능하다. 온풍난방과는 달리 온실 내 잉여 열이 많고, 온수순환이 정지된 후에도 보온성이 높아 급격한 온도변화가 없는 것이 특징이다. 온실 바닥에 온수파이프를 설치하면 수확물의 이송을 위한 레일로 이용할 수 있다. 또한, 추위가 심한 지역의 경우 작물을 재배하지 않을 때에는 파이프가 동결되지 않도록 파이프 내의 물을 빼두어야 한다.

난방용 파이프의 재질과 직경에 따라 방열량이 다르다(표 4-21 참조). 표 4-21과 같이 파이프의 직경이 클수록 방열량이 많고, 온실의 온도와 파이프의 온도 간에 편차가 날수록 방열량이 많다는 것을 알 수 있다. 플라스틱튜브는 강관보다는 방열계수가 낮아 동일한 직경이라도 강관보다 방열량이 낮고, 높은 온도에서 변형이 일어나므로 고온성 작물의 난방파이프로 이용할 수 없다.

### (5) 난방비 절감대책

#### ① 시설 내 온도

재배되는 작물에 따라 실내온도가 결정되는데, 같은 작물에서도 저온신장성이 높은 품종을 선택하는 것이 실내온도를 낮게 유지할 수 있기 때문에 난방비가 절감된다. 또한, 저온신장성이 높은 대목의 이용으로 실내온도를 낮출 수 있고, 실내온도가 낮아 수분과 수정이 정상적으로 일어나지 않을 때에는 식물호르몬처리에 의하여 정상적인 과일을 생산할 수 있게 하는 것도 실내온도를 낮게 유지할 수 있어 난방비 절감이 가능하다.

#### ② 방열억제

보온에서 설명한 바와 같이 시설로부터 빠져나가는 열량을 줄이는 것 자체가 난방비 절감에 가장 중요한 요인으로 볼 수 있다. 방열억제의 대표적인 예로는 보온다층커튼, 복층판의 이용, 방풍벽 설치, 하우스의 연동화, 펠릿하우스(pellet house), air inflated house 등을 들 수 있다.

#### ③ 난방효율 향상

난방기 자체의 연소효율 증대와 온도조절장치의 이용에 의하여 난방비 절감이 가능하며, 일부 외부로 배출되는 열의 회수장치를 이용하는 것이 필요하다. 버너의 연소효율 향상, 연통개량, 자동온도조절기의 완비가 바로 난방효율 향상의 방안이 될 수 있다. 다년간 사용한 난방기는 연소에 의하여 열교환기에 일정한 두께 이상의 분진층을 가지고 있으므로 버너와 열교환기의 주기적인 청소는 배기가스 온도를 감소시켜 온풍난방기의 열이용효율을 증가시킨다.

〔표 4-22〕 온풍난방기의 연소실 청소 전후 및 열 교환기의 청소 전후의 연소효율과 열 이용효율(단위 : %) 〈농업공학연구소, 2008〉

| 구 분 | 연소 효율 | 열이용 효율 | 구 분 | 연소 효율 | 열이용 효율 |
|---|---|---|---|---|---|
| 연소실 청소 전 | 79 | 62.9 | 열교환기 청소 후 | 83 | 80.8 |
| 연소실 청소 후 | 82 | 74.9 | | | |

#### ④ 지중유입열량 증대

보온하우스의 온도유지는 시설 내 토양에 태양에너지를 축열시키는 것이 가장 기본이 되듯이 시설 내 토양에 충분한 에너지를 낮 동안에 저장하는 것이 바로 에너지절감의 한 방법이 된다.

지중유입열량의 증대는 하우스 표면적보다는 상면적(床面積)의 증대, 하우스 내 투과일사량의 증대, 환기를 억제하고 상면 부근의 공기유동 촉진, 멀칭(mulching) 등에 의한 상면증발량 억제에 의한 잠열(潛熱)을 줄임으로써 가능하다.

#### ⑤ 대체에너지의 이용

대체에너지로는 태양에너지와 지하수를 이용하는 방법이 실용화되어 있는 상태이다. 그 대표적인 예로는 태양열을 이용한 축열물주머니, 지중축열장치가 있으며, 지하수를 이용한 수막식 보온하우스가 시설농가에서 실용화되고 있다. 충분한 물량과 수온이 높은 남부 강변지역에서는 수막식 보온하우스가 난방비 절감효과에 큰 것으로 나타나고 있다.

이 밖에도 도시 쓰레기, 폐기 타이어, 왕겨, 폐유와 같은 폐기물처리에 의한 열의 이용이라든가 공장이나 화력발전소의 폐열 또한 훌륭한 대체에너지로서 가치가 인정되어 외국에서는 시설재배에 이용되고 있다.

#### ⑥ 복합환경조절장치

작물의 야간온도를 항상 일정하게 관리하는 것보다 그날의 광합성량에 따라 전류촉진 시간대의 온도를 조절하는 것이 바람직하다. 즉, 흐린 날이나 비가 오는 날 같은 경우에는 광합성량이 적으므로 전류온도를 낮게 관리함으로써 에너지를 절감할 수 있다.

이러한 모든 시설 내 재배환경 조절에 있어서 컴퓨터에 의하여 그날의 기상조건에 따라 조절할 수 있는 복잡한 환경조절장치의 활용도 앞으로의 과제이다. 유럽의 시설농가에서는 벌써 실용화되고 있는 단계이지만, 국내에서는 아직

연구단계에 있는 실정이다.

### 4·2·5 습도환경

온실 내의 습도는 작물의 생육상태, 품질, 증산작용, 양 · 수분의 이동 및 병해충의 밀도와 밀접한 관계를 가지고 있으므로 매우 중요한 환경요인 중 하나이다. 또한, 온실 환경요인 중 습도조절이 가장 어렵다. 공기온도에 따른 습도의 변화폭이 크고, 시설 내부의 습도는 식물의 증산작용에 의하여 지속적으로 더해지며, 온도조절을 위한 환기창의 개폐에 따라 습도 수준이 매우 민감하게 반응한다.

습도는 공기의 수증기량으로 표현하게 되는데, 수증기는 눈에 보이지 않는 가스상태로 공기 중에 존재한다. 우리 눈으로 보이는 안개나 매우 작은 물입자는 수증기가 아니다. 일반적으로 공기 중의 수증기는 전체 가스 중에서 1~4 % 로 존재한다. 수증기가 들어 있지 않는 공기를 건공기(乾空氣)라 하고, 수증기가 들어 있는 공기를 습공기(濕空氣) 또는 혼합공기(混合空氣)라고 한다.

온실 내의 습도환경에 따라 저습한 상태에서는 식물체의 칼슘결핍증, 위조현상, 엽면적 감소, 식물체의 초장 감소, 응애의 밀도 증가와 식물체 잎의 축엽 등이 발생하고, 과습한 상태에서는 일액현상으로 인한 잎 선단부의 고사, 양분결핍, 식물체의 조직 약화, 병원균 밀도의 증가 등이 발생한다.

#### (1) 습도 및 수증기

시설 내부의 습도는 온도와 공기 중의 수증기량에 의하여 변화하게 된다. 습도는 상대습도(%), 절대습도(g/m$^3$) 및 수증기압력(kPa)으로 그 상태를 표현할 수 있다. 일반적으로 습도란 상대습도(相對濕度 ; relative humidity, RH)를 말하며, 상대습도는 공기 중의 포화수증기량(saturated moisture content, SMC) 대비 현재 공기 중에 들어 있는 수증기량(AH)의 비율을 말한다. 공기 중의 포화수증기는 온도에 의하여 증가하고, 절대습도(絶對濕度 ; absolute humidity, AH)는 작물의 증산량과 환기량, 온실 내부의 결로량에 의하여 변화한다(그림 4-38 참조). 예를 들어, 공기온도가 20℃ 인 경우 포화수증기량은 17.4 g/m$^3$ 이며, 현재 공기 중에 들어 있는 수증기(절대습도)가 13.9 g/m$^3$ 이면 상대습도는 80 % 이다.

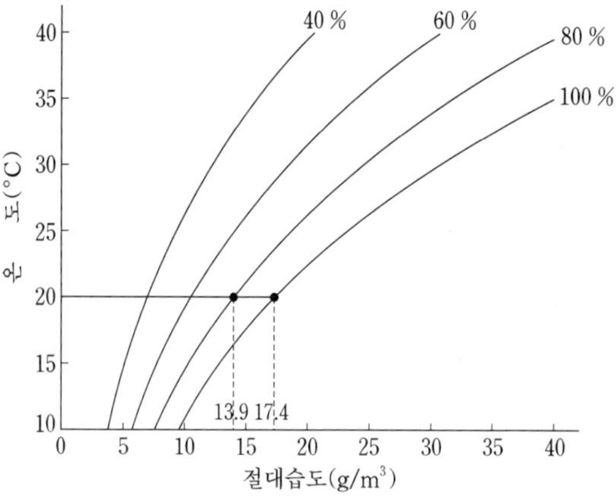


**그림 4-38** 공기온도의 변화에 따른 공기 중의 수증기량(100 % : 포화수증기량)

상대습도는 다음과 같은 식으로 계산한다.

$$상대습도(\%) = \frac{절대습도(g/m^3)}{포화수증기량(g/m^3)} \times 100\ \% \quad \cdots\cdots (4 \cdot 4)$$

### (2) 습도와 작물의 생리

작물의 증산(蒸散)은 공기 중의 습도환경과 잎의 기공 내의 습도상태에 따라 수증기량의 차이에 의하여 발생하는데, 특히 수증기압력의 차이가 증산속도에 영향을 미친다. 일반적으로 기공 내의 수증기 상태는 포화되어 있다고 가정한다. 다시 말해서, 기공 내의 상대습도는 100 % 이다. 기공 내의 포화수증기량은 공기온도보다는 엽온에 의하여 수증기량 또는 수증기압력이 결정된다.

#### ① 증산작용

잎 내의 기공은 증산율을 제한할 수 있기 때문에 식물은 자체적으로 체내의 수분손실을 조절할 수 있다. 공기 중의 수증기 부족(수증기 부족=포화수증기량-절대습도)량이 2 배 증가해도 증산량은 단지 15 % 정도 증가한다. 하지만 공기 중의 수증기량이 매우 높으면, 즉 습도가 매우 높아지면, 식물의 증산량이 줄어들어 근권부에서 무기물 흡수가 감소하므로 무기물에 대한 결핍증상이 나타나게 된다.

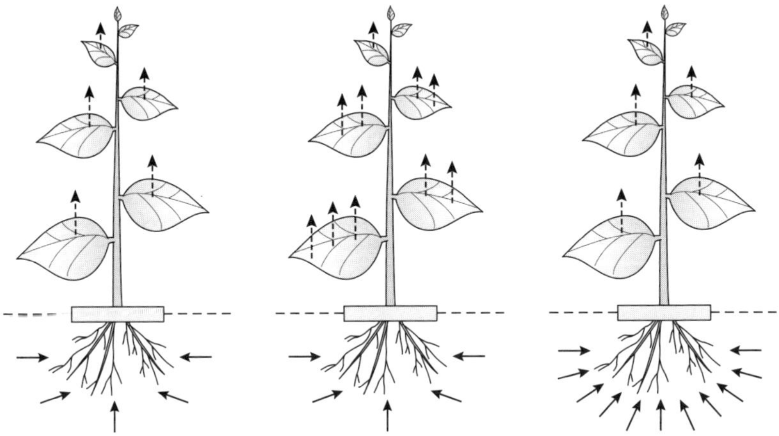


**그림 4-39** 증산량과 뿌리의 양·수분 흡수율에 따른 식물의 반응

② **광합성**

기공이 열려 있을 때 공기 중의 $CO_2$ 를 흡수하기 때문에 습도는 식물의 광합성률에 간접적인 영향을 미친다. 주간에 습도가 높으면, 기공은 완전히 열려져 있기 때문에 광합성을 위해 공기 중의 $CO_2$ 를 쉽게 흡수할 수 있어 광합성 속도가 높게 유지된다.

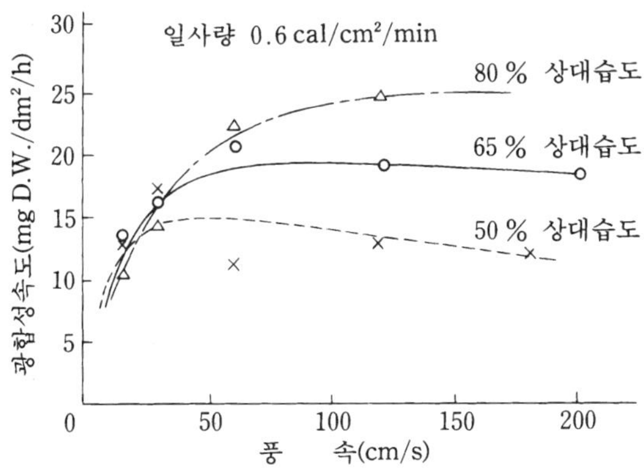


**그림 4-40** 풍속과 상대습도에 따른 광합성속도

#### ③ 생장과 품질

대부분의 시설원예 작물은 높은 습도에서 생장이 좋지만, 과도한 습도에서는 증산작용이 억제되어 무기양분이 결핍되고, 세포 내 무기물의 농도가 낮아 세포벽이 연약하여 병원균에 쉽게 감염되며, 따라서 지상부와 뿌리의 생장이 저하된다. 작물의 생장과 수확하고자 하는 부위의 품질을 높이기 위해서는 적정한 습도를 유지해야 하지만 적정한 습도수준을 결정하기는 어렵다.

### (3) 온 · 습도 환경의 조절

시설 내부의 온도와 습도는 식물의 생육 및 병해와 밀접한 관계를 가지고 있기 때문에, 생육조절과 병해예방을 위해 외부환경 변화에 따라 조절해 주어야 한다. 온실 내부의 습도환경은 앞에서 설명한 바와 같이 시설 내부의 온도에 민감하게 변화하기 때문에 온도와 습도의 상호작용에 대한 충분한 이해가 필요하다.

온도조절 중 난방에 의한 조절은 앞에서 설명하였기 때문에 환기와 냉방에 의한 조절에 대해서만 언급하고자 한다.

#### ① 온실 내 공기유동

온실을 밀폐하면 온실 내 풍속(기류)은 극히 낮고, 또한 작물의 생육이 좋은 상태에서 난방이 되지 않고, 내부온도가 일정한 상태로 유지되고 있는 온실 내부에서는 습도변화가 없을 것이다. 즉, 식물의 증산작용은 공기 중의 수증기압과 기공의 수증기압의 차이에 의하여 발생되지만, 공기유동이 없으면 증산이 억제된다. 시설 내부의 공기의 유동이 발생하면, 잎 주변의 저항이 낮아져 기공에서 발생한 수증기가 확산되므로 지속적으로 증산이 이루어진다. 주로 시설 내부의 공기유동 팬은 내부의 수평온도 편차를 줄이기 위해 많이 사용되지만, 흐린 날 환기창이 닫혀져 있다면 공기 유동팬을 가동시켜 작물의 증산작용을 촉진시켜 주어야 뿌리의 기능과 날씨 변화에 식물이 완충능을 지속적으로 유지할 수 있다.

#### ② 환 기

온실 내 낮의 습도는 환기하지 않을 경우에는 80～100％로 높아지는 반면에 환기하면 40％ 이하로 낮아진다. 특히, 야간에는 완전히 밀폐되는 관계로 높은 상대습도를 나타내고 있어 시설재배하우스의 큰 문제점으로 대두되고 있다(그림 4-41 참조). 높은 습도는 역병(疫病, 돌림병) · 회색곰팡이병 · 세균성

무늬병 등과 같은 병해가 발생하기 쉬우므로 환기를 통하여 상대습도를 낮추어야 한다.

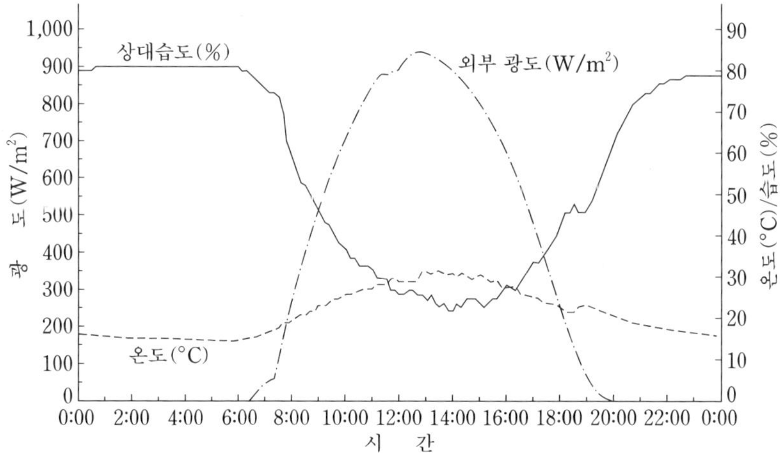


**그림 4-41** 시설 외부의 일중 광도, 온실 내부의 온도 및 습도 변화 (5월 19일 측정)

온실의 환기량(換氣量)이란 단위시간당 외부공기의 유입량을 말한다. 환기량을 시설의 상면적(바닥면적)으로 환산한 것을 환기율(換氣率)이라 하고, 시설용적으로 나눈 것을 환기횟수〔換氣回數〕라고 한다. 환기율은 시설 내 온도와 관련이 깊은 열수지 측면에서 사용하기 편리하다. 환기횟수는 단위시간에 시설 내 용적의 몇 회분의 공기가 유입되었는가를 나타내는데, 이것은 $CO_2$ 농도나 습도를 문제로 할 때 사용하면 편리하다.

이와 같은 측면에서 환기량·환기율·환기횟수 사이에는 다음과 같은 관계가 있다.

$$\text{환기량} = \text{환기율}(m^3/m^2/h) \times \text{상면적}(m^2) = \text{환기횟수}(\text{회}/h) \times \text{온실용적}(m^3)$$
$$\text{환기횟수} = (\text{환기율} \times \text{상면적}) / \text{온실용적}$$

시설의 온도와 습도를 조절하기 위한 환기방식은 자연환기방식(自然換氣方式)과 강제환기방식(强制換氣方式)으로 나누어진다. 현재 우리나라에서는 대부분 자연환기방식에 의존하고 있지만, 일부 온실이나 대규모의 화훼재배 하우스에서는 강제환기방식을 채택하고 있다. 그러나 환기효율을 높이려면 강제환기방식을 채택해야 한다.

〔표 4-23〕 환기방법에 따른 생력화 효율 〈園藝試驗場, 1980〉

| 환기방법 | 1회 환기소요시간 | 총소요시간 | 효과(%) |
|---|---|---|---|
| 수동식 환기 | 6분 10초 | 9시간 15분 | 0 |
| 권취식 환기 | 2분 25초 | 3시간 37분 | 61 |

### ㉠ 자연환기

자연환기방식은 천창이나 측창을 개방하여 환기하는 방식으로서, 그 원동력은 외부 바람의 풍압력과 내외 온도차에 따른 부력 등에 의하여 이루어진다. 풍속이 2 m/s 이상인 경우에는 풍압력의 영향이 크고, 1 m/s 이하에서는 내외 온도차에 의한 환기가 우세해진다. 풍속이 1~2 m/s 범위에서는 양쪽의 영향이 모두 작용하지만 환기창의 위치와 풍량에 따라 양쪽의 영향이 달라진다.

자연환기방식의 특징을 보면 다음과 같다.

1) 환기창의 면적이나 위치를 잘 선정하면 비교적 많은 양의 환기량을 얻을 수 있다.
2) 온실 내 온도분포가 비교적 균일하다.
3) 외부 기상조건(풍향 · 풍속)의 영향을 받는다.

이러한 자연환기방식도 간단한 장치에 의하여 자동 또는 반자동으로 하여 환기노력을 절감할 수 있다. 주로 이용하고 있는 측면환기방법은 관행 수동식 환기에 비하여 권취식 환기장치를 이용함으로써 61 %의 생력효과를 얻을 수 있다. 일반적으로 자연환기를 위한 환기창의 면적은 전체 하우스 표면적의 15 % 정도가 적당하다.

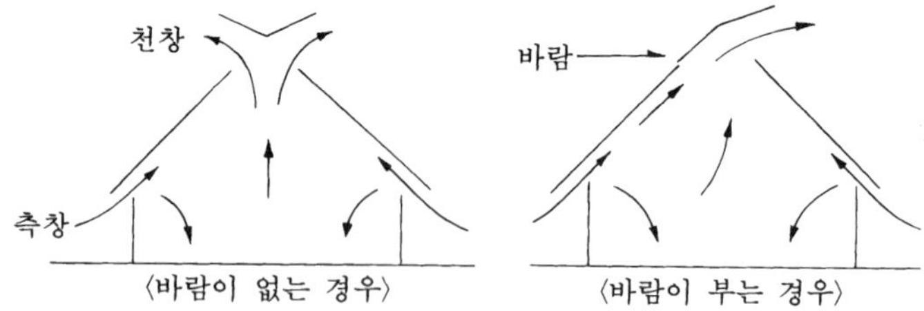


**그림 4-42** 바람의 유무에 따른 자연환기방식

시설 내부의 온도와 습도의 변화폭을 적게 주기 위해서는 바람의 방향과 동일한 환기창을 열게 되면 시설 내부의 온도와 습도 변화폭이 커지므로 항상 바람과 반대방향의 환기창을 먼저 열고, 온도가 상승하는 변화폭에 따라 바람과 반대방향의 환기창을 열도록 해야 한다. 환기량에 급격한 변화가 오면 온실 내부의 온도와 습도 편차가 많이 나게 되어 흰가루병〔白粉病〕의 발생확률이 높아질 수 있다.

### ㉡ 강제환기

자연환기는 환기효과가 낮고 균일하지 않다. 특히, 3월 이후의 하우스 내 온도는 급격히 높아지므로 신속한 환기를 위해서는 환기능률이 높은 환풍기를 사용해야 한다.

강제환기방식의 특징을 보면 다음과 같다.

1) 환기량은 환풍기의 풍량 및 대수, 그리고 흡입구와 배출구의 면적이나 위치에 따라 변한다.
2) 흡입구로부터 배출구까지의 온도구배가 생긴다.
3) 환풍기의 그림자로 인해 실내 광량의 감소가 있다.
4) 환풍기의 전기료 및 소음, 그리고 정전 시 문제가 있다.

환풍기는 풍량형 환풍기와 풍압형 환풍기로 대별된다. 풍량형 환풍기는 출력이 큰 데 비하여 환풍기 날개의 지름이 커서 정압 0 mm Aq 일 때에는 풍량이 크지만 정압이 증대되면 풍량이 감소한다. 그러나 흡입구 면적을 크게 하여 통풍저항을 줄이면 배출용 환기에 적합하다. 풍압형 환풍기는 정압 0 mm Aq 에서 풍량이 풍량형에 비하여 적지만 정압이 증가하면 풍량이 많아진다. 따라서, 환기로 인한 압력손실이 큰 경우, 예를 들면 덕트환기 등에서 압력손실이 5 mm Aq 를 넘는 경우에는 풍압형 환풍기가 바람직하다.

환풍기의 소요대수는 필요환기량을 환풍기의 가동풍량으로 나누면 구할 수 있다. 환풍기는 부착위치에 따라 효율이 변하기 때문에 위치결정 시 유의해야 한다. 즉, 시설 내에 초장(草長)이 큰 작물이 심어져 있을 경우에는 작물이 심어진 줄을 따라 공기가 흘러가도록 각각 설치하는 것이 좋다. 또한, 여러 동의 시설이 가까이 인접하여 설치될 경우에는 다른 시설의 배기를 흡입하지 않도록 환풍기를 서로 마주보게 설치해야 한다.

시설의 길이가 50 m 이상 될 경우에는 그림 4-43 의 A 에서 보는 바와 같이 환풍기를 양쪽에 설치하고, 그 이하일 경우에는 B 와 같이 한쪽에만, 그리고 시설의 너비가 10 m 이상일 경우에는 C 와 같이 한쪽에 2 대의 환풍기를 각각 설치한다.

한편, 시설의 너비가 큰 경우에는 유공덕트를 하우스에 평행되게 1.8~2 m 높이에 설치하고 한쪽 또는 양쪽을 시설 밖으로 개방한다. 환풍기를 작동시키

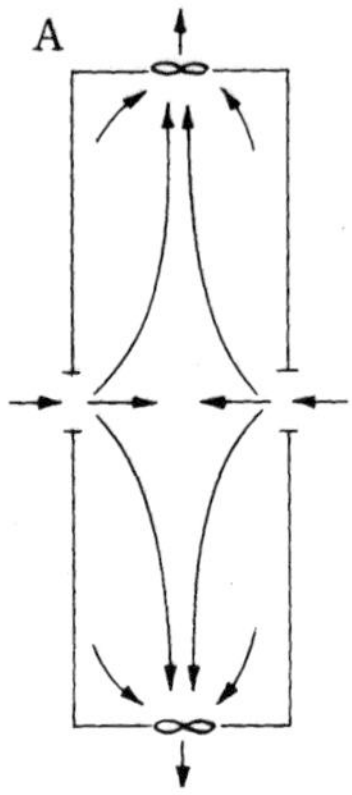


**그림 4-43** 시설의 크기에 따른 환풍기와 환풍구의 위치

면 덕트가 자연히 부풀어올라 외기를 흡입하여 각 덕트의 구멍으로부터 저온건조한 공기가 뿜어나오게 되는 구조이다. 덕트(비닐튜브)에 구멍을 뚫은 것은 4시와 8시 방향으로 지름 5 cm의 구멍을 뚫어 사용한다. 하우스의 길이가 30 m 정도이면 그림 4-44에서 보는 바와 같이 한쪽 면만 개방하고, 그 이상인 경우에는 양쪽을 모두 개방한다. 이 환기방법은 시설 내의 온도분포가 균일해지는 장점을 지니고 있다.

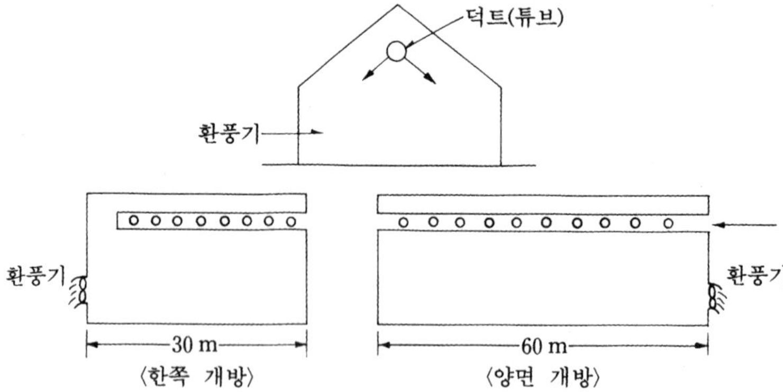


**그림 4-44** 비닐튜브를 이용한 강제환기방식

환풍기의 풍량은 환풍기 날개의 크기에 따라 다르다. 날개의 지름이 80 cm

에 0.4 kW 이면 매분당 180 $m^3$ 의 공기를 배출시킬 수 있고, 지름이 100 cm 일 때에는 250 $m^3$, 120 cm 일 때에는 400 $m^3$ 의 공기를 각각 배출시킬 수 있다.

강제환기를 할 경우에는 시설 내 상하의 온도차가 작아진다. 따라서, 이 경우에 있어서는 고온장해가 부분적으로 일어날 위험이 자연환기에 비하여 적다. 풍속분포는 환기량에 따라 달라지는데, 풍속이 어느 정도 빠르면 공기의 유동이 잘 되고 시설 내에서 작업하기가 수월해진다.

### ③ 냉 방

#### ㉠ 냉방의 필요성

우리나라는 대표적인 대륙성 기후를 나타내므로 겨울은 춥고 여름은 지나친 고온을 나타낸다. 특히, 시설 내에서는 환기시설을 모두 개방하고도 실내온도가 35~40℃ 정도로 올라가는데, 이러한 상태에서의 온도는 많은 작물의 생육적온을 벗어난 온도로서 고온장해를 나타낸다. 그러나 고가의 시설을 연중 활용하고, 더욱이 과채류와 화훼류의 장기재배에서는 여름 고온기를 피할 수 없는 상태이므로 여러 가지 냉방수단을 동원하여 시설 내 온도를 외기온과 같은 수준 또는 그보다 낮게 조절하는 시설냉방이 필요하다.

냉방시설은 시설비가 저렴하면서 효과가 확실한 냉방기술의 확립이 절실하나 아직까지는 이러한 냉방기술이 국내에 도입되어 있지 않은 실정이다. 따라서, 시설 내 작물이 없는 여름 고온기에는 시설을 휴한시키면서 시설보수·토양소독 및 집적염류를 제거할 수 있는 방안을 강구하는 것도 한 방법으로 볼 수 있을 것이다. 그러나 연중 계획생산과 생산물의 품질향상을 도모하기 위해서는 이용 가능한 냉방기술을 활용하는 것이 중요하다.

#### ㉡ 온실냉방방법의 종류

온실냉방을 하기 위해서 지금까지 개발된 방법에는 기화냉각법(氣化冷却法)이 있다. 기화냉각이란 덜 포화된 공기가 이보다 저온의 물과 접촉하면 물에 열을 주어 증발시킴과 동시에 공기 자체가 냉각되는 것을 말하는데, 이때 공기는 온도저하와 동시에 습도상승이 일어난다. 이러한 기화냉각법은 물과 공기를 조우시켜 기온을 습구온도 부근까지 낮출 수 있고, 건구온도(기온)와 습구온도와의 차가 클수록, 즉 공중습도가 낮을수록 그 효과가 크게 나타난다.

$$\text{냉방효율} = \frac{\text{외기의 건구온도} - \text{유입기온(실내)}}{\text{외기의 건구온도} - \text{외기의 습구온도}} \times 100(\%)$$

많이 사용되는 기화냉각법에는 패드앤드팬법(pad and fan method)과 세무냉방법(細霧冷房法 ; fog and fan method)이 있다.

패드앤드팬법(pad and fan method)이란 온실의 외벽부분에 패드(pad)를 부착시키고 여기에 물을 흘려 내려보내면서 반대쪽에 풍압형 환기선(風壓型 換氣扇)을 달아 실내공기를 밖으로 뽑아내면 실내에 형성된 외압에 의하여 공기가 패드를 통과하면서 냉각되고 실내로 유입되어 실내공기가 낮아지게 되는 방식을 말한다. 패드에는 종래까지 목모(木毛)를 사용하였지만 내구성과 통기성에 문제가 있어 최근에는 플라스틱섬유로 대체되어 사용되고 있다(그림 4-45 참조). 패드를 통과하는 공기를 충분히 냉각시키기 위해서는 패드 충전용(充塡用) 섬유(纖維)가 많아야 하지만 너무 많으면 통풍저항(通風抵抗)이 증가하여 풍량이 낮아지므로 패드의 양과 풍량을 적정 수준으로 조절하여 냉방효율을 높이도록 한다.

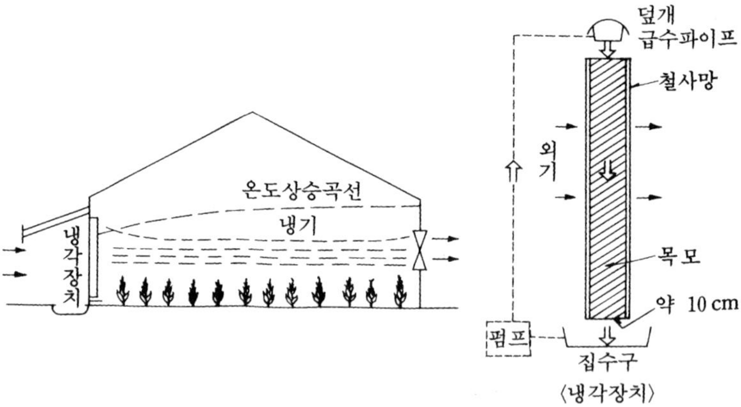


**그림 4-45** 패드앤드팬법의 모식도

이 냉방방식은 물소비량이 적고 내구성이 길며 동력은 환기선을 구동시키는 전력 정도밖에 들지 않는 장점이 있다. 한편, 풍압형 환기선과 패드의 설치비용이 많이 들고, 패드에 의한 차광 정도가 크며, 실내 온도구배가 생기는 결점을 지니고 있다.

세무냉방법(細霧冷房法; fog and fan method)이란 온실에서 그림 4-46에서 보는 바와 같이 물방울 입자를 50 $\mu$m(0.05 mm) 이하의 세무로 분사시켜, 가습 냉각된 환기선으로 배기시키게 되어 있는 냉각방식을 말한다. 이것은 작은 입자의 물방울이 실내에 뿌려지면 순간적으로 기화되면서 실내공기가 냉각되는 방식이라고 할 수 있다.

세무냉방장치는 동력분무기를 사용하여 보통 7~15 kg/cm$^2$ 정도의 수압으로

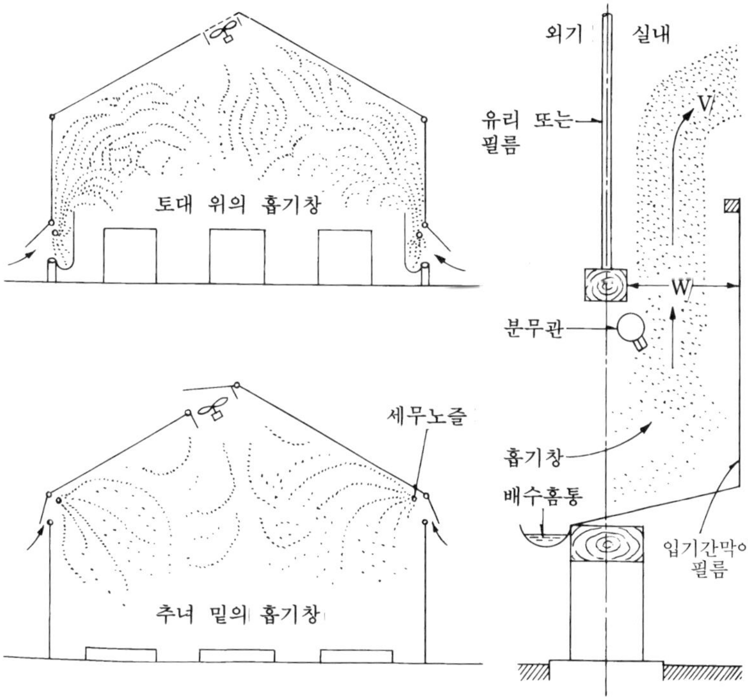


**그림 4-46** 세무냉방법의 모식도〈三原〉

노즐에서 세무를 분사시키고 있다. 노즐 1개당 분무량은 50~150 mL/min 정도이지만, 무엇보다도 세무입자가 가는 것이 용이하게 기화되므로 기화가 용이한 작은 입자로 분사시키는 것이 중요하다.

세무냉방의 효율적인 제어방식은 그림 4-47에서 보는 바와 같이 냉방 설정온도보다 1~2℃ 까지 상승하면 세무와 환기선이 가동하면서 실온이 2℃ 이하로 낮아지면 중단시키게 된다.

### ⓒ 냉방보조방법

냉방효과를 높일 수 있는 냉방보조방법에는 차광(遮光)·열선흡수(熱線吸收) 등이 있다.

#### ⓐ 차 광

주간냉방에서 최대부하는 높은 일사량에 있으며, 이러한 높은 광도 하에서 효과적인 냉방을 도모하기 위해서는 보조수단으로 차광을 병용하도록 한다. 차

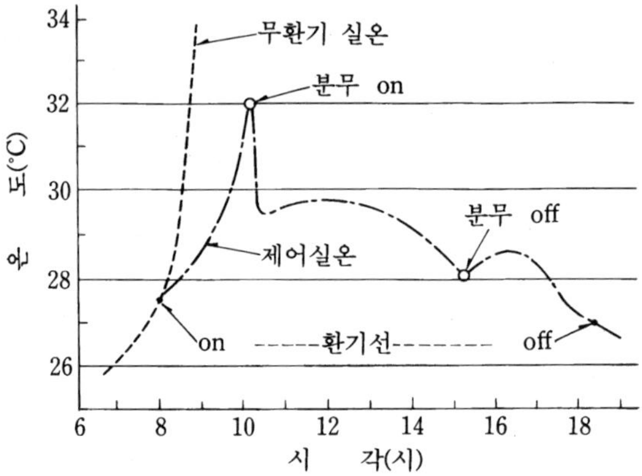


**그림 4-47** 세무냉방 제어방식〈三原〉

광자재는 지붕 위에 적당한 간격을 두고 설치해야 효과가 크다. 사용되는 재료는 한랭사와 각종 차광망을 활용하도록 하며, 차광량은 작물의 광요구량에 따라 조절해야 한다.

**ⓑ 열선흡수유리의 이용**

가시광선(可視光線)을 투과시키면서 적외선을 흡수하는 유리를 피복자재로 사용하여 시설 내의 온도상승을 억제하는 방법이다. 열선흡수유리는 보통유리에 비하여 적외선흡수율은 높지만 재방사(再放射)가 많고 광합성에 유효한 적색광(赤色光) 부근의 광이 차단되는 결점이 있어 좀더 보완된 유리의 개발이 필요하다.

# 4·3 수분환경

시설 내 수분환경은 작물의 생육과 품질에 커다란 영향을 미치는 요인 중 하나이다. 특히, 시설 내에서 재배되고 있는 작물은 노지에서 재배되고 있는 작물과는 다른 수분환경 특성을 지닌다. 이러한 시설 내 수분환경 특성에 따라 노지작물과의 생육 또한 차이가 발생하게 된다.

여기에서는 수분과 작물생육 간의 관계에 대해 알아보고, 수분측정, 관수(灌水)시기, 관수량 및 관수방법에 대해 알아보기로 한다.

## 4·3·1 수분과 작물생육

### (1) 수분과 작물생육

대부분의 원예작물은 다량의 수분을 함유하고 있는데, 수분함량은 작물의 종류, 생육단계, 작물체의 부위, 재배환경 등에 따라 다르다. 일반적으로 시설 내에서 재배되고 있는 작물은 70~95% 정도의 수분을 함유하고 있다(표 4-24 참조). 이러한 작물들은 당연히 수분을 많이 요구하기 때문에 적절한 수분이 공급되어야 한다. 일반적으로 채소류의 함수량이 높으며, 기관별로 보면, 과실·잎·괴경 등은 함수량이 높은 반면에 종자는 함수량이 낮다.

**〔표 4-24〕** 주요 재배식물의 함수량 〈문원, 2001〉

| 재배식물 | 함수량(%) | 재배식물 | 함수량(%) |
|---|---|---|---|
| 오이(과실) | 96.0 | 옥수수(잎) | 65.0~82.0 |
| 상추(결구엽) | 94.0 | 수수(잎) | 58.0~79.0 |
| 양배추(결구엽) | 90.0 | 목화(잎) | 70.0~78.0 |
| 감자(괴경) | 79.0 | 옥수수(종자) | 9.3~16.8 |
| 토마토(잎) | 85.0~95.0 | 밀(종자) | 9.3~17.3 |
| 포도(잎) | 72.0~80.0 | 귀리(종자) | 8.8~16.1 |
| 복숭아(잎) | 61.0~70.0 | 호밀(종자) | 9.6~17.4 |
| 사과(잎) | 59.0~62.0 | 벼(종자) | 9.0~16.9 |

식물의 건물 1g을 생산하는 데 필요한 수분량을 요수량(要水量, 증산계수; water requirement)이라고 한다. 이 요수량은 생육기간 중에 흡수된 수분량을 그 기간 중에 축적한 건물량으로 나누어 구할 수 있으며, 요수량의 역수는 수분이용효율(水分利用效率; water use efficiency)이 된다. 이 요수량은 식물의 수분요구도를 판단하는 자료가 될 수 있다. 즉, 내건성이 강한 작물은 요수량이 적고, 약한 작물은 요수량이 많다.

시설 내의 작물은 외부와 차단되어 있으며, 대부분 밀식되어 집약 재배되고 있는 관계로 쉽게 수분이 부족하게 된다. 일단 수분이 부족하면 기공(氣孔)의 닫힘, 광합성, 단백질합성 및 각종 대사작용의 급격한 저하, 노화호르몬으로 간주되는 아브시스산(abscissic acid)의 증가, 효소활력의 저하,

세포 내 세부구조의 변화 등을 초래하여, 일단 위조현상(萎凋現象)을 보이게 되면 원상으로 복구되는 데 상당한 시간이 소요되며 생육에 큰 지장을 받게 된다.

수분부족현상이 다소 장시간 계속되면 광합성 억제에 따른 생육저하, 식물체 및 세포의 왜화, 낙엽, 낙과, 기형과 발생 등의 장해를 유발하여 결국 작물의 수량과 품질을 크게 떨어뜨리게 된다. 이에 비하여 토양수분이 과다하면 토양산소의 부족에 따른 뿌리활력의 저하 등으로 생육부진이나 각종 생리적 장해, 병발생 등이 유발된다(표 4-25 참조).

〔표 4-25〕 토양수분의 차이와 작물의 생육

| 작물생육 | 과습토양 | 과건토양 | 토양수분의 급격한 변화를 받는 토양 |
|---|---|---|---|
| 생리화학적 영향 또는 변화 | 토양산소 부족<br>뿌리활력 저하<br>토양미생물의 활동 저하<br>지온상승 저하 | 수분흡수 감소<br>토양염류의 농도증가 및 흡수량 저하<br>염류의 비효율적인 흡수 | 부위별 기능균형의 파괴 |
| 작물생산에 있어서의 영향 | 생육부진<br>병해다발<br>품질저하(저장성 · 발효과) | 생육부진<br>과실비대 불량<br>품질불량<br>무 : 매운맛 증가<br>오이 : 쓴맛 증가<br>고추 : 매운맛 증가<br>파 : 자극성 증가<br>작물의 고사 | 열근(무·당근·비트 〈beet〉)<br>열과(토마토·수박)<br>병해충 저항성 저하 |

### (2) 토양수분 함량과 작물생육

작물의 생육에 적합한 토양수분 함량은 작물의 종류 · 재배시기 · 작형(作型) · 생육단계 등에 따라 크게 달라진다. 일반 노지재배(露地栽培)의 조건과는 달리 시설 내에서는 강우의 영향을 받지 않으므로 관수(灌水)가 필수적이며, 관수량과 관수시기의 조절이 용이한 것이 특징이다. 시설 내의 관수는 작물의 종류와 생육단계, 기온, 일사량, 대기습도 등의 영향을 크게 받는데, 고온기일수록 증발산량(蒸發散量)이 많아서 관수효과가 크게 나타난다.

### 4·3·2 시설 내 수분환경의 특성

#### (1) 토양수분환경

시설 내에서 재배되는 작물은 노지작물에 비하여 근군의 분포가 빈약해서 토양 내에서의 흡수부위도 좁고, 흡수량 역시 한정되어 있는 경우가 대부분이므로 수분부족의 해를 쉽게 받으며, 하우스 내의 밀식 등과 같은 집약재배환경이 이러한 불량환경을 더욱 악화시킨다. 시설 내의 온도는 대개 외부기온에 비하여 상당히 높게 유지되므로 증산이나 증발에 의한 수분손실이 매우 많다.

#### (2) 공중습도환경

공기 중의 습도는 작물의 생육뿐만 아니라 토양수분 함량에도 영향을 끼칠 수 있는데, 시설 내의 공중습도는 노지에 비하여 항상 높다. 이는 시설이 피복재로 외부와 차단되어 있어, 인위적인 관수가 이루어지는 경우 높은 기온으로 증발산량이 심하고, 환기가 제대로 이루어지지 않기 때문이다. 특히, 겨울철 저온기에는 환기를 억제하기 때문에 밀폐된 시설공간은 높은 공중습도를 유지하게 된다. 공중습도를 낮게 유지하면 작물체로부터의 증산량이 증가하며, 이에 따라 수분흡수가 촉진되어 토양수분 함량에 영향을 줄 수 있다. 그러나 이와 반대로 공중습도가 높으면, 증산이나 광합성이 감소하면서 작물이 도장하고 병해가 많이 발생한다. 대부분의 시설재배에서 발생하는 병해는 지나친 관수로 인한 토양수분의 과다 때문이 아니라 주로 공중습도가 높아서 발생하는 경우가 많다.

### 4·3·3 수분의 측정

#### (1) 토양수분의 표시

토양수분 함량을 표시하는 방법은 중량이나 용적의 백분율(%) 또는 토양수분장력(tension, pF)으로 나타낸다. 중량이나 용적의 백분율은 토성에 따라 그 유효도가 다르기 때문에 일반적으로 토양수분장력으로 표시한다. 토양수분장력(土壤水分張力)이란 토양입자가 수분을 흡착(吸着)하여 유지하는 힘을 말하며, 흡착된 수분을 토양입자로부터 분리하여 제거하는 데 필요한 단위면적당 기압이나 수주(水柱)의 높이로 나타낸다. 그러나 토양수분장력을 수주의 높이로 나타낼 경우 그 값이 너무 높으므로 이 수주 높이의 상용로그를 취하여 pF(potential force)치로 나타내는데, 표 4-26 에서 보는 바와 같이 건조한 토양에서는 수분장력이 높아져서 pF 치가 높아지게 된다.

〔표 4-26〕 토양수분의 분류 〈이용범 등, 2003〉

| 수주높이 (cm) | 토양수분장력 | | | 토양수분 함량 (%) | 토양의 종류 |
|---|---|---|---|---|---|
| | pF | bar | kPa | | |
| 1 | 0 | −0.001 | | | |
| 10 | 1 | −0.01 | −1.01 | | |
| | 1.5 | −0.05 | −5.02 | 31 | 중력수 |
| 100 | 2 | −0.1 | −10.13 | 29 | |
| 346 | 2.5 | −0.33 | −33.01 | 25 | |
| 501 | 2.7 | −0.50 | −50.65 | | 유효수분 |
| 1,000 | 3 | −1 | −110.3 | | |
| 5,000 | 3.7 | −5 | −500.0 | | 모관수 |
| 10,000 | 4 | −10 | −1,010 | | |
| 15,849 | 4.2 | −15 | −1,520 | | |
| 31,632 | 4.5 | −31 | −3,100 | | |
| 100,000 | 5 | −100 | | | 흡습수 |
| 1,000,000 | 6 | −10,000 | | | |

펄라이트와 같이 입자가 큰 인공토양의 경우 수분을 흡착하여 유지하는 힘이 없기 때문에 토양수분장력으로 표시할 수 없는 경우도 있다. 따라서, 이러한 경우에는 인공토양별 수분함량과 토양수분장력 간의 관계를 측정하여 수분함량별 토양수분장력을 유추할 수 있다.

### (2) 토양수분의 종류

토양수분의 종류에는 중력수 · 모관수 · 흡착수 등이 있다. 중력수(重力水 ; gravitational free water, pF 0~2.7)는 중력에 의하여 밑으로 제거되는 수분으로 자유수(自由水)라고도 한다. 모관수(毛管水 ; capillary water, pF 2.7~4.2)는 토양입자 사이의 작은 공극 내에 모세관현상으로 보유되는 수분이며, 흡착수(吸着水 ; hygroscopic water, pF 4.2~7.0)는 토양입자 표면에 강하게 부착되어 있는 수분을 말한다. 이 중 작물이 가장 유용하게 쓰는 것은 노지작물인 경우에는 모관수, 시설 내의 작물인 경우에는 중력수와 모관수이다.

수분포화 상태의 포장에서 중력수가 빠져나간 후의 토양수분 함량을 포장용수량(圃場容水量 ; field capacity)이라고 하며, 토양수분이 계속 감소하여 작물이 흡수할 수 없는 상태에서의 토양수분장력은 pF 4.2 정도로서, 이 점을 위조점(萎凋點 ; wilting point) 또는 위조계수(萎凋係數 ; wilting coefficient)라고 한다. 작물생육에 유효한 것은 포장용수량과 위조점 사이의 것이다.

### (3) 토양수분의 측정

토양의 용수량(함수량)은 토성에 따라 크게 다르다. 표 4-27에서 보는 바와 같이 사양토에서는 용수량이 36.7 % 로서 이 용수량의 60~80 % 에 해당되는 22.0~29.4 % 의 수분이 유효수분에 해당되며, 식양토에서는 용수량이 60.2 %, 유효수분 비율도 36.1~48.2 % 로서 사양토에 비해 훨씬 높다.

〔표 4-27〕 토성에 따른 용수량·pF 치 및 위조계수 〈小林〉

| 토성 | 용적비중 | 용수량(%) | 용수량의 60~80 % | 수분당량(%) pF=2.7 | 위조계수(%) |
|---|---|---|---|---|---|
| 세사토 | 1.74 | 28.8 | 17.3~23.0 | 5.0 | 2.7 |
| 사양토 | 1.62 | 36.7 | 22.0~29.4 | 10.0 | 5.4 |
| 양토 | 1.48 | 52.3 | 31.4~41.8 | 20.0 | 10.7 |
| 식양토 | 1.40 | 60.2 | 36.1~48.2 | 25.0 | 13.5 |
| 식토 | 1.08 | 71.2 | 42.7~57.0 | 32.0 | 17.3 |

토양수분을 측정하는 방법으로는 중량법·체적법·전기저항법·토양수분장력계법·중성자산란법·유전율법 등이 있다. 토양수분을 측정하는 고전적인 방법으로는 중량법이 있다. 중량법은 다시 단위용적당 함수량과 단위중량당 함수량으로 계산할 수 있는데, 단위용적당 함수량이 보편적으로 많이 쓰인다.

계산방법은 채취한 토양시료를 건조기에서 105℃ 에서 24 시간 건조시킨 다음, 다음과 같은 식을 이용하여 계산한다.

$$\text{단위용적당 함수량}(\%) = \frac{\text{건조에 의한 감량(g)}}{\text{건토의 중량(g)}} \times \text{용적밀도} \times 100$$

$$\text{단위용적당 함수량}(\%) = \frac{\text{건조에 의한 감량(g)}}{\text{건토의 중량(g)}} \times 100$$

그리고 보편적으로 널리 이용되고 있는 방법은 토양수분장력계법이다. 이 방법을 이용하면 포장상태에서 토성에 관계없이 토양의 수분상태를 연속적으로 측정할 수 있으며, 관수시기와 관수량을 정확하게 알 수 있다.

텐시오미터는 투수성은 좋으나 공기를 잘 투과시키지 않는 유공초벌구이컵, 압력을 측정하는 압력계, 그리고 그 사이에 물을 채워 장력을 압력계로 전달할 수 있는 파이프관으로 구성되어 있다. 설치위치는 텐시오미터의 유공컵 부위를 지하 10~20 cm의 근군분포 부위에 묻어 측정한다.

측정원리는 토양수분 함량이 낮아지면 토양입자간의 수분장력이 증가하여 이로 인해 텐시오미터의 물이 컵을 통해 스며나오게 된다. 이때 기기 내로는 공기가 유입되지 않기 때문에 텐시오미터 내의 장력은 증가하게 된다. 기기 내에서 발생하는 장력은 곧바로 압력계로 전달되어 수분장력을 표시하게 된다.

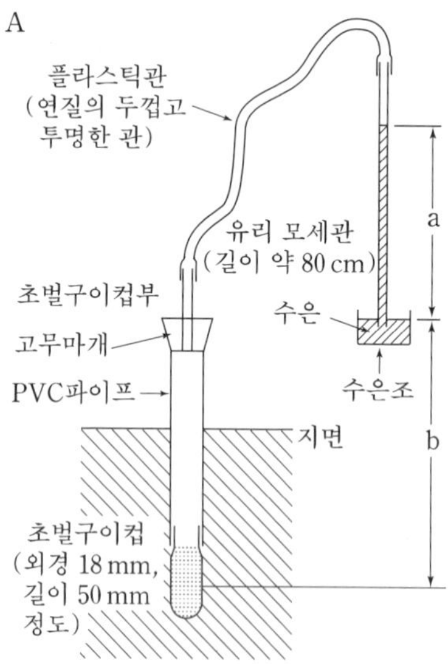


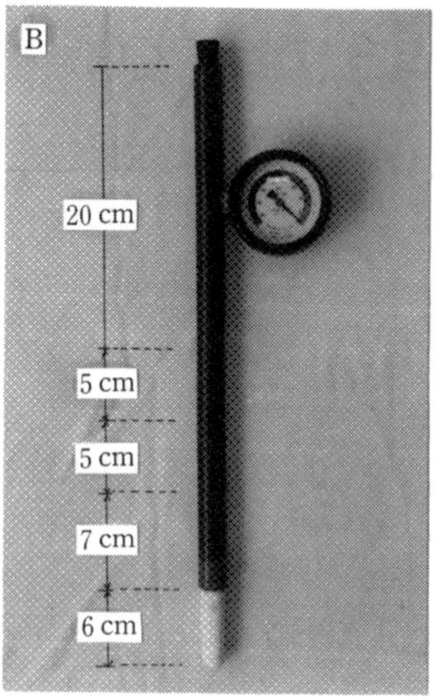


**그림 4-48** 텐시오미터의 구조 및 원리(A)와 시판되는 텐시오미터의 예(B)

텐시오미터 사용 시 주의해야 할 점은 구조상 측정범위가 pF 0에서 2.8까지이므로 건조하기 쉬운 밭토양에서는 사용하는 데 문제가 있으나, 과습한 조건이 주어지는 시설재배 토양에서는 매우 효과적으로 사용할 수 있다. 그리고 텐시오미터의 초벌구이컵은 토양입자와 밀착되어야 하므로 일단 설치 후에는 이를 건드리는 것이 좋지 않다. 토양수분의 상태를 측정하려면 작물의 증산작용이 그다지 활발하지 않은 아침의 일정 시간에 조사하는 것이 좋다.

토양수분 측정방법 중 최근에 상용화된 방법이 유전율법(誘電率法)이다. 특히, 전압펄스파가 왕복으로 전달되는 데 소요되는 시간과 감쇄율(減殺率)을 측정하는 TDR(time-domain reflectometry)법이 많이 이용되고 있다. 이 방법은 토양의 성질, 밀도, 토양온도 또는 토양 내 염류의 영향을 받지 않는다. 측정에 필요한 시간이 짧다는 것, 측정이 용이하다는 것, 장기간 사용하더라도 파손될 염려가 없다는 것 등의 장점을 지니고 있으나, 가격이 고가인 것이 단점이다.

## 4·3·4 시설 내 수분관리 및 관수

### (1) 토양수분관리

시설 내의 토양수분은 강우가 차단된 상태이므로 필요한 수분을 대부분 인공적으로 관수해 주어야 하며, 이때의 관수는 지하수를 이용하는 경우가 보통이다. 지하수를 이용하는 경우에는 관수량에 더하여 수질이나 수온 등의 부수적인 문제에도 신경을 써야 한다.

수분관리의 요령은 작물체의 흡수부위에 적합한 pF 치를 지속적으로 유지해 주는 것이므로 소량의 관수를 자주 해야 가장 적합하며, 이를 위하여 각종 최신 관수시설을 이용한 자동화 내지는 반자동화 시설이 적극 권장되고 있다.

### (2) 관수시기 및 관수량 결정

관수시기를 결정하는 방법에는 토양수분장력을 측정하여 결정하는 방법과 수면증발량을 측정하여 결정하는 방법이 있다. 시설재배에서 토양수분의 상태로 관수시기를 결정하는 경우 대개 포장용수량과 위조점 사이에서 관수를 해야 한다. 그러나 관수시기는 작물의 종류, 생육단계, 재배시기 등을 고려하여 결정한다. 토양수분장력을 이용하여 관수할 경우, 시설재배에서는 관수개시점을 pF 2.0 전후로 하여 노지재배의 pF 3.0보다 낮게 만들어 상대적으로 다습하게 토양수분을 관리한다(표 4-28 참조). 그 이유는 시설에서 재배되는 작물은 밀식으로 인해 근군의 폭이 좁아 수분부족현상이 발생하기 쉬우며, 또한 다비재배로 인해 염류장해를 받기 쉬우므로 충분한 관수가 이루어져야 하기 때문이다.

〔**표 4-28**〕 시설재배 채소류의 관수개시 시의 토양수분장력

| 구분 | 관수개시 시의 pF 치 (지중 10 cm) | 비 고 |
|---|---|---|
| 토마토 | 생육 전기 : 2.0~2.5<br>생육 후기 : 1.8~2.3 | 관수 과다 시 도장, 공동과 및 기형과 발생증가, 건조 시 생육부진 및 배꼽썩음병 발생증가 |
| 오이 | 생육 전기 : 2.0~2.5<br>생육 후기 : 1.7~2.3 | 수확개시 이전은 비교적 건조하게, 수확개시 이후는 수분이 많은 것이 좋음 |
| 딸기 | 1.5~2.0 | |
| 가지 | 1.5~2.0 | 건조관리가 근군발육을 촉진하나 과실의 착색이 불량해짐 |
| 멜론 | 정식 직후 : 2.0 전후<br>교배 후 : 2.4<br>네트형성기 : 2.4~2.7<br>생육기 : 2.5~2.7 | 수분장력을 주간에는 낮게, 야간에는 높게 유지함(과실비대기와 네트형성기에는 공기습도의 조절이 필요함), 수확 1주 전부터는 단수 하여 당도를 높임 |

일반적으로 채소작물 중에서는 엽채류나 근채류에 비하여 과채류에서 수분과다에 의한 과실의 생리장해가 생육 후기에 특히 심하게 나타나기 쉽기 때문에 수분관리에 주의해야 한다. 또한, 멜론이나 수박 등과 같이 과채류의 경우 당도를 올리기 위해 수확하기 7~10일 전부터 단수를 하는 경우도 있다.

또 다른 관수시기 결정방법으로 수면증발량을 이용하는 방법이 있다. 시설 내부에 지름 20 cm, 깊이 10 cm의 증발량측정기를 설치하고 증발량을 관찰하는데, 일정한 수량이 증발하면 일정량을 관수한다. 이러한 방법은 토양수분을 적절하게 유지할 수 없다는 단점이 있다.

관수량을 계산하기 위해서는 먼저 포장용수량을 측정해야 한다. 포장용

수량(圃場容水量)은 토양의 포화수분 상태에서 중력수를 배제한 토양함수량이다. 관수량은 그 토양의 포장용수량으로부터 관수 직전의 토양수분 함량을 뺀 차이가 되는데, 실제에 있어서는 근군의 깊이와 유효관수율을 감안하여 단위면적당 관수량을 부피단위로 환산하여 계산하게 된다. 자세한 내용은 제 6 장을 참고하기 바란다.

### (3) 관수방법

일반적으로 어떠한 관수장치를 선정하여 사용할 것인가는 물론 여러 가지 요인에 달려 있으나 보통 대상작물의 특성이나 재배방법(멀칭 유무도 고려), 수질과 수량, 값이 저렴하면서도 고장이 적은 것, 사용하기 간단하면서도 많은 노동력을 필요로 하지 않는 것, 관수작업이 일반 관리작업에 지장을 주지 않는 방법 등을 고려하여 가장 알맞은 방법을 선정해야 한다.

시설재배는 고도의 노동집약적 재배로서 각종 작업, 즉 중경제초(中耕除草), 시비, 농약살포, 유인, 정지 및 수확 등의 제반 작업과의 노동력 안배 등을 위해서도 시설 내 관수는 최소한의 자동관수시설을 갖추는 것이 유리하다.

관수방법에는 고랑관수 · 지표관수 · 미스트관수 · 점적관수 · 지중관수 · 저면급수 등이 있다.

고랑관수〔流水灌水〕는 시설 내의 고랑에 물을 흐르게 하거나 또는 일정량을 급수하여 고이게 한 후 서서히 작물의 뿌리까지 스며들게 하여 수분을 공급하는 방법으로서, 흔히 쓰이고 있는 방법 중의 하나이다. 이 방법은 줄기나 잎에 물이 닿지도 않고 흙이 튀는 일도 없을 뿐만 아니라, 토양 표면이 굳어지는 일도 없어서 유리하며 관수장치가 거의 필요 없고 경비가 적게 든다. 그러나 물의 소모가 많고, 밭의 기울기가 심하면 고르게 관수하기가 거의 불가능하며, 배수가 불량한 토양에서는 관수 시 시설 내의 출입이나 작업이 비능률적이고 불편해지며, 관수 후에 시설 내의 다습한 환경이 한동안 지속되는 등의 단점이 있다.

지표관수(地表灌水)는 다공튜브관수 · 다공파이프관수 및 노즐이용관수로 나누어진다.

다공튜브관수는 폴리에틸렌(polyethylene)으로 된 호스 또는 튜브를 이용한 관수이다. 이 장치의 특징은 값싸고 설치하기가 쉬워서 일시적으로 또는 장기사용의 목적으로 이용되고 있다. 그러나 이 방법은 소면적의 관수에는 적합하나, 대면적의 관수에는 양수펌프 및 여러 개의 관수세트가 필요하므로 부적합하다.

다공파이프관수는 경질의 플라스틱파이프를 이용하므로 내구성이 매우 강하고, 동시에 대면적을 효과적으로 관수할 수 있어서 대면적을 생력 관리하는 데 가장 적합한 관수방법이다. 그러나 초기시설비가 다소 높은 것이 단점이다.

노즐이용관수는 높은 압력이 주어진 굵은 파이프 등에 노즐을 부착하여 이 노즐로부터 물이 살수되는 급수장치이다. 노즐의 종류에 따라 살수각도나 살수반경 등을 다양하게 조절할 수 있다. 이 관수장치는 시간당 관수량이 많아서 빠른 시간 내에 관수가 가능한 장점이 있는 반면에 침투속도가 느린 토양에서는 지표에서 물이 흐르기 쉬운 단점이 있다. 그리고 살수된 물이 잎과 줄기에 직접 닿게 되어 병발생이 조장될 수 있으며, 튀어오른 흙물이 작물에 닿아 품질을 손상시킬 우려도 있다.

미스트관수(mist irrigation)는 높은 수압이 유지되는 상태에서 미세한 분출구를 통과한 수분이 안개상태로 사방으로 분산되어 관수되는 방법으로서, 지면이 굳어지거나 물이 튀어 오르거나 하는 문제점이 전혀 없다. 대면적 재배보다는 까다로운 관리를 요하는 파종상·육묘상·번식상 등의 관리에 적합하다. 또한, 공기습도의 조절이 단시간 내에 가능하고 기화열에 의하여 시설 내의 온도를 낮추는 효과를 겸하고 있어서 시설 내에서 관수 이외의 목적으로도 많이 이용된다. 그러나 시설비가 많이 들고 유지하는 데 까다로운 단점이 있다.

점적관수(點滴灌水; drip irrigation, trickle irrigation)란 마이크로플라스틱튜브(micro plastic tube) 끝에서 물방울이 똑똑 떨어지거나 또는 천천히 흘러나오도록 하여 관수하는 방법이다. 이 방법은 원하는 부위에 대해서만 제한적으로 소량의 물을 지속적으로 공급함으로써 토양이 굳어지지 않고 표토의 유실도 거의 없으며 소량의 물로도 넓은 면적을 효과적으로 균일하게 관수할 수 있다. 또한, 다른 방법에 비하여 과습해지기 쉬운 공기습도를 조절할 수 있다는 장점 외에도 비료성분을 효과적으로 혼입하여 시비를 겸할 수 있다는 장점이 있으나, 장치 자체가 관리작업에 다소 번거로울 수도 있고 관수에 장시간을 요한다는 단점이 있다. 또한, 수압이 높아지거나 관리작업 등에 따라 튜브의 끝이 쉽게 이동될 우려가 있다.

지중관수(地中灌水)는 지하에 설치된 급수관에서 물이 스며나와 근군에

**그림 4-49** 관음죽 분화 생산에서 채택하고 있는 점적관수

물이 공급되는 장치로서, 지표관수에 비하여 시설 내에 과습환경이 주어지지 않아 병해도 적고 수량도 증수되는 장점이 있으나, 시설비가 많이 들고 유지관리가 까다로운 단점이 있다.

저면급수(底面給水; bottom irrigation)는 과채류의 수경재배에 있어서 육묘나 화훼의 분화재배에서 많이 이용되는 관수방법이다. 원리는 포트의 하부로부터 공급되는 수분을 포트 내의 배지의 모관흡수력(毛管吸水力)에 의하여 뿌리에 수분을 공급하는 방식이다. 많이 사용되는 저면급수방법으로는 Ebb and Flow 방식, 매트를 이용하는 매트관수방식, 심지를 이용하는 심지관수방식 등이 있다(그림 4-50 참조).

**그림 4-50** 분화재배에 이용되고 있는 매트관수(좌)와 심지관수(우) 방식

Ebb and flow 방식은 여러 개의 포트를 그대로 담수 가능한 베드 안에 넣고, 그 아래에 물탱크를 설치한 다음 일정 시간 간격으로 물을 넣었다 뺐다 하는 방식이고, 매트관수방식은 포트를 매트 위에 올려 놓아 관수하는 방식이다. 그리고 심지관수방식은 포트 속에 심지를 넣고 물로 채워진 도랑 속에 심지를 담가 심지의 모관흡수력(毛管吸收力)으로 관수를 하는 방식이다.

이러한 저면급수방식은 배지의 수분함량이 포화상태에 가깝게 되기 때문에 과습에 의한 피해와 녹조류가 발생할 수 있다. 최근에는 이러한 피해를 줄이기 위해 간헐적으로 도랑 속에 물을 흘려보내 배지 내의 수분함량을 조절하는 방식도 있다.

### 4·3·5 시설 내 공중습도의 관리

시설 내의 다습조건이 병발생에 결정적인 원인이 되는 경우가 많을 뿐만 아니라, 포화상태에 가까운 다습조건은 식물체로부터의 증산을 감소시키고 광합성 등에도 지장을 초래하게 된다. 다습조건을 해결하는 효과적인 방법은 물론 환기시설을 갖추어 자주, 그리고 고르게 환기해 주는 것인데, 만약 자연환기가 부족할 경우에는 강제환기를 해준다.

하우스 내의 조건이 과습해지기 쉬운 경우를 살펴보면, 하우스가 위치한 지역의 지하수위가 높아서 과습조건이 항상 발생하거나, 하우스의 환기창 등으로 다량의 빗물 유입 등이 있었거나, 약제살포 후 또는 흐린 날에 고의로 하우스를 밀폐하는 경우를 들 수 있다. 그리고 이산화탄소 농도를 높이기 위하여 밀폐하는 경우도 이에 해당된다.

이와 반대로, 시설 내의 공기습도가 지나치게 낮아져서 지장을 받는 경우도 있는데, 하우스가 과건한 토질 위에 건립된 경우, 투광량이 높고 난방이 용이한 유리온실의 경우, 난방기구를 과도하게 작동하는 경우를 들 수 있다. 식물을 과건한 상태로 재배하는 경우, 과건에 의하여 식물체에 일시적인 위조현상에 이어서 생육부진, 병충해 발생 증가, 수량감소 등의 결과가 초래된다.

다습에 의한 피해를 줄이기 위해서는 환기, 난방, 적절한 관수장치 도입 및 토양멀칭 등을 하여 실내습도를 낮추고, 이와 반대로 건조한 경우에는 환기, 차광 및 적절한 관수장치 도입 등으로 공중습도 환경을 조절한다.

## 4·4 이산화탄소($CO_2$)환경

공기는 여러 가지 성분으로 조성되어 있는데, 그중에서 이산화탄소($CO_2$)와 산소는 식물의 광합성(光合成)과 호흡(呼吸)에 절대적으로 필요한 성분이다. $CO_2$는 원예작물의 생육에 대단히 중요한 환경으로서 알맞게 조절해 줄 필요가 있다. 노지에서 $CO_2$ 환경을 조절한다는 것은 쉬운 일이 아니지만, 시설에서는 적극적으로 조절할 수 있다. 또한, 시설 내의 $CO_2$ 환경은 노지와는 다르기 때문에 그 특성을 잘 이해하고 알맞게 관리해 주는 일이 필요하다.

### 4·4·1 $CO_2$ 환경과 작물생육

순수한 건조공기의 성분비를 보면 산소(酸素)와 질소(窒素)가 약 99 % 를 차지하고 있다. 즉, 건조공기의 주성분은 부피로 볼 때 질소가 78.1 %, 산소가 21.0 % 이며, 여기에 아르곤(Ar)이 약 1 %, 이산화탄소($CO_2$)가 0.037 % 를 차지하고 있다.

공기의 조성성분 자체는 여러 가지 형태로 작물의 생육에 영향을 끼친다. 탄산가스와 수증기는 지구복사(地球輻射)로 방출되는 적외선을 흡수하여 온실효과(溫室效果)를 나타내고, 여러 가지 분진은 광선을 차단하여 양산효과(陽傘效果)를 나타낸다.

이러한 효과는 지상의 기온과 기상환경을 조절하여 결국 작물의 생육에 영향을 끼치고 있다. 직접적인 영향으로는 $CO_2$의 공급으로 광합성을 촉진한다.

### 4·4·2 시설 내 $CO_2$ 환경의 특성

지구 상의 공기는 항상 일정한 성분비를 유지하고 있지만 시대와 지역에 따라 농도는 변하고 있다. 대기 중의 평균 탄산가스농도를 보면 과거 산업혁명 이전에는 280 ppm 이었던 것이 그 후 화석연료(化石燃料)의 사용이 급증하면서 1988 년을 기준으로 350 ppm 을 나타내고 있으며, 현재는 370 ppm 수준까지 증가해 오고 있다.

무엇보다도 시설의 내부는 기본 피복재(被覆材)로 외부와 차단되어 있기 때문에 $CO_2$ 환경이 노지와는 크게 다르다. 특정 $CO_2$ 성분의 농도가 지나치게 낮거나 높을 뿐만 아니라 공기의 이동, 즉 바람이 없기 때문에 하우스 내 위치별로도 $CO_2$ 성분의 분포가 다를 수 있다.

### ◇. $CO_2$ 환경

공기 중에서 탄산(炭酸)가스($CO_2$)는 광합성의 주원료로 식물의 생육에 필수적인 성분이다. 대기 중의 $CO_2$ 농도는 지역과 시간 및 계절에 따라 다소 차이는 있지만 거의 일정한 농도로 유지되고 있다. 그러나 여러 가지 피복재로 노지와 차단되어 있는 시설 내의 탄산가스 환경은 노지와는 다음과 같이 많은 차이를 보인다.

#### ① $CO_2$ 농도의 감소

겨울철 저온기에 시설은 환기(換氣)를 거의 제한하고 밀폐된 상태로 관리되는 것이 보통이다. 밀폐된 시설 내에서 작물을 재배하게 되면 광합성에 의한 $CO_2$ 의 일방적인 소모로 주변의 $CO_2$ 는 감소하게 된다. 일반적으로 50~125 ppm 수준으로 낮아지고, 경우에 따라서는 작물의 $CO_2$ 보상점(補償點)보다 낮아지기도 한다.

시설 내 $CO_2$ 농도는 지역, 계절, 시설의 종류에 따라 다르다. 시설의 $CO_2$ 공급은 주로 환기에 의하여 이루어지기 때문에 환기시설이나 환기횟수에 따라 $CO_2$ 의 공급량은 달라진다. 그리고 $CO_2$ 의 또 다른 공급원으로 토양의 유기물 분해과정에서 발생하는 $CO_2$ 가 있기 때문에 유기물의 시용 여부나 유기물 분해에 관여하는 여러 가지 조건에 따라 $CO_2$ 의 발생 정도가 다를 수 있다.

유리온실이나 플라스틱하우스에서도 플라스틱필름을 이용한 멀칭재배의 경우에는 토양으로부터 공급되는 $CO_2$ 를 차단시키고, 수경재배 등에서는 이러한 $CO_2$ 의 공급이 없기 때문에 탄산가스농도가 다른 시설에 비하여 낮아지는 특징을 보인다.

#### ② $CO_2$ 농도의 일변화

저온기에 밀폐된 시설에서 작물이 활발한 광합성을 하고 있다고 가정할 경우 시설 내의 $CO_2$ 농도의 일변화를 추적해 보면, 야간에는 식물체의 호흡과 토양

미생물의 분해활동에 의하여 배출되는 $CO_2$로 인해 높은 $CO_2$ 농도를 유지하는데, 500~1,500 ppm 정도 올라가는 경우도 있다. 아침에 해가 뜨고 광합성이 시작되면서부터 서서히 낮아지기 시작하여 작물군락(作物群落)이 보통인 경우 일출 후 2~3시간 정도 지나면 대기 중의 농도와 거의 같아진다. 그 후 계속 방치해 두면 100 ppm 이하로 내려가서 안정된 상태가 되어 그 이상의 농도변화를 보이지 않는데, 이는 $CO_2$ 보상점에 이르러 광합성속도와 호흡속도가 평형에 이르렀기 때문이다.

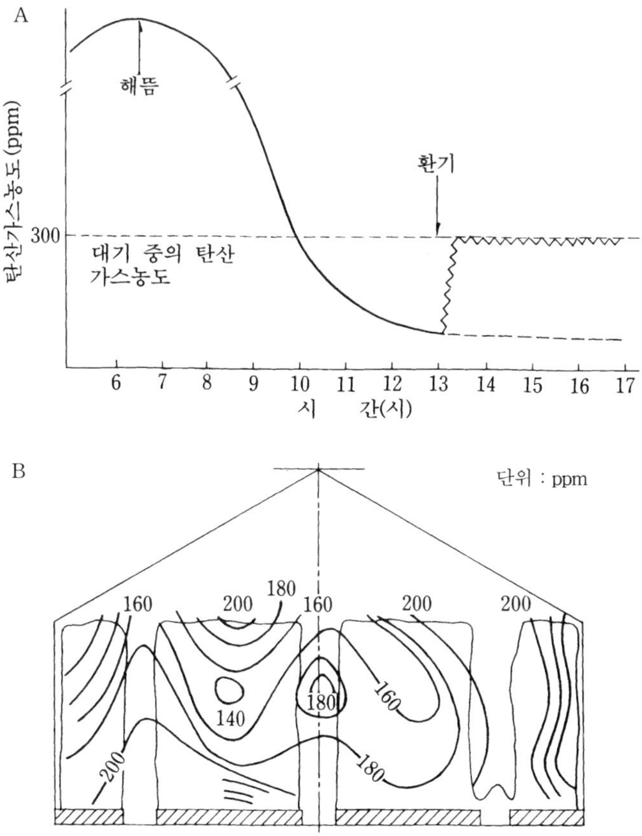


**그림 4-51** 시설 내 탄산가스농도의 일변화 모식도 (A : 저온기 맑은 날의 밀폐된 하우스에서 작물생육이 활발) 및 7월 7일 13시 멜론온실 내 탄산가스농도의 분포(B) 〈矢吹 · 今津, 1962〉

$CO_2$ 농도의 일변화곡선은 시설의 종류, 재배작물의 종류, 기상조건, 유기물의 함량 등에 따라 일정하지만 곡선의 높낮이는 시설조건에 따라 변할 수 있다. 일출 후 기온이 상승하여 환기를 하게 되는 경우에는 $CO_2$ 농도가 급격히 상승하여 대기 수준에는 못 미치나 유사한 수준으로 상승한다(그림 4-51 의 A 참조).

**③ $CO_2$ 농도의 분포**

시설 내 $CO_2$ 환경의 또 다른 특성은 위치별로 농도의 분포가 다르다는 것이다. 마치 기온분포가 다른 것처럼 바람이 없기 때문에 $CO_2$ 농도가 온실 상하, 좌우 위치에 따라 농도가 달라지는데, 특히 작물이 생장하여 잎과 줄기가 무성해지면 위치에 따라 $CO_2$ 의 농도가 심하게 달라진다.

그림 4-51 의 B 에서 보는 바와 같이 초장(草長)이 2 m 인 멜론의 유리온실 재배의 경우 낮은 곳의 $CO_2$ 농도가 140 ppm, 높은 곳이 200 ppm 으로 어느 곳이나 대기 중의 300 ppm 보다는 낮았다. 특히, 지상부가 무성한 곳은 $CO_2$ 농도가 낮게 나타나고, 나름대로 공기가 움직이는 통로 부근은 비교적 높게 나타나고 있다.

### 4·4·3 시설의 탄산시비

시설 내의 공기환경은 노지와는 다르며, 특히 $CO_2$ 가 부족하기 쉽고 시간과 위치에 따라 농도분포가 다른 것이 특징이다. 시설 내에서 인위적으로 공기환경을 조절하면서 $CO_2$ 를 공급하여 작물의 생육을 촉진시키는 것을 탄산시비(炭酸施肥)라고 한다. 시설원예에서는 이러한 탄산시비를 통하여 작물의 품질을 향상시키고 수량을 증대시킬 수 있다.

$CO_2$ 는 원예생산물의 CA 저장에서 저장력의 향상에 이용될 뿐만 아니라, 자가불화합성(自家不和合性)의 일시적 타파에도 효과가 있어 배추과 채소의 채종재배에도 이용되고 있다. 여기에서는 주로 작물재배의 기술적 측면에서 탄산시비를 중점적으로 살펴보기로 한다.

#### (1) 탄산시비의 의의

작물생육의 원동력은 광합성이라고 볼 수 있으며, 광합성은 광도와 탄산가스의 영향을 크게 받는다. 광합성은 광도와 탄산가스농도가 높아지면 이에 따라 광합성량이 증가한다. 그러나 탄산가스농도를 높인다고 하여 무한정 광합성량이 증가하는 것은 아니다.

탄산가스의 경우 그림 4-52에서 보는 바와 같이 일정 수준까지는 농도가 증가할수록 광합성량(탄산가스흡수량)이 증가하지만 특정 농도 이상에서는 더 이상 증가하지 않을 뿐만 아니라, 고농도에서는 오히려 감소하는 것을 볼 수 있다. 여기서, 농도가 낮아 호흡에 의하여 방출되는 탄산가스의 양과 광합성에 의하여 흡수되는 양이 같아 광합성량(光合成量)이 0이 되는 때의 $CO_2$ 농도를 $CO_2$ 보상점(補償點)이라고 한다. 일반적으로 작물의 $CO_2$ 보상점은 대기 중의 $CO_2$ 농도 370 ppm보다 낮은 30~80 ppm 수준으로 알려져 있다.

$CO_2$ 농도가 증가하면 광합성이 증가하다가 어느 수준의 농도에 이르면 더 이상 증가하지 않는데, 이때의 농도를 $CO_2$ 포화점(飽和點)이라고 한다. 보통 작물의 $CO_2$ 포화점은 1,200~1,800 ppm이다.

시설원예에서 작물의 생육을 촉진하고 수량을 증대시키기 위해서는 적정 수준까지는 광도와 함께 $CO_2$ 농도를 높여주는 것이 바람직하다.

무엇보다도 $CO_2$ 포화점은 대기 중의 $CO_2$ 농도보다 훨씬 높기 때문에 $CO_2$ 농도를 높여주면 광합성이 크게 증가되면서 작물의 생육이 촉진된다. 더욱이 시설 내의 $CO_2$ 농도는 대기의 그것보다 낮은데다 인위적으로 $CO_2$ 환경을 조절할 수 있기 때문에 탄산시비를 실용적으로 이용할 수 있다.

근래 재배시설이 현대화되면서 착색단고추・토마토・딸기・장미 등을 중심으로 $CO_2$ 시용이 일반화되어 가는 추세이다.

### (2) 탄산시비의 효과

시설 내 탄산시비는 작물의 생육촉진을 통하여 수량을 증대시키고 품질을 크게 향상시킨다. 탄산시비의 효과는 거의 모든 작물에서 인정되고 있지만 시용효과는 다양하게 나타나고 있다.

오이・멜론・가지・토마토・고추 등의 과채류에서 수량증대 효과가 두드러지게 나타나고 있으며, 셀러리・상추・부추 등의 엽채류와 무 등의 근채류에서도 $C_4$ 식물에 비해 상당한 효과가 인정되고 있다(그림 4-52 참조).

그리고 화훼류에서도 수량증대 및 품질향상의 효과가 나타나 실용적으로 탄산시비가 이루어지고 있다. 장미의 경우 1,000 ppm의 탄산가스시용으로 53 %의 절화수량을 증대시켰을 뿐만 아니라, 개화기를 단축시키고 꽃잎의 수를 크게 증가시키는 효과를 나타내었다. 국화・카네이션 등에서도 수량증대와 함께 절화의 품질을 향상시키고 절화의 수명을 연장시키는 효과가

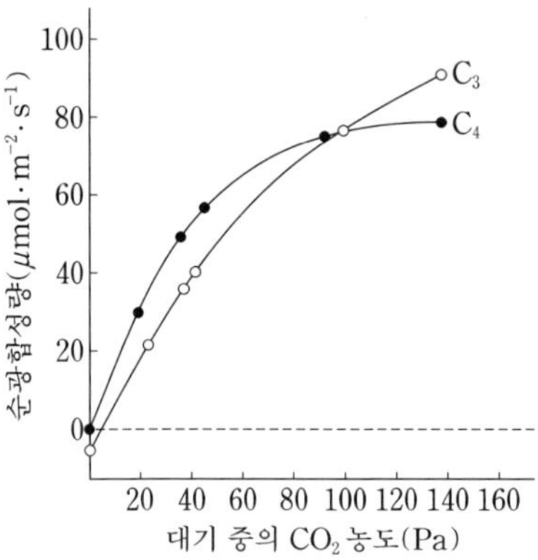


**그림 4-52** $C_3$ 및 $C_4$ 식물의 $CO_2$ 농도에 대한 광합성반응($C_3$ 식물의 광합성은 $CO_2$ 시용 농도에 대한 반응이 잘 나타나고 있으나 $C_4$ 식물에서는 그렇지 않은 것을 보여주고 있음) 〈BLACK, C.C. JR., 1986〉

인정되고 있다. 한편, 육묘 중의 탄산시비는 모종의 소질을 향상시키고, 정식 후에도 시용효과가 계속 유지된다.

$CO_2$ 시용은 그 농도를 높임으로써 작물의 광합성을 높여 수량을 증가시키고, 고품질의 상품을 생산하는 것을 목적으로 하고 있다. 현재 산지간 경쟁에 의한 고품질의 상품생산이나 수경재배의 보급에 의한 토양으로부터의 $CO_2$ 공급의 제한 등으로 인해 금후 $CO_2$ 시용의 필요성은 더욱 증대되어 갈 것이다. $CO_2$ 시용효과는 작물의 광합성과 관련이 깊은 온도, 광도, 습도, 공기유동 및 무기영양 상태의 영향을 받는다. 특히, $CO_2$ 시용효과는 저온, 저광도보다 고온, 고광도에서 효과가 높다(그림 4-53, 4-54 참조).

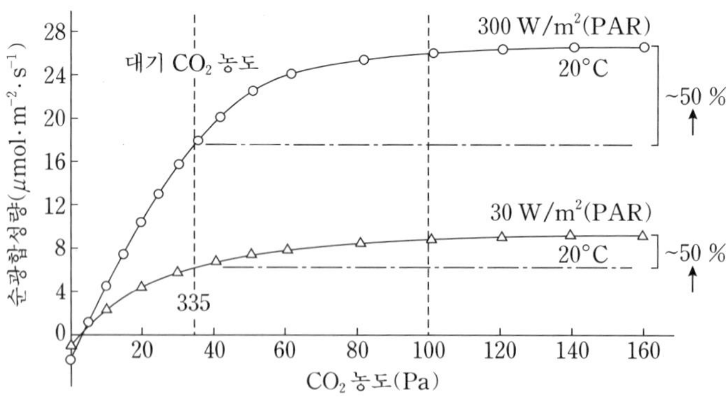


**그림 4-53** 두 광도(30, 300 W/m²)조건 하에서 $CO_2$ 농도(1 Pa=10 ppm)에 따른 토마토의 광합성 반응 〈HAND, 1984, Acta Hort., 162 : 45~63〉

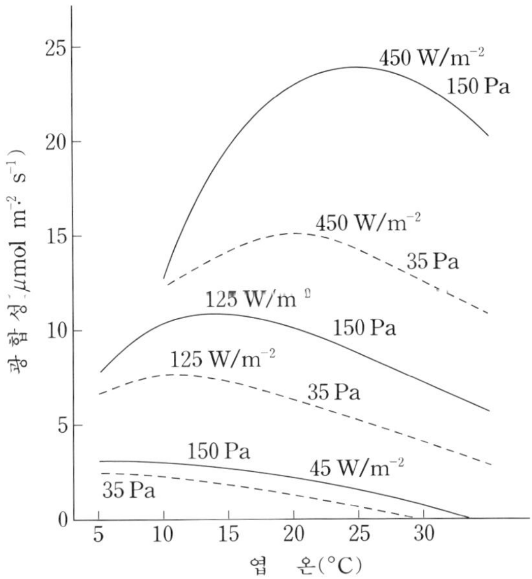


**그림 4-54** 광합성 유효일사량(45, 125, 450 W/m²)과 엽온조건 하에서 $CO_2$ 시용(35, 150 Pa)에 따른 카네이션 "Cerise Royalette" 품종의 광합성 변화〈ENOCH & HURD, 1977〉

작물의 광합성은 이들 환경요인간의 상호작용과 최소공급요인에 의하여 제한받을 수 있으므로 최적의 환경제어가 이루어질 때 $CO_2$ 시용효과는 높아진다.

그림 4-55 를 보면 식물의 엽온이 21℃ 일 때 $CO_2$ 농도가 350 ppm 보다 1,000 ppm 에서 광합성이 40 % 증가하는 결과를 보이나, 엽온이 30℃ 일 때에는 그보다 높은 광합성을 보여주는 결과에서 볼 수 있듯이 환경요인간의 상호작용에 따라 다른 반응을 관찰할 수 있다.

일반적으로 $CO_2$ 시용효과는 시용한 양만큼 그대로 작물에 나타나는 것은 아니다. 다시 말하면, 광합성속도의 증대가 그대로 수량증대로 연결되는 것은 아니다. $CO_2$ 시용에 의하여 광합성속도가 1.5~2 배로 증가해도 수량은 대체로 20~30 % 의 증수에 그친다. 이는 장기간 $CO_2$ 를 시용하면 광합성속도가 저하되어 가고, 작물의 증산이 억제되며, 잎의 노화가 촉진되기 때문이다.

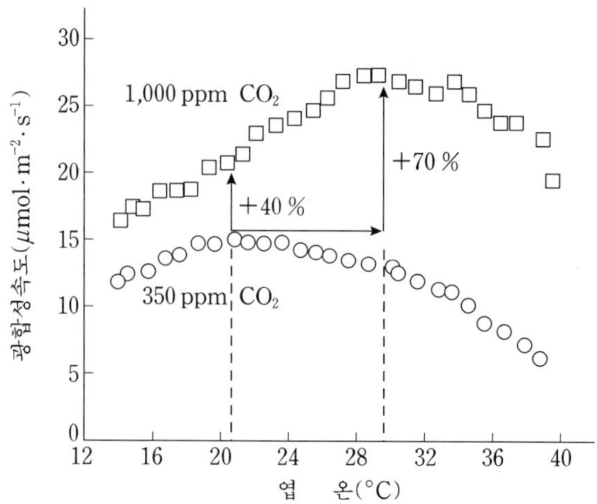


**그림 4-55** 엽온변화에 따른 두 $CO_2$ 농도에서 식물의 광합성 변화

또한, 작물의 종류·품종에 따라서는 고농도의 $CO_2$를 시용하면 작물에 생육장해를 주는 경우도 있다. 앞으로 $CO_2$ 시용 기술은 이들 문제점 해결을 통해 작물의 종류, 품종마다 효과적인 $CO_2$ 시용 기술의 확립이 필요하다.

### (3) 탄산시비의 방법

#### ① 시비량과 시비시기

$CO_2$ 시비량을 결정하는 데 기준이 되는 적정 수준의 $CO_2$ 농도는 작물의 종류, 생육단계, 그리고 광도·수분 등의 환경조건에 따라 다르다. 예를 들면, 광

**〔표 4-29〕** 여러 가지 원예작물의 시설 내 적정 $CO_2$ 농도

| 구 분 | 탄산가스시용 최적농도범위(ppm) |
|---|---|
| 엽채류 | 1,500～2,500 |
| 근채류 | 1,000～3,000 |
| 과채류 | 500～1,500 |
| 오이·피망·가지·강낭콩 | 800～1,500 |
| 토마토·멜론·딸기 | 500～800 |

도가 낮으면 $CO_2$ 포화점이 낮아지기 때문에 시비량을 줄이고, 반대로 광도가 높으면 시비량을 늘려야 할 것이다.

시설 내에 유지해야 할 $CO_2$ 농도는 다른 환경조건이 적합한 경우 대개 1,000 ~1,500 ppm 정도이고, 경우에 따라서는 2,000 ppm 까지도 요구되는데, 이 정도 수준이면 인체에도 해를 끼치지 않는다고 알려져 있다.

주요 작물의 종류별 적정 탄산가스 유지농도를 보면 표 4-29 와 같다.

시설 내에 목표로 하는 $CO_2$ 농도를 유지하기 위하여 공급해야 할 시비량을 이론적으로 계산할 수 있다. 즉, $CO_2$ 시비량은 다음과 같은 식으로 계산되는데, 시설의 환기상태, 시설의 규모, 대기 중의 $CO_2$ 농도 등을 고려해야 한다.

$$Q = \frac{V}{A} N(C_i - C_o) + P_n - S$$

식에서, $Q$ : $CO_2$ 시용량($g/m^2/h$), $V$ : 시설용적($m^3$), $A$ : 시설상면적($m^2$), $N$ : 환기횟수(회/h), $C_i$ : $CO_2$ 의 시용목표농도($g/m^3$), $C_o$ : 외기의 $CO_2$ 농도($g/m^3$), $P_n$ : 상면적 1 $m^2$ 위에 있는 작물의 총광합성률($g/m^2/h$), $S$ : 상면적 1 $m^2$ 토양호흡량($g/m^2/h$)

탄산시비는 식물이 광합성을 활발히 할 수 있는 태세를 갖추었을 때 해야 한다. 따라서, 시비시기와 시간의 결정은 작물의 광합성 태세, 하루 중 탄산가스의 농도변화, 광도와 환기시간 등을 고려하여 결정한다.

일반적으로 탄산시비는 환기가 제한되는 저온기에 이루어지며, 하루 중 시비시기는 해가 뜬 후 1 시간 정도 지나서부터 환기할 때까지 약 2~3 시간이 적당하다. 오후에는 광합성효율이 떨어질 뿐만 아니라, 기온이 높아져서 환기를 해야 하기 때문에 탄산시비의 효과가 잘 나타나지 않는다.

생육단계별 시용효과도 다른데, 발아 직후의 어린 것은 광합성능력이 낮아 $CO_2$ 를 별로 요구하지 않는다. 가지과 채소는 본엽이 2~3 매 정도 전개되었을 때부터, 박과 채소류는 본엽이 1 매 이상 전개되었을 때부터 시용하는 것이 바람직하다.

### ② $CO_2$ 시용방법

$CO_2$ 시용기기를 이용한 적극적인 방법은 시설 내에 액체 또는 고체 탄산가스를 직접 주입하는 방법이 많이 이용되고 있다. 현재 이용되고 있는 $CO_2$ 공급방법으로는 보일러 연소나 탄산가스 발생기라는 기구로 천연가스를 연소시켜 여기서 발생하는 $CO_2$ 를 이용하는 방식과 액화탄산가스 시용방식이 주류를 이루고 있다.

$CO_2$ 발생기기를 사용하지 않고 유기물이 분해되는 과정에서 발생하는 탄산가스를 이용하는 간접적인 방법도 있다. 그러나 간접적인 방법은 발생시간과 발생량을 조절할 수 없기 때문에 주로 직접적인 탄산가스 주입이나 천연가스 연소방식을 권장하고 있다.

실제 이용되고 있는 몇 가지 주요 탄산가스 공급방법을 살펴보면 다음과 같다.

1) **보일러 연소방식** : 보일러 버너의 연료로 천연가스가 사용될 때에는 연소가스로부터 탄산가스를 이용할 수 있다. 천연가스 1 $m^3$가 연소되면, 1,800 g의 $CO_2$와 1,400 g의 수증기가 발생한다. 팬을 이용하여 연소실의 출구에서 연소가스를 취할 수 있으나, 이때의 연소가스 온도는 200℃ 정도로 너무 높기 때문에 온실에 곧바로 공급할 수는 없다. 따라서, 이 연소가스를 신선한 외부공기와 섞어서 온도를 60℃ 정도로 낮춘 후, 분산시스템을 통하여 온실에 공급한다.

**그림 4-56** 천연가스를 이용한 난방용 보일러 버너에서 연소과정 중 생성된 $CO_2$를 포집하여 온실 내 $CO_2$ 시용에 이용하는 보일러

난방시스템의 효율이 높은 경우에는 발생한 열의 85 % 정도가 난방수(煖房水)에 전달되며, 나머지 15 % 정도는 연소가스에 남게 된다. 따라서, 연소가스 응축기를 이용하여 연소가스의 수증기를 응축시킴으로써 응축열을 발생시켜, 이 열을 지중난방이나 재배상 난방(slab heating)에 이용할 수 있다. 응축기 내에서는 70 % 정도의 수증기가 응축되고, 연소가스의 온도

가 40℃까지 낮아진다. 연소가스 응축기를 사용하면 연소가스의 부피가 줄어든다. 온실에 탄산가스를 제대로 공급하기 위해서는 이 연소가스를 상당량의 신선한 외부공기와 잘 섞어주어야 한다.

열이 필요하지 않은 기간에 $CO_2$를 시용해야 하는 경우에는 버너가 최저위치로 설정된다. 버너에는 탄산가스-위치(carbon-position)가 마련되어 있다. 버너를 이 위치에 설정하게 되면 $CO_2$는 충분히 발생하지만 열의 발생은 미미해진다. 고저(high/low)형 버너의 경우에는 낮은 위치로 작동되더라도 상당히 많은 열이 발생한다. 열저장용량이 적은 경우에는 탄산가스의 사용기간이 짧아질 수밖에 없다.

$CO_2$를 원활하게 공급하기 위해서는 연소가스를 온실의 바닥 쪽으로 투입해야 한다. 탄산가스는 공기보다 무거운데도 불구하고 환기창을 통하여 빠져나가야 한다. 이러한 현상이 야기되는 이유는 고온의 연소가스가 위쪽으로 상승하기 때문이다. 이 밖에도 통풍이나 확산현상에 의하여 $CO_2$가 외부로 유실되기도 한다.

수평방향의 $CO_2$ 분포를 균일하게 하기 위해서는 분산 튜브(덕트)에 조성된 배출구(구멍)가 동일한 간격으로 배치되어서는 안 된다. 즉, 덕트의 유입구 앞부분에는 구멍의 수를 적게 하고, 덕트의 끝부분으로 갈수록 구멍의 수를 늘려야 한다.

2) **백등유 연소방식** : 그동안 널리 보급되어 온 방식으로, 설비 유지비용이 싸기 때문에 원예시설에 보급되어 왔으나, 최근에는 그 이용이 감소하고 있다. 이 방식의 단점은 연료인 백등유에 들어 있는 불순물이나 미량 성분의 산화 등으로 인해 불완전연소를 일으키고, 유해가스를 발생시키며, 기기의 보수나 연료의 품질 등에 주의가 필요하다는 것이다.

3) **프로판가스 연소방식** : 탄산가스 버너를 이용한 프로판가스 연소방식은 생성된 열과 $CO_2$ 가스를 팬을 이용하여 연소실에 강한 기류를 조성하여 온실에 공급한다. 밀폐된 온실에서는 신선한 공기를 버너에 공급해 주어야 한다. 탄산가스 버너를 사용할 때에는 연소 시에 NOx가 발생한다. 장시간 가동할 때에는 NOx가 온실 내에 집적되어 작물에 피해를 줄 수도 있다. 또한, 산소부족에 의한 불완전연소(不完全燃燒)나 연료가스의 누출 등에 주의를 요한다.

4) **액화 $CO_2$ 가스 방식** : $CO_2$ 가스는 석회암을 가열하거나 화학적인 공정을 통하여 생산된다. 액화 $CO_2$ 가스는 용적형태로 이용할 수 있으며 고압 실린더나 탱크에 저장된다. 순수탄산가스인 액화 $CO_2$ 가스 방식의 경우 설비비

**그림 4-57** 탄산가스 버너를 이용한 프로판가스 연소방식으로 $CO_2$를 공급하는 과정에서 장시간 가동 시 생성되는 NOx의 축적에 따른 토마토 잎에 나타난 피해증상

는 프로판가스 연소방식보다 싸지만 유지비용이 몇 배나 높다. 그러나 순수하게 $CO_2$ 가스만을 공급하기 때문에 다른 방식에 비해 관리하기 쉽다. 현재 국내의 $CO_2$ 시용은 대부분 이 방식을 사용하고 있다.

5) **탄산가스 발생제** : 탄산염에 묽은 산을 처리하면 탄산가스가 발생하기 때문에 이들을 탄산가스 발생제라고 한다. 즉, 탄산칼슘과 묽은 산을 반응시키면 탄산가스가 발생한다. 가격이 비싸고 발생량 및 시간의 조절이 어렵기 때문에 실제에 있어서는 거의 이용되지 않고 있다.

### ③ $CO_2$ 농도제어

$CO_2$ 자동제어 방식에는 타이머 제어, 센서제어, 일사량에 의한 비례식 제어가 있다. 타이머 제어방식은 24시간 타이머로 $CO_2$를 시용할 시간대를 결정하고, 서브타이머로 $CO_2$ 발생장치의 동작을 제어하는 방식이기 때문에 값이 싼 반면에 정확한 농도를 시설 내로 공급하기에는 센서제어방식보다 부적합하다.

센서제어방식은 적외선가스분석계로 시설 내의 $CO_2$ 농도를 계측하면서 $CO_2$ 발생장치의 동작을 제어하기 때문에 정확한 농도(±100 ppm 정도)의 $CO_2$ 가스를 시용할 수 있지만 제어기가 고가이다.

작물의 광합성은 광의 강도(일사량)에 좌우되기 때문에 $CO_2$ 시용량을 일사량에 따라 증감시켜 작물에 최적 환경을 만들어 주는 것을 목적으로 하는 것이 일사량에 의한 비례제어방식이다. 일사계에서 일정 시간대의 적산일사량(積算日射量)을 계측하여 $CO_2$ 시용량을 제어하는 것이므로 식물의 생리기능을 활용한 방식이다.

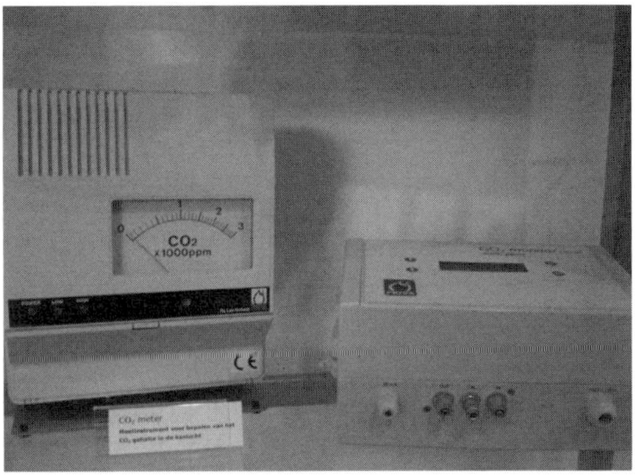


**그림 4-58** 온실 내 $CO_2$ 환경제어에 이용하는 제어기로서 3,000 ppm 범위 내에서 계측제어가 가능한 적외선 $CO_2$ 가스 분석계

## 4·5 시설토양환경의 특성과 관리

작물의 생육촉진과 함께 고품질의 원예산물을 생산하기 위해서는 시설 내 토양환경을 알맞게 개선하는 것이 매우 중요하다. 이는 시설 내 지상부 환경은 다양한 장비로 쉽게 조절할 수 있으나 토양환경, 즉 근권의 환경변화는 조절하기 어렵고 시간을 많이 요하기 때문이다. 특히, 시설 내의 토양은 외부로부터 강우가 차단되어 있으며, 온실 내 광도, 온도 및 습도가 외부와는 다른 상태이므로 일반토양과 다른 관리가 요구된다.

여기에서는 토양의 일반적인 특성과 함께 시설토양의 관리에 대하여 다루어 보기로 한다.

### 4·5·1 토양과 작물생육

#### (1) 토성과 작물생육

토양은 크게 광물질 · 유기물 · 공기 및 물로 구성되어 있으며, 이들의 비율은 그림 4-59 에서 보는 바와 같이 광물질이 45 %, 공기와 수분이 각각 25 %, 그리고 토양유기물이 약 5 % 를 차지하고 있다. 그러나 시설 내의 토양은 노지보다 많은 유기물을 사용하고 경운을 실시하므로 광물질이 차지하는 비율이 줄어들고 공기나 물이 차지하는 비율이 늘게 된다.

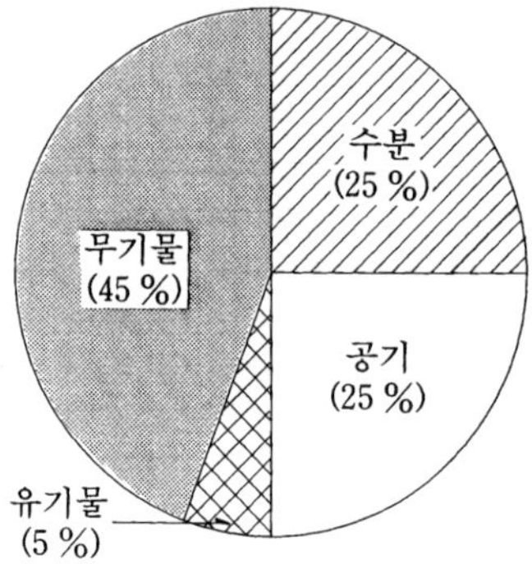


**그림 4-59** 토양의 구성

이와 같은 구조적인 변화를 가져오더라도 광물질, 즉 토양의 입자를 구성하는 성분인 모래(0.05～2.0 mm), 가루모래(0.002～0.05 mm), 그리고 점토(0.002 mm 보다 작은 것)의 비율에 따라 서로 다른 토성을 나타낸다. 토성(土性)이란 토양 중의 광물입자 및 소량 함유된 유기물 입자의 크기별 함량비에 따라 토양의 종류를 구분하는 것을 말하며, 입도별 함량비에 따라 12 가지로 구별하여 토성을 정하는데, 이는 그림 4-60 의 삼각도시법(三角圖示法; triangle method)에 준하여 결정한다.

토성은 토양의 물리적 인자 중 가장 기본이 되는 것으로서 그 분류에 따라 1 차적인 토양의 특성이 결정된다. 따라서, 토성이 결정되면 이에 따라 여러 가지 인자를 추정하여 재배에 임할 수 있게 되는데, 토성과 채소의 생육과의 관계를 보면 다음과 같다.

채소의 생육은 토성에 따라 다르지만, 같은 토성이라고 할지라도 지하수위, 층위의 배열상태 및 성질, 비옥도, 그 밖의 많은 조건이 동시에 작용하여 채소의 생육에 영향을 끼친다. 따라서, 토성이 알맞다고 해서 반드시 다수확이 되고 품질이 향상되는 것은 아니다. 그러나 토성에 따라 기본적인 작물생육을 이해하는 것이 중요하다.

사질토(砂質土; sandy soil)는 우리나라 채소재배 지역의 상당히 많은 부분을 차지하고 있으며, 토양입자가 커서 배수가 용이하고, 열전도율이 점토보다 높아 토양온도의 상승속도가 빠르다. 그러나 토양수분을 보유하는 힘은 낮다. 또한, 유기물과 영양소의 함량이 낮은데, 이는 높은 온도와 통기성이 좋아 토양 내의 미생물이 유기물을 급속히 분해시키기 때문이다. 따라서, 토양 내의 유기물 함량을 증가시키기 위해서는 계획적인 유기물 시용과 관찰이 필요하다.

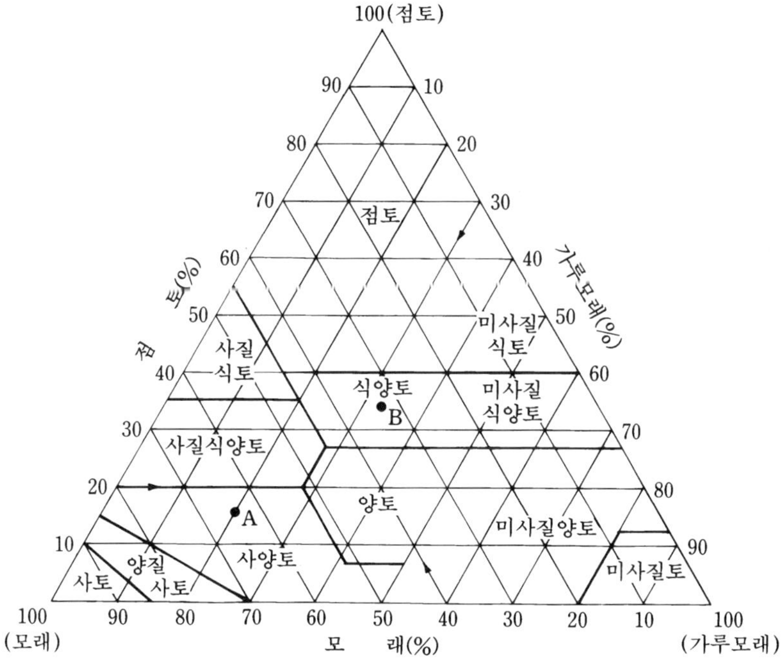


**그림 4-60** 토성의 구분(예 A : 15 % 점토, 20 % 가루모래, 65 % 모래)
〈미국 농무성법〉

사질토에서는 일반적으로 관수만 잘 하면 채소의 생육이 빨라지고, 수확기가 앞당겨지며, 근채류의 생육이 좋아지는 장점이 있는 반면에 수확기에 가까워지면서 영양분이 결핍되기 쉽고, 조기 노화현상이 나타난다. 여기서 자란 채소류는 조직이 거칠고, 성분농도가 낮으며, 저장력이 약한 결점이 있다. 특히, 관수량을 균일하게 유지하지 않으면 뿌리가 갈라지는 열근(裂根) 등의 생리적 현상이 나타나서 근채류의 외적 품질을 떨어뜨린다.

미사질토(微砂質土 ; silt)는 모래보다 작은 가루모래 입자들이 모인 토양으로서 이식이나 파종을 하면 아주 미세한 표면을 가지게 되는데, 이는 쉽게 응집되기 때문이다. 그래서 비가 자주 오거나 관수량이 많으면 서로 엉키며, 더욱이 햇빛이 나고 바람이 불면 쉽게 건조되어 땅의 표면이 굳어지면서 갈라진다. 이와 같이 굳은 표면은 토양의 통기성, 수분의 침투, 그리고 유묘의 발아를 막는다. 씨가 작은 상추 · 당근 · 양파 등은 미사질토에서 발아하기 어렵다. 미사질토는 모래보다 비옥하며, 비료나 제초제 등을 잘 흡수하므로 이들의 이용성이 높고 약해가 적다. 그러나 시설원예용 토양으로는 바람직하지 않다.

양토(壤土 ; loamy soil)는 원예적으로 이용하기에 알맞은 토양으로 여러 가지 토양입자가 모여 있다. 즉, 토성이 지나치게 미세하거나 거칠지 않고 중간에 속하기 때문에 생산력이 아주 높다.

그림 4-61 에서 보는 바와 같이 생산력이 높은 땅이든 낮은 땅이든 간에 양토에서 생산력지수가 높은 것을 알 수 있다. 양토는 일반적으로 알맞은 양분 및 토양습도를 유지하므로 모든 작물의 생육에 좋다.

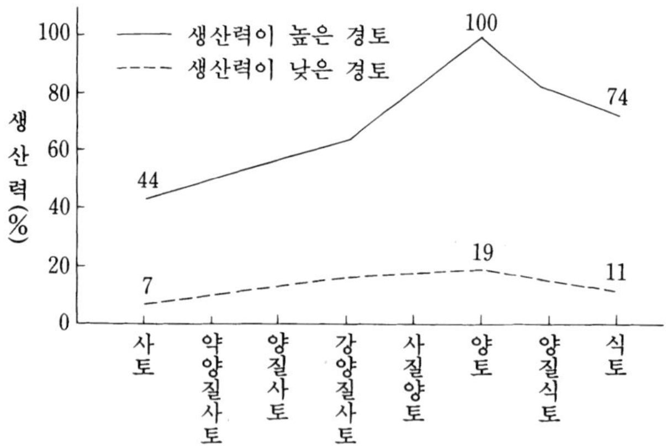


**그림 4-61** 토성별 생산력 비교

식질토양(埴質土壤 ; clayey soil)은 점토의 함량이 높아 축축하면서 질척거리고, 건조하면 너무 단단해지고 덩어리 진다. 식질토는 모래나 가는 모래로 이루어진 미사질토보다 화학적 또는 생물학적으로 활동성이 강하며, 많은 점토로 이루어져 표면적이 넓기 때문에 흡착력이 커서 수분 및 양분 흡수의 보유력이 높다. 점토입자는 식물의 영양에 중요한 칼륨 · 마그네슘 · 칼슘 · 철 · 나트륨의 급원으로 중요하나, 배수가 불량한 것이 단점이다.

### (2) 토양공극과 작물생육

토양은 토양입자가 단립(團粒) 또는 이들 입자가 덩어리 져서 만든 입단(粒團)을 형성하여 존재하는데, 이들 사이의 크고 작은 공간을 토양의 공극(孔隙)이라고 한다. 이들 공극이 일정 토양에서 차지하는 백분율(%)을 공극률(孔隙率)이라고 하는데, 일반적으로 최저 30 %, 최대 60 % 의 범위 내에서 변화하고 있다.

공극량은 토성이나 토양구조, 그리고 토양 내의 수분함량 등에 따라 변화한다. 앞의 토성과 작물생육에서 언급한 바와 같이 사질토양은 공극의 크기가 비교적 고르고 공극면이 편평하여 공기나 물의 이동을 너무 용이하게 하는 문제점이 있다. 따라서, 사질토양은 계속적인 영양액의 관수만 있다면 토양공극이 넓어 뿌리가 잘 자라며, 이러한 원리를 이용한 것이 사경재배(砂耕栽培)이다. 사실토양에는 시설 내에 점적관개(點滴灌漑)를 하거나 점토질로 객토를 하여 공극량을 유지하면서 보수력의 결함을 보완시켜야 작물생육과 수확물의 품질이 좋아진다.

이와 반대로, 식질토는 입단을 형성하지 않는 한 서로 밀착하여 미세한 모세공극만을 만들어 물도 공기도 잘 통하지 못하게 하여 식물의 생육을 나쁘게 한다. 이러한 땅에는 모래를 객토하여 배수성을 촉진시켜 가꾸는 것이 좋은데, 이는 식질계 논토양에 시설을 설치하고 상추나 시금치 등을 생산할 경우에 많이 이용하는 토양개량 방법이다.

일반적으로 토양의 공극량을 증가시키기 위해서는 토양을 깊이 가는 심경법, 잘 섞은 퇴비를 충분히 뿌려주는 유기물투여법, 석회비료의 공급을 늘이는 석회비료시용법 등을 통한 시설토양의 입단화 촉진작업을 시행하는 것이 효과적이다.

### (3) 토양 수분 및 공기와 작물생육

토양요인 중에서 토양 수분 및 공기가 작물생육에 미치는 영향은 그 밖의 어느 요인보다 중요하다. 우리가 가꾸는 채소작물은 80~95 % 가 수분으로 구성되어 있으므로 알맞은 토양수분의 유지는 체내의 각종 효소활력 증진, 대사작용 촉진, 동화양분의 전이촉진 등을 가져와 식물생육을 촉진하므로 시설 내의 계획적인 관수가 필요하다. 대체로 토양함수량은 포장용수량의 60~80 % 가 알맞으며, 이 수준에서 식물의 광합성과 성장이 좋다.

시설 내의 토양공기량은 토양 내 수분이 많고 적음에 따라 좌우된다. 따라서, 알맞은 경운과 함께 관수를 적당히 하면 토양공기에 따른 생리적인 문제가 없다. 그러나 논토양에서 시설재배를 할 때 일찍 장마가 들어 지하수위가 높아질 경우에는 과습에 따라 토양 내의 산소부족으로 뿌리썩음현상이 나타나기도 한다. 이 경우는 계단식 논에 시설을 설치할 때 많이 나타나는데 온실 주변을 깊은 고랑을 파서 배수를 잘 해야 한다. 어느 토양에서나 토양 전공극량의 20~30 % 가 기상공극(氣相孔隙)일 때 식물의 생육이 최대에 달한다. 또한, 토양 중의 산소량은 공기 중의 절반인 10 % 는 되어야 식물이 정상생육을 하고, 이산화탄소는 1 % 미만이어야 한다. 토양 중에 산소농도가 부족하면 생육에 영향을 받는데 산소부족에 강한 채소류는 상추 · 가지 · 오이 · 토마토 · 양배추이고, 내성이 약한 종류는 시금치 · 우엉 · 무이며, 아주 약한 채소는 당근 · 피망 · 멜론 등이다.

### (4) 토양온도와 작물생육

토양열은 거의 대부분이 태양의 복사에너지에 의한 것으로서 토양 표면에 내리쬐는 태양열의 50 % 정도만 토양이 흡수하여 토양열원이 되는데, 대체로 태양열의 흡수는 토양의 종류, 색깔, 토양수분 함량, 토양피복의 유무 등에 따라 다르다. 그러나 시설에서는 복사에너지의 투과와 관계 있는 시설 피복재료의 광투과량, 온실 내 공기 중의 수분, 시설골조의 굵기나 보조재료의 설치 여부에 따라 다르다. 대체로 광투과성이 좋은 재료를 사용하거나, 그림자가 작게 생기도록 온실구조를 만들면 복사열이 많아 실내온도와 토양온도 상승이 잘 된다. 특히, 토양 내의 수분함량은 토양온도 상승과 큰 관계가 있다.

표 4-30 에서 보는 바와 같이 건조한 사토는 비열이 0.302 인 데 비하여 50 % 포화되면 0.510, 그리고 100 % 포화되면 0.717 로서 비열이 커진다. 따라서, 겨울철 시설 내의 온도상승을 위해서는 과다한 관수를 피하는 것이 토양열을 상승시키는 데 좋다.

〔**표 4-30**〕 토성 및 수분함량과 토양용적 비열과의 관계

| 구분 | 건조 | 50 % 포화 | 100 % 포화 | 구분 | 건조 | 50 % 포화 | 100 % 포화 |
|---|---|---|---|---|---|---|---|
| 사토 | 0.302 | 0.510 | 0.717 | 식토 | 0.240 | 0.532 | 0.823 |
| 부식토 | 0.148 | 0.525 | 0.902 | | | | |

토양온도는 종자의 발아, 뿌리의 생장, 양 · 수분 흡수와 직접적인 관계가 있다. 토양온도는 15℃ 이상에서 생리작용이 이루어지고, 20℃ 부근에서 뿌리의 생장과 양 · 수분의 흡수가 잘 이루어진다. 일반적으로 호냉성 채소보다 호온성 채소의 적정 토양온도가 5℃ 정도 높다.

겨울철에는 연료비가 많이 필요한데 다양한 지중가온 방법의 도입을 통한 지하부 온도의 상승이 에너지 절약 차원에서 필요하다.

### (5) 토양산도와 작물생육

원예작물은 다양한 지역을 원산지로 하여 진화되면서 각각 알맞은 토양산도에서 잘 자라는 성질을 지니게 되었다. 대부분의 작물은 약산성에서 잘 자라지만, 작물에 따라서는 알칼리성 토양에서도 잘 견디는 성질을 지닌 것이 있다. 원산지가 바닷가에 가까운 비트(beet)와 양배추, 사막지역인 머스크멜론(muskmelon) 같은 작물은 내알칼리성이 강하다. 그 밖에 아스파라거스 · 시금치 · 브로콜리 · 오크라 · 파 종류는 약알칼리성 토양에도 잘 견딘다. 이와 반대로, 산성에 강한 채소류는 치커리 · 엔디브 · 수박 · 고구마 등이다.

작물은 대체로 산성토양에서 잘 자라지 못한다. 그러나 우리나라 밭토양은 산성화가 잘 되는데, 그 원인으로서 집중적인 강우에 따라 사질계 토양이 많아 토양염류가 용탈되거나, 모암의 주성분인 화강암과 화강편마암 같은 산성암이 풍화작용에 의하여 산성모래를 형성하여 산도가 상승되는 등의 구조적인 문제점을 들 수 있다. 이 밖에 우리나라 산에 소나무 같은 침엽수가 많아 산성부식을 생성하고, 농가에서 황산염 · 염화물 · 요소 등을 시용함으로써 황산기, 염소, 그리고 요소분해에 의한 $CO_3^{2-}$ 등의 생성에 의하여 산성화가 이루어진다. 따라서, 알맞은 산도조절이 필요하다.

다른 유럽 같은 나라에서는 시설재배가 고정유리온실에서 95 % 이상 이루어지므로 염기축적이 문제이나, 우리나라는 대부분 고정하우스가 아니기 때문에 산성토양의 문제가 있다. 산성토양을 개량하기 위해서는 석회를 시용하는데, 여러 가지 요인에 의하여 시여량이 좌우되나 pH 를 맞추기 위한 대략적인 소석회의 시용 예를 보면 표 4-31 과 같다.

시설 내에서는 알맞은 토양산도를 조절해 줄지라도 온실 내 온도가 너무 높거나 낮고 토양이 너무 건조하거나 또는 너무 습하면 석회의 흡수가 뿌리에서 잘 이루어지지 않는 경우가 많다. 그 결과 토마토의 배꼽썩음병 같은 생리적인 병이 생기기 쉬우므로 토양산도의 개량과 함께 식물이 자라기에 적합한 지상부 및 지하부 환경조건을 갖추어 주는 것이 중요하다. 콩과 작물에서는 Ca 가 뿌리혹박테리아의 형성과 관계가 많으므로 충분한 석회 시비가 요구된다.

〔표 4-31〕 토양의 pH를 1.0 높이는 데 소요되는 소석회의 양(단위 : kg/10 a)

| 토성 | 토양의 pH | | | 토성 | 토양의 pH | | |
|---|---|---|---|---|---|---|---|
| | 3.5~4.5 | 4.5~5.5 | 5.5~6.5 | | 3.5~4.5 | 4.5~5.5 | 5..5~6.5 |
| 사토 | 73 | 124 | 110 | 식양토 | — | 348 | 421 |
| 사양토 | — | 198 | 238 | 부식토 | 531 | 696 | 787 |
| 양토 | — | 297 | 312 | | | | |

㈜ 깊이 10 cm까지를 대상으로 계산하며, 20 cm 깊이를 대상으로 하면 2배 정도 시여함.

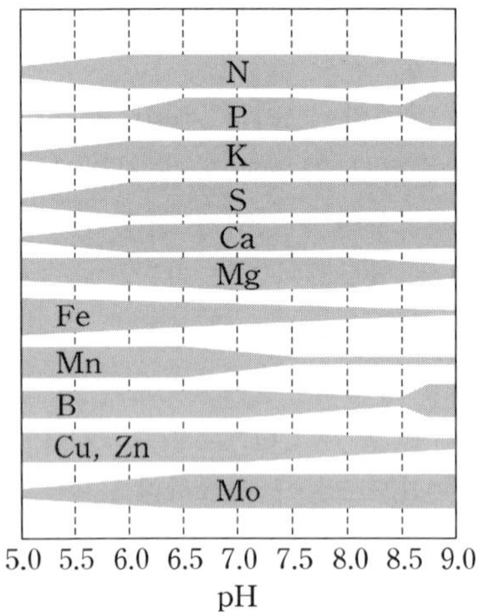


**그림 4-62** 토양상토의 pH가 상토 내 양분요소의 유용도에 미치는 영향

그 밖에 산도에 따른 중요 영양소의 용해도가 차이 나는데, 대체로 pH가 낮아지면 Fe, Mn, Zn, Cu, Co와 같은 중금속류의 가용성이 높아져서 이들의 흡수에 의한 과잉해가 일어나며, 인산과 결합하여 불용성의 인산화합물을 만들기 때문에 인산결핍증이 나타나기 쉽다. 그 밖에 N, P, K, Mo 등의 가용성이 낮아진다. 따라서, 양이온치환용량의 40~80 % 정도를 유지하기 위해서는 토양산도를 안정적으로 유지해야 한다. 대체로 pH를 5.5 이상 유지시켜야 토양 내 양분의 유효성을 유지시킬 수 있다. 이와 반대로, 토양이 pH 7 이상 되면 Fe, Mn, Zn 등이 그림 4-62에서 보는 바와 같이 불용화가 되어 결핍증이 나타나기 쉽다.

### (6) 토양염기와 작물생육

여름에는 벼를 재배하고 겨울철에만 온실을 만들어 작물을 가꾸는 비고정식 온실 토양에서는 벼를 재배하는 기간 동안에 식물이 양분을 흡수하고 일부 용탈이 이루어지므로 염류집적이 많이 나타나지 않는다. 그러나 고정된 온실에서는 계속적인 다량시비와 용탈이 이루어지지 않는 시설토양의 특성 때문에 염기가 다량 집적되어 식물체에 해를 입히게 되는데, 이를 염류집적장해(鹽類集積障害)라고 한다. 토양에 집적되는 염기는 $NH_4$-N, K, Ca, Mg 등인데, 이들은 단독으로 영향을 끼치거나 염류농도가 높은 곳에서는 성분간의 길항작용(拮抗作用)에 의해 흡수장해가 이루어지기도 한다.

토양의 염류농도는 토양침출액(건토 : 물을 1 : 5 로 섞어서 흔든 다음 여과한 액)의 전기전도도(電氣傳導度 ; electric conductivity, EC)를 측정하면 알 수 있는데, 이때 사용하는 계측기를 전기전도계(電氣傳導計)라고 한다. 전기전도도를 나타내는 단위는 모(mho)이지만 토양용액이 낮으므로 밀리모(mmho/cm)로 나타낸다.

채소류는 토양 내의 염류농도가 높으면 생육되지 않는데, 이는 토양 또는 작물의 종류에 따라 차이가 난다(표 4-32 참조). 대체로 유기질이 많이 함유되어 있으면 높은 EC 에서도 작물이 잘 견딘다.

**〔표 4-32〕** 채소의 생육한계점과 토양의 EC(단위 : dS·$m^{-1}$)

| 토 성 | 생육한계점 | | | 고사한계점 | | |
|---|---|---|---|---|---|---|
| | 오이 | 토마토 | 피망 | 오이 | 토마토 | 피망 |
| 사토 | 0.6 | 0.8 | 1.1 | 1.4 | 1.9 | 2.0 |
| 충적식양토 | 1.2 | 1.5 | 1.5 | 3.0 | 3.2 | 3.5 |
| 부식질 식양토 | 1.5 | 1.5 | 2.0 | 3.2 | 3.5 | 4.8 |

따라서, 작물을 온실에서 가꿀 때에는 토양 내의 염류농도를 측정한 다음에 시비량을 결정해야 한다. 측정할 때 해당 작물에 알맞은 EC 를 토양이 가지면 기비(基肥)를 주지 말고 파종이나 정식을 한 다음 추비(追肥)를 주면서 가꾸며, EC 값이 너무 높으면 대책을 강구해야 한다.

대책으로는 토양분석을 하여 필요한 성분만 시비하거나, 관수를 많이 하여 용탈시키는데, 이때 온실에 물을 가득 채웠다가 흘러 내보내는 것이 좋다. 또 다른 대책으로는 고온기 시설 내 작물이 재배되지 않는 기간에 옥수수나 수수 같은 흡비작물을 재배하여 염류를 제거하거나, 비용이 들지만 객토를 실시하거나, 대형 트랙터를 이용하여 50 cm 이상 깊이 갈아서 표토와 심토를 혼합시켜 주는 방법 등이 있다. 토양유기물을 다량 투여하는 것도 일시적으로 염해를 줄일 수 있는 방법이다.

그 밖에 염류집적이 많은 토양에서는 비트·시금치·단옥수수 같은 내염성이 강한 채소를 심는 작부체계를 적용하는 것도 한 가지 방법이다.

### (7) 토양유기물과 작물생육

토양의 유기물은 부식(腐植; humus)을 뜻하는데, 토양의 화학적·물리적 및 생물적인 성질에 관여하며 작물생육에 큰 영향을 준다.

화학적으로는 토양의 pH 완충능이 증대되고, 염기치환능력이 점토의 10배로 토양의 염기치환능력을 증가시키며, 아울러 양성적인 성질을 지니고 있어 음·양이온의 영양소를 보유하고, 유효태양분(有效態養分)의 무기화를 방지한다.

물리적으로는 통기성을 증대시키며, 표면적을 증가시켜 물의 흡착능을 향상시키고, 입단을 형성하며, 토양을 암갈색으로 하여 토양온도의 상승을 돕는다.

생물적으로는 토양미생물의 영양원이 되어 유익한 미생물의 활성을 증진시키고, 생리활성이나 저해효과를 주는 비타민류, 옥신(auxin)류, 페놀(phenol)류, 항생물질류 등을 공급한다. 최근에 다양한 미생물제를 시설토양에 이용하나 토양 내의 유기물과 수분의 함량, 토양산도 등에 따라 결과가 차이 나므로 각 농가의 토양에 맞는 미생물제를 선발하여 사용하는 것이 바람직하다.

10 a 당 퇴비 사용량은 토성이나 재배작물의 종류에 따라 다르나 기본적으로 2~3 t 을 시비한다. 그러나 토양비옥도 증진, 염류집적 방지, 토양개량 등의 목적으로 시설 내에서 10 a 당 10 t 을 시비하는 경우도 있다.

### (8) 토양오염과 작물생육

산업의 발달과 함께 시설원예지역의 토양오염은 불가피한 것이 세계적인 추세이다. 특히, 우리나라는 생활용수나 공업용수 등이 충분히 처리되지 않은 채 강으로 흘러들어 관개수의 오염이 심각한 편이다.

토양오염은 농약·제초제·화학비료의 과용과 함께 오염된 관개수를 통해서 유입되는 각종 화학물질이나 중금속 등이 원인이 된다.

농약오염은 농약의 과다 사용에 따른 토양집적이 문제가 되고, 화학비료의 과용은 토성의 변화 및 비료 속에 함유되어 있는 불순물인 중금속의 장기적 토양집적이 문제가 된다. 특히, 무분별한 공업용수의 방류와 이들 하천물의 관개로 시설 내 작물은 생리적 장해를 받게 된다.

따라서, 시설원예용 토양은 오염되지 않은 곳을 택하거나 깨끗한 지하수를 이용하고, 적당량의 농약과 비료를 이용하는 것이 매우 중요하다. 토양이 중금속으로 오염된 지역에서는 시설재배를 회피하는 것이 좋다.

### 4·5·2 시설토양의 특성

#### (1) 시설 내 토양특성과 관리

시설토양은 일반 노지에서 볼 수 없는 몇 가지 특성을 지니고 있는데, 이 중에서 중요한 것은 염류집적·토양오염·병충해 문제 등이다. 따라서, 이들에 대한 대책을 강구하면서 토양을 관리하는 것이 매우 중요하다.

염류집적은 논밭전환식의 비고정온실(非固定溫室)을 이용하면 문제가 없으나 유리온실 같은 고정온실의 경우에는 문제가 많다. 이에 대한 대책은 앞에서 언급한 바와 같이 토양의 종류에 따라 차이가 있지만 1 $m^2$ 당 약 200~400 L 의 물을 관수하여 제염작업을 하는 것이 필요하다. 아울러 토양분석을 통하여 알맞게 시비하는 것이 중요하다. 다른 방법은 유기물을 10 a 당 2~3 t 또는 2~3 년에 5~10 t 정도를 제공함으로써 염류가 유기물에 흡착되어 피해를 줄일 수 있다.

중금속이 오염된 지역에서는 토양의 pH 를 중성으로 교정하여 구리·아연·카드뮴·망간 등의 용해도를 감소시키거나, 인산질 비료를 충분히 주어 아연·카드뮴·망간 등과 길항관계를 유지시켜 흡수되지 않게 하거나 또는 다량의 유기물을 투여하여 흡착을 통한 이용성 저하를 유도한다.

적극적인 방법으로는 30 cm 이상의 무오염 토양을 복토하는 방법이 있다. 근래 서울 근교의 시설원예지역에서는 0.5~1 m 깊이로 땅을 3~4 년 주기로 갈아엎고 채소를 재배하는 경우가 있는데, 이는 염류집적이나 중금속의 집적에 대응하는 적극적인 방법이지만 비용이 많이 드는 것이 결점이다.

병충해 문제는 가장 큰 문제로서 토양소독제를 이용한 철저한 소독, 작부체계의 변화, 기타 논밭윤환방식 등의 방법을 택한다. 이 밖에 석회나 유기질 시용 등을 통한 토양의 물리성 증진을 기해 식물체가 건강하게 자라서 병에 대한 내성을 지니게 한다.

토성에 따른 대책으로는 식양토(埴壤土)인 논에서 시설재배를 할 때에는 물빠짐을 증진시키기 위해 강모래를 표토에 객토하여 작물을 가꾼다. 그리고 사토질 토양에는 점토질을 객토하여 토양구조 개선을 통한 재배가 중요하다.

### (2) 원예용 인조토양의 특성과 관리

원예용 상토는 이용목적에 따라 크게 세 가지, 즉 ①번식 및 육묘용 상토, ②시설채소 및 시설화훼의 재배용 상토, ③노지에서의 토양개량제로 분류하며, 이에는 각각 많은 재료가 있다.

현재 국내의 시설채소에서 많이 쓰이는 원예용 상토로는 부엽토 또는 퇴비와 모래·흙의 혼합상토, 피트모스(peatmoss), 코코넛 섬유류, 피트모스와 다른 재료의 혼합상토, 톱밥과 기타 바크(bark)를 발효한 것 등이 있다. 화훼용 상토로는 굵은모래, 마사토, 피트모스, 수태, 펄라이트(perlite), 버미큘라이트(vermiculite), 부엽토, 코코넛 섬유류, 그 밖의 여러 가지 혼합상토가 판매되고 있다.

이들 여러 가지 재료를 가지고 식물에 알맞은 배합상토를 만들어 육묘를 하거나 또는 온실 내의 분식물을 기르게 되는데, 이때 다음과 같은 몇 가지 사항에 유념해야 한다.

상토의 이상적인 조건은 ①통기가 잘 되고 배수성이 좋아야 하며, ②각종 양분이 알맞게 혼합되어 육묘 중에 양분의 결핍이 없어야 하고, ③유해한 미생물이나 유독물질이 없어야 한다. 그리고 끝으로 가벼워서 일하기 편해야 한다. 이상의 조건을 갖추기 위해서는 식물에 따라 알맞은 배합과 상토의 소독 등이 필요하다.

예를 들어, 어린 묘나 발근한 삽수를 포트(pot)에 심고자 할 때에는 모래 : 양토 : 부엽토(또는 피트모스, 바크)를 부피비율로 1~2 : 1 : 1로 섞으면 좋다. 일반 묘목의 포트용 상토로는 모래 : 양토 : 부엽토(또는 피트모스, 바크) : 잘 썩은 퇴비를 각각 1 : 2 : 1 : 0.5의 비율로 섞는다. 산성토양을 좋아하는 진달래·동백·철쭉과 같은 화훼식물은 모래 : 양토 : 피트모스 : 부엽토를 2 : 2 : 2 : 1로 혼합하고, 각각의 재료는 사용 전에 소독한다.

국내 시설농가에서는 사용의 간편함과 가격을 고려하여 외국산 상토를 수입하여 육묘용 상토나 수경재배용으로 쓰고 있다. 외국 상토를 사용할 때에는 반드시 해당 작물에 적용시험을 거쳐서 사용해야 한다. 또한, 국내에서도 여러 곳에서 원예용 상토가 생산되는데 상토의 규격화가 미흡하여 앞으로 이에 대한 보완이 필요하다.

# 4·6 복합환경조절

시설원예에 있어서 작물의 생산과 품질을 향상시키기 위해 환경관리가 최우선 되어야 한다. 적정한 작물의 생육상태를 유지하기 위해서 지상부 환경과 근권부 환경을 조절해야 하는데, 지상부와 근권부의 환경의 균형을 동시에 최적화시켜야 작물의 최적 생육상태를 유지시킬 수 있다. 그러므로 복합환경제어는 지상부와 근권부 환경의 균형을 맞추기 위해 지상부의 환경은 외부 환경조건에 따라 내부의 환경을 조절하고, 근권부의 환경은 내・외부 환경조건에 따라 조절한다. 지상부의 주 환경요인은 온도와 습도이고, 근권부의 주 환경요인은 수분상태이다. 지상부의 온도와 습도는 환기・난방・가습을 통해 조절하고, 수경재배에서의 수분상태는 급액횟수, 급액량, 급액시간, 급액농도를 기상환경에 따라 달리 제어한다. 근권부 환경에서는 근권부의 온도조절이 필요하겠지만 작물의 재배시기, 재배방식이나 재배작물에 따라 근권부의 온도를 높거나 또는 낮게 조절할 필요가 있다.

온실 내부의 환경조절에 필요한 보정장치는 그림 4-63에서 보는 바와 같이 매우 많다. 이러한 보정장치의 작동은 복합환경제어기 내에 있는 소

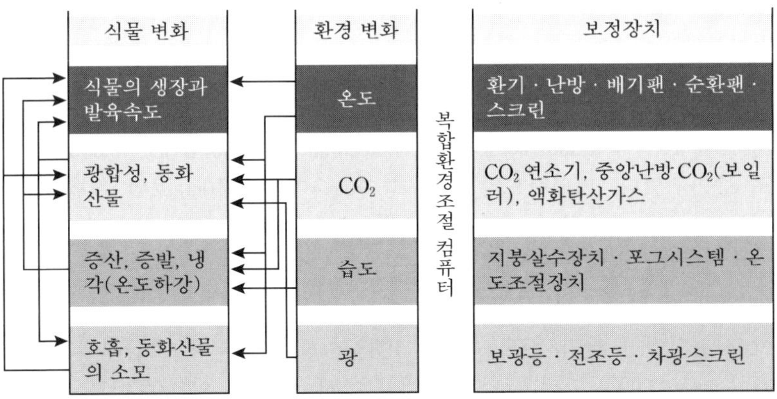


**그림 4-63** 최적 작물생육 조절을 위한 복합환경조절 컴퓨터의 역할 〈Hortimax, 2005〉

프트웨어에 의하여 이루어진다. 복합환경조절의 궁극적인 목표는 작물의 생육상태를 최적화시키는 것이며, 이와 동시에 에너지를 절감하는 것이다. 식물의 생육속도, 광합성 및 동화산물의 이동, 증산과 증발 및 식물체의 체온조절과 식물 또는 작물의 호흡량을 조절하여 식물의 생육상태를 최적화시키는데, 이러한 식물의 생육상태는 환경변화에 영향을 미치게 된다. 작물의 생육상태는 단적인 환경요인에 의하여 반응하지 않고 각 환경요인에 의한 상가적인 관계를 가지고 있기 때문에 복합적인 환경을 고려하여 작물의 생육상태를 조절해야 한다.

온실 내부의 환경은 온도, $CO_2$, 습도 및 광도를 환경제어 컴퓨터를 이용하여 최적화시킨다. 시설 내부의 온도는 환기 · 난방 · 배기팬 · 순환팬 및 스크린을 이용하며, 이산화탄소농도는 $CO_2$ 연소기, 액화탄산가스 공급장치에 의하여 조절한다. 시설 내부의 습도를 조절하기 위한 장치에는 지붕살수장치 · 포그시스템 및 온도조절장치들이 있고, 온실 내부의 광조절장치에는 보광등 · 전조등 및 차광스크린이 있다. 즉, 식물의 최적 생육조건을 맞추기 위해 복합환경조절 컴퓨터는 보정장치를 정밀하게 제어하여 온실 내부의 환경을 최적화하여 작물의 생육을 최적화하는 데 목적을 두고 있다.

여기에서는 온실의 복합환경조절 역사와 환경조절의 기본개념을 소개하고자 한다.

### 4·6·1 온실 환경조절의 역사와 현황

상업용 온실의 환경관리를 위한 컴퓨터 사용은 1975 년에 네덜란드에서 시작되었다. 그 후 네덜란드에서의 보급대수는 1977 년에는 약 1,000 대, 1980 년대에는 약 1,500 대, 1982 년에는 2,000 대, 1983 년에는 3,000 대 이상으로 증가되었다. 네덜란드의 온실 농가호수가 약 7,000 호인 것을 생각하면 상당한 보급대수라고 말할 수 있다. 한편, 영국 · 독일 · 벨기에 · 미국 등에서도 보급이 진전되고 있다.

일본에 있어서는 MYCON 시스템이 상업온실용으로 민간에서부터 시작되어 시판되었던 것이 1979 년이다. 1983 년 현재 일본에 보급되어 있는 온실관리 MYCON 시스템은 약 600 대라고 하며, 그중 약 500 대가 일반농가의 상업온실용으로 쓰이고, 나머지 약 100 대가 연구 교육기관이나 민간회사에서 쓰이고 있다.

작물별로 보면 오이·토마토 등의 채소용으로 약 300 대가 쓰이고, 장미·카네이션·난 등의 화훼용으로 약 300 대가 쓰인다고 한다. 온실의 종류로는 난방·환기 및 보온커튼 장비를 구비한 유리온실의 도입이 거의 대부분을 차지하고, 태양열을 이용한 난방온실은 30 대 정도로 보여진다.

한국에 있어서는 1990 년대 초반 벤로형 온실과 함께 도입된 네덜란드 PRIVA 와 Hortimax 의 환경제어시스템이 국내 시설원예 농가에서 운용중에 있으며, 국내에서 개발된 제품들을 보면, 농정사이버에서 개발한 그린넷과 그린씨에스에서 개발한 마그마가 시설원예 농가에 설치되어 운영 중에 있다. 인터넷을 기반으로 두고 있기 때문에 인터넷 연결이 가능하면 어느 곳에서든지 온실 내부의 환경을 모니터링하고 설정값의 변경을 가능하게 하여 사용자의 편리성을 제공하고 있다.

현재 보급되고 있는 환경제어 컴퓨터는 환경관리뿐만 아니라 양·수분관리기능도 포함하고 있으며, 에너지 관리기능도 내재되어 있다. 이는 필요에 의하여 하드웨어시스템이 발달하면서 소프트웨어의 발달이 동시에 이루어진 결과이다. 최근 보급된 기종의 환경제어 컴퓨터시스템은 다양한 형태의 입·출력값을 사용자가 원하는 형태로 출력하여 보정 및 제어를 용이하게 해주며, 환경변화에 따른 양·수분 관리도 가능하다.

### 4·6·2 복합환경조절 컴퓨터

#### (1) 하드웨어와 소프트웨어

복합환경조절 컴퓨터는 온도, 습도, 광, 이산화탄소와 공기유동의 프로세스를 제어하는 것이다. 환경제어 컴퓨터는 측정·계산 및 제어의 세 가지 기능을 수행한다. 측정은 온실 내부의 환경, 외부환경 및 각 장치들의 현재 상태가 센서를 통하여 이루어진다. 계산은 온실 내부의 환경을 최적화시키기 위해 장치의 상태 또는 장치들 위치의 측정값과 계산된 값을 비교하여 적합하지 못하면 재계산 하여 최적값을 구하며, 제어는 컴퓨터에서 계산된 값으로 조절하기 위해 공급온수 온도, 순환펌프, 온수혼합밸브, 보일러, 환기창, 인공광, 이산화탄소 공급을 제어하게 된다.

환경제어 컴퓨터는 크게 하드웨어와 소프트웨어로 나눌 수 있는데, 하드웨어는 컴퓨터 본체·키보드·모니터·프린터·마우스 등으로 나누어지며, 소프트웨어란 제어프로그램·측정값·설정값 등 컴퓨터 메모리에 들어 있는 모든 정보를 말한다. 환경제어 컴퓨터 내에 있는 소프트웨어를 바꾸는 것은 키보드나 마우스를 통해 이루어진다.

### (2) 측 정

시설 내·외부의 모든 환경변이는 센서에서 나오는 전류, 저항과 전압 값을 측정한다. 컴퓨터는 정보를 디지털신호로 받기 때문에 센서들이 출력하는 값이 아날로그인 경우는 아날로그신호를 디지털신호로 바꾸는 변환기가 반드시 필요하다. 예를 들어, 온도센서의 출력값이 0~5 V(또는 0~4 mA)이고 온도범위를 −10~40℃까지 측정할 수 있는 센서를 컴퓨터에 연결할 경우 컨버터를 이용하여 센서에서 측정된 아날로그신호인 전압이나 전류 값을 변환기를 이용하여 0 V(또는 0 mA)값은 −10℃에서 5 V(4 mA)를 40℃로 인식할 수 있을 것이다.

### (3) 다중통신장치

환경제어 컴퓨터는 많은 정보를 동시에 받아들여야 한다. 외부 기상정보인 풍향, 풍속, 광도, 강우 유무, 온도와 내부환경인 온실의 온도, 습도, 이산화탄소농도, 보일러와 파이프의 온도, 환기창 및 스크린의 위치 등을 계속 측정하게 된다. 온실은 여러 구역으로 나누어 환경제어가 가능한데, 온실을 5 구역으로 나누면 측정값의 수는 35~40 개나 된다. 측정빈도는 15~60 초 간격으로 측정하여 저장하고, 모든 측정값은 반드시 변환기를 거쳐 컴퓨터로 보내진다. 센서들에 의하여 보내진 아날로그신호는 다중통신장치(multiplexer)로 보내지고, 이 통신장치에 들어온 여러 개의 아날로그신호는 각 신호를 스위치를 통하여 컨버터로 전달하고 디지털신호로 변환시켜 컴퓨터의 메모리에 저장하게 된다.

### (4) 환경제어 컴퓨터의 메모리

복합환경제어 컴퓨터는 측정값을 수집한 후에 사용자가 입력한 설정값과 측정값을 비교하여 설정값이 근사치에 맞도록 계산된 값을 가지고 각 보정장치를 제어하게 된다. 환경제어 컴퓨터는 보정장치들을 15~60 초 간격으로 동작할 수 있도록 신호를 보내고 각 장치들의 측정값을 다시 중앙처리장치에 보내 설정값과 비교 분석하여 다음 신호를 각 장치들에게 보낸다. 이러한 과정을 제어루프라고 한다(그림 4-64 참조).

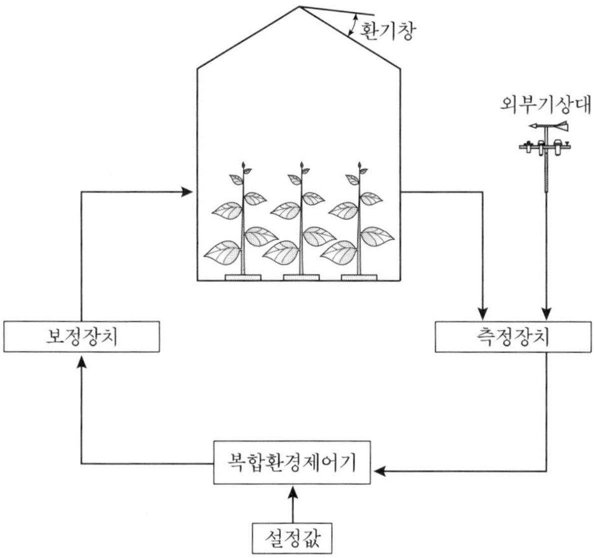


**그림 4-64** 복합환경조절기의 제어루프

### (5) 보정장치들의 제어

#### ① 파이프난방 또는 온풍난방

파이프난방의 경우에는 보일러와 버너, 보일러실에 있는 순환펌프와 온수혼합밸브, 온실 내부에 있는 순환펌프와 온수혼합밸브로 구성되고, 온풍난방의 경우에는 버너 · 보일러 및 팬으로 구성된다. 온수보일러의 버너는 보일러 안에 들어있는 물을 데우며, 온풍난방기의 버너는 보일러의 노통을 데우고 순환팬이 가동하여 온실 내부의 공기를 데운다. 온수보일러의 경우 온도가 올라간 온수를 순환펌프를 이용하여 온실 내부로 순환시키는데 시설 내부의 온도를 조절하며, 보일러로 다시 회수된 온수는 시설 내부의 필요한 열량을 계산하여 온수혼합밸브를 이용하여 필요한 온수의 온도를 조절하여 다시 온실로 공급하게 된다.

그림 4-65 에서 보는 바와 같이 온수난방시스템과 환경제어 컴퓨터는 온실 내부의 온도가 난방온도 이하로 내려가면, 환경제어 컴퓨터는 필요한 난방요구도를 계산하고, 난방온도 이상의 온도로 보정하기 위해 필요한 열량을 계산하고 온실 내부의 필요한 온수온도를 공급하기 위해 순환펌프를 가동시킨다. 온실로 들어가는 온수의 온도를 측정하여 계산된 온수의 온도보다 공급되는 온수의 온도가 낮으면 혼합밸브를 조금씩 열어 온수의 온도를 조절한다. 온실 내부

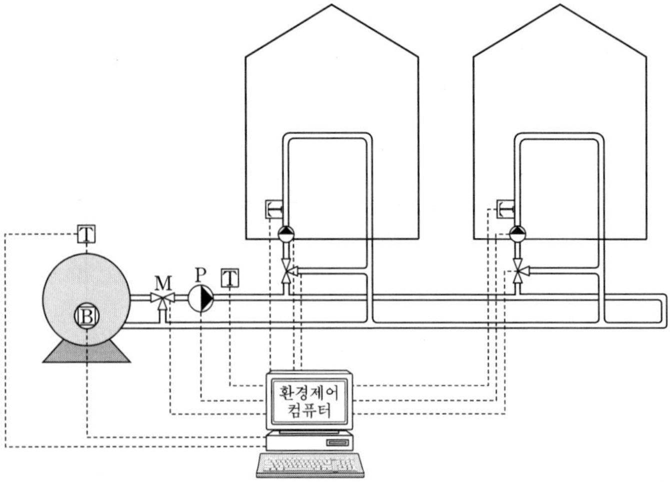


**그림 4-65** 보일러, 버너(B), 혼합밸브(M), 펌프(P), 온도계(T)가 설치된 온수난방시스템과 복합환경제어 컴퓨터

에 온도가 설정온도 범위에 들어오면 밸브를 잠그고, 순환모터를 OFF 시킨다.

보일러의 온도는 보일러 자체에서 조절되며, 보일러 옆에 있는 온수혼합밸브는 환경제어 컴퓨터에 설정된 온수온도의 최소값과 최고값의 범위 내에서 온수파이프 온도를 제어하기 위해 사용된다. 온수혼합밸브의 개폐를 위해 전기신호를 몇 초 동안 보내어 ON/OFF 를 지속적으로 하는데, ON/OFF 의 신호는 환경제어 컴퓨터에서 계산된 온수파이프의 온도에 도달할 때까지 계속 반복된다. 반면, 순환펌프는 환경제어 컴퓨터에서 펌프의 스위치를 작동시키거나 멈출 수 있게 되어 있다. 온실의 난방요구도가 있을 경우 펌프는 작동하고, 일반적으로 온실의 난방온도보다 0.5~1.0℃ 이상 되면 펌프는 멈춘다. 난방온도 이상 되었더라도 펌프의 ON/OFF 스위치를 온실의 난방온도에 도달한 시점부터 작동시키는 시간을 지연 또는 단축시킬 수도 있다. 여름철 난방요구도가 없는 경우에는 펌프를 오랫동안 사용하지 않으며, 잘 작동하지 않기 때문에 환경제어기는 펌프를 보호하기 위해 매 24 시간마다 몇 분간 가동시키게 할 수 있다.

#### ② 환기창 제어

환기는 온실 내부의 온도, 습도(수증기) 및 $CO_2$ 농도에 영향을 준다. 환경조절 컴퓨터는 환기창의 개폐율을 계산하고 측정한다. 컴퓨터는 설정값을 기준으로 하여 시설 내부의 온도와 습도, 풍속, 풍향, 광도 및 광량, 강우 유무의 모든 경우 값을 고려하여 계산된 값과 측정값의 차이를 가지고 몇 초 동안 환기창을 열거나 닫는다. 시설 내부의 습도가 높은 상태이거나 작물의 증산작용을 촉진시키기 위하여 환기창(換氣窓) 개도율(開度率)을 일정하게 유지시킬 수 있으며, 외부온도 또는 풍속에 따라 개폐율을 자동으로 변화시킬 수 있다. 예를 들어, 최소 환기창 개도율이 외부온도 8℃일 때 0%, 외부온도 18℃일 때 20%로 8~18℃ 범위 내에서 0%부터 20%까지 비율적으로 증가하게 설정할 수 있다. 또한, 풍속의 범위를 설정하여 풍속이 0~5 m/s 범위, 5~10 m/s 범위와 10 m/s 이상일 때 각각 다르게 최소 환기창의 개폐율을 변화시킬 수 있다(그림 4-66 참조).

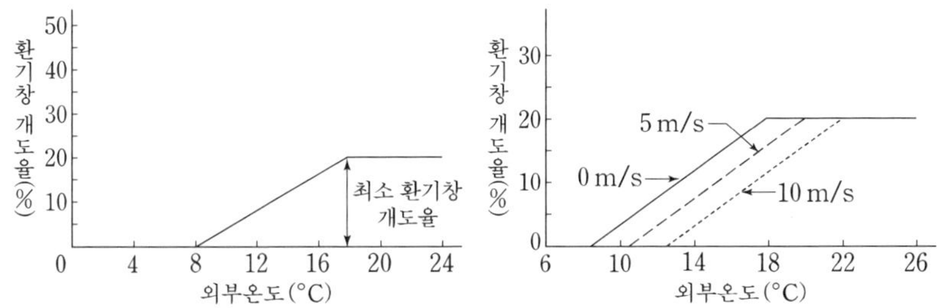


**그림 4-66** 외부온도와 풍속에 따른 최소 환기창 개도율

환기창은 통상 바람 부는 방향의 정창(正窓; windside)과 바람 부는 방향과 반대방향의 역창(逆窓; leeside)으로 나누어지며, 역창을 우선적으로 사용한다. 컴퓨터는 환기창의 열림 정도를 0%에서 100%까지 원하는 대로 지시할 수 있다. 측정한 온실온도를 설정값과 비교하여 환기창의 개폐를 제어하는데, 이때 환기창의 개폐위치를 계산하는 것이 p-band이다. p-band란 창을 100% 여는

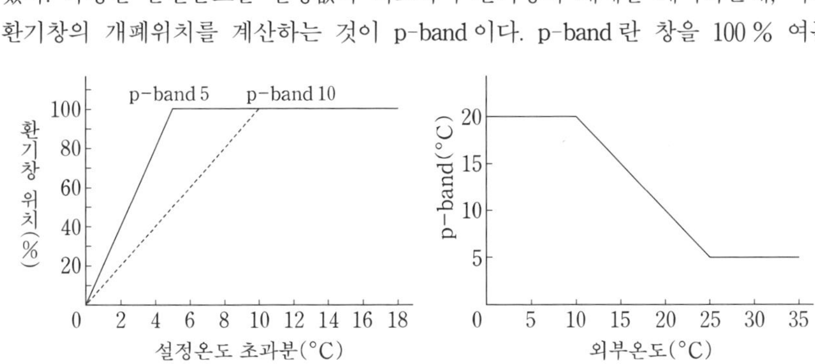


**그림 4-67** p-band에 따른 환기창 면적 및 외부온도에 따른 p-band 설정

데 설정온도로부터 초과분만큼에 해당되는 온도를 섭씨로 나타낸 범위를 뜻한다. 즉, 1℃ 만큼 실내온도가 높을 때 창의 열림면적이 수 % 씩 증가하게 된다. 또한, 외부온도가 낮은 시기는 급격한 환기의 변화를 억제하기 위해 높은 p-band 값이 필요하고, 고온기에는 환기속도를 빨리 해주어야 하기 때문에 p-band 값을 낮게 설정하게 된다.

③ **환기와 난방제어**(온도제어)

복합환경조절 컴퓨터의 온도제어를 위해 난방시스템과 환기시스템을 제어한다. 난방과 환기의 기본온도 설정값은 일출과 일몰을 기점으로 하고 주간과 야간으로 나누어지며, 주·야간 난방온도와 주·야간 환기온도를 각각 설정한다. 야간에서 주간으로 넘어가는 기간에는 온도가 급격히 증가하지 않도록 일반적으로 온도변화를 매시간당 1℃ 씩 증가하도록 설정하고, 주간에서 야간으로 넘어가는 기간에는 매시간당 2℃ 씩 하강하도록 설정하며, 작물의 생육상태나 외부 환경조건에 의하여 조절할 수 있다.

그림 4-68 에서 주간 환기온도는 22℃, 야간 환기온도는 20℃ 설정과 일출 전 07 : 00 까지는 환기온도를 20℃ 로 하고 시간당 환기온도를 1℃ 증가시켜 09 : 00 의 환기온도를 주간 환기온도에 도달시키게 한다. 난방온도는 환기온도보다 낮게 설정하고, 온도변화는 환기온도변화 설정과 동일한 방법으로 선택할 수 있다.

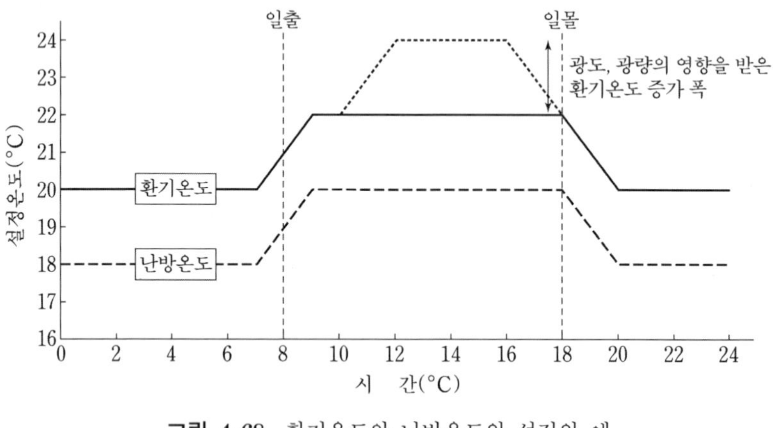


**그림 4-68** 환기온도와 난방온도의 설정의 예

환기온도와 난방온도의 차이를 사역(死域 ; dead zone)이라고 하는데, 시설 내부의 온도가 사역에 있다면, 난방과 환기가 되지 않아 시설 내부의 환경이 변화가 없다는 표현이다. 난방을 하는 동안 시설 내부의 온도편차가 작을 경우에는 난방과 환기온도 편차를 작게 하고, 온도편차가 큰 경우에는 사역폭을 크게 한다. 일반적으로 외부온도와 내부 난방시스템의 종류에 따라 사역의 온도폭은 0.5~2℃ 이내로 한다. 식물의 생육상태에 따라 광량이나 광도에 의하여 환기온도와 난방온도를 자동으로 변경시킬 수 있다. 24 시간평균온도와 오후에 습도를 증가시킬 목적으로 환기창의 온도를 외부 광도나 광량에 의하여 증가시킬 수 있다. 겨울철에 시설 내부의 온도를 광도나 광량에 의하여 증가시키면 에너지 절감도 꾀할 수 있다.

### ④ 스크린 제어

온실에서의 스크린은 광주기 제어, 에너지 절약 및 차광용으로 쓰며, 스크린은 에너지 절약과 차광 또는 광주기 제어와 에너지 절약의 두 가지 기능을 가지고 있다. 환경제어 컴퓨터의 스크린 제어는 천창개폐 제어와 달리 열고 닫는 시간을 이용하여 ON/OFF 제어를 한다. 개폐의 정도를 계측하는 센서를 사용하지 않기 때문에 수동으로 스크린을 열거나 닫았을 경우 환경제어 컴퓨터가 계산한 스크린의 위치가 달라진다. 스크린은 일출과 일몰 시간, 일장, 외부온도, 시설 내부의 습도, 광도, 광량 등의 영향을 받아 개폐속도를 조절할 수 있는 기능을 가지고 있다. 또한, 스크린의 종류와 기능에 따라 에너지 절감률과 차광률이 다르며, 스크린을 닫았을 경우 스크린 상하의 공기흐름에 따라 환경제어 컴퓨터의 설정값을 달리해야 한다. 복합환경제어기가 없다면 보온스크린의 개폐는 수동 또는 시간에 의한 작동을 하겠지만, 복합환경제어기를 이용하면 좀더 복잡한 제어가 가능한데, 스크린의 개폐 유무를 외부온도, 시설 내부의 습도, 광도, 풍속, 난방시스템과 복합적인 제어가 가능하게 한다.

### ⑤ $CO_2$ 시용 및 제어

이산화탄소는 $CO_2$ 발생기, 액화탄산가스, 보일러의 연소가스를 이용하여 시용할 수 있다. 환경제어 컴퓨터는 $CO_2$ 시용시스템을 컴퓨터에 설정된 값과 비교하여 측정된 온실 내부의 $CO_2$ 농도 차이에 의하여 ON/OFF 시킬 수 있다. 환경제어 컴퓨터에 $CO_2$ 농도를 설정하면 환기창의 개도율과 광도에 의하여 그 값을 자동으로 변경시킨다. 작물은 광도가 증가하면 $CO_2$ 요구량이 높아지므로 고농도의 $CO_2$ 를 시용하는 것이 식물의 생육에 효과가 있을 것이다. 하지만 광도가 높아지면 시설 내부의 온도가 증가하기 때문에 환기온도 이상의 온도에 도달하면 천창(天窓)이 열리고 시용된 $CO_2$ 는 환기창으로 손실되기 때문에 경제적으로 손해이다. 그러므로 $CO_2$ 농도는 간접적으로 시설 내부온도의 영향을 받게 된다. 환기창의 개폐율에 따라 환경제어 컴퓨터는 $CO_2$ 농도를 조절하여 경제적 손실을 최소화하고 식물생장을 촉진시킬 수 있어야 한다. 예를 들어, 바람 부는 쪽의 환기창이 닫혀져 있고 그 반대방향의 환기창 개폐율이 10 % 일 때 $CO_2$ 설정농도가 400 ppm 이었다면 30 % 일 경우 350 ppm, 50 % 이상일 경우 300 ppm 으로 하면 높은 천창 개폐율에서는 $CO_2$ 시용을 최소화할 수 있을 것이다(그림 4-69 참조).

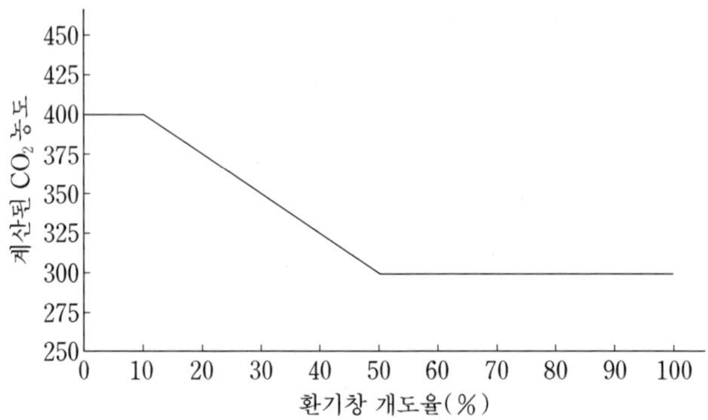


**그림 4-69** 환기창 개도율에 따른 $CO_2$ 설정값의 수정

### ⑥ 습도제어

온도와 습도는 상호 밀접한 관계에 있다. 난방과 환기는 최적온도를 제어하게 되는데, 이는 또한 습도제어에도 활용된다. 작물생육에 필요한 최적 온도와 습도를 복합환경제어기가 동시에 제어할 수 있도록 각 설정값을 사용자가 입력해 주어야 한다.

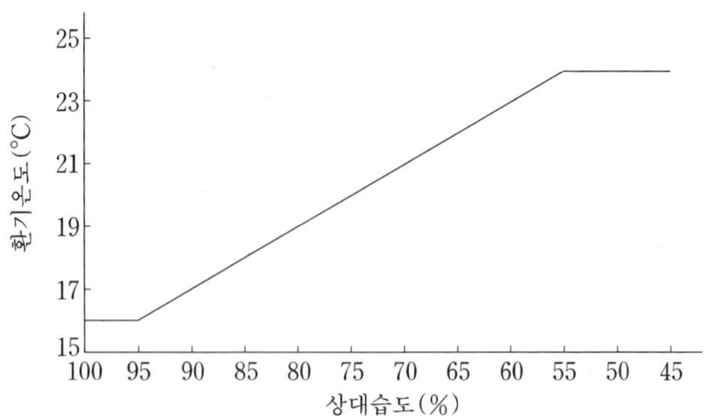


**그림 4-70** 시설 내부의 상대습도에 따른 환기온도

예를 들어, 현재 시설 내부온도는 높고 습도는 낮은 상태인 온실에서, 환기창을 더 열어 적정온도 범위로 조절하였지만 습도는 더 낮아질 것이며, 낮은 습도를 올리기 위해 환기창을 약간 닫았다면 내부에 있는 수증기 배출량이 적어 일정 습도는 유지시킬 수 있을 것이다. 이러한 복합적인 문제는 복합환경제어 프로그램에 있는 온실 내부의 습도에 의한 환기온도 설정을 하여 해결할 수 있을 것이다.

내부습도가 낮을 경우에는 환기온도를 증가시키고, 내부습도가 높을 경우에는 환기온도를 감소시켜 시설 내부의 습도를 환기온도에 의하여 조절할 수 있도록 한다(그림 4-70 참조).

## ◇ 참 고 문 헌 ◇


1. 김용현, 배종향, 손정익, 이용범, 장홍기, 전하준, 정병룡. 2003. 생물환경조절공학. 향문사.
2. 노건길, 서원명 공역. 1998. 컴퓨터에 의한 온실환경제어. (사)한국첨단농업시설협의회.
3. 문 원, 이승구. 2001. 재배식물생리학. 한국방송통신대학교 출판부.
4. ———, 손정익, 이병일, 2004. 시설재배학. 한국방송통신대학교 출판부.
5. 박권우. 1989. 채소품질향상을 위한 시비 및 수분관리기술. 채소품질향상을 위한 기술적 대응방안(농촌진흥청 원예시험장 심포지움).
6. ———, 김영식. 1998. 양액재배. 아카데미서적.
7. 이병일 외 14 명. 1993. 신제 시설원예학. 향문사.
8. ——— 외. 2004. 시설재배학. 한국방송통신대학교 출판부.
9. ———, 유근창, 이정명, 박한영, 문 원, 이용범, 김광용, 박권우, 양용준. 2008. 삼고 채소원예총론. 향문사.
10. 이정필 외 4 명. 2005. 시설환경조절과 파프리카 재배기술. 시온.
11. 古在豊樹 外. 1995. 新施設園藝學, 朝倉書店, 東京, 日本.
12. 農林水産技術會議事務局 監修. 1980. 施設園藝の省エネルギ-新技術. 農林水産技術情報協會(社).
13. 稲田勝美. 1984. 光と植物生育, 養賢堂, 東京, 日本.
14. 三原義秋 編著. 1980. 溫室設計の基礎と實際. 養賢堂.
15. 西貞夫 編輯. 1987. 新訂施設園藝ハンドブック. 日本施設園藝協會(社).
16. 小澤行雄. 1988. 園藝施設學入門. 川島書店.
17. 矢吹萬壽 外. 1983. 施設園藝學. 朝倉書店.
18. ————. 1985. 植物動的環境. 朝倉書店.
19. 園藝試驗場. 1980～1987. 試驗研究報告書.

20. 日本施設園藝協會. 1997. 最新 施設園藝의 環境制御技術, 誠文堂新光社, 東京, 日本.
21. ——————. 1998. 施設園藝ハンドブック. 園藝情報センター. 東京. 日本.
22. BAKKER, J.C., BOT, G.P.A., CHALLA, H. & N.J. van de BRAAK. 1995. Greenhouse climate control. An intergrated approach. Wageningen Press.
23. HANAN, J.J. 1998. Greenhouses. CRC.
24. KAMP, P.G.H. & G.J. TIMMERMAN. 1996. Computerized environmental control in greenhouse a step by step approach. PTC$^+$ ede.
25. LAURIE, A., KIPLINGER, D.D. & K.S. NELSON. 1979. Commercial flower forcing. 8th ed. New York : McGraw-Hill.
26. NELSON, P.V. 1991. Greenhouse operation and management. Prentice Hall.
27. SPLITTSTOESSER, W.E. 1984. Vegetable growing handbook. AVI Pub. Co.

# 제5장 수경재배

## 5·1 수경재배 개요

### 5·1·1 수경재배의 정의

수경재배(水耕栽培; hydroponics)는 미국의 게리크(GERICKE, 1937)가 만들어낸 용어로서, 그리스말로 'hydro(물)'와 'ponos(노동)'의 합성어이다. 토양을 사용하지 않고 암면이나 펄라이트와 같은 인공배지에 배양액을 공급하거나, 배지를 사용하지 않고 배양액만으로 식물을 기르기 때문에 무토양재배(soilless culture)라고도 하며, 일본에서는 이를 양액재배(養液栽培; nutrient culture)라고 한다. 우리나라에서도 '양액재배'라는 용어를 혼용하고 있으나, '수경재배'라는 용어를 표준어로 사용하도록 권장하고 있다. 현재 수경재배는 '토양 이외의 배지(培地; medium, substrate) 또는 무배지에서 식물을 기르는 재배법'이라고 정의하고 있다.

### 5·1·2 수경재배와 토양재배의 비교

일반적으로 수경재배의 영양학적 장점은 영양분이 식물체가 이용할 수 있는 상태로 배양액 내에 녹아 있고, 이들의 공급과 제어가 쉽게 조절될 수 있으며, 어떠한 독성물질도 나타날 위험이 전혀 없다는 것이다. 반면에 양분이 부족할 경우 인공적으로 첨가해 주어야 하고, 다량공급에 따른 완충작용(緩衝作用)이 없으며, 공기가 부족하고, 뿌리가 착근되지 않는다는 단점이 있다.

토양재배에서는 토양이 영양소와 느슨히 결합되어 있고 부족분을 토양에서 스스로 공급시키며, 다량으로 시비하더라도 완충작용이 있고, 통기성이 좋으며, 뿌리가 토양에 의하여 고정되는 장점이 있다. 단점으로는 필요양분의 결핍이 일어나기 쉽고, 양분이 불용화되거나 뿌리가 직접 양분을 찾아

〔표 5-1〕 토양재배와 수경재배의 비교

| 항 목 | | 토양재배 | 수경재배 |
|---|---|---|---|
| 재배면적 | 연작장해 | 발생함 | 발생하지 않음 |
| | 잡초방제 | 잡초가 많아 제초작업 필요 | 잡초제거가 필요 없음 |
| | 병충해 | 많은 토양전염성 병원균, 선충, 해충 때문에 윤작함 | 배지 내에 병해충이 없고 윤작이 필요 없으며, 외부 병원균이 침입하면 만연되기 쉬움 |
| | 재식밀도 | 영양분과 광량 때문에 제한받음 | 제한요인이 광량뿐이어서 밀식이 가능함 |
| | 배지소독 | 노동력과 장시간이 요구되며, 완전소독이 불가능함 | 단기간 소요되며, 간단함 |
| | 시비 | 시비량이 많고, 균등시비가 어려우며, 이용효율이 낮음 | 시비량이 적고, 균등시비가 가능하며, 이용효율이 높음 |
| | 정식 | 이식과 정식에 많은 시간을 요구하며, 정식장해가 나타나고 정지작업이 힘듦 | 이식과 정식이 간편하며, 이식 및 정식장해가 적고 특별한 정지작업이 필요 없음 |
| 재배환경 | 위생 | 비위생적인 경우가 많음 | 위생적임 |
| | 자동화 | 어느 정도 가능함 | 대부분 가능함 |
| | 재배지 | 한정됨 | 한정되지 않음 |
| | 편리성 | 불편함 | 편리함 |
| 식물 생육 | 식물 영양 | 변동이 심하며, 국부적인 양분부족이 일어날 수 있고, 양분의 조절이 어려움 | 적정량을 균일하게 조절하며 공급할 수 있고, pH나 양분의 조절이 쉬움 |
| | 토양수분 | 수분스트레스를 받기 쉽고, 물 이용효율이 낮음 | 수분스트레스가 거의 없고, 물 이용효율이 높음 |
| | 과실품질 | 부적절한 환경으로 품질이 떨어지기 쉬움 | 품질, 수송성, 저장성을 높일 수 있음 |
| | 식물 생육 | 늦음 | 빠름 |
| | 수확량 | 보통 | 많음 |
| | 무공해 | 어려움 | 쉬움 |
| | 시설비 | 저렴함 | 고가임 |
| | 지식수준 | 요구도 낮음 | 요구도 높음 |
| | 지출내역 | 인건비의 비율이 높음 | 설비비의 비율이 높음 |

자라야 하며, 양분의 합리적 조절이 어렵고, 때때로 독성물질이 생성되는 문제가 있다.

이상과 같은 영양학적인 특징의 차이 외에 토양재배와 수경재배의 명확한 차이점은 표 5-1과 같다. 토양재배보다 수경재배에서 일반적으로 식물의 생육이 빠른데, 그 이유 중 하나로 물이 충분히 공급된다는 점을 들 수 있다. 광합성의 한계요인으로는 $CO_2$, 빛, 물 등이 있는데, 한 분자의 $CO_2$를 고정하는 데는 70배 정도의 물을 흡수해야 한다. 수경재배에서는 물부족으로 기공이 닫히는 경우가 드물기 때문에 광합성속도가 높아 생육이 빠르다고 볼 수 있다. 이에 따라 수경재배 토마토는 토양재배 때보다 수확량을 20~25% 증가시킬 수 있다고 알려져 있다.

### 5·1·3 수경재배의 필요성

세계적으로 상공업의 발전과 그에 따른 도시와 농촌의 소득격차는 노동력의 도시 집중화를 가속화시켜 농촌 노동력의 급속한 감소를 초래하였으며, 공업화에 따른 관개수와 토양 및 환경의 오염은 품질 좋은 농산품을 요구하기에 이르렀다. 이와 같은 농촌 노동력의 감소와 고품질 상품의 요구는 작물의 품질제어가 가능하고 자동화가 가능한 수경재배에 관심을 갖게 하였다. 아울러 최근에는 도시의 거대화와 인구증가는 경지면적의 협소화를 가져와 토지 및 공간의 고도이용이라는 측면에서 수경재배를 근간으로 하는 식물공장이라는 최첨단 생산시스템이 개발되었다. 이러한 방법으로 농산물을 공산품처럼 일련의 과정을 통해 외부의 기후환경에 제한을 받지 않고 계속해서 생산할 수 있게 되었다.

이와 같은 식물공장에 대한 지식을 기초로 하여 우주선 내에서의 식물재배 가능성과 몇 개월씩 수중에 있는 잠수함 승선 승무원들에게 신선한 작물을 재배, 공급하기 위한 연구 등이 행해지게 되었다. 뿐만 아니라, 식물재배가 불가능한 사막이나 산악 등 불모지의 농업적 이용이라는 측면에서도 수경재배의 가능성은 무한하다. 예를 들어, 사막에서는 바닷물의 염분을 제거하거나 물을 수송하여 온실 내에서의 수경재배로 작물을 연중 생산할 수 있게 되었다.

신선 농산물의 연중 수요는 꾸준히 증가하여 시설면적의 증대를 가져왔고, 토양에서 연작에 따른 토양전염성 병과 해충의 증가가 심화되어 토양

소독 없이는 작물재배가 어려운 상황으로 전개되었다. 시설재배 연구 및 생산 농가에서는 이러한 문제 해결의 실마리를 수경재배에서 찾게 되면서 그 이용이 급속히 증가되어 왔다.

수경재배에 대한 필요성을 열거하면 다음과 같다.

1) 생산자 측면에서의 필요성
   a. 노동력 부족 및 인건비 증가로 자동화 필요성이 대두
   b. 인구증가 및 공업의 발달로 생산성 증대 및 고품질 생산이 필요
   c. 재배 불가능 지역에서의 재배 필요성
   d. 각종 설비의 농업에 대한 적용
   e. 연작장해 및 작물 생산환경의 개선
   f. 주년생산에 의한 소득증대
   g. 여가시간의 확보
2) 소비자 측면에서의 필요성
   a. 해충이 없고 공해가 없는 안전한 농산물에 대한 소비자 욕구의 증대
   b. 고품질이며 안전한 농산물의 연중 수요증가
   c. 부족한 농산물의 안정적 공급

이상과 같이 수경재배는 고품질의 작물생산이라는 국민보건적 요구뿐만 아니라 생력적 농법, 토지의 고도 이용, 불모지 같은 특수 환경에서의 식물 생산이라는 여러 가지 이점 때문에 근래 눈부시게 발전하였다. 외국에서 수경재배의 급속한 발달에도 불구하고 국내에서 저조한 이유는 시설비가 농가에서 부담하기에는 벅찰 정도로 일시에 많이 요구되며, 아직까지 농산물의 제값받기가 정착되지 않았기 때문이다. 뿐만 아니라, 가장 중요한 수경재배용 비료의 저가공급이 이루어지고 있지 않으며, 수경재배용 전용 품종 육성 등에 대한 연구가 미진하기 때문인 것으로 본다.

그래서 국내의 수경재배 발전을 위해서는 정부에서 지속적이고 대폭적인 시설비의 지원과 더불어 농가에 대한 수경재배 기술교육의 실시, 저렴한 수경재배용 비료의 생산과 알맞은 품종 육성이 이루어져야 할 것이다. 아울러 농산물 유통체계의 현대화 등으로 품질에 따른 가격 차별화가 필요하며, 농가소득을 증대시킬 수 있는 정책이 병행되어야 한다. 그리고 무엇보다 중요한 것은 수경재배를 시작하는 농가가 수경재배 전반에 대해 충분한 지식을 갖지 않고 시작하면 토양재배에 비해 위험부담이 많다는 것을 잊어서는 안 된다.

### 5·1·4 수경재배 장소의 선택조건

수경재배는 토양재배보다 여러 가지 면에서 유리하지만 가장 큰 문제는 현실적으로 시설비가 많이 소요되므로 농장을 설치하는 데는 다음과 같은 사항들을 고려하여 실패의 위험을 극소화시켜야 영농의 합리화를 기할 수 있다.

1) 기후환경
  a. 일소량이 충분한 지역을 선택한다.
  b. 동쪽, 남쪽, 서쪽으로부터 최대한 광선을 받으며, 북쪽은 바람을 막을 수 있어야 한다.
  c. 강한 바람이 부는 곳, 적설량이 많은 곳은 피한다.
2) 토 양
  a. 선정지역은 수평이거나 수평을 만들기가 용이해야 한다.
  b. 배수가 용이해야 하고, 시간당 최소한 2.5 cm는 침투해야 한다.
3) 용 수
  a. 식물 한 그루당 1일 2 L 이상의 양질의 물을 공급할 수 있어야 한다.
  b. 관개수의 중금속 또는 생활오수에 의한 오염이 적은 곳을 택해야 한다.
4) 사회적 환경
  a. 가스 · 전기 · 전화 등을 사용하기 용이한 곳이 좋다.
  b. 도매시장이 있는 인구밀집지역까지 교통이 편리한 지역이 요구된다.
  c. 기후가 나쁠 때 온실관리가 편리하도록 거주지가 인접해야 한다.
  d. 수확, 분류, 포장 등을 위해 필요한 노동력을 쉽게 구할 수 있어야 한다.
  e. 토지 임차료가 저렴해야 한다.
  f. 단지화가 되어 있는 곳이 유리하다.

### 5·1·5 수경재배의 역사

사람이 식물을 물에 넣고 재배한 역사는 매우 오래되었다. 그러나 오늘날과 같은 수경재배의 역사는 17세기부터 그 유래를 찾아볼 수 있다. 수경재배에 대한 기초를 닦은 것은 주로 19세기 독일을 중심으로 이루어졌으나, 실용화는 미국에서 이루어졌다. 즉, 1921년 펨버(PEMBER)와 아담스(ADAMS)는 온실 카네이션으로 사경재배(砂耕栽培 ; sand culture)를 하였다.

1929년 캘리포니아농업연구소의 게리크(GERICKE) 등은 순수수경재배인 물탱크재배(tank culture)를 발전시켰는데, 이것이 수경재배를 원예생산에 이용하는 효시가 되었다. 게리크는 1940년 그가 오랫동안 실험한 것을 토대로 '무토양재배의 완벽 지침서(*The Complete Guide to Soilless Gardening*)'를 펴내기도 하였다. 게리크 이후에 미국뿐만 아니라 다른 나라에서도 많은 연구가 진행되었다. 이와 같이 수경재배에 관한 연구가 주로 미국인들을 중심으로 이루어진 것은, 미국에서 1936년 전후로 역경재배(礫耕栽培, 자갈재배)를 비롯한 많은 연구가 진행되는 동안 유럽에서는 그 연구가 비교적 천천히 이루어진 데 원인이 있었다고 본다.

1940년 초에 일본과 전쟁을 하던 미국 군대는 게리크의 수경재배법을 응용하여 남태평양의 바위섬에서 채소를 생산하여 미군들에게 공급하였다. 미군은 제2차세계대전 후에도 수경재배를 계속하였는데, 1946년에 일본의 조후시(調布市, 22 ha)와 사가현 오쓰시(佐賀縣 大津市, 10 ha)에서 미군이 역경재배를 실시한 것이 일본에서 수경재배가 시작되는 계기가 되었다. 그 당시 미군의 역경시설은 모두 'Hydroponic Farm'이라고 불렀다. 전쟁이 끝난 후 1950년대부터 군납이 아니라 본격적으로 상업적인 수경재배가 이루어졌고, 이탈리아 · 프랑스 · 영국 · 독일 · 스웨덴 · 러시아(구 소련) · 이스라엘 등에서 잇따라 실용화되기 시작하였다. 일본에서는 역경재배를 시작으로 1964년에는 구리하라(栗原)에 의하여 우레탄 배지가 소개되었고, 1970년에는 쓰노(津野)에 의하여 훈탄경이 개발되었다.

1955년에는 네덜란드 슈베닌겐(Scheveningen)의 제14차 국제원예학회에서 국제무토양재배학회(International Society for Soilless Culture, ISOSC)가 최초로 열리게 되었다. 그 당시 무토양재배학회를 이끌었던 사람들은 홈스(HOMES), 페닝스펠트(PENNINGSFELD, 독일), 그리고 슈타이너(STEINER, 네덜란드) 등이다. 수경재배는 국제무토양재배학회가 결성되면서 이 학회를 중심으로 많은 연구활동이 이루어졌으며, 실용적인 대규모의 수경재배가 네덜란드 농가를 중심으로 중요한 생산시스템으로 확립되었다.

### 5·1·6 수경재배의 국내 · 외 현황

#### (1) 외국의 현황

수경재배의 상업적 이용의 역사는 겨우 60여 년에 불과하지만 그 발전

정도는 눈부시다고 할 수 있다. 특히, 1950 년대 말부터 플라스틱이 농업에 이용되면서 시설원예는 급속히 발전하였으며, 1970 년대 화학공업의 발달로 새로운 재배용 배지와 플라스틱제품이 개발되면서 발전속도는 더 빨라졌다.

서구에서는 다년간 고정된 유리온실 내에서 연속적으로 식물을 재배해 왔기 때문에 연작장해(連作障害)가 크게 문제되었는데, 시설자재의 발달과 함께 연작장해의 회피방법으로 농가에서 수경재배에 대한 관심을 갖게 되면서 그 발달은 더욱 가속화되었다. 특히, 1973 년에 영국 온실작물연구소의 쿠퍼(A. COOPER)에 의하여 생력적(省力的)인 박막수경(薄膜水耕 ; nutrient film technique, NFT)이 개발되어 1970 년대 초의 에너지 위기를 넘기면서 수경재배에 대한 관심은 고조되었다. 그러나 NFT 는 펌프의 고장, 정전 등에 의한 사고, 그리고 여름철에는 근권이 고온이 되어 뿌리썩음병이 나타나는 등의 문제점 때문에 상추와 토마토 재배에만 이용될 뿐 큰 진전이 없었다. 반면, 1970 년 덴마크의 그로단(Grodan)사에서 개발한 암면재배(岩綿栽培 ; rockwool culture)가 네덜란드에 본격적으로 보급되면서 유럽에서는 암면재배가 많이 이용되게 되었다. 특히, 네덜란드는 과채류 · 장미 · 거베라 등에 대해서는 대부분의 수경재배 농가가 암면재배를 이용하고 있다.

1994 년 유럽의 시설재배 면적은 약 52,337 ha 이며, 이 중 17.3 % 에 해당하는 9,057 ha 가 고형배지경이고, 3.1 % 에 해당하는 1,605 ha 가 NFT 이다. 채소작물의 경우 수경재배 면적은 6,624 ha 이며, 이 중 97.2 % 가 고형배지경이다. 고형배지경(固形培地耕) 중에서는 단연 암면재배가 주종을 이루고 있으며 펄라이트, 코이어 및 피트 재배가 그 다음을 차지한다. 2000 년대 들어 유럽의 시설재배 농가는 연작장해 문제의 해결, 작물의 생산성 및 품질 향상을 위한 시설투자가 대규모로 이루어지면서 시설면적의 증대와 더불어 수경재배 면적도 급속히 증대되었다. 최근 유럽 전체의 채소 수경재배 면적 가운데 절반 정도를 네덜란드가 차지하며 화훼작물은 80 % 이상을 차지하고 있다.

캐나다와 미국에서는 초기에 피트 · 모래 · 모스와 톱밥을 사용하였으나, 현재는 암면과 코이어를 중심으로 한 배지재배로 바뀌었다. 그 이유는 네덜란드의 영향으로 생산성과 고품질의 원예농산물 생산을 목적으로 한 대규모 온실이 들어서면서 지속적으로 재배면적이 증가하고 있기 때문이다. 일본의 수경재배 면적은 약 2,000 ha 로 최근 재배면적이 유럽 어느 나라보다 급속히 증가하고 있다.

### (2) 한국의 현황

우리나라의 수경재배 역사는 매우 짧다. 1954 년 중앙농업기술원에 10 ha 정도의 온실을 만들어 수경재배를 시작하였으나, 그 후 20 여 년 동안 전혀 연구가 이루어지지 않았다. 1970 년대 초부터 고려대학교의 김용철 교수 연구실에서 관비농법에 의한 사경재배법을 개발 연구한 것을 시작으로(김, 1983), 1977 년 이후 원예시험장(현 원예연구소)에서 순수수경에 대한 연구를 본격화하고, 1989 년에는 간이 식물공장의 실험에 이르기까지 연구의 급속한 발전을 가져왔다. 이와 같은 연구에 힘입어 1980 년대 초에 독농가들이 일본의 훈탄수경법 등을 도입하였으나 경제성이 없어 실패하였다. 몇몇 농가에서 역경재배와 순수수경 등을 실시하기는 하였지만 1990 년 초까지 그 면적은 약 10 ha 정도로 외국에 비해 극히 낙후되어 있었다. 수경재배 면적은 1991 년부터 시행된 농업구조개편사업에 의하여 국가에서 적극적으로 지원함으로써 급격히 증가하게 되었다. 그 재배면적은 1992 년 13 ha 에서 1996 년 275 ha 로 4 년 사이에 20 배나 늘어났으며, 최근에는 농산물의 수출증가에 힘입어 급속한 재배면적의 증대가 이루어져 1,100 ha 이상을 나타내고 있다.

이와 같은 급속한 면적의 증가에도 불구하고 수경재배에 대한 지식은 부족하여 초기에 많은 시행착오를 겪었으나 점차 재배기술이 안정화 단계에 있다. 국내 수경재배 산업은 아직 수경재배용 품종의 개발과 배양액 공급기술이 미진하고, 생력적인 자동제어기술의 보급이 낮다. 또한, 유통과정에

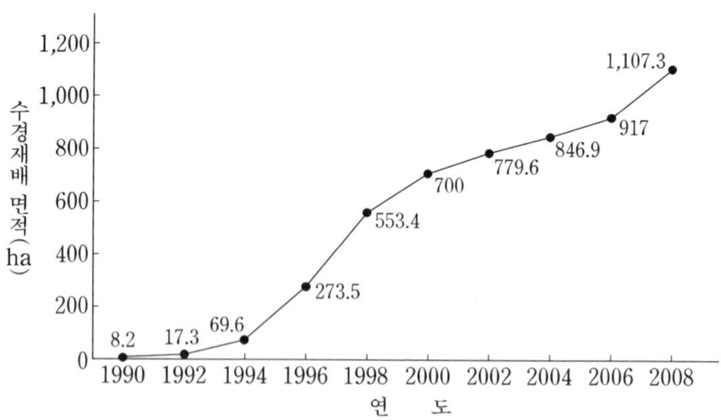


**그림 5-1** 국내 수경재배 면적의 증가 추이

서 일반재배와 차별화되지 않는 점도 지적되고 있다. 현재 우리나라의 수경재배는 작물 생산성과 고품질 생산 측면에서 요구도가 높아 가속화 단계라고 볼 수 있으며, 여러 난관이 예상되기는 하지만 앞으로 시설재배 면적의 5% 수준까지 수경재배 면적이 증가할 수 있을 것으로 생각된다.

## 5·2 수경재배의 종류별 특징

수경재배(水耕栽培)는 분류방법에 따라 여러 가지로 나누어지며, 배지의 사용 여부에 따라 크게 순수수경과 고형배지경으로 나누어진다.

순수수경(純粹水耕 ; water culture)이란 식물을 고형배지가 없는 배양액에서 키우는 것으로, 담액수경(deep flow technique), 박막수경(nutrient film technique), 분무수경(aeroponics), 모세관수경(capillary culture) 등으로 대별된다. 고형배지경(固形培地耕 ; substrate culture, medium culture)이란 화학적으로 불활성한 매질에서 식물을 재배하는 방식으로, 배지의 종류에 따라 암면재배(rockwool culture), 펄라이트재배(perlite culture), 코이어재배(coir culture), 역경(gravel culture), 사경(sand culture), 피트재배(peat culture),

〔표 5-2〕 우리나라 수경재배의 분류

| 구 분 | 내 용 |
|---|---|
| 순수수경<br>(비고형배지경) | 담액수경(deep flow technique, DFT)<br>박막수경(nutrient film technique, NFT)<br>분무수경(aeroculture, aeroponics)<br>모세관수경(capillary culture) |
| 고형배지경 | 펄라이트재배(perlite culture)<br>암면재배(rockwool culture)<br>코이어재배(coir culture)<br>사경(sand culture)<br>역경(gravel culture)<br>기타 재배(훈탄, 왕겨, 톱밥수경) |
| 특수수경 | 식물공장(plant factory), 수직농장(vertical farm),<br>우주공간재배(space culture) |

폴리우레탄경(polyurethane culture, PUR경), 혼합배지경(mixed substrate culture) 등으로 나누어진다. 고형배지경은 배지의 종류에 의하여 분류되므로 이 밖에도 여러 가지 용어가 사용된다. 이 밖에 종합적인 환경제어기술에 의하여 이루어지는 식물공장, 그리고 무중력 상태의 우주공간에서 식물을 기르는 연구 등을 특수수경으로 분류하고 있다.

수경재배는 배양액의 순환 여부에 따라 순환식과 비순환식으로 분류된다. 순수수경은 모두 순환식이고, 고형배지경도 환경친화성 때문에 순환식으로 이행되고 있다.

이 밖에도 각 방식을 절충한 많은 방식이 있으나, 근본적인 원리는 크게 다르지 않으며, 국내에서 흔히 이용되는 수경재배 방식을 중심으로 하여 알아보기로 한다.

### 5·2·1 순수수경

#### (1) 담액수경

##### ① 특 징

담액수경(湛液水耕 ; deep flow technique, DFT)은 순수수경법의 일종으로 뿌리가 액체배지, 즉 배양액 속에 담겨져 있으며, 줄기는 화학적으로 불활성한 물체로 고정하여 식물체를 지지하여 가꾸는 방법으로 가장 고전적인 수경법이다. 담액수경은 산소의 공급방법에 따라 유동식·액면저하식·통기식 등으로 나누어진다. 또한, 탱크의 유무에 따라 탱크방식과 무탱크방식으로도 나누어진다. 탱크방식의 기본구조는 재배베드·배양액탱크·급배액장치 및 제어장치로 되어 있다. 탱크 내의 배양액은 펌프로 급액관을 통하여 베드로 공급되고, 일정한 수위 이상의 배양액은 배액관을 통하여 다시 탱크로 돌아와서 일순하게 된다. 무탱크방식의 경우에는 배양액이 베드와 베드 사이를 이동한다.

과거에는 담액수경방식을 폭넓게 사용하였으나, 최근에는 엽·경채류에 국한해서 사용하는 경향이 높다.

##### ② 장 치

담액수경에서 베드는 다량의 배양액을 담고 있어야 하므로 견고해야 한다. 베드의 재료로는 콘크리트·합성수지·스티로폼 등을 사용한다. 베드는 너비 30~100 cm, 길이 3~30 m, 깊이 8~23 cm 정도이고, 배양액의 깊이는 4~15

cm로 한다. 베드의 상부에는 식물체를 지지하는 정식판을 놓는데, 정식판은 액면과 떨어져 있는 경우와 액면에 떠 있는 경우가 있다. 정식판이 액면과 떨어져 있으면 배양액에 산소가 녹기 쉬우므로 식물 생육에는 좋으나 시설비가 많이 소요되므로 경제성을 고려하여 정식판을 액면에 띄울지, 배양액과 간격을 둘지를 정하는 것이 좋다. 액면과 정식판 사이의 공간은 5~8 cm 정도이다. 정식판은 보통 스티로폼 판을 사용한다. 과채류의 경우에는 플라스틱포트에 심은 상태로 정식판에 뚫어 놓은 구멍에 넣는다. 지지물의 종류는 뿌리의 성질, 재배방식 등에 따라 다르며, 암면 · 훈탄 · 자갈 · 대팻밥 · 왕겨 · 톱밥 · 짚 · 피트모스 · 수태 · 건초 등이 쓰인다. 현재는 보통 스티로폼이나 플라스틱용기에 배양토 · 입상 암면 · 훈탄 · 자갈 등을 넣어 식물을 지지한다.

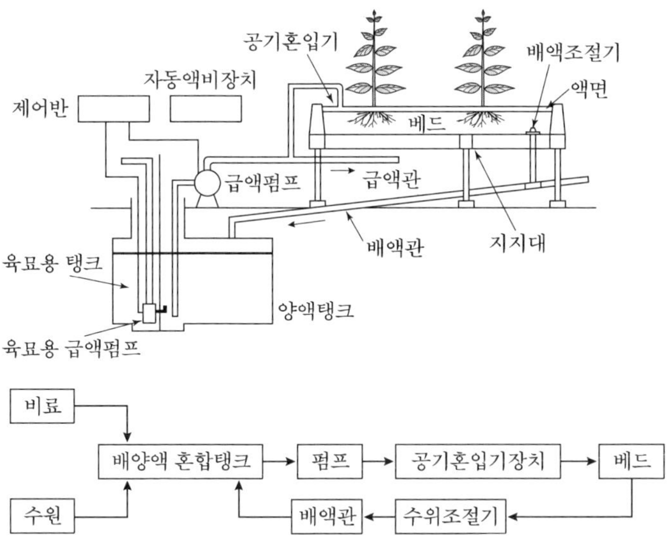


**그림 5-2** 과채류용 담액수경 방식

파종하거나 이식한 직후에는 배양액면을 보통 때보다 높게 해서 공기층의 너비가 1~2.5 cm 되게 하고, 뿌리가 자람에 따라 배양액면을 낮추는데, 액면은 배수구의 높이로 조절한다. 배액구에 틈(slit)이나 슬라이스 파이프 등을 달아서 베드 내의 수위를 일정하게 유지한다. 또, 베드에서 배액구로 배액될 때 액의 흐름이 빨라서 뿌리가 빨려나갈 염려가 있으므로 뿌리의 유입방지 장치를 달기도 한다. 그 밖에 뿌리나 잡물이 탱크 내로 들어오는 것을 막는 여과장치도 설치한다. 또, 배양액이 탱크로 순환되어 들어올 때에는 공기를 많이 포함하도록 공기층과 많이 접하게 한다. 탱크는 방식에 따라 다르게 한다.

배양액량은 재배방식에 따라 차이는 있으나 과채류의 경우 한 그루당 10~40 L를 준비한다. 이 양은 작물의 최대 흡수량으로 보아도 5~10일분에 해당할 만큼 다량이므로 농도 변화가 적은 것이 특징이다. 실제로 탱크를 이용하는 방식에서는 매일 또는 격일마다 감소한 양을 보충하고, 탱크를 이용하지 않는 방식에서는 액면조절기로 보충하므로, 배양액이 많은 것이 보충하는 면으로 보아서 표면적인 장점으로 보이지는 않으나 급속한 기상변화나 장치의 고장에 대하여 안정성이 높다.

#### ③ 장 · 단점

##### ㉠ 장 점

1) 베드 내에 배양액이 적은 방식은 근권 온도를 조절하는 데 힘이 들지만, 담액식은 베드 내 액량이 많기 때문에 근권 온도의 변화가 작으며, 배양액의 온도만을 조절하여 근권 온도를 쉽게 조절할 수 있다.
2) 베드 내 액량이 많기 때문에 배양액의 농도, 조성, pH 등이 안정하고 교정하기가 쉽다.
3) 배양액이 담수되어 있어서 배양액 순환펌프가 정지해도 배양액이 베드에 남아 있기 때문에 식물이 급속히 해를 입지 않는다.

##### ㉡ 단 점

1) 작물에 수분공급을 조절하기가 어려워서 재배 중에 생육을 조절하는 것이 어렵다.
2) 액량이 많으므로 탱크나 베드가 커서 시설 면적과 비용이 많이 든다.
3) 액이 순환하므로 토양전염균이 발생할 경우에는 만연되기 쉽다.
4) 액을 많이 순환시키므로 펌프 작동비가 많이 든다.
5) 등량교환 방식을 제외하면 뿌리에 대한 산소공급이 적다.

### (2) 박막수경

#### ① 특 징

NFT(nutrient film technique)란 깊이가 얕은 베드(bed) 위에 식물을 심은 정식판을 놓고 그 안에 배양액을 계속 흘려보내는 방법으로, 박막수경법(薄膜水耕法)이라고도 한다. NFT에 의한 재배의 연구는 1973년 영국의 리틀햄프턴(Littlehampton)에 있는 온실재배연구소(Greenhouse Crop Research Institute)

의 알렌쿠퍼(ALLEN COOPER)에 의하여 시작되었다. 뿌리에 산소가 충분히 공급되도록 뿌리 사이를 흐르는 배양액은 필름처럼 얇아야 하므로 이 점을 강조하기 위하여 이 방식을 NFT 라고 이름 지었다. 배양액이 계속 순환하므로 배양액유동법(nutrient flow technique)이라고 하는 학자도 있다. NFT 의 기본구조는 베드 · 탱크 · 급배액장치 등으로 크게 나눌 수 있다.

과거에는 많은 작물에 NFT 방식을 이용하였으나, 최근에는 엽 · 경채류에 국한되어 이용되는 경향이 있다.

우리나라에서는 수경재배 면적이 확대되고 있음에도 불구하고 잘못 전해진 지식이 있는데, 담액수경도 NFT 라고 일컫는 경우가 그중 하나이다. 이는 담액수경에서도 배양액이 흘러가기 때문에 생긴 현상인지는 모르지만, 담액의 경우에는 급액을 하지 않을 경우에도 뿌리가 배양액에 담겨져 있는 반면에 NFT 는 베드 내에 배양액이 계속적으로 약간만 흐르거나 존재하지 않는 점이 다르다. 따라서, 담액의 경우에 베드의 깊이가 깊다. 물론, 이 두 방식을 혼합한 형태의 경우에는 그 구분이 어려운 것이 사실이나, 실제로 NFT 라고 하는 방식 중 많은 면적은 담액수경방식에 속한다.

#### ② 장 치

베드는 배양액이 잘 순환되고 뿌리 환경이 좋도록 한다. 베드의 재질은 PE 필름, PVC, 스티로폼(expanded polystyrene), 알루미늄 등이 있는데, 스티로폼 이외의 재질은 온도가 너무 높거나 낮을 때 정상적인 생육이 어려우므로 재질을 선택할 때 이를 고려해야 한다. 베드의 높이나 모양은 작물의 종류나 작업능률 등을 고려하여 변화된다. 뿌리의 양이 많고 키가 큰 과채류(果菜類)는 낮게 하되 너비를 25~35 cm 로 한다. 딸기는 2 줄식의 고베드로 한다. 엽채류(葉菜類)는 크기가 작으므로 너비 1~1.2 m, 5~6 줄식의 고베드로 하여 관리가 편하게 한다.

NFT 에서는 배양액을 흘려보내므로 베드가 경사져야 한다. 쿠퍼(COOPER) 등은 재배에 지장이 없는 경사도를 1/125~1/25 이라고 하였다. 경사도를 완만하게 하려면 공사가 정밀해야 하고, 경사도를 급하게 하면 공사의 정확도는 대강해도 되나 땅을 정지하는 데 힘이 드는 결점이 있다. 그래서 1/80~1/60 정도가 적당하다. 이와 같은 경사로 길이 45 m 되는 온실에 베드를 설치할 경우, 배수구를 중앙으로 하고 한쪽의 길이를 21 m 로 하면 베드의 급액부위와 배액부위 사이의 높이 차가 25 cm 정도 되어 공사하기가 쉽다. 고베드의 경우에는 지지대의 높이조절나사만을 조정하면 되므로 작업이 더욱 쉽다.

베드의 길이는 급액량에 따라 다르나, 급액량이 2~4 L/min 의 범위에서는

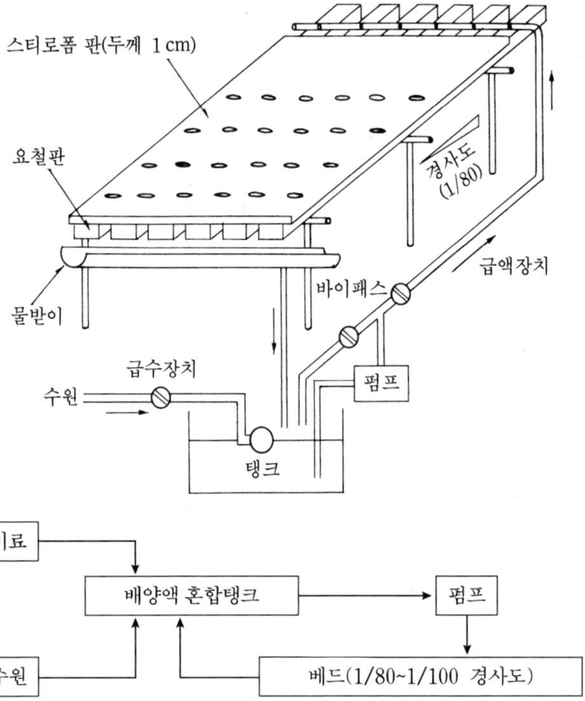


**그림 5-3** 엽채류용 NFT 방식

25 m 이내라면 베드 내의 위치에 따른 생육 및 수량의 차이는 거의 없으나 가급적 10 m 이내로 하는 것이 위험이 적다. 베드의 최대길이는 용존산소량의 한계에 의하여 결정되므로 온도, 작물 종류 등을 고려해야 한다.

탱크의 용량은 배양액량에 의하여 결정된다. 탱크가 클수록 배양액의 농도, pH, 액온 등은 안정되어 재배하기 쉬우나, 배양액을 바꾸어 줄 때의 손실이 크고 건설비도 많이 든다. 토마토 · 오이 등의 과채류에서는 그루당 5 L, 10 a 당 2,000 그루라면 10 t 을 기준으로 한다. 용수의 공급이 원활하다면 그루당 1.5 L 로도 충분하다. 딸기에서는 그루당 0.6 L, 10 a 당 10,000 그루라면 6 t 을 기준으로 한다. 엽채류는 10 a 당 6~7 t 을 표준으로 한다.

### ③ 장 · 단점

#### ㉠ 장 점

1) 순환식이므로 비료나 물의 손실이 적다. 앞으로 작물생산의 성패는 물과

비료를 효율적으로 사용하는 보편적인 재배법의 개발 여부에 달려 있다. 중동과 같은 건조지대에서는 사경이 많이 사용되나, 보통 모래는 석회암이기 때문에 pH가 급격히 변하여 철·인 등이 불용화된다. 이곳의 물은 바닷물을 탈염해서 만들기 때문에 비용이 많이 드는데 사경에서는 물의 소비량도 크다. 따라서, 이러한 곳에서는 배지가 없고 물의 소비가 적은 NFT가 적당하다.

2) 배양액을 계속 순환시키므로 수분부족이 없다.
3) 배양액 조성을 바꾸기 쉬우므로 광조건의 변화에 따라 식물의 생육을 조절할 수 있다.
4) 관상식물에서는 침투성의 살균제, 살충제를 배양액에 넣어 간단히 병충해를 방제할 수 있다.
5) 육묘 포트를 사용하고, 또 이식할 때 미리 배양액의 온도를 조절해 놓으면 이식해가 줄어든다.
6) 소자본으로 가능하고 설비 및 관리 작업이 간단하다.
7) 배양액의 급액 간격이나 급액량을 간단히 조절할 수 있다.
8) 배양액의 누수가 적은 NFT 방법은 비순환식 고형배지경보다 환경오염의 문제가 적다.

#### ㉡ 단 점

1) 베드의 배양액량이 적기 때문에 공급된 배양액의 온도가 햇빛이나 기온 등의 영향을 받기 쉽다. 즉, 뿌리가 외적 환경의 변화에 민감하기 때문에 근권 온도를 조절하려고 할 때 배양액 온도만을 조절해서는 효과가 없고 온실 전체의 온도를 조절해야 한다.
2) 탱크가 작으므로 배양액 관리를 엄밀히 해야 한다.
3) 정전되었을 때 식물의 피해가 크다.

### (3) 분무수경

#### ① 특 징

뿌리가 베드의 배양액면 위에 있게 한 상태에서, 배양액을 뿌리로 분사하여 재배하는 수경재배를 분무수경(噴霧水耕 ; aeroculture, aeroponics)이라고 한다. 이 방법은 담액재배 시 발생하는 근권 산소의 부족을 타개하기 위하여 고안된 방식으로, 빛을 차단한 베드 내에 급액관과 급액노즐을 설치하고, 배양액을 간헐적으로 뿌리에 분무하기 때문에 뿌리에 산소부족이 일어나지 않는다. 한편, 분무수경과 담액수경 또는 박막수경의 중간 형태로 수기경이 있는데, 수기경(水

氣耕)은 분무수경에서와 같이 배양액을 공급하되, 뿌리의 일부분은 바닥에 닿게 함으로써 배양액과 항상 접하는 부분이 있도록 하는 방식이다. 따라서, 수기경을 분무수경이라고 하기도 한다. 수기경 방식은 분무수경과 담액수경을 응용하여 사용자의 취향에 맞게 설정하면 된다.

### ② 장 치

재배방식의 특성상 베드의 형태는 입체적이기 때문에 모양이 다양하며, 다른 재배방식에 비하여 재배자의 의도에 따라 변형이 많은 방식이라고 할 수 있다. 대표적인 베드의 형태로는 담액수경(湛液水耕)이나 박막수경(薄膜水耕)에서와 같이 수평인 것, 삼각형으로 경사지게 하는 입체적인 것 또는 긴 원통형의 것 등을 들 수 있다.

수평인 것은 담액수경에서의 베드가 깊이만 깊어진 형태의 것으로 볼 수 있다. 베드의 깊이는 보통 30 cm 이상으로 하되 베드의 너비가 커질수록 분사각도 때문에 깊이도 깊어진다(그림 5-4 참조). 수기경의 경우에는 베드 바닥을 박막수경에서와 같이 경사지게 하여 배양액이 흐르도록 한다. 분무수경 베드를 육묘 베드와 겸용하는 경우에는 담액수경과 같이 배액구를 설치하는데 배액구의 높이를 조절할 수 있게 하면 된다. 단, 육묘와 재배를 같은 베드에서 행하는 경우는 재배 회전수를 고려할 때 시설효율이 높지는 않다.

삼각형의 베드는 정식판을 30° 정도 기울여서 두 개가 서로 마주보게 해 놓

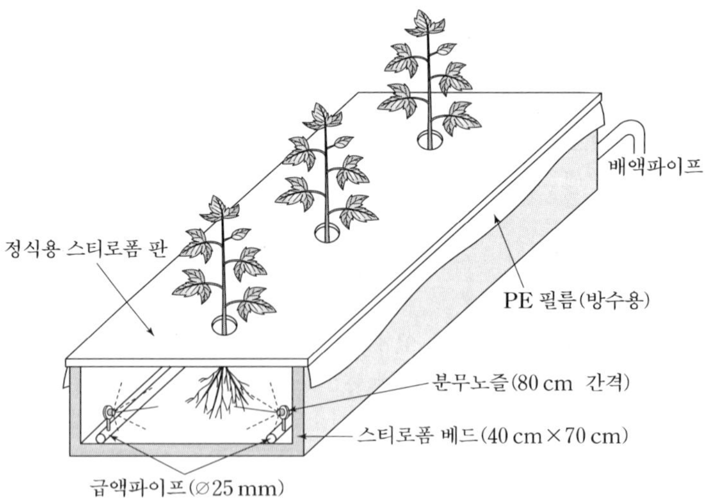


**그림 5-4** 수평식 분무경의 개념도

는 방식으로 재식밀도를 높이고자 할 목적으로 채용하고 있다.

입체식 원통형은 긴 원통형 베드를 위에서 늘어뜨리고 그 안에 분무관을 관통시켜서 둘레의 뿌리에 분무하는 방식으로, 분무되는 배양액의 형태가 원형인 것을 이용한 가장 효율적인 분사방식이라고 할 수 있으며, 재식밀도도 가장 높다고 할 수 있는 방식이다. 단, 삼각형이나 원통형의 경우는 광선이 균일하게 조사되지 않기 때문에 일반적인 재배법으로는 실용적이지 못하며, 인공광을 이용하는 경우에 국한되는 방식이라고 할 수 있다.

어떤 방식이든 분무수경에서의 베드는 분무된 배양액이 누수되지 않도록 베드 자체가 방수이어야 할 뿐만 아니라, 베드와 정식판 사이의 누수에도 주의하면서 설치해야 한다. 따라서, 베드의 측면은 이중으로 하여 누수를 방지하고, 노즐의 분사각도를 조절하여 틈새로 분무되는 양을 최소한으로 하는 것이 한 방법이라고 하겠다.

분무수경에서는 배양액이 베드에 거의 존재하지 않고, 베드마다 분무시간을 달리 배정하면, 배양액 탱크는 다른 순수수경 방식에 비해 작아도 된다. 탱크의 크기는 작물의 종류 및 생육단계에 따라 달라진다. 예를 들어, 토마토의 배양액 흡수량이 가장 많을 때를 그루당 4 L/일로 하고 10,000 그루를 식재하였다고 한다면 하루에 40 t 이 필요하나, 분무간격이 30 분이라고 한다면 극단적으로는 1 t 정도의 탱크만으로도 재배가 가능하다. 물론, 이 경우 농축비료를 자동적으로 배양액 탱크로 공급하는 양액희석기가 있을 경우를 말한다.

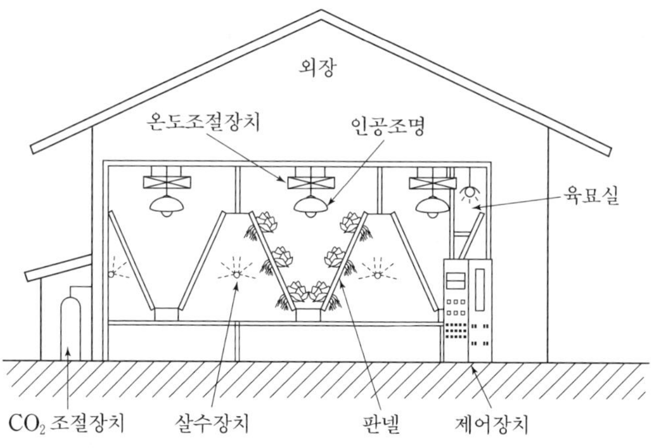


**그림 5-5** 입체식 분무수경의 한 방식으로 A 타입 수경재배 베드를 설치한 분무경 방식

③ **장 · 단점**

㉠ **장 점**

1) 배양액 탱크가 다른 순수수경에 비해 작아도 된다.
2) 배양액의 조성을 쉽게 변경할 수 있다.
3) 소독이 용이하다.
4) 생육이 좋다.
5) 재식밀도를 높일 수 있다.

㉡ **단 점**

1) 초기 시설비가 많이 소요된다.
2) 근권 온도의 변화가 크며, 조절이 어렵다.
3) 노즐이 막히는 등 관리가 어렵다.
4) 작물의 지지가 고형배지경보다 어렵고, 단전될 경우에는 폐농의 우려가 있다.
5) 베드가 누수되기 쉽다.
6) 다른 순환식 수경과 같이 병충해가 발생하면 확산속도가 빠르다.

### (4) 모세관수경

① **특 징**

모세관수경(毛細管水耕; capillary hydroponics)은 모세관작용을 갖는 얇은 천, 부직포, 폴리에스테르 면, 우레탄, 암면 등을 재배상에 깔아서 베드를 만드는 방식으로, 모세관현상으로 균일한 급액을 확보할 수 있는 특징을 지닌다.

모세관수경은 크게 모세관 베드의 위에 고형배지를 깔고 그곳에 뿌리를 내리게 하는 방법과 방근(防根)시트를 깔고 그 위에 뿌리를 내리게 하는 방법으로 나누어진다. 고형배지를 사용하는 방법은 암면재배와 비슷하나 배양액 공급에 특별한 설비나 기구를 필요로 하지 않기 때문에 만들기 쉽다. 방근시트를 사용하는 방법은 뿌리 밑으로부터 배양액, 위로부터 공기 중의 산소를 흡수할 수 있는 특징을 지닌다. 본래 모세관수경은 영국에서 연구, 개발된 NFT가 네덜란드, 덴마크에 도입되면서 NFT에서 발생되는 흐름의 불균일을 적게 하기 위하여 모세관작용을 갖는 시트를 베드(channel)에 깔아서 NFT 모세관망 방식으로 실용화하고, 더 나아가 육묘나 분식물의 저면 급액에 널리 이용된 방식이다. 그러나 서구에서는 그 후 암면의 보급에 감추어져서 보급이 확대되지 못하였다.

반면, 순수수경을 주로 사용한 일본에서는 1985년경부터 다양한 모세관 포

(모세관 망, 모세관 시트)가 개발되어 이들을 사용한 많은 모세관수경이 발표되어 왔다. 이와 같은 움직임에 의하여 모세관수경에 관한 기술은 일본이 상당히 앞서고 있다. 이러한 모세관수경은 모세관현상을 이용한 수경재배라고 하기보다는 모세관현상을 나타내는 천을 베드 밑에 깔아서 재배하는 수경재배라고 이해하는 것이 타당하다.

### ② 장 치

모세관수경은 배양액을 뿌리에 공급하는 베드의 구조에서 다른 수경방식과 크게 다르며, 그 종류도 매우 다양하다. 부근식(浮根式) 방식은 담액형의 수면 위에 띄운 스티로폼 베드 위에 부직포를 깔고, 배양액 속에 담겨 있는 부직포의 끝으로부터 모세관현상을 이용해서 배양액을 흡수시켜 작물을 재배하는 방

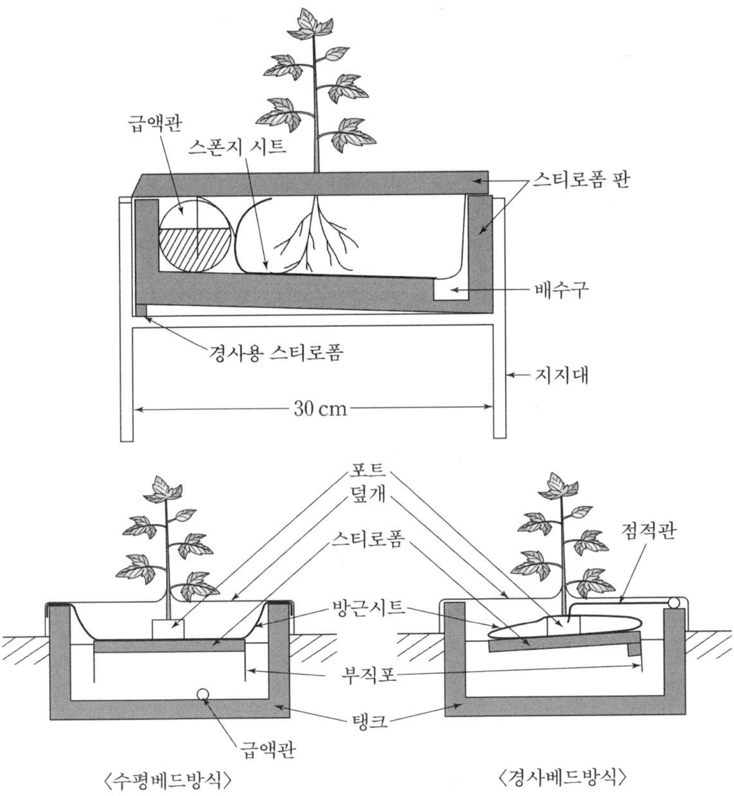


**그림 5-6** 빨아내리는 방식의 모세관수경

식이다. 부근식과는 반대로 배양액을 빨아당겨 사용하고는 아래쪽으로 배수시키는 방식도 있다. 베드 이외의 장치는 다른 방식에 준한다.

**③ 장 · 단점**

**㉠ 장 점**

1) 만들기 간편하다.
2) 모세관현상을 응용하므로 양 · 수분의 공급이 일정하다.
3) 습해를 받기 쉬운 작물에 유리하다.

**㉡ 단 점**

1) 수분조절이 어렵고, 배양액 공급부족이 나타나기 쉽다.
2) 방근시트의 소독이 어렵다.
3) 비교적 가격이 많이 든다.

### 5·2·2 고형배지경

고형배지경은 배지의 종류에 따라 여러 가지로 나누어진다. 고형배지경에서 사용되는 배지는 크게 천연 무기물, 천연 유기물, 인공 무기물, 인공 유기물 배지로 구분할 수 있다. 이러한 배지들은 토양과 마찬가지로 식물의 뿌리에 물 · 양분 · 산소를 공급하고, 식물을 지탱하는 기능을 갖는다. 재배에 성공하려면 각각의 배지의 성질을 숙지한 다음, 그에 알맞은 재배방법을 선택해야 한다. 배지의 종류에 따라 배양액의 농도, 급액방법, 재배장치 등을 달리해야 고품질의 식물을 생산할 수 있다.

고형배지경은 공급한 배양액의 재사용 여부에 따라 순환식과 비순환식으로 나누어진다. 현재는 비순환식이 주류를 이루고 있으나, 환경부담을 줄이기 위해 점차 순환식으로 전환되고 있다. 급액은 점적급액 방식으로 하여 설비의 간이화, 운영비의 절감, 생력화 및 병해를 방지한다.

고형배지경은 순수수경과 토양재배의 중간적 성격을 지니고 있으며, 다음과 같은 면에서 순수수경과 다르다.

1) 장 점
   a. 순수수경과 달리 배지 내가 통기되므로 산소공급이 양호하다.
   b. 뿌리로의 수분공급을 조절할 수 있다.
   c. 베드나 탱크를 생략할 수 있어 시설비를 저렴하게 할 수 있다.

d. 비순환식으로 할 수 있어 토양전염균이 만연되기 어렵다.
e. 배지에 수분이 풍부하여, 펌프가 정지되더라도 상당 시간 피해가 없다.
f. 배양액의 급액 양이나 간격을 조절하기 쉬워 식물 생육에 따라 조절할 수 있다.

2) 단 점

a. 재배 후 남아 있는 뿌리의 처리가 어렵고 세척과 소독이 힘들다.
b. 고형배지이기 때문에 배지 내의 배양액 조성이 균일하지 않다.
c. 배지 내 배양액량이 비교적 적기 때문에 증발산에 의하여 배양액의 농도나 조성이 변하기 쉽나.
d. 배지 내의 배양액 조성을 변화시키려고 할 때 목적하는 배양액 조성이 되기까지 시간이 소요된다.
e. 근권 온도가 기온이나 햇빛에 의해 영향을 받아 배양액 온도만 조절해서는 근권 온도를 조절할 수 없다.
f. 배지의 입수 및 폐기에 주의를 기울여야 한다.

### (1) 펄라이트재배

#### ① 특 징

펄라이트재배(perlite culture)는 전 세계적으로 가장 많이 사용되는 방식으로, 이에는 베드충전방식과 자루방식이 있다. 우리나라에서는 베드충전방식을 주로 사용하고 있다. 국외에서는 지역을 막론하고 자루방식이 일반화되어 있다. 북유럽의 과채류 수출 전진기지인 스페인의 경우 75 % 가 펄라이트, 25 % 가 암면재배인데, 모두 자루방식이다. 미국에서도 펄라이트재배는 자루방식이 표준이다. 즉, 우리나라 외에는 농업경쟁력을 가지고 있는 모든 국가에서 펄라이트재배를 자루방식으로 행하고 있다.

베드방식에 대한 자루방식의 장점은 다음과 같다.

1) 베드방식은 사용자가 배지를 임의 충전하므로 재배환경이 불균일한 반면, 자루방식은 균일하기 때문에 재배관리의 표준화가 가능하다.
2) 베드방식은 일단 생산시스템을 설치하고 나면 베드 내 온도, 공기조성, 양·수분 분포 등에 문제가 있어도 이에 대한 해결이 곤란하고, 작목·재식거리 등의 변경이 매우 어려워 소비환경에 유연하게 대처하기 어렵다.
3) 베드방식은 배지 표면으로부터의 증발이 많아 수직적 양·수분 분포가 크게 다르나, 자루방식에서는 수분환경이 상대적으로 균일하다.

4) 베드방식은 배지 표면의 비닐 멀칭 유무와 관계없이 조류(藻類; *Oscillatoria* 속, *Sphaerosystis* 등)와 병의 발생이 많은 반면, 자루방식에서는 그 발생이 적다.
5) 베드방식은 배지가 연결되어 있어 병발생 시 전염속도가 매우 빠르다.
6) 베드방식에서는 펄라이트 배지 취급 시 시설 내 분진이 발생하여 시설 내 피복재에 부착하여 투광률을 저하시키며, 작업자에 위해하다.
7) 베드방식은 초기투자비와 운영비가 많이 소요되는 반면에 자루재배는 초기투자비와 운영비가 적게 소요된다.
8) 베드방식에서는 대용량(100 L) 비닐봉지의 펄라이트를 베드에 충전하는 과정에서 일정 부분의 배지 손실이 발생한다.
9) 베드방식에서는 베드설치, 배지충전 등 수작업이 많다.

#### ② 장 치

##### ㉠ 자루재배

자루재배는 일정 형태의 자루에 배지를 충전하고, 적당한 수의 작물을 식재하는 방법이다. 자루재배에는 내면이 흑색이고 표면이 백색인 비닐을 이용하며, 과채류의 경우에는 식물 1그루당 6~10 L 정도 크기의 자루(bag)를 만들어 이용한다. 자루 내에는 일정 수위로 양액이 유지되도록 배수를 위한 틈을 자루 바닥에서 3~5 cm 정도 위에 만들어 놓는다. 자루재배는 베드가 없으므로 초기 설치비가 저렴하고 재배형태를 전환하기 용이한 장점이 있다. 국내에서도 자루 형태의 시판품이 생산되기 시작해서 설치면적이 증가하고 있다.

온실 바닥을 고르고 집액판을 부설한 후, 그 위에 방수용 비닐을 깔고 배지 자루를 놓아서 배액이 한곳으로 모여 처리되도록 한다. 바닥이 편평한 경우에는 집액판을 생략하고 비닐만을 사용할 수도 있으나 지면의 높이는 변화하므로 권장하지는 않는다. 배액구는 자루의 낮은 쪽 한 군데만 개설해도 되고, 그루 사이에 개설해도 된다. 배지를 소독하거나, 운반하는 경우를 고려하면 배액구를 한곳에만 만드는 것이 편리하다.

##### ㉡ 베드재배

베드재배에서 사용되는 베드는 다양한 제품이 판매되고 있다. 일반적으로 두께 3 cm의 스티로폼상자(내장 너비 30 cm, 높이 20 cm)를 이용하는데, 베드의 종류는 여러 가지이며 내구성, 베드 내 물의 흐름, 배수 및 통기성 등을 고려하여 선택하면 된다. 베드는 서로 연결시키는데 기울기를 1/200~1/80로 하고, 그 길이가 20 m 이상 되지 않게 하는 것이 좋다. 온실의 길이가 길면 20~25 m 정도 되게 양쪽으로 설치하고 중앙에 집수가 되어 순환탱크로 물이 모이게 하는 것이 좋다. 농가에서는 베드의 길이가 50 m 정도 되는 경우도 있는데, 베드가 길면 장소에 따라 베드 내 수분함량의 차이가 많이 생겨 좋지 않다.

베드에 방수필름을 깔고, 배액관을 부설하여 그 위에 방근망을 깐 후 펄라이트를 채운다. 배지는 1/4 정도 채우고 지름 13 mm의 냉난방관(XL 파이프)을 두 가닥 설치하고 나머지 부분을 채우는데 5 cm 정도 여유가 있도록 한다. 여기에 점적관을 설치하고 흑백 필름을 덮는다. 시판되고 있는 펄라이트는 입자의 크기에 차이가 있는데, 입자가 큰 것의 비율이 높을 경우에는 관수된 배양액이 중력에 의하여 아래로 빨리 내려와 베드 내 수분 분포가 수평이 되어 좋지 않다. 이때에는 베드 윗표면에 친수성 부직포를 깔면 좋다. 또한, 입자가 작은 것을 사용하거나 재배기간이 길어지면 베드 바닥에 미립자가 쌓여 배수성을 나쁘게 하므로 주의해야 한다. 그루당 배지량은 작물의 종류나 재배형태에 따라 다르나 6~10 L 정도를 기준으로 하면 된다.

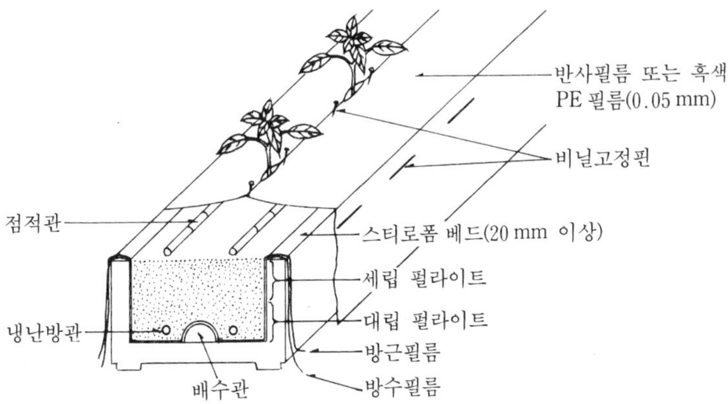


**그림 5-7** 펄라이트 재배용 베드 모식도

### ③ 장 · 단점

#### ㉠ 장 점

1) 배지가 중성이며 통기가 좋고, 배수가 잘 되어 과잉 관수의 위험이 없다.
2) 낮은 양이온치환능력(0.15 me/100 mL)을 가져 시비관리가 간편하다.
3) 암면보다 폐기가 용이하다.
4) 배지의 소독이 용이하며 여러 번 소독할 수 있다.
5) 다른 배지보다 다소 오래 사용할 수 있다.
6) 마른 배지를 가습하는 것이 암면보다 훨씬 쉽다.

ⓛ **단 점**

1) 양이온치환능력이 전혀 없어 배양액 관리를 잘 해야 한다.
2) 피트모스와 같은 완충작용이 전혀 없다.
3) 베드방식의 경우에는 설치할 때 먼지가 나고 작업이 불편하다.
4) 재생이 어렵다.

### (2) 암면재배

① **특 징**

암면재배(岩綿栽培 ; rockwool culture)란 암면(rockwool)을 배지로 사용하는 고형배지경으로, 암면은 덴마크의 그로단(Grodan)사가 1968년에 개발하였다. 암면재배는 현재 재배면적이 가장 많은 수경재배 방식 중 하나이며, 개발은 덴마크에서 이루어졌으나 재배에 관한 연구 및 발전은 네덜란드에서 이루어졌다. 특히, 생육기간이 긴 과채류나 절화류 생산에 많이 이용되고 있다.

② **장 치**

암면재배에는 주로 자루형태가 사용되지만, 경우에 따라서는 입상 암면을 충전한 베드형태가 사용되기도 한다. 1개의 암면판(자루)은 길이 90 cm 또는 100

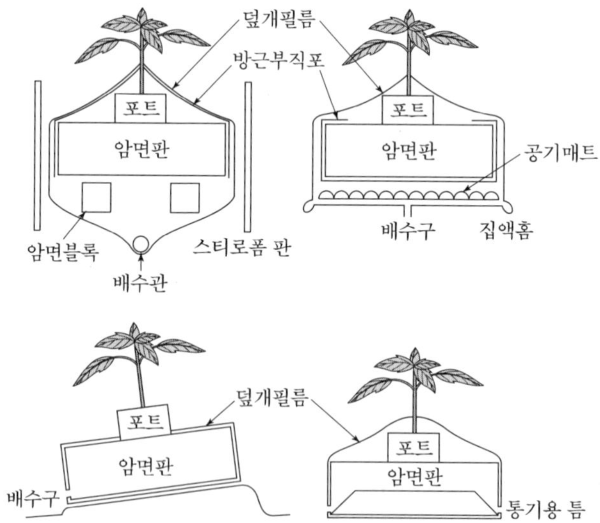


**그림 5-8** 암면재배 시 베드 설치방식의 종류

cm, 두께 7.5 cm 또는 10 cm인 것이 일반적이다. 너비는 15~45 cm로 다양하며, 암면판의 크기는 과채류의 종류, 재식거리 및 재배기간에 따라 정한다. 암면판은 흑백필름으로 포장되어 있는 것과 포장되어 있지 않은 것이 판매되고 있는데, 포장되어 있지 않은 것은 구입 후 포장하여 사용한다. 생산되는 암면은 제조회사에 따라 특성이 매우 다르므로 그 특성에 맞게 관리해야 한다.

#### ③ 장 · 단점

##### ㉠ 장 점

1) 암면은 성형되어 있어 그 자신이 베드의 역할을 하므로 배지를 싸는 베드가 따로 필요 없다.
2) 공업제품이므로 형상이나 이화학적 특성을 쉽게 바꿀 수 있는 장점을 지니고 있다.
3) 다른 수경재배 방법에 비하여 병해가 적게 발생한다. 온실에 멀칭한 다음에 암면판을 놓는 것으로 설치가 끝나므로 병원균이 침입하기 어렵다. 베드는 암면판이 각각 분리되어 있으므로 병원균이 침입하더라도 만연되지 않는다.

##### ㉡ 단 점

1) 함수율에 따른 색의 변화가 없어 건습 정도를 판별하기 어렵다.
2) 다른 고형배지에 비해 폐기하는 데 어려움이 있다.

### (3) 코이어재배

#### ① 특 징

최근에 환경친화적인 배지에 대한 각국의 관심이 높아지면서 자연상태에서 얻어지는 각종 식물성 부산물을 고형배지로 사용하는 경우가 늘어가고 있다. 이는 이들 물질이 식물성이므로 토양으로 환원하면 쉽게 부숙되어 식물에 유용한 퇴비화가 가능하기 때문이다. 코이어재배(coir culture)는 코코넛 열매의 부산물로 나오는 껍질인 코이어를 자루형태로 성형하여 재배하는 고형배지경 방식으로, 최근 재배면적이 급속히 증가되고 있는 방식이다. 코이어를 코코피트라고 부르는 경우도 있는데, 이는 피트와 혼동할 수 있으므로 국제적으로 사용되는 코이어라고 호칭해야 한다.

#### ② 장 치

코코넛을 생산할 때 부산물로 발생하는 열매껍질 섬유(fiber)나 가루(dust)들을 가공하고 압착한 다음 판자처럼 성형화시켜서 비닐에 넣어 마치 암면판처럼 수입한다. 암면재배에서와 같이 배액판을 부설하고 방수필름을 깐 후, 자루를 부설하고 수분을 공급시켜 5~9배 팽창시킨다. 안정화시킨 후 식재하는데, 안정화는 주로 질산칼슘(calcium nitrate)을 이용해서 코이어에 포함되어 있는 K, Na, Cl 등을 용탈시키며, 배지가 안정되면 배양액으로 친화시킨다. 안정화처리가 되지 않은 코이어는 pH 4.8~6.9로 매우 다양하며, EC 또한 차이가 크고 높기 때문에 식물을 식재하기 전에 작물에 알맞은 상태로 조정한 후 사용해야 한다. 생산지에서는 염도를 제거하기 위해 수집 후 열대성 소나기를 장기간 맞게 하는 방법을 택한다. 수입되는 제품에 따라서는 생산자가 안정화시킬 필요가 없도록 처리하여 판매되는 것(treated coir)도 있다.

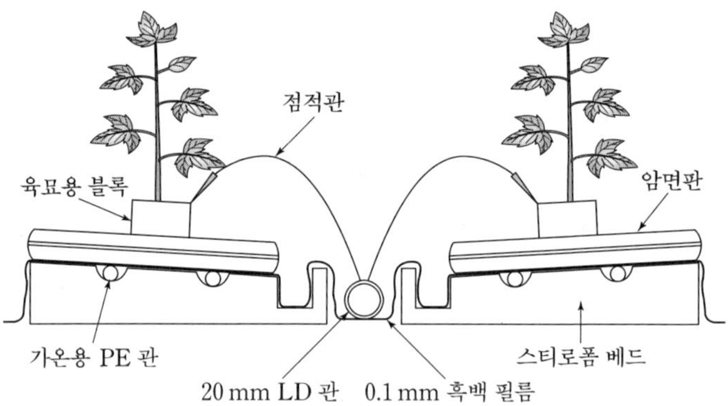


**그림 5-9** 코코넛 코이어를 이용한 배지경 모식도

### ③ 장 · 단점

#### ㉠ 장 점

1) 저렴하다.
2) 가볍고 성형화되어 있기 때문에 취급이 용이하다.
3) 사용 후 처리가 용이하다.

#### ㉡ 단 점

1) 공극률 및 유효수분 함량이 생산지나 생산시기에 따라 매우 다양하기 때문에 급액관리가 어렵다.
2) 생산지 및 생산시기에 따라 물리화학성이 다르다.
3) 사용 전 안정화시켜야 하는데, 많은 생산자가 이에 실패한다.

### (4) 기타 재배

#### ① 특 징

펄라이트재배, 암면재배 및 코이어재배 이외에 사경재배(sand culture), 역경재배(gravel culture), 훈탄재배, 송이재배, 왕겨재배 및 톱밥재배 등이 있으며, 이들의 사용면적은 시대 및 지역에 따라 변천해 왔다. 이들은 공통적으로 단점이 많아서 일반적으로는 사용되고 있지 않으며, 시대적 여건에 따라 증감이 있어 왔다. 또한, 배지를 용이하게 구할 수 있는 지역에서 지엽적으로 사용되는 특징을 지닌다.

역경재배는 미군에게 군납으로 생산하던 지역에 자갈이 풍부하였고, 또한 초기 연구에서 많이 사용되었던 이유로 초기 수경재배 발달 시에 많이 사용되어 왔으며, 현재도 일본의 일부 지역에서 사용되고 있다. 배지로는 가벼운 자갈을 사용한다.

사경재배는 모래를 쉽게 구할 수 있는 지역에서 일부 사용되고 있으며, 강모래를 사용해야 한다.

훈탄재배는 왕겨가 많이 생산되는 일본에서 왕겨를 훈탄으로 하여 사용되었으나, 현재는 거의 사용되고 있지 않다.

훈탄재배와 유사한 왕겨재배는 왕겨의 친환경적 가치를 이용하여 우리나라에서 시도된 방식으로, 생왕겨 또는 팽연왕겨 등을 자루나 베드 형태로 사용하며, 우리나라에서 일부 사용하고 있다.

송이재배는 화산지역에서 화산재인 송이를 이용하여 재배하는 방식으로, 제주도나 오스트레일리아 등지에서 일부분 사용하고 있다.

톱밥재배는 톱밥을 용이하게 구할 수 있는 캐나다 등에서 일부 사용한다.

#### ② 장 치

기본적인 장치는 주요 고형배지경과 유사하며, 배지에서 오는 특성 차이에 따라 약간씩 다르다.

역경재배에서는 자갈이 무겁기 때문에 베드방식을 사용하며, 지면에 내려놓는다. 또한, 수분보유력이 매우 낮기 때문에 자주 급액을 한다.

사경재배에서는 모래의 입자가 작기 때문에 베드가 견고하면서도 입자가 빠져나가지 않도록 해야 하며, 역경재배보다는 관수간격이 길다. 바다모래를 사용하는 경우에는 사용 전에 염분을 제거해야 한다.

훈탄재배에서는 훈탄제조를 잘 해야 하고, 사용 전에 사용 배양액을 이용하여 배지 안정화 작업을 취해야 한다. 검은색 때문에 배지의 온도가 상승하기 쉬우므로 주의해야 한다. 배액관을 따라 배출되는 가루에 의하여 문제가 발생하지 않도록 주의한다.

왕겨재배에서는 왕겨나 팽연왕겨가 사용 중에 부숙되어 물리성이 변화하므로 주의해야 한다. 배액관을 따라 배출되는 가루에 의하여 문제가 발생하지 않도록 주의한다.

톱밥재배에서는 사용 전에 톱밥의 염분을 제거해야 하며, 사용 중에 부숙되어 물리성이 변화하므로 주의해야 한다.

### ③ 장 · 단점

지역에 따라 저렴한 가격으로 구입할 수 있다는 점 이외에는 단점이 큰 재배 방식들이며, 단점을 기술하면 다음과 같다.

1) 역경재배는 베드가 견고해야 하므로 시설비가 많이 소요되며, 취급하기 어렵다.
2) 사경재배는 배액관이 막히기 쉽고, 강모래를 구하기 어려우며, 취급하기 어렵다.
3) 훈탄재배는 재배 중 배지의 물리성이 변화하고, 배지 내 영양분이 불균일하며, 지제부(地際部)의 온도변화가 크고, 배지의 조제가 어려우며, 시판품이 없다.
4) 왕겨재배는 재배 중 배지의 물리성이 변화하며, 배액관이 막히기 쉽다.

# 5·3 배지의 종류 및 특성

## 5·3·1 서 언

수경재배용 배지란 수경재배에서 토양 대신에 식물의 뿌리에 수분 · 양분 및 산소를 공급하고, 뿌리를 고정시키는 기능을 갖는 유 · 무기의 천연 및 인공의 기질(基質)을 말한다. 이들은 이화학적 특성이 각각 달라 실제 재배에서는 급배액 관리를 서로 달리할 필요가 있다. 수경재배용 배지는 이화학적 특성, 유기물과 무기물, 천연과 인공 등에 따라 다음과 같이 구분하고 있다(표 5-3 참조).

〔표 5-3〕 수경재배용 배지의 종류와 구분

| 분류 | 소분류 | 배지의 종류 |
|---|---|---|
| 천연배지 | 무기물 | 자갈 · 모래 · 송이 |
| | 유기물 | 피트모스 · 코코넛 코이어 · 훈탄 · 왕겨 · 톱밥 · 수피 · 목탄 |
| 인공배지 | 무기물 | 펄라이트 · 암면 · 질석 · 제올라이트 |
| | 유기물 | 폴리우레탄 · 폴리에스테르 · 폴리페놀섬유 |

우리나라에서 수경재배용 배지의 이용면적은 암면이 가장 많고, 그 다음이 펄라이트, 혼합배지, 기타 순으로, 이 중 펄라이트는 토마토와 오이, 암면은 착색단고추(파프리카)와 장미에 많이 이용되고 있다. 과거에는 펄라이트의 면적 비중이 높았으나 최근에는 배지를 선택하는 조건, 즉 가격 · 재활용 등을 고려하여 코코넛 코이어를 비롯한 유기배지의 비중이 높아지고 있다(그림 5-10 참조).

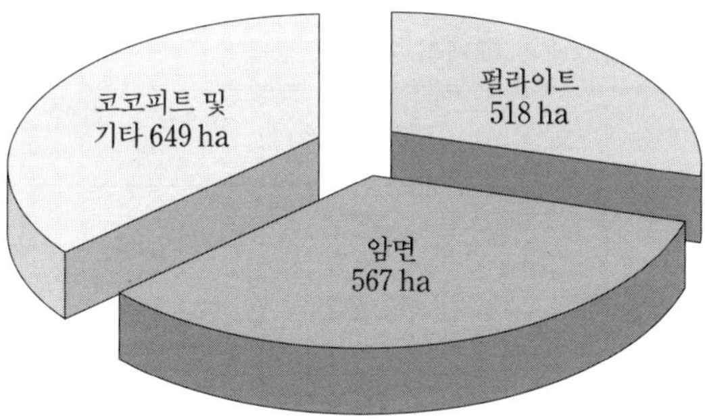


**그림 5-10** 우리나라 수경재배용 배지의 이용현황<2008 년>

반면, 유럽은 암면의 비중이 월등히 높은데 이는 암면재배에 대한 기술이 정립되어 있기 때문이나, 최근에는 배지의 폐기문제 등과 같은 환경문제가 대두되면서 환경친화적 배지의 개발에 대한 관심이 높아지고 있어 그 변화는 다소 있을 것이다.

수경재배용 배지가 갖추어야 할 일반적 특성으로 ①화학적 활성이 없을 것, ②화학적 안전성을 갖출 것, ③청결할 것, ④투수성이 높을 것, ⑤적절한 보수성을 지닐 것, ⑥적절한 공극량(특히, 기상)을 가질 것 외에도 ①배지의 완충능력이 높고, ②염기치환능력(CEC)을 어느 정도 가진다면 근권의 pH

변화가 적고 완충력을 높일 수 있어 바람직하다.

### 5·3·2 배지의 이화학적 특성

배지의 이화학성은 작물의 근권부 수분, 공기, 미생물 등과 같은 환경과 밀접한 관계가 있어 사용할 배지의 물리성과 화학성을 파악하여 배지에 적합한 배양액 관리와 급액관리를 하는 것이 작물의 생육과 생산성을 높일 수 있다.

물리성에서 공극량은 암면·펄라이트·코코피트·피트모스·훈탄·질석·목탄 등이 80 % 이상으로 높으며, 유효수분 함량은 암면·피트모스·코코피트가 50 % 를 상회하고 있다. 가비중이 토양의 1/4 정도 되는 배지에는 코코피트·팽연왕겨·피트모스·암면·훈탄·펄라이트·질석·목탄·왕겨·톱밥 등이 있다(표 5-4 참조).

**〔표 5-4〕** 수경재배용 배지의 종류별 물리적 특성 〈이용범 등, 1992〉

| 배 지 | 고상(%) | 공극량(%) | 유효수분 함량 (%) | 가비중 ($g \cdot cm^{-3}$) |
|---|---|---|---|---|
| 펄라이트 | 7.0 | 93.0 | 17.6 | 0.15 |
| 질석 | 13.0 | 87.0 | 24.5 | 0.34 |
| 피트모스 | 7.1 | 92.9 | 50.7 | 0.07 |
| 수피 | 22.3 | 77.7 | 25.6 | 0.30 |
| 목탄 | 12.4 | 87.6 | — | 0.26 |
| 훈탄 | 5.0 | 95.0 | 27.6 | 0.19 |
| 모래 | 56.2 | 43.8 | 21.0 | 1.49 |
| 암면 | 3.0 | 97.0 | 54.2 | 0.17 |
| 입상면 | 8.9 | 91.1 | 60.6 | 0.26 |
| 오아시스(PFR) | 6.5 | 93.5 | 4.5 | 0.03 |
| 코코피트 | 5.0 | 95.0 | 27.3 | 0.08 |

화학성은 피트모스와 수피가 강산성을 나타내고 있어 산도교정이 필요하며, 코코피트는 pH 5.6~6.2 수준으로 산도교정이 필요 없는 유기물 배지이었고, 질석과 펄라이트는 중성이었다. 한편, 팽연왕겨는 초기에 pH 7.5~7.7 을 나타내었으나 급액 20 일 후에는 pH 6.5~6.8 을 나타내고 있어 중성 내지 약산성 배지로 취급하여 관리하는 것이 바람직하다. 암면과 훈탄은 약

알칼리성을 나타내었고, 목탄은 강알칼리성을 나타내어 역시 산도교정이 필요하였다. 한편, 배양액을 시용한 후에 배지 내 무기이온의 변화를 조사한 결과를 보면, 펄라이트가 가장 안정된 경향을 보였고, 그 다음으로 암면이었다. 질석은 자루재배용 배지로서 적합하나 공급된 배양액의 변화가 큰 결과를 보였는데, 인산과 칼리의 농도가 감소하여 초기에 그 농도를 높이고, 칼슘과 마그네슘은 줄여 공급해야 한다. 유기물 함량이 높은 피트모스와 수피는 인산·칼륨·칼슘을 초기에 증시하여 산도교정의 필요성이 있다. 코코넛을 이용한 코코피트(cocopeat), 코코파이버(cocofiber), 코코칩(coco-chip) 등은 배지 내 K, Na을 다량 함유하고 있는 관계로 초기배양액 관리에서 Ca과 Mg을 보충하여 이온균형을 조절하는 것이 필요하다(표 5-5 참조).

〔표 5-5〕 수경재배용 배지의 화학적 특성 〈이용범 등, 1992〉

| 배지 | pH (1 : 5) | CEC (me/100 g) | O.M (%) | Ave. $P_2O_5$ | K | Ca | Mg |
|---|---|---|---|---|---|---|---|
| | | | | | (me/100 g) | | |
| 펄라이트 | 6.9 | 0.5 | 0.1 | 16 | 0.40 | 5.88 | 1.31 |
| 질석 | 6.8 | 44.4 | 0 | 84 | 0.36 | 6.76 | 1.68 |
| 피트모스 | 3.9 | 102.5 | 53.4 | 18 | 0.19 | 1.52 | 1.41 |
| 수피 | 4.4 | 41.0 | 48.5 | 64 | 0.41 | 2.81 | 0.25 |
| 목탄 | 8.8 | — | 39.7 | 70 | 1.15 | 5.15 | 0.61 |
| 훈탄 | 7.4 | — | 38.0 | 75 | 1.76 | 5.44 | 0.70 |
| 모래 | 6.8 | 1.0 | 0.1 | 12 | 0.65 | 0.85 | 0.19 |
| 암면 | 7.5 | 0 | 0 | 0 | 1 % | 23 % | 7 % |
| 입상면 | 8.5 | 0 | 0 | 0 | 1 % | 26 % | 5 % |
| 폴리페놀 (PFR) | 6.0 | 0 | 0 | 0 | 0.003 % | 0.027 % | 0.001 % |
| 코코피트 | 5.6~6.9 | 43~60 | 90 | 2 | 0.8 | 0.04 | 0.02 |

앞에서 보는 바와 같이 어느 재료나 이화학적 성질이 완전한 것은 찾기 힘들고 무기배지 중에서 암면과 펄라이트가 가장 가능성이 높았으나 펄라이트는 유효수분 함량이 낮아 질석·코코피트·피트모스·입상면 등을 혼합하여 사용하는 것이 바람직하다. 유기배지 중에서 안정적 물량공급, 폐기용이성 및 다양한 물리성을 고려한다면 코코넛 코이어 배지 사용이 증가될 수 있을 것이다.

### 5·3·3 배지의 종류별 특성

#### (1) 암 면

수경재배용 암면(岩綿; rockwool)은 1968년 덴마크의 Grodan사가 처음으로 개발하였는데, 이 암면은 전 세계적으로 농가에서 가장 선호하는 배지로 보급되고 있다. 암면은 현무암, 석회암, 규산질 암석, 고로 슬래그(slag) 등을 1,600℃의 고온에서 용융시켜 고속원심회전방사기에서 원심력으로 지름 3~10 $\mu$m로 섬유화시켜 압축·성형화한 것이다.

물리성은 밀도 80 $kg \cdot m^{-2}$에서 고상이 3%, 공극량이 97%로서 가볍고 통기성과 보수성이 크다. 또한, 입자의 분포가 균일하기 때문에 물의 확산이 균일하다. 증류수로 포화시킨 지 하루가 지난 후 암면의 높이별 수분함량도 윗부분이 35% 수준이고 밑으로 갈수록 약 90%를 유지하고 있다. 이와 같이 암면은 충분한 통기성·투수성·보수성을 지니고 있다는 것을 보여주며 어느 정도 조절이 가능하다는 것이 다른 인공배지와의 차이점이다.

암면의 화학성은 재료에 따라 차이가 있으나 $SiO_2$가 16%, $Al_2O_3$가 14%, $Fe_2O_3$가 8% 등이다. 제철소 찌꺼기인 슬래그(slag)가 함유되면 CaO 함량이 높아져 암면의 품질이 낮아진다.

암면배지의 장점으로는 ①보수성이 높고 공극이 많아 통기성이 우수하므로 근권 내 산소공급이 원활하고, ②물의 확산성이 있어 점적관수로서 균일한 수분을 유지, 조절할 수 있으며, ③무기질로서 변질이 안 되고 병원균의 염려가 없으며, 공업적으로 생산되기 때문에 품질이 균일하게 안정되어 있고, ④수경재배에서 필요한 베드나 양액순환용 탱크의 일부가 생략될 수 있으므로 시설비를 절감할 수 있으며, ⑤일반 수경재배에서는 배양액을 필수적으로 순환시켜야 하지만 암면재배에서는 순환시키지 않고 암면 내의 함수량과 작물의 증산량에 따라 계속 배양액을 공급하면 되므로 병원균의 침입이나 전파를 막을 수 있다.

이러한 장점을 가지고 있지만 ①작물재배 완료 후 남아 있는 뿌리의 처리가 불가능하고 필요하지 않은 무기성분이 집적되어 있을 수 있으므로 소독과 배지를 씻어내는 것이 꼭 필요하며, ②암면을 사용한 후 폐기처리에 대해서도 고려해야 한다.

시판되고 있는 성형된 암면배지에는 종자를 파종하는 파종용 플러그(plug), 육묘용 큐브(cube), 작물을 재배하는 슬래브(slab)가 있고, 번식 및 용기재배용의 배지로 사용하는 발수성과 흡수성인 입상면(granule)이 있다. 이들의 규격은 제조사나 용도에 따라 차이가 있는데, 시판되고 있는 제품의 규격은 표 5-6 과 같다.

〔표 5-6〕 시판 암면제품의 규격

| 종류 | 규 격(H×W×L) | 비 고 |
|---|---|---|
| 플러그 | d 20×27 mm(원형), 40×40×40 mm(사각) | 한국 UR 암면 |
| 큐브 | 50, 75, 100×50, 75, 100×50, 65 mm | 한국 UR 암면 |
| | 75, 50×75, 50×75, 77, 50 mm | 그로단 |
| 슬래브 | 75, 100×150, 200×900, 1,000 mm | 한국 UR 암면 |
| | 75×150, 200, 300×910 mm | 그로단 |

### (2) 펄라이트

펄라이트(perlite)는 규산질이 많은 산성화산암의 일종인 진주암을 1,000℃ 이상으로 가열하여 팽창시키면 암석 중의 수분과 휘발성 성분이 휘산되면서 다수의 기포를 가진 배지가 된다. 이러한 펄라이트는 1 L 당 80～130 g 으로 매우 가볍고 원예용은 지름 1.6～2.2 mm 의 입자가 사용된다.

유효수분 함량이 다른 배지에 비해 낮아 통기성과 배수성이 높아 습해의 염려가 없고, 염기치환용량은 없기 때문에 보비력은 없으나 근권 내 배양액을 임의로 조절할 수 있다. 또한, 배지의 완충력과 CEC 가 낮기 때문에 근권 내 배양액의 pH 변화가 심하게 나타날 수 있으므로 조절에 주의를 요한다.

육묘용은 소립으로 하고 수경재배용은 대립과 중립을 베드 내에서 층으로 충전하여 사용하거나 입상면과 같은 배지와 혼합하여 사용하면 유효수분 함량을 높일 수 있다.

### (3) 피 트

피트(peat)는 수생식물, 이끼 또는 습생식물이 퇴적되는 과정에서 산소부족에 의하여 썩지 않고 집적된 것으로 생산지, 분해 정도, 무기양분의 함량, 산도 등에 따라 그 성질이 다르다. 피트에는 피트모스(peatmoss), 세지피트(sedgepeat), 피트휴머스 등의 종류가 있고, 피트모스는 물이끼 등의 이끼 종류로부터 만들어진 것으로 분해 정도가 가장 낮다. 국내에서는 전혀 생산되지 않고 있으며 대부분 노르웨이·캐나다 등에서 수입하고 있으나 러시아와 같은 추운 지역에서 생산되는 것이 품질이 좋다.

피트는 보수력이 강하여 보통 자기 건물중의 10배의 물을 함유할 수 있으며, 가비중 0.1 g·cm$^{-3}$ 미만, 공극률 90 % 이상, 기상(氣相) 17~26.7 %, 유효수분 25~33 % 정도, 용수량 100 g 당 1,010~1,365 g 으로 매우 높다. pH는 3.8~4.5로 산성이 강하며, 0.8~2.3 % 정도의 질소를 함유하고 있으나 인산·칼리·칼슘은 비교적 적게 함유되어 있다.

우리나라에서는 육묘와 분화용 배지로 많이 이용하고 있으나, 다른 배지와 혼합하여 수경재배용 배지로 이용하면 효과적이다.

### (4) 코코넛 코이어

코코넛(coconut palm, *Cocos nucifere* L.) 과일을 둘러싸고 있는 5~8 cm 두께의 외부껍질을 coconut husk라고 하는데 husk 내의 섬유는 따로 채취하여 로프·매트 등의 원료로 이용하고, 나머지 수부(pith) 60 %와 단섬유 40 %로 구성된 부산물을 coir fiber, coir dust, coir pith라고 하며, 상토용으로 어느 정도 가공된 것을 코코피트(cocopeat)라고 한다. 주요 생산국은 인도·스리랑카·인도네시아·필리핀·베트남·말레이시아 등이다.

코코넛 성형제품의 입자크기는 대부분 0.5~2.0 mm이며 다공성으로 공극률이 86~90 %, 가비중이 0.04~0.06 g·cm$^{-3}$로 흡수성·보수성·통기성·투수성이 우수하다. 또한, 배지의 pH가 5.5~6.6이고 수분함량은 배지 무게의 8~10배를 흡수할 수 있다. 염기치환용량도 비교적 높아 40~60 me/100 g이고 비료성분은 칼륨·염소·인을 함유하고 있다. 배지 내에 칼륨과 염소의 함량이 높은 것은 가공 전 바닷물 속에 침전시켜 두기 때문에 바닷물 속에 있는 염소·칼륨·나트륨염이 흡수되었기 때문이다.

### (5) 기타 천연배지

#### ① 자 갈

자갈〔石礫; gravel〕의 지름은 4~20 mm가 적당하며, 배지 내의 반 이상이 지름 약 13 mm 정도가 혼합되어 있으면 좋다. 재질은 단단하여 갈라지지 않고 서로의 극간(隙間)에 보수성·배수성 및 통기성이 좋은데, 불규칙한 형태의 화강암 쇄석이 좋다. 석회암석에 함유되어 있는 탄산칼슘이 배양액 속으로 용출되어 pH를 높이거나 철이나 인과 결합함으로써 이들 성분이 배양액 속에서 결핍되므로 미리 화학처리를 한 후에 사용하는 것이 안전하다.

### ② 모 래

배지로 사용하는 모래(sand)는 지름이 0.5～2 mm이고, 염분이나 병원균을 포함하지 않은 하천이나 강가에서 채취한 것이 적당하다. 멕시코나 중동에서의 사경재배 시설은 해안지대에 집중되어 있어 바다모래를 사용하는데 이 경우에는 모래를 물에 씻어 염분을 없애야 하고, 모르타르(mortar)용의 모래는 너무 가늘어서 통기성이 낮아 사용하지 않으며, 석회암질의 모래는 pH의 변화가 심하고, 백색 모래는 미량원소가 결핍할 수 있으므로 배지를 선택할 때에는 앞에서 언급한 점을 고려해야 한다.

### ③ 훈 탄

훈탄(燻炭; carbonized rice hull)이란 왕겨를 약 300℃ 정도에서 불완전 연소시킨 숯으로, 국내에는 이 자원이 풍부하기 때문에 수경육묘용 배지로 권장할 만하다. 물리성은 가비중이 0.15 g·cm$^{-3}$이고, 공극률이 90 % 이상이며, 유효수분 함량이 30 % 수준으로서 자갈이나 모래에 비해 보수성 및 통기성이 좋은 편이나, 모관수의 상승은 자갈과 큰 차이가 없으므로 사용 초기에는 습기가 충분히 유지될 수 있도록 한다. 화학성은 규산함량이 약 50 % 이상이고, 구용성 인산이 0.78 %이며, 칼륨이 0.8 % 이상 함유되어 있고, pH도 8.0 전후로 상당히 높은 편이므로 물에 잘 씻거나 황산 3,000배액으로 중화시켜 사용한다. 자갈이나 모래에 비해 가볍고 다공질이며 보수성이 좋고 병해충이 없으며 재배상을 간이화할 수 있다. 색깔이 검기 때문에 태양열의 흡수가 좋아 배지의 온도가 높아지는 효과가 있어 뿌리털의 발생이 많다. 반면, 농도의 변화가 커서 배양액 관리에 문제가 있어 장기간 사용이 불가능하고, 사용하기 전에 충분한 세척을 하거나 중화 및 탄화 과정에 노력이 많이 든다. 주의사항으로 탄화시킬 때 너무 태우지 말아야 하며, 펄라이트와 혼용하여 육묘용이나 자루재배 배지로 사용한다.

### ④ 왕겨 성형배지

왕겨 성형배지는 훈탄, 펄프, 고흡수성 고분자 및 코코넛을 중량비로 36 : 7 : 4 : 8로 혼합한 암면배지와 동일한 크기의 블록, 슬래브로 포항산업과학연구원에서 개발하였다. 물리성은 가비중 0.082 g·cm$^{-3}$, 유효수분 함량 68.9 %, 기상 13.5 %, 공극량 94.8 %로 나타났고, 투수속도가 100 mm·min$^{-1}$로 암면과 유사하다. pH는 6.5, 전기전도도는 0.07 dS·m$^{-1}$, C : N율은 26.2, CEC는 17~20 me/100 g으로 완충능력과 보비력이 높다. 수경재배용으로 쓴 후 용기재배용 상토로 재활용이 가능하여 폐기비용이 들지 않으며, 공해물질이 배출되지 않으므로 환경보존 효과도 높은 배지로서 산업화가 기대된다.

#### ⑤ 톱 밥

톱밥(sawdust)은 가격이 싸고, 가벼우며, 쉽게 구입할 수 있어 배지로서 이용하기 쉽다. 재목은 바다에 뗏목으로 띄워서 제재소에 도착할 때까지 바닷물 속에 몇 개월간 침지(浸漬)되어 있어서 바닷물의 함량이 식물에 해로운 정도로 다량 함유되어 있다. 그러므로 톱밥의 샘플을 입수하면 바로 염류분석을 하며, 만일 함량이 높을 경우(10 mg·L$^{-1}$ 이상) 1주 이상 물로 세척한 후 이용한다.

#### ⑥ 수 피

수피(樹皮 ; bark)는 목재를 만드는 과정에서 생기는 나무 껍질의 부산물이다. 목재에 따라 그 독성이 달라 퇴비화하는데 첫째 수피를 3~12개월간 둑처럼 3.5~4.5 m로 쌓아 두고 숙성과 부숙을 시키는데, 이 과정을 통해 송진 같은 생육억제물질이 파괴되고 목질은 분해되며 굵은 입자는 다소 작아진다. 특히, 발효과정에서 발생하는 열에 의하여 나무 껍질에 붙어 있는 해로운 병균, 벌레, 선충 그리고 잡초 씨앗 등이 제거된다. 이 밖에도 페놀산·테르펜류 등의 항균성분이 함유되어 있어 토마토 청고병과 시들음병〔萎凋病〕 발생억제에 효과가 있는 것으로 밝혀지고 있다.

수피의 크기에 따라 용도가 다른데 3 mm 이하는 골프장 그린 관리용, 10~20 mm는 시설 화훼나 채소 재배에 첨가되는 유기질원, 10 mm보다 작은 것은 시설재배용 배지로 사용된다. 주의사항으로 수피는 생산지의 조건, 채취 목재의 종류, 부숙과정에 따라 품질의 차이가 있어 구입 후 시험재배를 한 다음에 사용하는 것이 안전하다. 국내에서는 난 재배에 많이 사용되며, 유럽과 일본 등에서는 분쇄한 수피를 흡수성으로 개량하고 성형·압축한 수경재배 전용 매트·포트 등이 개발되어 판매되고 있다.

### (6) 기타 인공배지

#### ① 질 석

질석(蛭石 ; vermiculite)은 운모를 고온(700℃)에서 가열·팽창시켜 체적이 15~20배로 팽창된 것이다. 다른 암석에서 유래한 배지에 비해 보수성·통기성・배수성 및 양이온치환용량이 커 보비력이 우수하다. 또한, 가비중이 0.16~0.20 g·cm$^{-3}$ 이하로 가볍고, 공극량이 많으며, CEC 함량이 15~60 me/100 g 을 나타내고 완충력이 있어 수경재배에서 근권 내 pH 변화가 적은 것이 특징이다. pH 는 원광석의 종류에 따라 pH 6.5~9.0 까지 다양하고, 유효수분 함량이 높아 급액 시 횟수를 줄이고 1 회 급액량을 늘리는 것이 바람직하다. 그러나 질석은 입자가 가볍고 부서지기 쉬우므로 수경재배용 배지로 사용하는 과정에서 입자가 부스러지면 공극률이 감소하여 투수성이 불량해진다.

### ② 송 이

송이(pumice)는 우리나라 제주지방에 풍부하게 매장되어 있는 다공질 배지로서, 통기성・보수성・내구성이 뛰어나고 값이 저렴하여 제주를 중심으로 수경재배용 배지로서 사용이 가능하다. 물리성은 가비중이 0.4~0.8 g·cm$^{-3}$ 이고, 공극률이 70~85 % 로 다른 배지에 비해 수분보유력이 낮아 식물이 양・수분을 흡수하는 데 제한적이다. 화학성은 규산과 알루미늄이 주성분이고, pH 는 2.5 에서 안정적이며, 처음 사용할 때에는 고농도의 나트륨이온이 용출되므로 주의가 필요하다.

송이배지는 다공성으로 투수성이 높기 때문에 급액횟수를 늘리고, 소량씩 관수하는 급액체계가 바람직하다. 특히, 과채류와 절화류의 순환식 고형배지경 배지로서 활용이 가능하여 환경친화형 수경재배시스템에서 활용이 가능하다. 배지입자는 3~11 mm 의 혼합 송이배지를 사용하는 것이 다른 일정한 크기의 배지보다 좋은 성적을 얻고 있다.

### ③ 제올라이트

제올라이트(zeolite)는 신생대 3 기의 화산회가 뜨거운 물에 의한 속성작용(速成作用)을 받아 생성된 광물로, 물분자가 결정수 형태로 구조 중에 존재하는 함수알루미나규산염 광물이다. 이것은 나트륨・칼륨・칼슘 등의 알칼리 금속을 함유하며, 그 종류가 매우 많으나 보편적으로 분포하는 것은 클리놉틸롤라이트와 모우더나이트의 두 종류가 있다. 천연적으로 암석이나 점토로 산출되는 제올라이트는 응회암이 변질한 것이어서 합성제올라이트에는 못 미치나 강력한 흡착작용과 함께 염기치환용량을 가지고 있다. 비중이 2~2.4(2.7)이고, 경도가 3.5~5.5 이며, 저온에서 용해 가능하고 가열하면 쉽게 수분이 방출되나 그 속에는 비석수가 존재한다. 흡착・흡습・양이온 교환성 등을 이용하여 그 용도가 매우 넓은데, 토양개량제・비료혼합제・농약증량제・상토혼합제 등에 이용된다.

#### ④ 폴리우레탄

폴리우레탄(polyurethane, PUR)은 폴리우레탄에테르폼(polyurethane ether foam)을 프레스에 옮겨 80~250 kg·m$^{-3}$의 밀도를 갖도록 압축한 후 140℃의 증기로 20분 동안 가열·팽창시켜 유연하고 균일한 제품을 원하는 모양으로 성형시킨 것이다. 제품은 벨기에에서 1980년대 중반부터 재생 폴리우레탄을 Agrofoam이라는 농업용으로 생산하여 판매하고 있다. TCEP나 thermolin을 함유한 독성에 대한 문제가 있었으나 해결되었고, 증기소독을 하면 10~15년간 사용이 가능하나 초기 수분관리에 애로가 있다.

물리성은 공극량이 93%로 암면과 유사하나 배지 내 용적이 암면보다 4배 정도로 높아 뿌리에 산소를 용이하게 공급할 수 있다. 그러나 배지 내 유효수분 함량은 암면보다 낮아 급액체계를 암면과는 달리 소량씩 급액횟수를 증가시킨다. 재사용을 위한 증기소독 과정에서 물리성 변화는 작물재배에 큰 영향이 없으며 오히려 유리한 쪽으로 변화되는 것으로 나타났다. 제품에는 재배용 슬래브(높이 5 cm, 너비 20 cm, 길이 100 cm), 블록(높이 5 cm, 가로 10 cm, 세로 10 cm), 스트립(높이 0.3 cm, 너비 3 cm, 길이 100 cm)이 있다.

## 5·4 배양액 급·배액 관리

### 5·4·1 급액의 원리

수경재배에서는 배양액의 조성뿐만 아니라 배양액의 공급과 배액을 관리하는 방법도 중요하다. 배양액의 공급은 식물의 요구도에 맞추는 것이 이상적이므로 식물에 따라 급액량을 정하는 것이 바람직하나, 현재 식물 각각의 요구에 맞추어 급액할 수 있는 시스템은 없다고 하여도 과언이 아니다. 배양액 급액관리의 주요 인자로는 일중 공급시간대, 1회 공급량, 공급간격 등을 모두 고려해야 한다.

### 5·4·2 급액방법의 종류 및 특징

급액제어는 순환식과 비순환식으로 구분되며, 급액 제어방식에 관계없이 식물 생장을 최적의 상태로 유지하되 배양액의 손실을 최소한으로 하거나

(비순환식의 경우) 또는 품질을 높이기 위하여 행한다. 순환식에서 급액의 제어는 무기이온 상태를 고려하지 않는다면 제어방식은 비교적 간단하나, 비순환식에서는 급액량, 배액량, 배지 내 함수량 등을 고려해야 하기 때문에 복잡하다.

비순환식 배지경의 경우, 배지 내의 수분함량은 피드백(feed back) 회로에 의하여 언제나 최적의 조건을 유지하는 것이 좋은데, 타이머나 일사량에 의한 방식은 어디까지나 간접적인 제어방식이며, 직접적인 제어법은 센서의 가격이 높은 결점이 있어 생산환경에 알맞은 방식을 선택해야 한다.

현재 수경재배 농가에서 이용되고 있는 급액조절법은 다음과 같다.

### (1) 타이머제어법

타이머제어법(control by time clock)은 급액조절법 중 가장 저렴하고 간단한 제어방법으로, 타이머를 이용하여 급액할 시간을 설정해 두고 마그네트를 경유하여 급액펌프를 연결하는 것으로 급액시스템 설정이 끝난다.

설정은 배지의 용량이나 보수력 등의 배지특성, 식물의 생장특성, 환경특성 등에 맞추어 행해지는데, 일사량이 강하고 온도가 높은 시간에는 자주 급액을 하도록 하고, 반대의 경우에는 급액간격을 길게 하여 적게 급액되도록 설정해 두고 작동시키는 것이 일반적이다. 시간간격이나 1회 급액량은 상황에 따라 맞추어주어야 함은 물론이다. 그러나 이 방식은 작물·품종·생육단계 및 계절에 따른 급액조절이 곤란하고 매일 매일 조절해야 하며, 비순환식 배지재배에서 급액량의 과부족현상이 자주 나타나는 결점을 갖고 있다. 반면에 설치와 조작이 간단하고 저렴하여 대부분의 농가에서 활용되고 있다.

식물 자체의 정보와 기상자료가 충분히 구비되었을 경우에는 이에 관한 데이터베이스를 구비한 컴퓨터를 이용하여 비교적 적당하게 제어할 수는 있으며, 이러한 관점에서 급액량과 급액횟수에 관한 연구가 많이 이루어지고 있다.

### (2) 적산일사량제어법

적산일사량제어법(積算日射量制御法; control by light integrator)은 고형배지경에서 광도계를 이용하여 급액량과 횟수를 정하는 방식으로, 이는 작물의 흡수량과 일사량과의 밀접한 관계를 이용하여 1일 일사량의 시간적 변화에 따라 일정한 적산일사량에 도달하면 급액을 할 수 있도록 하고, 1회 급액량은 작물의 생육상황에 따라 증산량을 추정하여 급액시간으로 조절하는 방법이다.

이 제어방식에서는 광센서·온도센서 및 컴퓨터를 필요로 한다. 이 방식에 의하면 밤에는 적산일사량이 없으므로 배양액이 공급되지 않게 되는데, 일반적으로는 밤에도 급액을 할 필요가 있는 경우가 많으므로 타이머 제어방식과 겸용하는 경우가 많다. 또한, 일사량에 의존하는 경우에는 식물이 요구하는 급액량과 공급량 사이에 지연시간(time lag)이 발생하게 되므로 주의해야 한다. 즉, 동이 터서 일정한 적산일사량이 될 때까지는 급액이 되지 않거나 적은데, 이때 식물의 흡수속도는 왕성해지므로 일시적인 수분결핍이 생기게 된다. 토마토의 경우 낮에 왕성하게 생장한 후 밤에 수분결핍이 생기면 뿌리의 활력이 떨어지거나 EC가 높아져 배꼽썩음과가 발생할 가능성이 있다. 또한, 극단적이기는 하지만 맑은 후 비가 오는 경우에는 비가 오고 있음에도 불구하고, 그 이전에 적산된 일사량에 의하여 급액이 되는 현상이 생길 수도 있다.

이러한 결점을 회피하기 위해 기본적으로는 타이머 제어를 하되 일사량이 강한 한낮에만 일사량제어법을 이용하거나, 반대로 일사량에 주로 의존하되 타이머 제어를 일부분 가미하는 방식을 실제로 많이 이용하고 있다.

### (3) 배지수분 함량계측에 의한 직접제어법

급액량과 급액시기를 정확히 제어하려면 직접 배지 내의 수분함량을 측정하는 것이 좋은데, 직접제어법은 설치가격이 높아 현재 국내에서는 거의 사용되고 있지는 않지만 향후 일반화될 것으로 본다.

배지 내 함수량 측정방법에는 중량제어법·전극제어법·수분센서법 등이 쓰인다.

#### ① 중량제어법

중량제어법(重量制御法; control by weight sensor)은 중량센서를 이용하여 베드의 무게 또는 베드로부터 흘러나온 배액의 무게를 측정하여 급액을 제어하는 방식으로, 여러 가지 변형된 방식들이 활용되고 있다.

베드를 저울 위에 올려 놓고 재배하는 방식은 식물의 무게변화가 적거나 지주를 사용하는 경우에 이용될 수 있다(토마토·오이·멜론). 이 경우에는 식물이 배지에 가하는 무게가 경시적으로 변화하므로 급액점을 계속 보정해 주어야 한다. 급액점을 보정하기 위해서는 식물의 생장모델을 이용하는 방법이 있으며, 또한 배지에서 배액되는 양을 측정하는 방법도 행해지고 있다.

배액을 집수용기에 받아서 그 무게를 측정함으로써 제어하는 방식인 배액중량법에서는 집수용기 내에 들어온 배액을 측정 후 제거하기 위하여 집수용기를 베드와 수평을 이루게 하여 배지 내로 다시 흡수되도록 하거나, 별도의 배수장치를 이용한다. 배액량을 측정하는 것이 아니라 배액이 밀어올린 압력으로 급액량을 조절하는 방식도 있으나 일반적이지는 않다.

### ② 전극제어법

전극제어법(電極制御法; control by water level sensor)은 배액을 측정용기에 흘러 들어가게 하고, 측정용기에는 일정한 위치에 전극을 달아서 급액을 제어하는 방식이다.

측정용기와 배지 사이는 친수성 부직포와 같은 것으로 연결하여 배액의 출입이 연관성을 갖게 한다. 용기 내 전극은 2개 또는 3개를 사용하는데, 배액이 위쪽의 전극에 닿을 정도로 나오면, 전기가 통하게 되어 급액장치의 동작을 멈추게 하고, 반대로 용기에 있던 배액이 배지로 들어가 감소하여 아래쪽의 전극 아래로까지 내려가면 급액 된다(그림 5-11 참조). 이때 두 전극 사이의 간격을 설정하는 것이 중요하다. 전극법은 3접점 수위센서만으로도 제어시스템을 구성할 수 있어 중량법에 비하여 시스템 구성이 용이하고 가격이 저렴하기 때문에 직접제어법 중에서는 가장 많이 사용되고 있는 방식이다.

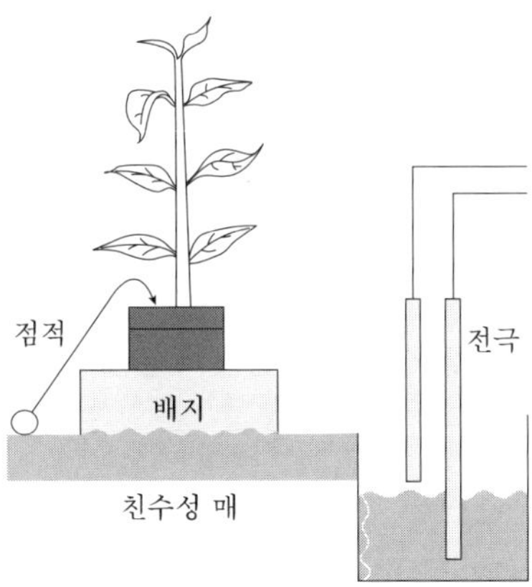


**그림 5-11** 배지 내 수분측정법 (전극법 1)

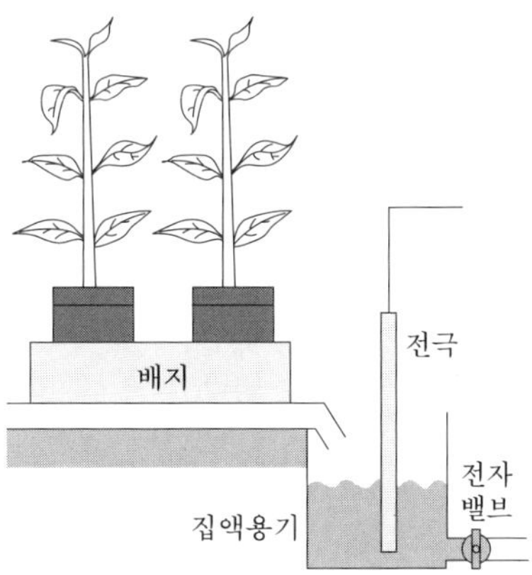


**그림 5-12** 배지 내 수분측정법 (전극법 2)

이 방식의 변형으로 측정용기에 배액이 들어와서 일정 수위에 도달하면 급액을 중단하고, 용기에 들어온 배액은 배출시키는 방식도 있으며, 이 경우 베드를 수평으로 유지하는 것이 중요하다. 이 방식은 급액의 중단시기만을 제어하므로 급액설정은 타이머와 같은 방법을 사용한다(그림 5-12 참조).

전극법의 종류는 여러 가지이지만 기본적으로 배액을 측정하는 방식이므로, 멜론에서와 같이 배액이 없을 정도로 극단적인 수분관리를 하는 시기가 있는 경우에는 적합하지 않다고 할 수 있다.

#### ③ 수분센서법

수분센서법(control by moisture sensor)은 배지에 직접 수분센서를 꽂아 배지 내 수분함량을 측정하여 제어하는 방식이다. 배지의 수분센서로는 수분장력계, 석고블록을 이용한 전기저항법, 정전용량을 이용하는 TDR(time domain reflectometry)과 FDR(frequency domain reflectometry) 방식이 주로 이용되고 있다. 이러한 센서들 중에서 배지 내 함수량을 계측하여 관수를 자동화하는 데 이용할 가능성이 높은 센서는 TDR 와 FDR 이다. 이들 센서는 염류나 유기물의 영향을 받기 쉬우나 정확성이 높고 리모트콘트롤에 의한 모니터링의 장점을 가지고 있다.

수분센서를 이용할 경우에는 다음과 같은 사항에 주의해야 한다.

1) 배지에 따라 수분의 수직분포 특성이 다르므로 센서의 위치가 중요하다.
2) 센서의 출력값이 상대치인 경우에는 배지 자체의 유효수분 함량을 기초로 한 급액시점을 설정해야 한다.
3) 센서값은 국부적 상태를 나타내므로 이 값이 전체를 대변해야 하며, 이를 위해 복수의 센서를 사용하거나 구역별 제어를 해야 한다. 최근 고형배지 내의 수분함량을 검사하는 수분센서가 연구 · 시판되기 시작하였다. 이 중에는 하루 작업이 끝난 후에 배지 내 수분을 측정하여 적정량보다 많거나 적으면 다음날에는 보정하여 관수하는 간단한 제어방식도 있다. 현재 센서의 수명, 가격, 배지와의 밀착성, 내구성 및 신뢰성이 높은 수분측정기들이 연구 · 개발되고 있다.

### (4) 수액흐름장치를 이용한 제어

식물체 내의 수분함량을 측정하여 제어하는 방식은 식물의 반응을 신속하게 반영한다는 데 장점이 있으나, 고가인 것이 결점으로 현재 연구용으로 주로 쓰이고 있다.

### (5) 컴퓨터법

앞에서 설명한 급액방법들을 컴퓨터를 이용하여 적절히 혼합하여 사용하면 급액제어효율이 높아진다. 컴퓨터를 이용할 경우에는 온도와 일사량을 측정하여 식물의 증산량, 흡수량을 예측하고 급액량과 급액간격을 결정하기도 하며, 전극법과 중량법도 겸용하여 이들에 의한 정보도 참고할 수 있다. 컴퓨터를 이용한 제어체계는 초기투자비가 높지만, 재배시설이 고급화 및 대규모화되어 감에 따라 보급이 증가하고 있다.

## 5·4·3 급·배액 관리

급·배액 관리에는 여러 가지 제어법이 있는데, 이 중에서 누구에게나 맞는 최선의 제어방식은 없으며 사용자에 따라 다음과 같은 점들을 고려하여 적절한 방식을 선택하는 것이 중요하다.

### (1) 작 물

각 급·배액 제어법에는 적용 가능한 작물 및 재배형태가 있다. 또한, 작물에 따라 배지 내 배양액 함량의 영향을 다르게 받으므로 이에 민감한 작물에는 정밀한 제어법을 적용하는 것이 바람직하나, 둔감한 작물에는 저렴한 제어법으로도 충분한 경우가 많다.

### (2) 재배방식

배양액 순환 여부에 따라 급·배액 제어의 정밀성이 달라지는데, 순환식 수경재배에서는 배액의 손실이 없으므로 과습의 해가 적은 작물 등에서 타이머법으로 제어하는 것으로도 충분한 경우가 많다.

### (3) 사용자의 운영능력

급·배액 제어방식이 고차원적일수록 사용방법이 어려워질 수 있으므로 사용방법을 충분히 숙지할 수 있어야 한다.

### (4) 경제성

급액제어를 위한 투자는 수익을 바탕에 두어야 하므로 투자 그 자체만 생각하는 것은 바람직하지 않다. 예를 들어, 다른 조건은 정밀하지 못한데,

급액제어법만을 정밀한 것을 채택하였을 경우에는 그 효과를 보기 어렵다. 이 경우에는 가장 저렴한 타이머법이 적절한 제어법이라고 할 수 있다.

### (5) 양액시스템과의 연계성

수경재배시스템은 급액제어와 깊은 관련성이 있으므로 시스템을 구입하는 경우 급액제어법만을 사용자의 뜻에 따라 변경하는 것은 용이하지 않다. 이 경우 시스템 전체와의 연관성을 고려하여 결정해야 한다. 예를 들어, 전체 시스템이 중요한 고려대상이라면 급액제어법은 2 차 결정요인으로 하고, 전체 시스템보다 급액제어법이 중요하다고 생각되면 원하는 급액제어법을 지원하는 시스템을 구입하는 방식을 취하는 것이 바람직하다.

## 5·4·4 급액 제어점 선정 시 고려할 사항

급액제어 효과는 알맞은 급액제어법을 선택하였을 경우에도 어떻게 제어할 것인지에 따라 달라진다. 즉, 일중 공급시간대(급액 개시시간과 종료시간), 공급간격, 1 회 공급량(1 회 급액공급 지속시간) 등을 제어해야 하는데, 이를 조절하여 적합한 제어점을 찾는 것은 사용자의 몫이다. 각 제어인자

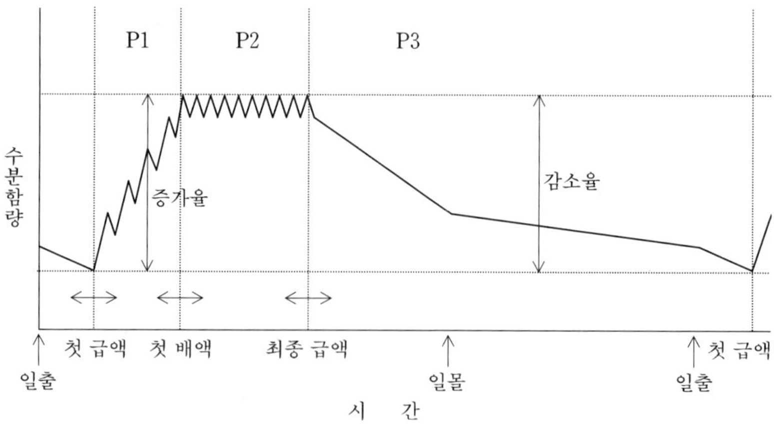


**그림 5-13** 고형배지를 이용한 수경재배에서 배지 내 수분함량을 일출과 일몰을 전후 하여 하루 동안 수분관리계획을 도식화하여 나타낸 그림

의 제어점을 선정하는 데는 작물의 종류, 재배시기, 생육단계, 재배자의 의도, 배지의 종류와 양, 수경재배시스템의 종류 등과 같은 고려해야 할 사항이 많으며, 설비의 내구연한, 운전비 등도 고려하여 결정해야 한다.

일반적으로 급액제어는 작물의 수분요구도, 배지의 보수력 등에 따라 크게 제어점 선정이 달라진다. 작물별 급액제어는 생육 최성기로 되어가거나, 생육환경이 좋아서 수분요구도가 높을수록 일찍 급액을 개시하고 늦게 중단하며, 공급간격은 짧고(자주 급액), 1 회 공급량은 많게 한다.

배지에 따라 함수율이 다른데, 함수율이 낮은 배지와 함수율이 높은 배지에 대해서는 급액 제어점을 다르게 해야 한다. 즉, 보수력이 강한 배지에서는 급액간격을 길게 해도 되나, 그 반대인 배지에서는 급액간격을 짧게 하고 1 회당 급액량도 적게 한다. 배지의 체적도 마찬가지의 원리로 고려해야 한다. 보수력이 높은 배지를 사용하는 경우에는 보수력이 낮은 배지를 사용하는 배지에 비하여 일중 공급시간대가 짧고, 1 회 공급량이 많으며, 공급간격이 길어지는 것이 좋다. 일중 공급시간대가 짧은 이유는 하루 중에서 일찍 급액을 마감해도 다음날 첫 급액까지 배양액이 배지에 충분히

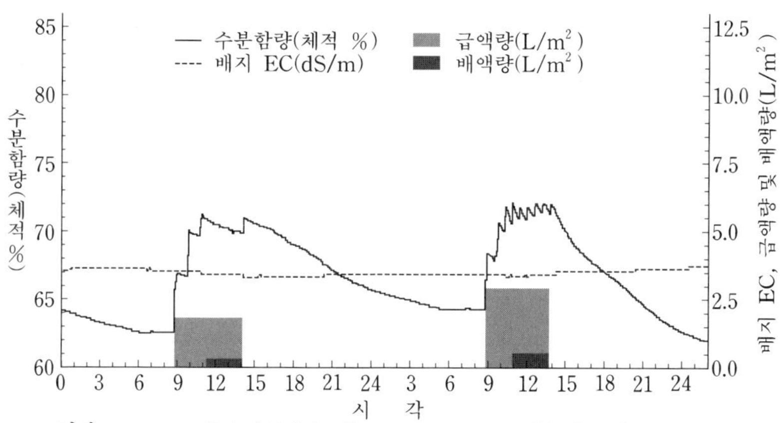


| 날짜 | 목요일(3월 27일) | 금요일(3월 28일) |
|---|---|---|
| 일사량(J) | 687 | 2,039 |
| 급액량(mL/J) | 2.6 | 1.4 |
| 배액량(%) | 17 | 17 |

**그림 5-14** 고형배지경에서 일중 일사량과 급액조건(2.6 mL/J, 1.4 mL/J)에 따른 일중 공급한 급액량과 배액량의 변화 및 배지 내 수분함량과 전기전도도(EC) 변화

있기 때문이다. 1회 공급량이 많아야 하는 이유는 보수력이 높기 때문에 1회 공급량이 적으면 미처 배지 전체에 골고루 배양액이 공급되지 못하기 때문이다. 급액이 시작되면 일단 윗부분의 배지가 적셔지고 다음으로 밑부분이 적셔지게 되는데, 1회 공급량이 부족하면 항상 윗부분은 과습한 반면에 아랫부분은 항상 건조해서 뿌리가 장해를 받기 쉬워진다. 공급간격이 길어야 하는 이유는 한 번 급액이 되면 오랜 시간 동안 배지 안에 배양액이 충분히 있으므로 자주 급액을 하면 과습하기 쉽기 때문이다.

작물이나 배지 등의 종류에 따라 일반적으로 행해지는 급액 제어점은 존재하지만 식물의 흡수량에 영향을 주는 인자가 너무 다양하기 때문에 급액관리는 반드시 사용자에 맞게 조정되어야 한다. 이를 위해서는 현실적으로 일정 제어시간에 출발하여 배지나 식물의 상태를 보아가면서 가감해 가는 것이 가장 안정적이고 효과적이다.

급액 제어점을 선정할 때 고려할 점은 다음과 같다.

1) **일중 공급시간대**(급액 개시시간과 종료시간) **설정** : 일중 급액공급 시간대는 사용자의 재배환경에 따라 하루 중에서 첫 급액을 개시하는 시점과 급액을 종료하는 시점이 달라진다. 일반적으로 여름에는 해가 길고 온도가 높아 작물의 활력이 높기 때문에 오후 늦게까지도 수분이 흡수되므로 급액 종료시점을 늦게 하는 것이 좋고, 겨울에는 반대로 늦게까지 급액을 하면 배지가 과습해서 오히려 작물에 좋지 않은 경향이 있다. 하루 중 급액 개시시각도 빛과 온도를 고려하여 마찬가지로 조절한다. 낮에 급액하는 경우, 여름에는 급액관이 뜨거운 상태이기 때문에 급액이 이루어지면 뜨거운 배양액이 공급되어 근권 장해가 발생하기 쉬우므로 이 시간대에는 급액이 이루어지지 않도록 중단시키거나, 급액을 하되 고온장해가 일어나지 않도록 한다.
2) **공급간격과 1회 공급량**(1회 공급지속시간) : 공급간격과 1회 공급량은 상호 연관이 있는데, 1회 공급량이 많을수록 공급간격을 길게 해야 한다. 단, 배지가 가지고 있을 수 있는 배양액량은 배지의 보수력과 배지의 용량에 따라 한계가 있으므로 이 한계 안에서 급액량을 정해야 한다. 반대로, 1회 공급량을 아주 적게 하면 아무리 자주 급액하더라도 배지 내의 수분분포를 균일하게 유지하기 어려우므로 한 번 급액될 때마다 배지 전체를 포장용수량으로 만들 수 있을 정도의 배양액을 공급하는 것이 기본이다.
3) **급액과 배액의 지연시간** : 급액과 배액의 지연시간은 배지나 재배시스템의

종류에 따라 급액 후 배액 되는 시간에 차이가 있으며, 또한 배지 내 함수율의 차이에 의하여 지연시간이 존재하게 된다. 비가 온 후 일정 시간 후에 강의 수위가 올라가듯이 급액 후 일정 시간 후에 배액이 되므로, 배액량에 의한 급액제어방식의 경우 입력신호와 제어출력신호 사이에 적정 간격이 있어야 한다. 이 간격이 짧으면 배지가 과습하기 쉽고, 길면 건조하기 쉬워진다. 순환식의 경우에는 긴 베드를 따라 배액이 집액통에 모이는 시간도 고려해야 한다.

4) **사용자의 의도** : 일반적인 재배방법이 아니라 사용자가 의도적으로 작물의 수분관리를 특이하게 하고 싶을 경우에는 급액 제어점이 크게 달라지는 경우가 있다. 예를 들어, 고당도 토마토를 생산하거나, 멜론에서 네트발생을 촉진시키기 위해서는 급액량을 적게 한다. 정식 직후에 뿌리뻗음을 촉진하기 위해서 일정 기간 동안 급액을 적게 하기도 한다.

일반적으로 이러한 사항에 대해서는 알려져 있는 바가 적으므로 주의해야 한다. 배양액의 농도를 극단적으로 높여 재배하는 농가의 경우, 급액의 개시점을 소홀히 하면 염류장해가 나타날 확률이 보통 재배에 비해 크므로 제어점의 설정에 주의해야 하는 것이 일례이다.

## 5·5 배양액 조성 및 관리

수경재배는 배양액을 공급하여 작물을 재배하는 관계로 충분한 원수확보, 그리고 배양액 조성방법과 관리는 수경재배의 핵심기술이다. 더불어 사용해야 하는 원수(原水)의 수질 또한 중요한 요인이므로 수질검사를 하는 것이 작물 생산의 성패를 좌우하는 열쇠로서, 기존의 토양재배에서 수경재배로 전환하려면 이용할 원수를 반드시 검사하여 배양액 조성 시 충분한 고려가 이루어져야 한다.

### 5·5·1 원 수

수경재배에 이용되는 물로는 하천수 · 지하수 · 수돗물 · 빗물 등이 있지만, 병원균과 중금속을 함유하지 않은 것을 원칙으로 하여 배양액을 조성하고 농도를 조절하는 것이 필요하다.

수경재배에 이용되는 물의 특징을 살펴보면 다음과 같다.

1) **하천수** : 상류지역의 자연조건이나 유역의 지질에 영향을 받으며, 특히 생활폐수의 영향을 받기 때문에 수질의 변동이 크므로 주의를 요한다.
2) **지하수** : 수경재배에서 가장 많이 이용되고 있는데, 그 수질은 지역이나 지하 깊이에 따라 크게 변한다. 해안에 가까운 지역은 염분을 다량 함유하는 경우가 있으므로 분석이 필요하다.
3) **수돗물** : 수돗물은 잔류염소를 함유하고 있어 뿌리에 피해를 줄 위험성이 있으므로 하루 이상 경과한 후 이용할 수 있지만 경제성이 문제다.
4) **빗 물** : 보통 pH 4.5~6.0 범위에 있으며, 물에 녹아 있는 무기성분이 낮아 수경재배용으로 수질은 좋다. 그러나 하우스나 온실에서 모아진 빗물은 붕소가 함유되어 있는 경우가 있으므로 주의해야 한다.

수경재배에서 수질불량으로 작황을 불완전하게 하는 원수로는 다음과 같은 몇 가지가 있다.

1) **전기전도도(EC)가 높은 물** : 전기전도도를 높이는 원소로는 칼륨(K), 칼슘(Ca), 마그네슘(Mg), 나트륨(Na) 등이 있는데, 나트륨 농도가 높은 원수의 경우, 배양액 중에 집적되기 쉬우므로 이용하기 곤란하지만 칼륨·칼슘·마그네슘 등은 원수의 농도를 고려하여 배양액 관리를 하면 문제가 없다. 일반적으로 원수 중에 나트륨과 염소의 함량이 30~40 ppm 정도 되면 문제가 발생할 가능성이 있다고 하며, 75 ppm 이상에서는 급액 및 배액 방법을 적절히 조절해야 하고, 100 ppm 이상 되면 원수로서 장기간 이용이 곤란하다.
2) **중탄산($HCO_3^-$) 함량이 높은 물** : 고농도의 중탄산은 pH 상승의 원인이 되므로 산으로 중화시켜야 하는데, 보통 질산($HNO_3$), 인산($H_3PO_4$), 황산($H_2SO_4$) 등이 이용된다.

$$HCO_3^- + H_2O \longrightarrow OH^- + CO_2 + H_2O(\text{pH 상승})$$
$$HCO_3^- + HNO_3 \longrightarrow NO_3^- + H_2O + CO_2$$
$$HCO_3^- + H_3PO_4 \longrightarrow H_2PO_4^- + H_2O + CO_2$$

해안지역과 온천수가 가까운 지역은 중탄산 농도가 높은 경우가 있으며, pH가 높은 물(보통 pH 8.0 이상)은 중탄산 함량을 측정하여 대책을 세우는 것이 좋다.

원수 속의 중탄산 함량은 원수가 어느 정도 완충능을 갖는 30~50 ppm

수준으로 유지시키는 것이 배양액 조성에서 산도변화를 적게 하므로 이 수준으로 조절하는 것이 좋다.

예를 들어, 중화에 필요한 이론적인 질산의 첨가 필요량(mL)은 다음과 같다.

$$HNO_3 = \frac{HCO_3^-(\text{ppm})}{61(HCO_3^-\text{ 당량})} \times 63(HNO_3\text{당량}) \times \frac{100}{60(HNO_3\text{ 순도})} \times \frac{1}{1.42(HNO_3\text{비중})}$$

특히, 산의 순도와 비중은 밀접한 관련이 있으므로, 순도가 변하게 되면 그에 따라 비중 또한 변하게 된다. 중탄산을 제거하기 위해 산을 이용할 경우 이러한 점을 주의해서 계산해야 한다. 산을 투여할 경우, 산 속에 다량원소도 함께 함유된다는 것을 명심해야 한다.

3) **수돗물** : 수돗물을 사용하는 경우 살균에 사용된 염소가 혼입되어 있으므로 뿌리에 장해를 일으킬 수 있다. 따라서, 수돗물을 하루 정도 방치하여 염소를 탈기시킨 후 사용하도록 한다.

4) **철분(Fe)함량이 높은 물** : 원수 중에 함유된 철(Fe)은 $Fe(HCO_3)_2$로 용해되어 있고 공기와 접촉하면 산화되어 수산화철〔$Fe(OH)_3$〕로 되어 침전되므로 작물이 직접 이용할 수 없다. 또한, 산화철은 점적관수 시 노즐을 막히게 하는 원인이 되므로 제거해야 한다. 철분을 제거하는 방법에는 원수에 공기를 불어 넣는 폭기식과 필터를 이용하여 걸러내는 필터식이 있다. 실용적으로 많이 활용되고 있는 방법은 모래여과기(sand filter system)이다.

### 5·5·2 배양액 조성

원예작물이 건전한 생육을 하기 위해서는 16 종류의 원소(탄소 · 수소 · 산소 · 질소 · 인 · 칼륨 · 칼슘 · 마그네슘 · 황 · 철 · 망간 · 붕소 · 아연 · 구리 · 몰리브덴 · 염소)가 필요하다. 이 중에서 질소(N), 인(P), 칼륨(K), 칼슘(Ca), 마그네슘(Mg), 황(S) 같은 6 가지 원소는 비교적 다량 흡수되는 원소로 다량원소(多量元素)라 하고, 그 밖의 원소는 미량원소(微量元素)로 구분하고 있다. 16 개의 원소 중, 탄소 · 수소 · 산소는 공기 중 탄산가스($CO_2$)와 물($H_2O$)로서 공급되므로 비료로 공급할 필요가 없으며, 염소(Cl)는 작물 요구량이 적고 용수와 일반 비료에 어느 정도 함유되어 있는 경우가 많으므로 특별한 경우를 제외하고는 비료로서 공급하지 않는다. 이러한 다량원소와 미량원소는 작물에 따라 그 요구량이 다르다.

수경재배에서 이용되는 배양액은 다음과 같은 구비조건을 갖추어야 한다.

1) 필수 무기양분을 함유할 것.
2) 뿌리에서 흡수하기 쉬운 형태로 물에 용해된 이온상태일 것.
3) 각각의 이온이 적당한 농도로 용해되어 총이온 농도가 적절할 것.
4) 작물에 유해한 이온을 함유하지 않을 것.
5) 용액 pH 범위가 5.5～6.5 범위에 있을 것.
6) 값싼 비료를 사용하여 만들어질 것.
7) 재배기간이 계속되어도 농도, 무기원소간의 비율 및 pH 변화가 적을 것.

배양액 조성 시, 배양액 농도의 표시방법이 다르므로 이들의 환산방법을 익혀 둘 필요가 있는데, 보통 배양액 표시방법에는 mM/L, me/L, ppm 등이 있다. 이들 사이의 상호 환산은 가능하다(그림 5-15 참조).

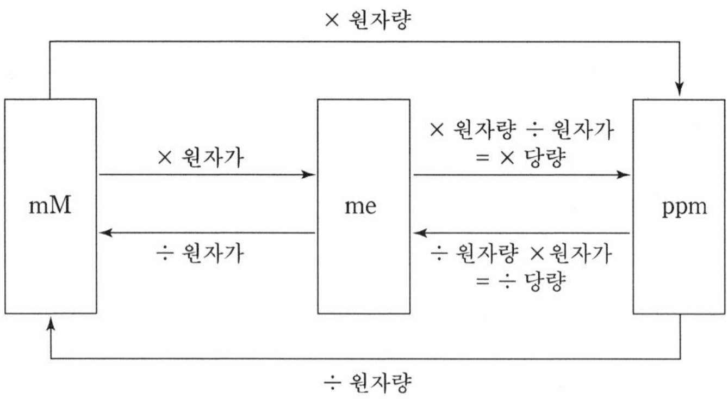


**그림 5-15** 배양액 표시방법간의 상호 환산

우리나라에서 다량원소는 me/L(물 1 L 중의 밀리그램당량)으로, 미량원소는 ppm 으로 표시하고 있다. 유럽에서는 주로 mM/L 과 $\mu$M/L 이 쓰이고 있다. 여기서, 당량(當量)이란 성분의 원자량(분자량)을 원자가(분자가)로 나눈 수치(g 당량)로서, 이것의 1/1,000 이 밀리그램당량이 된다. 예를 들어, K 는 원자량이 39.1, 원자가가 1 이므로 1 me/L=1 mM/L=39.1÷1=39.1 mg/L (ppm)이 된다.

Ca 와 Mg 는 원자량이 각각 40.0, 24.3 이고, 원자가는 각각 2 가이므로 Ca 1 me/L=0.5 mM/L=20.0 mg/L(ppm)이고, Mg 1 me/L=0.5 mM/L=12.2 mg/L(ppm)이 된다.

### 5·5·3 배양액 계산

시판되는 수경재배 전용비료로서 복합비료와 화학약품(단비)을 각각 조제한 후 일정한 양의 원수에 용해하여 사용하는 경우가 많다.

#### (1) 시판비료를 이용한 배양액 만들기

비료의 보증성분에 대해서는 N 이외는 산화형으로 중량 % 로 표시되지만 이것도 원소의 % 로 환산할 수 있다. 즉, $P_2O_5$ 10 % 를 P 로 표시하면

$P_2 \div P_2O_5 = 31\times2 \div \{(31\times2)+(16\times5)\} = 0.437$ 로 표시되어
$P = 10\times0.437 = 4.37$ % 가 된다.

원소형태를 산화물로 환산하거나 산화물 형태를 원소로 환산할 때의 환산계수는 표 5-7 과 같다.

〔표 5-7〕 비료성분 단위간의 환산계수

| 구 분 | N | P<br>$P_2O_5$ | K<br>$K_2O$ | Ca<br>CaO | Mg<br>MgO | S<br>$SO_4$ |
|---|---|---|---|---|---|---|
| 원소(mg)→산화물(mg) | | ×2.295 | ×1.205 | ×1.399 | ×1.058 | ×2.500 |
| 산화물(mg)→원소(mg) | | ×0.437 | ×0.830 | ×0.715 | ×0.603 | ×0.400 |
| 원소(mg)→원소(me/L) | ÷14 | ÷10.3 | ÷39.1 | ÷20.0 | ÷12.2 | ÷16.0 |
| 원소(mg)→원소(mM/L) | ÷14 | ÷31 | ÷39.1 | ÷40.1 | ÷24.3 | ÷32.1 |
| 원소(me/L)→원소(mM/L) | ×1 | ×3 | ×1 | ×2 | ×2 | ×2 |
| 산화물(mg)→원소(me/L) | ×0.0714 | ×0.0423 | ×0.0212 | ×0.0357 | ×0.0498 | ×0.0250 |

〔표 5-8〕 시판 비료의 보증성분 표시

| 구 분 | | 보증성분량(%) | 구 분 | | 보증성분량(%) |
|---|---|---|---|---|---|
| 1 호 비료 | 전질소량 | 10 | 1 호 비료 | 망간(MnO) | 0.1 |
| | 암모니아태질소 | 2.5 | | 붕산($B_2O_3$) | 0.1 |
| | 질산태질소 | 7.5 | | 철(EDTA-Fe) | 0.18 |
| | 인산($P_2O_5$) | 8.0 | 2 호 비료 | 질산태질소 | 11.0 |
| | 칼리($K_2O$) | 24.0 | | 석회 | 23.0 |
| | 고토(MgO) | 5.0 | | | |

예를 들어, 판매용 비료의 보증성분에 따라 각 이온의 농도는 다음과 같이 계산된다(표 5-9 참조). 1 호 비료와 2 호 비료를 물 1,000 L 에 각각 1.5 kg, 1 kg 을 완전히 용해한다면 이 경우 인산($P_2O_5$)은 1 호 비료에 8 % 함유되어 있으므로 계산하면 1,500 g×0.08÷1,000 L =120 g/1,000 L =120 mg/L는 120 ppm 이 된다. 이를 다시 P 로 계산하면 120 ppm×0.437=52.4 ppm 이 된다.

각 원소 함량에 따른 성분농도를 계산하면 표 5-9 와 같이 된다. 이 복합비료의 성분농도와 기준이 되는 농도를 설정하여 배양액을 계산한다. 만약, 시비농도가 부족한 경우(대부분의 경우 다량원소가 부족함), 질산칼륨이나 질산칼슘 및 황산마그네슘으로 보충한다.

**〔표 5-9〕** 처방에 따른 시판 비료의 성분농도 계산 (1 호 1.5 kg 과 2 호 1 kg)

| 농 도 | $NO_3$-N (N) | $NH_4$-N (N) | $P_2O_5$ (P) | $K_2O$ (K) | CaO (Ca) | MgO (Mg) |
|---|---|---|---|---|---|---|
| ppm(mg/L) | 222.5<br>(50.3) | 37.5<br>(30.8) | 120<br>(52.4) | 360<br>(298.8) | 230<br>(164.5) | 75<br>(45.5) |

## (2) 화학약품(단용비료)을 이용한 배양액 만들기

### ① 일본원예시험장액(당량 계산)

성분조성이 밀리그램당량(me/L)으로 표시된 경우에 비료염의 양을 구하는 방법을 보면 표 5-10 과 같다. 비료염을 계산할 때에는 칼슘이나 인을 기준으로 먼저 계산하면 편리하다.

**〔표 5-10〕** 비료염의 양을 구하는 법

| 구 분 | $NO_3$-N | $NH_4$-N | P | K | Ca | Mg | $SO_4^{2-}$ | 비료량 (mg/L) |
|---|---|---|---|---|---|---|---|---|
| 설정농도 | 16 | 1.3 | 4 | 8 | 8 | 4 | 4 | |
| $NH_4H_2PO_4$ | | 1.3 | 4 | | | | | 115÷3×4=153 |
| $Ca(NO_3)_2 \cdot 4H_2O$ | 8 | | | | 8 | | | 236÷2×8=944 |
| $KNO_3$ | 8 | | | 8 | | | | 101÷1×8=808 |
| $MgSO_4 \cdot 7H_2O$ | | | | | | 4 | 4 | 246÷2×4=492 |
| 합계 | 16 | 1.3 | 4 | 8 | 8 | 4 | 4 | |

② **NFT 액**(ppm 계산)

유럽에서 오이와 같은 과채류 수경재배에 광범위하게 사용하고 있는 NFT 배양액을 만드는 과정을 계산해 보면 다음과 같다.

NFT 배양액의 다량원소 농도가 N 200 ppm, P 60 ppm, K 300 ppm, Ca 170 ppm, Mg 50 ppm 이므로 이 농도를 가지는 배양액 1 L 를 만들기 위해 비료염을 계산한다.

우선 인산 60 ppm 을 만들기 위해서 먼저 $KH_2PO_4$ 비료염을 사용하면,

$60 \times 136 \div 31 = 263$ mg($KH_2PO_4$ 분자량 : 136, P 원자량 : 31)

또한, $KH_2PO_4$ 263 mg 속에는 P 60 ppm 외에도 K 가 포함되어 있다. K 함량을 구하면 $263 \times 39 \div 136 = 75$ mg 으로 K 가 75 mg 함유되어 있다. K 농도는 300 ppm 중 $KH_2PO_4$ 로 75 ppm 이 공급되므로 $300 - 75 = 225$ ppm 의 K 가 $KNO_3$ 의 형태로 더 공급되어야 한다.

$225 \times 101 \div 39 = 583$ mg($KNO_3$ 분자량 : 101, K 원자량 : 39)

$KNO_3$ 583 mg 속에는 K 225 ppm 과 N 이 들어 있으므로 N 의 양을 계산하면

$583 \times 14 \div 101 = 81$ mg($KNO_3$ 분자량 : 101, N 원자량 : 14)

81 ppm 의 N 도 함유하고 있다. 소요되는 질소(N)의 양은 119 ppm(200−81 ppm)으로서 부족되는 나머지 질소는 질산칼슘으로 공급한다.

$119 \times 236 \div 14 \div 2 = 1{,}003$ mg〔$Ca(NO_3)_2 \cdot 4H_2O$ 분자량 : 236, N 원자량 : 14〕

이 중에 들어 있는 Ca 의 양을 계산하면

$1{,}003 \times 40 \div 236 = 170$ mg〔$Ca(NO_3)_2 \cdot 4H_2O$ 분자량 : 236, Ca 원자량 : 40〕

$Ca(NO_3)_2 \cdot 4H_2O$ 에 Ca 가 170 mg(ppm) 이 함유되어 있어 N, P, K, Ca 의 계산이 끝났다.

나머지 Mg 50 ppm 은 $MgSO_4 \cdot 7H_2O$ 로 공급하면

$50 \times 246 \div 24 = 513$ mg($MgSO_4 \cdot 7H_2O$ 분자량 : 246, Mg 원자량 : 24)

으로 513 mg 이 필요하다.

이상으로 다량원소의 소요 비료량 계산이 끝났는데 N 200 ppm, P 60 ppm, K 300 ppm, Ca 170 ppm, Mg 50 ppm 농도를 가지는 배양액 1 L 와 1,000 L 를 만들기 위해서는

| | | |
|---|---|---|
| $KH_2PO_4$ | 263 mg/ L | 263 g/1,000 L |
| $KNO_3$ | 583 mg/ L | 583 g/1,000 L |
| $Ca(NO_3)_2 \cdot 4\,H_2O$ | 1,003 mg/ L | 1,003 g/1,000 L |
| $MgSO_4 \cdot 7\,H_2O$ | 513 mg/ L | 513 g/1,000 L |

소요된다는 것을 알 수 있다.

### 5·5·4 배양액 조성용 비료염의 종류

배양액 조성 시 수경재배용 전용비료와 화학약품(단용비료) 등을 이용하

〔표 5-11〕 주요 비료염의 분자식, 당량중 및 성분함량

| 비료염 | 분 자 식 | 분자량 | 당량중 (mg/me) | 성분함량 (me) | % |
|---|---|---|---|---|---|
| 질산칼륨 | $KNO_3$ | 101 | 101 | N 1, K 1 | N 14, K 39 |
| 질산칼슘 | $Ca(NO_3)_2 \cdot 4\,H_2O$ | 236 | 118 | N 1, Ca 1 | N 12, Ca 17 |
| 제 1 인산암모늄 | $NH_4H_2PO_4$ | 115 | 38 | N 0.3, P 1 | N 12, P 26 |
| 제 1 인산칼륨 | $KH_2PO_4$ | 136 | 45 | K 0.3, P 1 | K 28, P 22 |
| 황산마그네슘 | $MgSO_4 \cdot 7\,H_2O$ | 246 | 123 | Mg 1, S 1 | Mg 10, S 13 |
| 질산마그네슘 | $Mg(NO_3)_2 \cdot 6\,H_2O$ | 256 | 128 | Mg 1, N 1 | Mg 98, N 11 |
| 초안 | $NH_4NO_3$ | 80 | 40 | N 1 | N 35 |
| 유안 | $(NH_4)_2SO_4$ | 132 | 66 | N 1, S 1 | N 21, S 24 |
| 염안 | $NH_4Cl$ | 53 | 53 | N 1, Cl 1 | N 26, Cl 66 |
| 황산가리 | $K_2SO_4$ | 174 | 87 | K 1, S 1 | K 45, S 18 |
| 염화가리 | KCl | 74 | 74 | K 1, Cl 1 | K 35, Cl 47 |
| 염화칼슘 | $CaCl_2 \cdot 2\,H_2O$ | 147 | 73 | Ca 1, Cl 1 | Ca 27, Cl 48 |
| 질산칼슘 | $5[Ca(NO_3)_2 \cdot 2\,H_2O]NH_4NO_3$ | 1,080 | 108 | Ca 1, N 5.5 | N 15.5, Ca 20 |
| 황산망간 | $MnSO_4 \cdot H_2O$ | 169 | 84.5 | | Mn 32.5 |
| 황산구리 | $CuSO_4 \cdot 5\,H_2O$ | 249.7 | 124.9 | | Cu 25.4 |
| 황산아연 | $ZnSO_4 \cdot 7\,H_2O$ | 287.5 | 143.8 | | Zn 22.7 |
| 붕산 | $H_3BO_3$ | 61.8 | 20.6 | | B 17.5 |
| 붕사 | $Na_2B_4O_7 \cdot 10\,H_2O$ | 381.2 | — | | B 11.3 |
| 몰리브덴산암모늄 | $(NH_4)_2Mo_7O_{24} \cdot 4\,H_2O$ | — | 1,236 | | Mo 54.3 |
| 킬레이트철 | EDTA | 430 | — | | Fe 13 |
| | DTPA | 932 | — | | Fe 6 |
| | EDDHA(5 %) | 1,118 | — | | Fe 5 |
| | EDDHA(6 %) | 932 | — | | Fe 6 |

여 조성하는데, 배양액을 각 농도에 알맞게 조성하는 것이 가장 바람직하다. 배양액 조성에 사용되는 비료염의 종류는 다음과 같다.

보통 배양액 조성 시 2개의 원액탱크에 같은 양의 비료를 용해시켜 두고 사용하는데, 그 이유는 이온끼리 고농도로 혼합되는 경우 상호 결합하여 침전함에 따라 침전된 이온의 흡수가 불가능해져 결핍증상을 나타내기 때문이다.

2개의 원액탱크로 나누는 원칙을 들어 보면 다음과 같다. 칼슘(Ca)이 들어 있는 비료와 황산기($SO_4^{2-}$)가 들어 있는 비료는 서로 분리시키는데(표 5-12 참조), 그 이유는 칼슘과 황산기가 결합해 석고가 되어 칼슘흡수가 이루어지지 않기 때문이다. 또한, 칼슘(Ca)과 인산기($H_2PO_4^-$, $HPO_4^{2-}$, $PO_4^{3-}$)는 분리되는 것이 좋은데, 칼슘이온과 인산기는 결합되어 육안으로 식별할 수 없는 침전상태로 존재하기 때문이다. 그리고 철성분과 인산기는 따로 분리시키는 것이 좋은데, 이 또한 철성분과 인산기가 결합하여 침전물이 형성되기 때문이다.

**〔표 5-12〕** 2개의 원액탱크로 구분한 배양액 조성 시의 비료 종류별 구분

| A 탱크 | | B 탱크 | |
|---|---|---|---|
| 질산칼슘 | $Ca(NO_3)_2 \cdot 4H_2O$ 또는 $5[Ca(NO_3)_2 \cdot 2H_2O]NH_4NO_3$ | 질산칼륨 | $KNO_3$ |
| 질산칼륨 | $KNO_3$ | 제1인산칼륨 | $KH_2PO_4$ |
| 킬레이트철 | Fe-EDTA 또는 Fe-DTPA | 제1인산암모늄 | $NH_4H_2PO_4$ |
| 질산암모늄 | $NH_4NO_3$ | 황산마그네슘 | $MgSO_4 \cdot 7H_2O$ |
| | | 황산칼륨 | $K_2SO_4$ |
| | | 기타 미량원소 | B, Mn, Zn, Mo, Cu |

### 5·5·5 근권 내 배양액의 pH 관리

수질검사를 할 때 산도(pH), 전기전도도(EC), 무기이온류 및 중금속을 분석하는데, 이 중 산도(pH)는 무기양분 흡수에 영향을 끼친다.

산도(pH)란 용액의 수소이온농도를 나타내는 것으로, 음수의 수소이온농도의 상용로그값이다($-\log[H^+]$). 용액의 pH는 0(가장 산성, 수소이온농도가 가장 높음)에서 14(가장 염기성, 수소이온농도가 가장 낮음) 범위이다. pH 7은 중성(산성도 알칼리성도 아님)이라고 하지만, 수경재배에 있어서

적정 pH는 아니다. 대부분의 작물은 토양재배에서는 배지의 pH가 약산성(pH 6.2~6.8)에서, 수경재배에서는 약산성(pH 5.5~6.2) 범위에서 가장 잘 자란다. 그러나 모든 작물이 이러한 범위에서 가장 잘 자라는 것은 아니다. 수경재배에서 철쭉이나 치자나무는 배지의 pH가 산성 쪽(pH 4.8~5.8)에서 잘 자라고, 백합은 약산성(pH 6.5~6.8)보다 더 높은 pH에서 잘 자란다. 그 이유는 배지의 pH에 따라 독성물질이 과다하게 식물 체내에 흡수되거나 불용화되기 때문이다. 수경재배에서 배양액 및 배지 pH가 5.5~6.5 범위일 때 작물의 생육에 적합하다고 하는 것은 이 범위의 산도에서 모든 무기양분 흡수가 균형 있게 이루어지기 때문이다(표 5-13 참조).

**〔표 5-13〕** 원예작물의 적정 급액 및 근권 배양액의 pH 관리 〈서울시립대, 1997〉

| 구 분 | pH 범위 | 구 분 | pH 범위 |
|---|---|---|---|
| 급액 : 적정 급액 | 5.0~6.5 | 근권 : 최적 근권 | 5.5~6.2 |
| | | 적정 근권 | 5.5~6.5 |

배양액 내 이온흡수 특성에 따른 작물 근권 내 pH의 변화를 보면 재배작물이 주로 양이온($K^+$, $NH_4^+$, $Ca^{2+}$, $Mg^{2+}$)을 많이 흡수하게 되면 식물 뿌리로부터 배양액 내로 수소이온($H^+$)을 많이 방출하기 때문에 근권 내 pH는 낮아진다. 반면에 재배작물이 음이온($NO_3^-$, $SO_4^{2-}$, $H_2PO_4^-$)을 상대적으로 많이 흡수하게 되면 식물 뿌리로부터 $OH^-$ 이온을 방출하게 되어

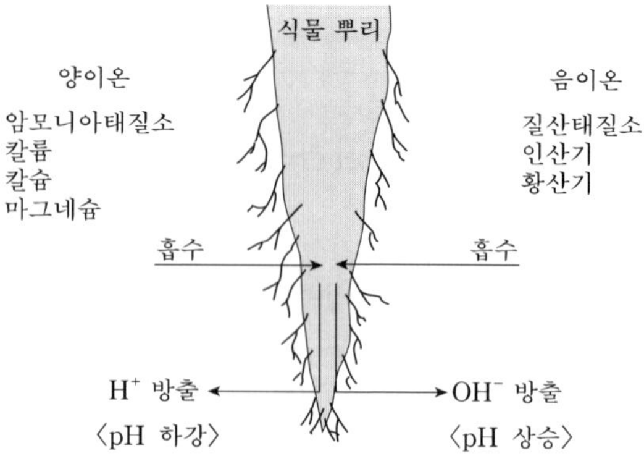


**그림 5-16** 식물의 양분흡수와 배양액 pH의 변화

근권 내 pH는 높아진다. 이러한 근권 내 pH 변화는 작물의 종류, 생육단계, 기상조건에 따라 다른 양상을 보이므로 근권 내 pH를 적정 수준으로 유지하는 것은 수경재배에서 중요한 사항 중 하나이다.

배양액의 pH를 낮추기 위하여 황산($H_2SO_4$), 인산($H_2PO_4$), 질산($HNO_3$) 등을 사용한다. 예전에는 황산을 많이 사용해 왔지만 초기생육이 불량하고 강한 부식성이 있어, 요즘은 인산이나 질산을 많이 사용하고 있다. 질산은 식물의 생육에 지장이 없어 많이 쓰이나 황산과 같이 강한 부식성을 지니고 있고, 피부에 묻으면 화상을 입기 쉽다. 또한, 눈에 접촉되면 위험하고, 폭발성이 있어 취급 시 주의해야 한다. 인산은 다른 산에 비하여 사용하기 편리하나 배양액이나 공급되는 수질에 칼슘이 다량 함유되어 있으면 불용성의 흰색 침전물이 생성되기 때문에 인산을 사용할 때에는 수질의 칼슘함량을 알아 둘 필요가 있다.

배양액의 pH를 높이기 위하여 수산화칼륨(KOH), 수산화나트륨(NaOH) 등을 사용하며, 이 중에서 수산화나트륨은 염류축적의 문제점이 있어 주로 수산화칼륨을 사용한다.

그리고 사용하는 비료의 종류에 따라 pH를 조절하기도 하는데, 질산암모늄($NH_4NO_3$), 인산암모늄($NH_4H_2PO_4$)과 유안〔$(NH_4)_2SO_4$〕 등이 대표적인 예이다. 이와 같은 단용비료의 공통점은 암모니아태질소($NH_4$-N)를 함유하고 있다는 것이다. 즉, 영양생장기간 동안 근권의 pH는 계속 증가하게 되는데, 그 이유는 영양생장기간 동안 질산태질소($NO_3$-N)가 중점적으로 식물체 내로 흡수되기 때문이다. 그렇기 때문에 질산태질소의 흡수를 제한할 수 있는 암모니아태질소를 공급해 줌으로써 근권의 pH 상승을 억제시켜 안정된 pH를 적절히 유지할 수 있다. 그러나 생식생장기간 동안에 이러한 비료염을 사용하면 위험하다. 보통 생식생장기간 동안 식물체는 칼륨을 중심으로 양이온의 흡수가 증가되어 근권의 pH가 낮아지기 때문에 암모니아태질소가 함유된 비료를 사용할 경우 근권의 pH는 더욱더 낮아지게 된다. 이를 방지하기 위해서 중탄산칼륨($KHCO_3$) 같은 비료를 사용하기도 한다. 이러한 비료염은 칼륨공급원이 되는 것과 동시에 pH가 낮아지는 것을 막는 중탄산($HCO_3^-$)을 배양액 속에 공급하여 안정된 근권 pH를 유지하도록 한다.

식물 필수원소 중의 하나인 철은 킬레이트형태로 공급되지 않으면 pH가 높아짐에 따라 쉽게 수산화철〔$Fe(OH)_3$〕로 침전되어버린다. 킬레이트철도 pH 범위에 따라 사용할 수 있는 종류가 있다. Fe-EDTA 는 pH 7 까지 사용할 수 있고, Fe-DTPA 는 pH 8 까지, Fe-EDDHA 는 전 pH 영역에서 사용할 수 있으므로, 킬레이트철 종류는 지역의 수질특성을 고려하여 선택하도록 한다. 한편, 인과 칼슘의 유효도는 pH 가 6.0 이상 되면 인산칼슘〔$Ca_3(PO_4)_2$〕으로 되어 침전된다.

배양액의 pH 조절은 배지종류별 화학적 특성을 고려하여 근권 내 배양액의 pH 를 적정 범위(pH 5.5~6.2)로 관리해야 한다. 즉, 알칼리성 배지는 적정 범위보다 산성에 가까운 pH 범위로, 중성배지는 적정 범위로 공급해 주고, 산성배지는 중성화시킨 다음에 적정 범위로 공급해 준다. 예를 들면, 암면・입상면・훈탄・목탄과 같은 알칼리성 배지는 배양액의 pH 를 5.2~5.7 로 공급해 주면, 배지 내 pH 가 적정 범위로 유지될 것이다. 피트모스 및 수피와 같은 강산성 배지는 공급되는 배양액의 pH 에 의한 변화가 적기 때문에 배지 자체를 석회 등으로 pH 6.0 수준으로 교정하거나 pH 6.0 수준의 배양액에 담근 다음 배양액의 산도 범위를 pH 5.8~6.5 로 공급해 주면, 적정 범위의 pH 가 유지될 것이다. 펄라이트・버미큘라이트・하이드로볼・오아시스와 같은 중성 및 약산성 배지는 공급되는 배양액의 pH 에 의하여 영향을 받기 때문에 배양액을 적정 산도 범위(pH 5.5~6.0)로 관리하는 것이 바람직하다.

재배 도중에 근권의 pH 가 높으면, 공급되는 배양액의 pH 를 낮게 공급하되 pH 5.0 이하로 내리지 않고 공급하는 것이 바람직하다. 근권의 pH 가 낮으면, 공급되는 배양액의 pH 를 높게 공급하되 pH 6.5 이상으로 올리지 않고 공급하는 것이 바람직하다.

만약, 근권의 pH 가 올라가 pH 5.0 의 배양액을 공급해도 적정 pH 를 유지할 수 없다면, 암모니아태질소 공급을 전체 질소량의 10~20 % 정도 늘인다(암모니아 함량은 30 ppm 이내로). 근권의 pH 가 내려가 pH 6.5 의 배양액을 공급해도 적정 pH 를 유지할 수 없다면, 근권의 pH 를 올리기 위해서 암모니아태질소 공급을 5 % 이하로 줄인다. 암모니아태질소 공급을 줄이고도 계속 pH 가 내려간다면, 중탄산칼륨($KHCO_3$)을 첨가하여 양액의 완충력을 높여 근권의 pH 가 내려가지 않도록 유도한다. 중탄산칼륨을 첨가할 필요가 있다면, 농가에서는 그것을 농축액에 혼합하지 말고 따로 물 1 t 에 150 g 수준으로 녹여서 첨가해야 한다. 급액을 적정 수준으로 조절하기 위해서 농가에서는 매일 배양액, 폐액과 근권의 pH 와 전기전도도를 측정하여 기록해 놓는 것이 바람직하며, 이것으로 작물의 생육과 근권환경 변화를 예측하여 배양액 관리에 중요한 자료로 삼는다.

### 5·5·6 근권 내 배양액의 농도관리

배양액 농도는 보통 전기전도도(電氣傳導度 ; electrical conductivity, EC)로 나타내며, 단위는 $dS \cdot m^{-1}$(d : deci, S : Siemens)이다. 이것은 배양액 중의 전기가 통하는 정도로, 배양액 중에 각종 무기이온이 많아지면 전기가 통하기 쉽게 되어 그 수치가 커지게 된다. 전기전도도는 용액의 온도가 1℃ 높아짐에 따라 2% 정도 증가한다. 따라서, 용액의 온도를 체크해 두는 것이 좋다. 여기서, 전기전도도는 배양액 내 전체 이온농도를 나타낼 뿐 각 원소의 농도를 알 수는 없다. 배양액에 함유된 무기성분 함량을 분석함으로써 각 원소의 농도를 알 수 있는데 순환방식으로 재배할 때에는 특정 무기성분의 축적과 소비가 이루어질 가능성이 높기 때문에 배양액을 정기적으로 분석할 필요가 있다. 그리고 재배 중에 작물의 뿌리에서 유기산과 노폐물이 배출되어 전기전도도에 영향을 줄 수 있으므로 일정한 간격으로 배양액을 분석하여 관리할 필요가 있다.

배양액은 작물의 종류나 생육단계 또는 여러 가지 환경요인에 의하여 함량비나 pH가 변하므로 작물의 생육단계마다 농도를 조절하거나 겨울철에는 전체 농도를 1.2~1.4배로 높이는 등의 배양액 관리를 하는 것이 바람직하다.

일반적으로 추천되는 적정 양액농도는 작물별, 계절별, 생육단계별 및 수질에 따라 다양하다. 주요 작물별 근권 내 최적 양액농도 수준은 과채류에서 $2.5 \sim 3.5\ dS \cdot m^{-1}$, 절화류 $2.0 \sim 2.5\ dS \cdot m^{-1}$, 상추와 같은 엽채류는 $1.5 \sim 2.0\ dS \cdot m^{-1}$ 수준으로 관리하는 것이 이상적이라고 할 수 있다. 그러나 광량이 부족한 계절과 이상기상으로 충분한 광을 확보할 수 없을 때에는 과채류에서 $3.0 \sim 6.0\ dS \cdot m^{-1}$ 수준까지 높게 관리하는 경우도 있다. 배양액 농도관리는 재배조건과도 깊은 연관이 있는데, 일반적으로 온도가 높은 여름에는 고농도보다 저농도로 해주어 수분흡수를 촉진시키고, 겨울에는 고농도로 하여 수분흡수를 억제하면서 양분 흡수량을 촉진할 수 있도록 한다. 칼슘함량이 높은 수질은 칼슘함량이 낮은 수질보다 농도가 높게 나타나므로, 농도를 관리할 때 수질의 칼슘함량을 고려해야 한다.

〔표 5-14〕 작물 종류별 계절에 따른 적정 근권 배양액 농도관리 〈서울시립대, 1997〉

| 작 물 | 배지 종류 | EC($dS \cdot m^{-1}$) | |
|---|---|---|---|
| | | 봄~가을 | 겨울 |
| 오이 | 암면 · 펄라이트 | 2.0~3.0 | 2.5~3.5 |
| 토마토 · 고추 | 암면 · 펄라이트 | 2.0~3.0 | 2.5~4.0 |
| 착색단고추 | 암면 · 펄라이트 | 2.0~3.5 | 3.0~4.5 |
| 장미 | 암면 · 펄라이트 | 1.8~2.4 | 2.0~2.8 |
| 거베라 | 암면 · 펄라이트 | 1.8~2.4 | 2.0~2.8 |
| 상추 | NFT | 1.2~1.8 | 1.5~2.5 |
| 엔다이브 · 치커리 | NFT | 1.5~2.4 | 1.8~2.5 |
| 향신채(herb) | NFT | 1.2~1.8 | 1.5~2.5 |

## ◇ 참 고 문 헌 ◇


1. 남윤일. 2000. 수경재배용 배지의 효율적 이용과 사용 후 처리 기술 심포지움. 농촌진흥청 원예연구소.
2. 노건길, 박권우, 이용범 공역. 1997. 온실작물의 물, 배지, 양분. (사)한국첨단농업시설협의회.
3. 박권우, 김영식. 1998. 양액재배. 아카데미서적.
4. 오일수, 배종향. 1995. 양액재배론. 선진문화사.
5. 이용범 등. 1997. 제3차 최신 수경재배 기술교육. 한국수경재배연구회.
6. 日本施設園藝協會. 1996. 最新養液栽培の手引き. 誠文堂新光社
7. ————————. 1997. 最新施設園藝環境制御技術, 誠文堂新光社.
8. ————————. 2001. 施設園藝ハンドブック. 園藝情報センタ.
9. Howard, M.Resh. 1995. Hydroponic food production. Woodbridge Press Publishing Co., USA.
10. Raviv, M. & J.H. Lieth. 2008. Soilless culture; Theory and practice. Elsevier.
11. Savvas, D. & H. Passam. 2002. Hydroponic production of vegetables and ornamentals. Embryo Publications. Greece.

# 제 6 장 다양한 시설원예 기술

## 6·1 관비재배 기술

### 6·1·1 관비재배

토양은 식물의 뿌리를 지탱시키고, 생장에 필요한 영양분과 수분을 공급하는 중요한 역할을 한다. 토양은 양분 공급능력, 이온흡착능력 및 완충능력을 가지고 있다. 이러한 토양의 본질적인 기능을 최대한 살리고 시비(施肥, 비료주기 ; fertilization)와 관수(灌水, 물주기 ; irrigation)를 동시에 수행하면서 작물을 재배하는 방법을 관비재배(灌肥栽培 ; fertigation cultivation)라고 한다. 수경재배시스템에서 배지를 토양으로 사용한다는 관점에서는 토양수경재배(양액토경)라고 할 수도 있다. 또한, 관비재배는 살충제·살균제·생장조절제 등을 관비시스템을 통하여 동시에 공급할 수 있는 장점이 있다. 관비재배에 사용하는 농약은 인체와 환경에 안전성이 보장되어야 하므로 미국연방농약법(FIFRA) 규정에는 품목을 등록할 때 그 내용을 명시하도록 하고 있다. 관비재배는 1959년 스프링클러(sprinkler)를 상업적으로 실행한 것이 효시로 알려져 있다.

### 6·1·2 관비재배의 중요성 및 효과

#### (1) 자원과 환경 측면

첫째, 제한된 수자원을 효율적으로 이용하기 위하여 농업용수의 이용 효율성을 높이고 절수를 통해 물부족 문제를 해결하기 위하여 관비재배가 필요하다. 모든 생물의 생명유지에 가장 중요한 요소는 물이다. 산업화와 더

불어 물 사용량이 급증하고 있으나 환경오염으로 인해 사용할 수 있는 물의 양은 줄어들고 있다. 우리나라 수자원은 질적인 면에서는 아직 문제가 없으나 사용할 수 있는 양은 매우 부족하여 물부족 국가에 포함되어 있다. 재생 가능한 수자원량을 기준하면 180 개 국가 중에서 146 위에 머물러 있는 실정이다. 우리나라 수자원의 연간 총이용량은 337 억 t 이고, 총이용량의 47 % 에 해당되는 약 160 억 t 이 농업용수로 쓰이고 있다.

둘째, 작물생육에 필요한 비료분을 과부족 없이 알맞게 공급한다는 면에서는 자원의 낭비를 예방하고 환경오염부하를 경감하는 효과가 있다. 일반재배에서는 비료분의 과다 사용으로 인하여 토양에 염류집적현상이 나타나고 여분의 비료분은 수질을 오염시켜 하천 및 호수의 부영양화를 촉진시키기도 한다.

### (2) 재배 · 경영 측면

첫째, 농업노동력이 부족한 현실에서는 작업의 생력화가 필수적이다. 관비재배는 관수와 시비를 동시에 수행하므로 작업시간과 노력절감의 효과가 있다. 또한, 농업경영인의 노동의 질을 개선하여 삶의 질을 개선하는 효과가 있다.

둘째, 수분과 양분의 과부족 없이 제때에 적정량을 공급하여 작물이 스트레스를 받지 않고 생육할 수 있다. 수확량과 상품성을 높여 농가 소득향상의 지름길이 될 수 있다.

셋째, 농업경험이 적거나 기술이 부족한 농업인의 경우도 관비시스템과 장치화를 통하여 정확한 관수와 시비 작업이 가능하게 된다.

넷째, 척박한 불모지에서도 작물재배가 가능하기 때문에 경지가 좁은 지역에서는 경지면적의 확장효과가 있다.

다섯째, 관비시스템에 의하여 관수와 시비를 균일하게 할 수 있으며 토양과 작물의 영양진단을 통하여 과학적인 정밀농업이 가능하게 된다.

### (3) 관비재배시스템의 구성

#### ◈. 관비시스템

원수탱크, 비료희석탱크, 비료희석기(agitator), 급수펌프, 정량펌프, 여과기(filter), 벤추리(venturi), 사이폰 관(siphon tube), 역지밸브(check valve), 급수관이 갖추어지면 기본적인 관수재배는 가능하게 된다. 그러나 보다 정밀한 관비재배를 위해서는 관수제어장치와 계측장비가 추가로 필요하다. 계측장비는 일사량계, 우량계, 온습도계, pH 메타, EC 메타, 토양수분측정기 등 수경재배에 사용되는 장비들이 모두 이용 가능하지만 부착장비가 많아질수록 정밀한 제어는 가능하나 투자비용과 관리비용이 많아진다는 단점이 발생한다.

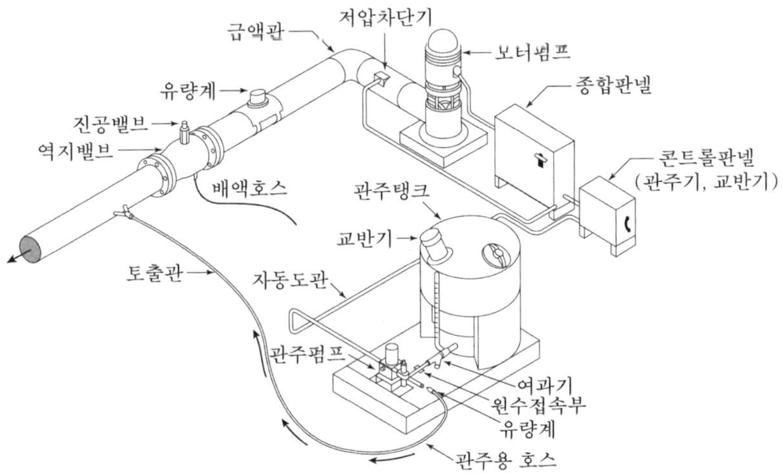


**그림 6-1** 관비시스템 구성도〈Irrigation research and training center USA〉

### (4) 관비재배의 기초이론

#### ① 관수시기

관수시기는 작물의 종류, 재배시기, 토양의 종류 등 여러 조건에 따라 달라진다. 관수시기를 결정하는 방법에는 수분센서에 의한 방법, 식물체와 토양의 수분 정도를 육안으로 관찰하여 결정하는 경험적 관행방법, 급수 타이머에 의한 방법, 관수프로그램에 의한 방법 등이 있다.

수분장력계(水分張力計 ; tensiometer)를 이용하여 관수시기를 결정할 경우 장력계에 나타나는 수분값은 낮에는 약간 높게 나타나는 경향이 있다. 이러한 이유에서 식물로부터의 증산량이 적은 아침의 일정 시각에 수분량을 측정하여 관수 여부를 결정하는 것이 좋다. 시설재배에서는 일반적으로 pF 1.5~2.0 범위 내에서 관수를 시작한다.

〔표 6-1〕 작물별 적정 관수 기준점(pF)

| 작물 | 관수 기준 |
|---|---|
| 오이 | 전반기(2.0~2.5), 후반기(1.5~1.8) |
| 토마토 | 전반기(2.0~2.5), 후반기(2.0~2.5) |
| 가지 | 1.5~2.0 |
| 피망 | 1.5~1.7, 다소 수준이 높은 것이 유리함 |
| 딸기 | 전반기(1.5), 후반기(2.0), 다소 건조하게 관리해야 당도가 높아짐 |

### ② 관수량

관수를 하려는 대상 토양의 포장요수량으로부터 관수 직전의 토양수분 함유량을 뺀 차이가 관수량이 된다. 작물이 흡수할 수 있는 수분은 뿌리가 분포하는 범위의 토양수분이므로 근권이 형성된 깊이까지가 관수범위로 된다. 관수를 할 때 실제로 관수된 일부의 물은 지표 또는 지하로 유실되기도 하고 소량이긴 하지만 일부는 식물에 이용되지 못하고 공중으로 증발되기도 한다. 이러한 원인으로 인하여 관수방법에 따라 관수효율이 달라지는데, 일반적으로 관수효율은 70~90 % 정도 된다.

이론적인 관수량은 용수량, 관수 직전의 토양수분 함유율 및 유효토양 용량으로부터 다음과 같이 계산한다.

$$R=\frac{f_c-W}{100}\times D\times E$$

식에서, $R$ : 1회 관수량, 근권부위를 포장용수량 상태로 보충할 수 있는 정도의 수분량, $f_c$ : 포장용수량(용적비), $W$ : 관수 전의 토양함수량(용적비), $D$ : 근권의 깊이(mm), $E$ : 관수효율(%)

더욱 정밀한 관수량과 관수시기를 결정하기 위해서는 토양 표면 증발량과 식물체 표면 증산량, 즉 증발산량(蒸發散量 ; evapo-transpiration)을 고려해야 한다. 식물체의 엽면적과 근권부의 발달 정도에 따라 생육시기별로 증발산량은 변화하며, 증발산량의 계산식은 다음과 같다.

$$ET_{\mathrm{crop}}=K_{\mathrm{crop}}\times ET_0$$

식에서, $ET_{\mathrm{crop}}$ : 해당 작물의 수분소비량(mm/day), $K_{\mathrm{crop}}$ : 작물계수(실질 증산량과 잠재증발량의 비), $ET_0$ : 증발산량(평균습도, 팬 증발량으로 산출)

예를 들어, 토마토 재배에서 $ET_0$가 6이고 $K_{\mathrm{crop}}$이 0.7(영양생장기)이라고 하면 $ET_{\mathrm{crop}}=6\times0.7=4.2$ mm/day가 된다.

〔**표 6-2**〕 작물의 각 시기별 개략적인 작물계수($K_{CROP}$)

| 작물명 | 정식기 | 영양 생장기 | 착과기 | 숙기 | 수확기 | 전 생육 기간 |
|---|---|---|---|---|---|---|
| 고추 | 0.40~0.50 | 0.70~0.80 | 0.95~1.10 | 0.90~0.95 | 0.80~0.95 | 0.70~0.80 |
| 토마토 | 0.40~0.50 | 0.70~0.80 | 1.05~1.25 | 0.80~0.95 | 0.60~0.65 | 0.75~0.90 |
| 수박 | 0.40~0.50 | 0.70~0.80 | 0.95~1.00 | 0.80~0.95 | 0.65~0.75 | 0.75~0.85 |
| 양배추 | 0.40~0.50 | 0.70~0.80 | 0.95~1.10 | 0.90~0.95 | 0.80~0.95 | 0.70~0.80 |
| 단옥수수 | 0.30~0.50 | 0.70~0.90 | 1.05~1.20 | 1.00~1.15 | 0.95~1.10 | 0.80~0.95 |
| 양파 | 0.40~0.60 | 0.70~0.80 | 0.95~1.10 | 0.85~0.90 | 0.75~0.95 | 0.80~0.90 |

#### ③ 관수횟수와 관수량 관계

관수횟수를 늘리면 1회 관수량을 줄여야 하고, 반대로 관수횟수를 줄이면 1회 관수량은 늘려야 한다. 관수횟수를 늘려서 작물이 수분스트레스를 받지 않도록 하는 것이 이상적이지만 펌프의 운전시간이 불필요하게 길어지는 것은 전력비의 낭비요인이 되기도 하며 장비의 내구연수를 감소시키므로 관비시설 장비 및 재배환경 조건을 고려하여 적절히 판단하는 것이 현명하다. 근년에 사용되는 관비재배시스템은 정량펌프가 부착되어 있기 때문에 자동화에 의한 최적관리가 가능하게 되었다.

#### ④ 관수방법

##### ㉠ 중력관수

중력관수(重力灌水; gravity irrigation)란 지구 중력에 의한 관수방법으로서, 이에는 지표관수 · 이랑관수 등이 포함된다. 수량이 풍부한 지역에서 사용되나 관수효율은 극히 낮아서 50~60% 정도이다.

##### ㉡ 가압관수

관수펌프를 이용한 가압관수(加壓灌水; pressured irrigation)에는 Pivot 관수, 스프링클러(sprinkler)관수, micro 관수(dripping, mini sprinkler) 등이 있다. 관수효율은 스프링클러관수가 65~85%, 마이크로관수가 85~95% 정도 된다. 가압관수의 액비혼입장치에는 차압탱크방식(pressured differential injection), 벤추리방식(venturi injection), 펌프주입방식(pump injection) 등이 이용되고 있으며, 그 장 · 단점을 보면 표 6-3과 같다.

#### ⑤ 영양분 소요량

시비량은 시비방법, 작물의 종류, 토양조건, 시비 시기 및 방법 등에 따라

〔표 6-3〕 액비혼입장치 종류별 특징

| 구분 | 장 점 | 단 점 |
|---|---|---|
| 차압탱크 | 노지재배에 적합함 | 혼입량이 부정확함 |
| 벤추리 | 장비가 저렴하고 비례제어방식의 혼입비율이 낮을 때 적합하며, 유지관리가 용이함 | 완벽한 정밀제어는 불가능함 |
| 펌프주입 | 시스템 자동화가 용이하며, 정밀 비례제어가 가능함 | 장치의 가격이 높고, 관리비가 많이 소요됨 |

달라진다. 시설재배에서는 필요 이상으로 다비재배를 하는 경향이 있으므로 토양에 축적되어 있는 비료량이 과다한 경우가 많다. 또한, 동일 포장에 2~3기작 연속재배의 경우에도 작물이 흡수하고 남은 여분의 비료는 토양 속에 축적되어 있게 된다. 이와 같이 시설재배의 경우는 토양 속에 양분 축적량이 많기 때문에 관비재배에 있어서 비료 소요량은 정확히 계산되어야 한다.

이론적인 비료 소요량은 다음과 같은 식으로 계산이 가능하다.

$$\text{양분 소요량} = \frac{\text{작물의 양분 흡수량} - \text{천연 공급량}}{\text{작물의 양분 이용률}} \times 100$$

⑥ **관비재배용 비료**

관비재배에 이용되는 비료는 용해도가 높고 불순물이 함유되지 않은 순정품이 적당하다. 비료는 순도에 따라 공업용(CG), 농업용(AG), 시설재배용(GG) 등으로 구분되며 시설재배용이 농업용보다는 순도가 높다. 관비기술이 발달한 이스라엘 · 네덜란드 · 캐나다 등 서구에서는 관비재배용 비료가 많이 개발되어 판매되고 있다. 불순물 함량이 많으면 침전물이 형성되어 펌프효율이 저하되고 비료농도가 변화되며 관수 호스와 점적기(hose and dripper), 밸브 등이 막히는 장애가 발생한다. 비료를 용해할 때 인산과 황산이온을 같은 탱크에 희석하면 칼슘과 결합하여 백색의 침전물이 형성되므로 인산과 황산이온은 다른 탱크에서 분리하여 용해시키고 희석해야 한다.

⑦ **관비재배를 위한 토양의 알맞은 조건**

㉠ **토양의 물리성**

관비재배에 적합한 토양은 공극률이 높고 배수가 양호한 토양이어야 한다. 배수가 불량한 토양은 공극률을 높이기 위하여 사전에 모래 · 왕겨 · 퇴비 등을

〔표 6-4〕 관비재배용 비료의 특성

| 구 분 | | 용해도(g/L 물) | | |
|---|---|---|---|---|
| | | 10℃ | 20℃ | 30℃ |
| K | 복합-K(질산칼륨, 13-0-38) | 210 | 310 | 450 |
| | 복합-K Mg(12-0-35.6+1.2 Mg) | 230 | 320 | 460 |
| | 복합-NPK(12-2-36.5) | 210 | 330 | 480 |
| | 황산칼륨(0-0-41.5) | 80 | 100 | 110 |
| | MPP(제 1 인산칼륨) (0-23-28) | 180 | 230 | 290 |
| P | MAP(제 1 인산암모늄) (12-27-0) | 290 | 370 | 460 |
| | 인산요소(17-19.2-0) | 410 | 495 | 565 |
| N | 질산암모늄(33.5-0-0) | 610 | 660 | 710 |
| | 요소(46-0-0) | 450 | 510 | 570 |
| | 질산칼슘(15.5-0-0) | 950 | 1,200 | 1,500 |
| Mg | Magnisal(10.8-0-0+9.5 Mg) | 2,200 | 2,400 | 2,700 |
| | 황산마그네슘(0-0-0+9.6 Mg) | 620 | 710 | 810 |

혼입하여 배수가 잘 되도록 사전에 토양관리를 해야 한다. 물리적인 방법으로는 암거배수를 설치하면 배수를 촉진시킬 수 있다.

**㉡ 토양의 화학성**

석회를 사용하여 토양산도를 작물생육에 알맞은 pH 6.0~6.5 수준으로 맞추어 주는 것이 필요하다. 석회시용은 영양분의 유효율을 증가시키고 치환성 Al의 중화로 토양의 양이온치환용량이 증가되는 효과도 있기 때문에 토양의 산도교정을 위하여 매우 중요하다. 붕소결핍이 발생하는 토양은 붕소를 시용하여 보정해야 하며, 정기적으로 토양분석을 하여 관비수준을 조정할 필요가 있다.

## 6·2 대량묘 생산기술

### 6·2·1 식물묘의 정의와 구분

일정 기간의 육묘과정을 거쳐 포장에 정식되는 이식묘(transplants)는 보통 묘 또는 모종이라고도 불린다. 이식묘는 번식방법에 따라 종자번식에 의한 묘와 영양번식에 의한 묘로 구분된다(그림 6-2 참조). 종자에 의하여 번식이 이루어지는 종자번식묘는 유성생식묘라고도 불리며, 실생묘(實生苗)와 접목묘(椄木苗)가 이에 속한다. 플러그묘는 대표적인 실생묘에 해당한다. 영양번식묘는 삽수(揷穗)로 번식되거나 식물체의 조직배양에 의하여 번식되므로 무성생식묘라고도 불린다. 대표적인 영양번식묘로서 삽목묘와 조직배양묘를 들 수 있다. 이 밖에 구근, 괴근 또는 괴경을 이용한 묘가 영양번식묘에 포함된다.

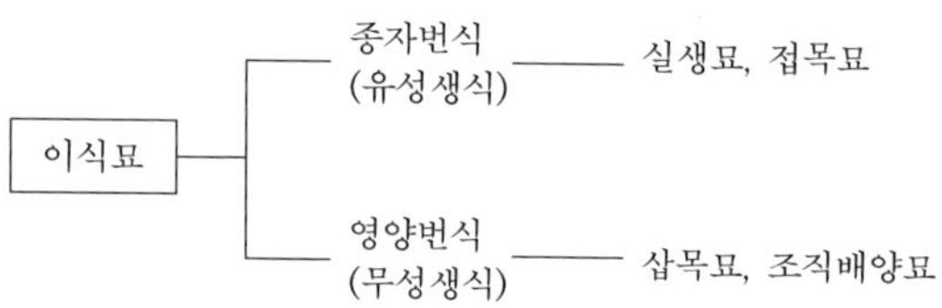


**그림 6-2** 번식방법에 따른 식물묘의 구분

식물체로부터 종자를 매년 안정적으로 얻을 수 있고, 종자의 유전변이가 적은 경우에는 실생묘가 널리 이용된다. 그런데 실생묘에서 유전변이가 크거나, 다수의 종자를 안정적으로 확보하기 곤란한 때에는 영양번식에 의하여 묘를 생산해야 한다. 이 중에서 모주(母株; mother plant)가 병원균에 감염되었거나, 삽목에 의하여 개체수를 증가시키기 어려운 경우에는 조직배양묘를 이용하는 것이 효과적이다.

이제까지 원예 또는 식량 작물의 재배에 많은 묘가 이용되고 있다. 앞으로는 사료생산, 삼림재생, 환경보전, 약용 또는 기능성 물질 추출 등을 목적으로 대량의 식물묘 생산이 요구될 것이다.

### 6·2·2 조직배양과 식물묘 생산

#### (1) 조직배양

식물의 줄기나 잎에서 절편을 떼어내어 무균상태에서 배양하면 세포가 분열하면서 형태가 일정하지 않은 캘러스(callus)가 형성된다. 캘러스는 기관형성 과정을 거쳐 뿌리·줄기·잎 등이 생성되면서 완전한 식물체로 재생한다. 이와 같이 식물체 한 개의 세포, 조직 또는 기관이 제각기 완전한 형태의 식물체를 형성하는 기능을 전형성능(全形成能; totipotency)이라고 한다. 식물 조직배양은 식물체의 전형성능을 이용하여 동일한 개체를 대량으로 증식하는 데 널리 쓰인다. 카네이션·난·국화·백합·딸기·감자 등 영양번식성 식물묘의 대부분은 조직배양에 의하여 증식된다.

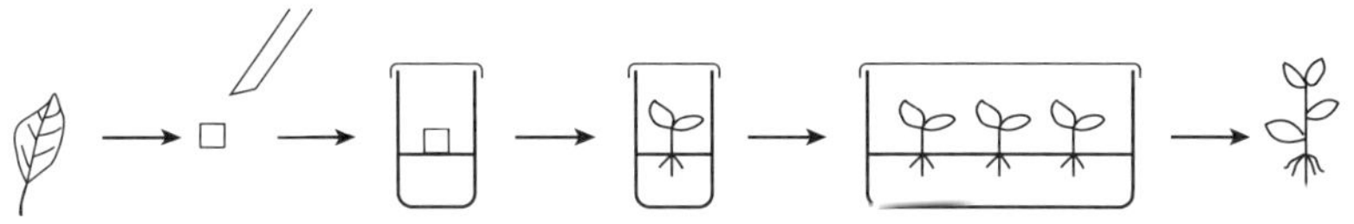


**그림 6-3** 조직배양을 이용한 식물묘의 생산과정

### (2) 종속영양배양과 자가영양배양

식물 조직배양은 종속영양배양(從屬營養培養; heterotrophic culture)과 자가영양배양(自家營養培養; photoautotrophic culture)으로 구분된다. 종속영양배양은 탄소원으로 $CO_2$ 대신에 당과 같은 탄수화물을 사용하므로 유당배양(有糖培養)이라고도 불리며, 배지에 당이 첨가되어 있어 배양기 내부로 잡균이 침입하거나 번식하기 쉬우므로 이에 유의해야 한다.

자가영양배양이란 탄소원으로 탄수화물을 사용하지 않고 오직 $CO_2$ 만이 공급되는 배양을 의미한다. 배지에 당이 첨가되지 않고 무기물만 공급되는 가운데 배양이 이루어지는 자가영양배양은 무당배양(無糖培養)이라고도 불린다. 자가영양배양 조건에서 식물체는 광합성에 의하여 $CO_2$ 를 고정하면서 배양된다. 그러므로 자가영양배양에서 배양 식물체의 생장을 촉진하려면 광합성능력이 증대되도록 적절한 광강도의 확보와 함께 배양기 내의 환경제어가 요구된다. 이 밖에 자가영양배양과 종속영양배양을 혼합한 혼합영양배양(混合營養培養; photomixotrophic culture)에서는 탄소원으로 $CO_2$ 와 당과 같은 탄수화물을 사용한다.

### (3) 자가영양배양을 이용한 대량급속증식

조직배양에 의하여 식물체를 대량으로 증식하는 기술을 미세번식(micropropagation)이라고 한다. 자가영양배양에 의한 미세번식은 증식효율이 매우 높고, 바이러스에 감염되지 않은 무병묘(virus-free stock)를 생산할 수 있으므로 유전적으로 균일한 식물묘의 대량생산에 적합하다. 자가영양배양에 의한 증식의 장점으로 배양 소식물체(plantlet)의 생육촉진, 식물체의 생리적 또는 형태적 균일성, 짧은 순화 또는 발근 기간, 배양과 순화 단계에서 식물체의 높은 생존율, 낮은 오염 가능성, 대형 배양기의 사용 가능성, 기내(*in vitro*) 환경조절의 용이성, 자동화 가능성 등을 들 수 있다.

### 6·2·3 묘 생산시스템

묘 생산시스템이란 상토 준비, 파종, 발아, 환경관리, 출하 등의 묘 생산과 관련된 작업이 이루어지는 시스템을 의미한다. 묘 생산시스템은 시스템의 경계를 통한 열과 물질 출입의 제한성에 따라 크게 개방형과 폐쇄형으로 구분된다.

#### (1) 개방형 묘 생산시스템

개방형 묘 생산시스템은 시스템 내부와 외부 사이에 열·공기·물 등의 교환이 가능한 시스템을 의미한다. 대부분의 플러그묘, 접목묘 및 삽목묘 등은 일사가 투과되는 온실 또는 묘포장에서 생산되므로 온실 또는 묘포장을 이용한 기존의 육묘용 시설은 개방형에 해당한다. 개방형 시스템은 태양광을 최대한 활용할 수 있다는 장점이 있다. 한편, 개방형 시스템 내의 기온, 상대습도, 광강도, 기류속도, $CO_2$ 농도 등과 같은 물리적 환경요인은 외부의 기상 변동에 따라 변화하므로 시스템 내의 환경요인을 정확하게 제어하기가 쉽지 않기 때문에 품질이 균일한 묘의 계획적 생산은 근본적으로 불가능하다.

#### (2) 폐쇄형 묘 생산시스템

폐쇄형 묘 생산시스템은 태양광이 투과되지 않도록 벽체가 단열재로 둘러싸여 있으므로 시스템 내부와 외부 사이에 열·공기·물 등의 교환이 기본적으로 제한되며, 이러한 시스템에서는 태양광의 이용이 불가능하므로 녹색식물의 생장을 위한 인공광이 필요하다. 그러므로 폐쇄형 시스템은 인공광형 묘 생산시스템 또는 식물묘공장이라고도 불린다. 외부의 기상 변동에 따른 영향을 받지 않고, 시스템 내부의 환경제어에 대한 정확성이 높기 때문에 폐쇄형 시스템에서는 묘의 계획적 생산이 가능하다. 또한, 시스템의 폐쇄도가 높아 병충해의 발생 가능성이 낮으므로 비료 또는 농약의 사용을 줄일 수 있다. 더욱이 다단식의 구조로서 묘 생산이 가능하므로 시스템 내에서 공간의 활용도가 높다. 폐쇄형 시스템의 단점은 시스템 내에서 사용되는 각종 장치들이 전기에너지에 의하여 구동된다는 점이다. 그러나 환경제어의 정확성, 품질이 우수한 묘의 계획적 생산 가능성, 공간의 입체적 활용도 등을 고려할 때 폐쇄형 시스템은 향후 에너지와 자원을 절감하면서 우량묘의 생산이 가능한 묘 생산시스템으로 발전될 것이다.

〔**표 6-5**〕 개방형 및 폐쇄형 묘 생산시스템의 비교

| 구 분 | 개방형 | 폐쇄형 |
|---|---|---|
| 광원 | 태양광 | 인공광 |
| 벽체의 종류 | 유리 또는 필름 | 단열재 |
| 열원(전원 포함) | 화석연료, 전기 | 전기 |
| 환경제어의 정확도 | 낮음 | 높음 |
| 시스템의 폐쇄도 | 낮음 | 높음 |
| 외부 기상의 영향 | 받기 쉬움 | 거의 받지 않음 |
| 묘의 계획적 생산 | 쉽지 않음 | 쉬움 |
| 공간의 입체적 활용 | 불가능함 | 가능함 |

**그림 6-4** 폐쇄형 시스템에서의 묘 생산

### 6·2·4 묘 생산시스템의 환경제어

묘 생산시스템에서 우량묘를 대량으로 생산하려면 배양, 증식 및 육묘와

관련된 묘 생산체계가 확립되어야 한다. 특히, 배양과 묘 생산과정의 환경제어는 품질이 균일한 식물묘의 생산에 크게 기여할 것이다. 이 밖에 배양 또는 육묘 과정에 투입되는 노력을 절감하기 위해서 대형 배양시스템의 개발과 묘 생산과정의 자동화가 요구된다.

### (1) 배양과정의 환경제어

#### ① 배양방법에 따른 환경제어의 특징

종속영양배양은 광강도가 낮고 상대습도가 높은 배양조건에서 이루어지는데, 이러한 조건에서 배양된 식물체는 기공(氣孔)이 제대로 발달하지 않거나 잎이 작고 연약하므로 순화(馴化)를 필요로 한다. 순화과정에서 식물체의 고사를 방지하기 위해서는 광과 습도 환경을 적절하게 제어해야 한다. 이 방법은 기존의 증식에서 널리 사용되나, 순화과정에서 식물체의 생존율이 낮은 단점을 지니고 있다.

자가영양배양 과정에서는 소식물체의 발근과 생장을 촉진하기 위해서 광량, 광주기, $CO_2$ 농도 및 환기량을 적절히 제어한다. 이러한 과정에 의하여 배양된 식물체는 순화과정에서 영양 또는 환경 조건의 변화가 있더라도 조건 변화에 대응하면서 높은 생존율을 나타내는데, 이는 자가영양배양의 특성상 종속영양배양에 비하여 상대적으로 높은 광강도에서 배양이 이루어져 소식물체의 배양기 내 순화, 즉 증식과정에서 순화가 기본적으로 완료되기 때문이다.

#### ② 물리적 환경요소의 제어

배양과정에서 제어가 가능한 물리적 환경요소로서 온도, 광, $CO_2$ 농도, 상대습도 및 수분퍼텐셜 등을 들 수 있다.

##### ㉠ 온 도

일반적으로 식물의 조직배양은 온도가 25℃ 정도로 유지되는 배양실에서 이루어진다. 종속영양배양의 경우 높은 암호흡속도가 왕성한 생육지표로 사용된다. 그러나 자가영양배양이나 혼합영양배양에서는 암호흡속도가 과도할수록 생장이 억제되는데, 이는 명기에 광합성에 의하여 고정된 탄소가 암호흡에 의하여 소비되기 때문이다. 보통 암호흡속도는 온도의 상승에 따라 증가하므로 소식물체의 생장을 촉진하기 위해서는 배양기 내의 온도를 일정한 수준으로 제어해야 한다.

##### ㉡ 광

배양 소식물체의 생장과 관련된 광환경에는 광량, 광질, 광주기 및 광조사 방향이 포함된다.

ⓐ **광 량**

자가영양적으로 배양되는 소식물체의 적정 광합성유효광량자속(光合成有效光量子束; photosynthetic photon flux, PPF)은 100～120 $\mu mol \cdot m^{-2} \cdot s^{-1}$ 이다. 이와 같이 소식물체의 광포화점(光飽和點)이 낮은 이유는 기내 $CO_2$ 농도가 100～200 $\mu mol \cdot mol^{-1}$ 로 낮게 유지되기 때문이다. 한편, 순화과정에서의 적정 PPF는 100～300 $\mu mol \cdot m^{-2} \cdot s^{-1}$ 로서, 배양과정보다 상대적으로 높은 PPF가 요구된다.

ⓑ **광 질**

배양기 내의 소식물체에 적색광을 조사(照射)하면 줄기가 현저하게 신장되나, 청색광을 조사하면 줄기의 신장이 억제된다(그림 6-5 참조). 원적색광의 광원 또는 백열등을 이용하여 원적색광에 대한 적색광의 광량자(光量子) 비율을 줄인 광을 소식물체에 조사하면 줄기가 신장되면서 초장이 늘어난다. 최근 들어 현열과 장파복사 발생량이 작은 발광다이오드(light-emitting diode, LED)가 조직배양 과정의 인공광원으로서 주목받고 있다.

**그림 6-5** 서로 다른 광질 조건에서 30일간 배양된 도라지 배양묘
A : 청색광 B : 백색광 C : 적색광

ⓒ **광주기**

조직배양 과정에서 일반적인 광주기는 24시간이다. 배양과정에서 암기가 시작되면 기내의 $CO_2$ 농도가 상승하나, 광주기가 짧은 경우 암기에서 기내 $CO_2$ 농도는 외기의 $CO_2$ 농도보다 높지 않으므로 식물의 호흡에 의하여 발생된 $CO_2$가 배양기 외부로 누출되지 않고 명기의 광합성에 의하여 재고정된다. 그러므

로 광주기를 짧게 하면 소식물체의 $CO_2$ 흡수량이 증가하면서 생체중과 건물중이 늘어난다.

ⓓ **광조사 방향**

배양기의 횡방향으로 광이 조사되는 측방 광조사 조건에서 생장된 식물체는 수직방향으로 조사되는 기존의 경우에 비하여 초장이 짧으며, 위에 있는 잎은 작고 아래에 있는 잎은 커진다. 그러므로 이식용 묘로서 묘소질이 크게 개선될 수 있다. 또한, 측방에서 광을 조사할 경우 수직방향으로 배양기의 다단배열이 가능하여 배양실 내 공간을 효과적으로 이용할 수 있다.

ⓒ **$CO_2$ 농도**

자가영양 조건 하에서 PPF가 클 경우 배양기 내의 $CO_2$ 농도를 높이면 소식물체의 순광합성속도가 증가하여 생장이 촉진된다. 그러므로 배양기 내로 $CO_2$를 확산시키기 위해서 배양실 내의 $CO_2$ 농도를 높이거나, 배양기에 구멍을 내고 이곳을 가스투과성 필름으로 막는 방법이 사용되고 있다. 배양기 내로 $CO_2$의 확산을 촉진하도록 강제환기 설비를 갖춘 대형 배양시스템은 배양묘의 균일한 생장에 유리하다.

ⓔ **상대습도와 수분퍼텐셜**

상대습도가 높을 때 식물의 초장이 증가한다. 특히, 배지로서 사용되는 겔의 종류와 수분퍼텐셜은 배양기 내 소식물체의 수분흡수 능력이나 생육에 커다란 영향을 끼친다.

ⓜ **기타 환경요인**

배양기 내 소식물체의 생육에 영향을 끼치는 기타 환경요인으로 배지의 무게, 지상부의 $O_2$ 농도, 지상부의 에틸렌(ethylene) 농도, 배지의 pH 및 종속영양배양에 첨가되는 당의 종류를 들 수 있다. 이 밖에 기존의 증식과정에서는 배양기 내 공기의 수증기 포차(飽差)와 PPF가 작고, 기류속도가 낮기 때문에 수분의 흡수속도 또는 증산속도가 매우 작다. 이와 같은 조건에서는 배지에 이온 또는 기타 요소가 충분하게 포함되어도 소식물체에 의한 각 성분의 흡수가 억제될 수 있다.

### (2) 묘 생산과정의 환경제어

묘 생산과정에서의 환경제어 대상과 방법은 배양과정의 그것과 유사하다. 배양과정에서 환경제어의 목적은 생존율과 증식효율을 높이는 데 있다. 한편, 묘 생산과정에서는 품질이 균일한 식물묘를 대량으로 생산하기 위한 환경제어가 요구된다. 여기에는 식물묘의 생장촉진이나 광형태형성 반응을 유도하기 위한 광환경의 제어와 인공광 하에서 묘 개체군 내의 미기상(微氣象) 요소, 즉 기온, 상대습도, 포차, $CO_2$ 농도 등을 일정하게 유지하기 위한 기류속도의 제어가 포함된다. 인공광을 이용한 묘 생산시스템에서 기류의 진행방향을 따라 기온과 상대습도는 증가하나, 포차와 $CO_2$ 농도는 감소한다. 또한, 기류속도가 증가하면 공기의 확산계수가 증가한다. 묘 개체군 내의 미기상 요소 분포는 묘의 생장에 영향을 끼친다. 그러므로 미기상 요소의 차이를 줄이기 위한 기류속도의 제어는 생장이 균일한 식물묘의 생산에 효과적이다.

### (3) 묘 생산시스템의 향후 과제

#### ① 전기에너지의 절감

인공광을 이용한 폐쇄형 묘 생산시스템에서 생산비의 상당 부분을 차지하는 것은 전기에너지(조명 및 냉방 포함)이다. 전기에너지 사용량을 줄이려면 고효율의 인공광원이 필요하다. 또한, 광원으로부터 조사된 빛에너지의 대부분이 상면 또는 벽면 등에 의하여 흡수되지 않고, 식물에 의해서만 흡수되도록 조명시스템이 개발되어야 한다. 이와 같은 조명시스템은 폐쇄형 시스템에서 소모되는 전기에너지의 절감에 크게 기여할 것이다.

#### ② 폐쇄형 시스템의 경제성 분석

폐쇄형 묘 생산시스템을 건설하거나 운용할 때 초기 설비비와 조명 및 냉방용 전력이 많이 소요된다. 그러나 폐쇄형 시스템에서는 난방, 관수, 시비 또는 농약살포 등에 소요되는 비용이 개방형보다 적게 투입된다. 폐쇄형 시스템에서 $CO_2$ 를 한 번 시용하면 개방형과 달리 외부로의 손실이 거의 없다. 그러므로 폐쇄형 시스템에 대한 묘 생산비뿐만 아니라 에너지와 자원의 절감, 환경오염의 방지, 생력화 효과 등에 대한 종합적인 경제성 분석이 요구된다.

#### ③ 기 타

폐쇄형 묘 생산시스템은 배양, 증식, 육묘, 저장, 기계설비, 묘의 반송 등을 위한 폐쇄공간으로 구성된다. 이러한 공간은 유지 및 관리에 적합하도록 확보되어야 하며, 각 공간은 관류열량을 무시할 정도로 높은 단열성과 기밀성을 지녀야 한다. 이 밖에 냉방시스템의 성능향상, 배양실 또는 육묘실 내의 일정한 습도유지와 관수에 사용된 물의 재이용시스템 개발 등은 폐쇄형 묘 생산과정에서 생산비의 절감에 크게 기여할 것이다.

### 6·2·5 식물묘 대량생산 시스템의 개발

#### (1) 폐쇄형 묘 생산시스템의 구성

폐쇄형 묘 생산시스템은 육묘용 선반, 광원부(光源部), 공기조화부(空氣調和部), 기류속도 제어부, 시스템 제어부 등으로 구성된다. 폐쇄형 시스템의 외벽에 폴리우레탄을 단열재로 충전한 강판을 사용하고, 내부에는 육묘용 다단식 선반을 설치한다(그림 6-6 참조). 인공광원으로 사용된 3 파장 형광등을 다단식 선반의 상부에 설치하고, 안정기는 공조부하(空調負荷)를 줄이기 위하여 시스템 외부에 설치한다. 공기조화부는 폐쇄형 시스템 내의 온도와 습도 제어에 필요하며, 이를 위하여 PID 조절계를 사용한다. 이 밖에 인버터를 사용한 시스템 내의 기류속도 제어는 균일한 온·습도 분포에 효과적이다.

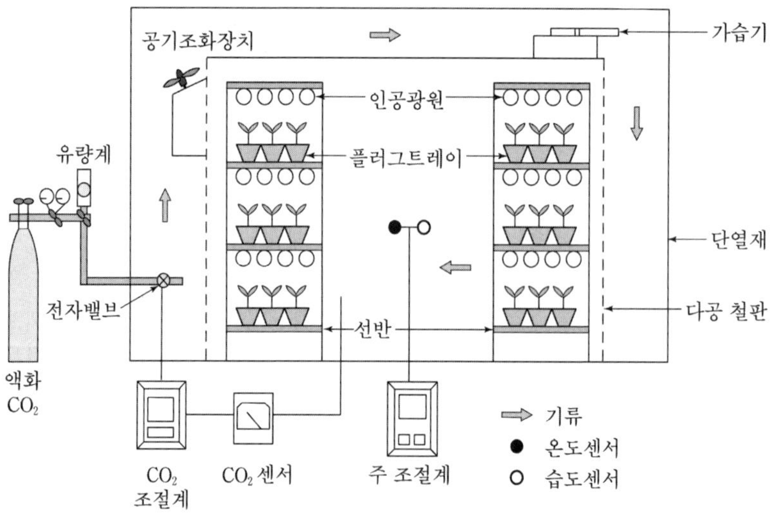


**그림 6-6** 폐쇄형 묘 생산시스템의 개략도

#### (2) 폐쇄형 묘 생산시스템에서의 감자묘 생산체계

**① 감자 식물체의 배양**

무병 감자(*Solanum tuberosum* L. cv. *Dejima*)의 신초(新梢 ; shoot) 생장점

을 채취하여 8주간 MS+GA 0.1 ppm에 kinetin 0.1 ppm이 첨가된 배지에서 배양을 실시한 후 250 mL의 삼각플라스크를 이용하여 액체진탕배양을 실시한다. 이때 배양실의 기온은 20℃이고, 연속조명이 이루어진 배양실의 PPF는 약 40 $\mu$mol·m$^{-2}$·s$^{-1}$이다. 다음으로 액체증식배양을 위해서 유식물체를 1 cm 정도의 크기로 절단하고 100 mL 삼각플라스크 내의 MS배지(3%의 sucrose 함유)에 치상한다. 발근을 목적으로 1.5 cm 정도의 크기로 절단한 유식물을 시험관 내에서 14일간 배양한다. 배양환경은 기온 20℃, 상대습도 60~70%, 광주기 16/8 h, PPF 40 $\mu$mol·m$^{-2}$·s$^{-1}$이며, 배지에는 100 ppm의 IAA를 첨가한다.

### ② 폐쇄형 시스템에서 감자묘의 생산

시험관 내에서 발근된 감자 식물체를 육묘용 배지가 충전된 플러그트레이(plug tray)에 이식한 후 약 20일 동안 폐쇄형 시스템에서 관리하면 삽수 채취가 가능한 모주로 생장한다. 이 단계에서의 기온, 상대습도, PPF 및 광주기를 각각 20℃, 70%, 50 $\mu$mol·m$^{-2}$·s$^{-1}$, 16/8 h로 제어한다.

감자묘를 생산하고자 모주에서 절단된 삽수를 육묘용 배지가 충전된 플러그트레이에 이식한다(그림 6-7 참조). 이식 후 초기 7일 동안 폐쇄형 시스템 내의 상대습도와 PPF를 각각 80%, 50 $\mu$mol·m$^{-2}$·s$^{-1}$로 유지하면 삽수에 뿌리가 형성되기 시작한다. 이식 후 6일째부터 상대습도를 60~70%로 낮추고,

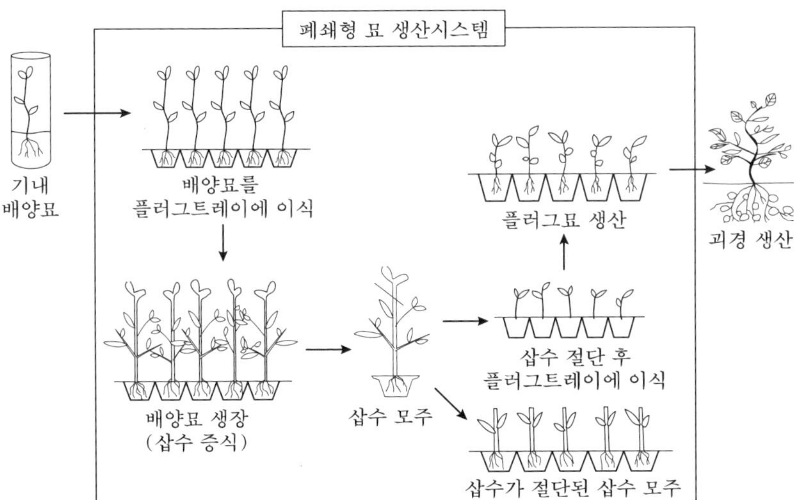


**그림 6-7** 폐쇄형 시스템에서 감자 플러그묘의 생산체계

PPF를 200 $\mu$mol·m$^{-2}$·s$^{-1}$ 이상으로 높여 조절한 후 2주간 육묘하면 토양에 정식할 수 있는 감자묘로 완성된다(그림 6-8 참조). 이 단계에서의 기온과 광주기는 각각 20℃, 16/8 h로 유지한다. 앞의 과정을 반복함으로써 묘 소질이 우수한 감자묘의 대량생산이 가능하다. 한편, 삽수가 절단된 모주를 50 $\mu$mol·m$^{-2}$·s$^{-1}$의 PPF에서 약 3주간 생장시키면 절단된 부위 부근에서 새로운 곁가지가 발생하여 삽수를 다시 절단할 수 있는 상태로 자란다.

**그림 6-8** 폐쇄형 시스템에서 생산된 감자 플러그묘

# 6·3 식물공장

## 6·3·1 식물공장의 개요

식물공장(植物工場; plant factory)이란 시설 내에서 광, 온도, $CO_2$, 습도, 기류속도, 무기영양 등의 재배환경을 최적상태로 제어하고, 재배공정을 자동화하여 식물을 연속적으로 계획생산 하는 시스템을 뜻한다. 여기서, 식물이라 함은 식물체 전체, 식물조직, 식물세포를 뜻하며, 식물공장생산시스템은 다시 대량생산 체계에 따라 고도의 수경재배시스템으로 식물을 생산하는 좁은 의미의 식물공장, 클론증식시스템, 세포대량배양시스템으로 나누어진다. 그러나 앞으로 언급할 식물생산시스템은 고도 환경제어와 자동화 기술을 이용하여 공산품을 생산하는 것처럼 시설 내에서 수경재배 방식에 따라 농산물을 연중 계획생산 하는 식물공장생산시스템만을 중심으로 기술하기로 한다.

〔표 6-6〕 넓은 의미의 식물공장생산시스템의 분류

| 구 분 | 식물공장(협의) | 클론증식시스템 | 세포대량배양시스템 |
|---|---|---|---|
| 대상 | 식물 전체 | 조직 | 세포 |
| 방법 | 주로 수경재배 | 조직배양 | 세포배양 |
| 지상부 제어 요인 | 광, 온도, 습도, 탄산가스 | 광, 온도, 습도, 탄산가스 | 온도, 영양분, pH, 산소량, 교반속도 |
| 지하부 환경 제어 | 무기영양, EC, pH, 수분관리, 산소량 | 영양분(당분, 미네랄, 비타민, 호르몬) | |

이러한 식물공장의 시작은 덴마크의 크리스텐센(Christensen)농장에서 크레스(cress)의 균일한 유묘를 대량 생산하기 시작한 1957년으로 거슬러 올라간다. 즉, 파종실·발아실·육성실 및 출하실을 갖추고 무농약·무공해로 싹채소를 생산한 것이 시작이다. 입체식 자동식물공장의 경우, 1960년대 초 오스트리아의 루트너(Ruthner)사에서 입체상하이동식으로 상추와 토마토를 재배하였다. 그 후 유럽·미국·일본 등에서 식물공장에 대한 연구가 활발하게 이루어져 왔으며, 실용적인 식물공장은 유럽을 중심으로 상추류·허브류·튤립·백합 및 장미를 대상으로 이루어지고 있다.

그동안 농업이 갖는 생산의 불안정성, 중노동, 농약의 과다 사용, 수익성이 낮은 특성의 개선이 절실히 요구되어 왔다. 따라서, 첨단기술을 농업에 도입하여 생산성 향상을 도모하고, 생산과정의 생력화, 자동화로 중노동으로부터 벗어나 생산과 가격을 안정화시키고, 무농약이나 기능성을 높여 부가가치가 높은 식품 생산으로 농업의 채산성을 높일 수 있는 식물공장의 도입이 절실히 요구되어 왔다. 최근 이러한 첨단 농업기술의 총집합체인 식물공장은 기업의 농업에 대한 투자와 참여를 촉진시키고 있는 유일한 분야이기도 하다.

### 6·3·2 식물공장의 특징과 분류

차세대 농업생산의 주역이 될 식물공장은 파종에서 수확까지 공장식 생산체계로 이루어지기 때문에 식물생산의 모든 기술이 종합적으로 제어되어야 하는 현대 농업기술의 결정체라고 할 수 있다. 즉, 식물공장은 재배환경의 종합적 제어에 의하여 생육속도·수량·품질 등을 향상시키면서 생산과정을 전자동화하는 것이라고 할 수 있다.

따라서, 다양한 학문을 종합하여 이루어지는 식물공장은 생산하고자 하는 식물의 주년 및 계획 생산, 재배환경의 완전제어, 생산작업의 자동화, 생산물의 부가가치 제고를 통해 경제성을 맞추어야 하는 특성을 지니고 있는 농업생산시스템이라고 할 수 있다.

〔표 6-7〕 식물공장의 주요 특징과 내용

| 특 징 | 내 용 |
|---|---|
| 계획생산, 주년생산 | 생산의 계획성, 시기나 장소에 좌우되지 않음 |
| 재배환경의 최적 제어 | 생육의 제어, 단기간 대량생산, 수확물의 균일성과 재현성, 수량 및 품질의 향상 |
| 작업의 자동화, 생력화 | 환경관리의 자동화, 재배관리(파종, 이식, 수확, 포장)의 자동화 및 생력화 |
| 수확물의 부가가치 제고 | 재배 불가능 지역 및 작물의 재배를 가능하게 함, 무농약, 영양가 향상, 기능성 향상 |

작물을 재배하는 식물공장생산시스템, 즉 협의의 식물공장생산시스템은 이용하는 광원의 종류에 따라 완전제어형·태양광병용형 및 태양광이용형으로 나누어지며, 실내 공간에 작물을 배치하는 방법에 따라 입체식과 평면식으로, 그리고 작물의 이동 여부에 따라 고정식과 이동식으로 구분된다.

일반적인 식물공장의 모델은 그림 6-9와 같으며, 활용되는 주요 시설은 파종, 발아, 재배, 수확 및 저장 시설로 이루어져 있다. 생산시스템의 환경제어는 보광, 온·습도, $CO_2$, 기류속도를 조절하기 위한 각종 기자재들과 복합환경조절시스템 등이 설치되어 이용되고 있다.

### (1) 광원에 의한 분류

#### ① 완전제어형 식물공장

완전제어형 식물공장(完全制御型 植物工場)은 태양광을 투과시키지 않는 단열성 재료를 사용하여 외부 기상조건과 완전히 차단하여 외기온과 태양의 영향을 거의 받지 않고 광합성에 필요한 에너지를 인공광원으로부터 얻는 생산시스템이다. 이 방식은 식물별 최적 생육환경 조건에서 재배할 수 있어 작물의 생장제어가 용이하며, 주년 계획생산이 가능하나 인공광원만으로 조명하게 되어 광량 및 광질에 한계가 있다. 또한, 강한 광을 필요로 하는 작물을 재배하기 어렵고, 조명전력비 및 인공광원에서 발생하는 열을 제거하기 위한 냉방부하가

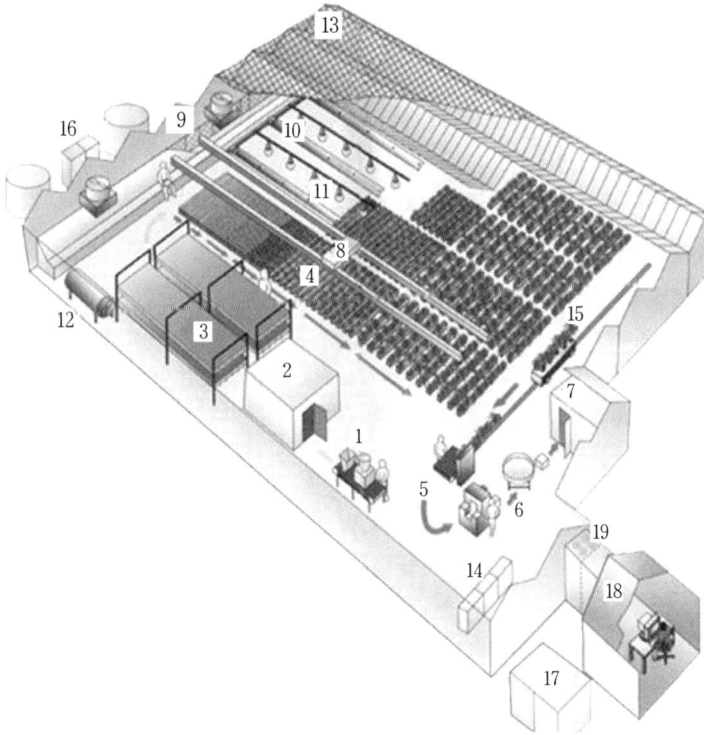


**그림 6-9** 태양광병용형 식물공장의 모델과 주요 시설 설치현황
1. 상토충전기와 파종기 2. 발아실 3. 녹화실 4. 재배실 5. 수확기 6. 포장기 7. 저온저장고 8. 조간조절장치 9. 공기공급실 10. 냉난방덕트 11. 광원 12. 난방기 13. 보온커튼 14. 냉방기 15. 운반기 16. 히트펌프(냉방기) 17. 동력 18. 환경제어실 19. 공기세척실

커져 이에 따른 공조(空調)비용 등의 유지관리비가 증가하며, 초기투자비가 많이 드는 단점이 있다. 이 방식으로 재배하는 식물은 주로 광요구도가 작은 엽채류가 중심이 되고 있다.

### ② 태양광병용형 식물공장

태양광병용형 식물공장(太陽光併用型 植物工場)은 유리 또는 플라스틱필름 등 빛을 잘 투과시키는 피복재료를 사용하는 관계로 태양광을 주로 이용하며, 태양광이 부족한 기상조건일 때와 일조시간이 짧은 계절에는 인공조명을 사용하는 생산시스템 방식이다.

이 방식은 보조광원 설치비용이 들고 광원에서 발생하는 열을 냉각시키기 위한 공조시설이 필요하며, 완전제어형과 같이 환경제어의 정확성을 기하기 어려우나 비교적 간단하게 충분한 광량을 확보할 수 있는 특징을 지니고 있다. 특히, 재배식물 중 강한 햇빛을 요구하는 작물의 재배가 용이하며, 계절 및 기후 영향을 최소화할 수 있어 완전제어형 식물공장에 가까운 주년 계획생산과 재배가 가능하여 엽채류, 과채류, 화훼 및 약용 식물 재배에 많이 적용되고 있다.

#### ③ 태양광이용형 식물공장

태양광이용형 식물공장(太陽光利用型 植物工場)은 유리 또는 플라스틱필름을 피복재로 사용하며 보광(補光)을 하지 않고 태양광에만 의지하여 작물을 재배하는 방식이다. 이 방식은 기존의 원예작물 생산시설의 연장선 상에 있는 시스템으로, 외부 광조건에 좌우되기 때문에 태양광이 약한 흐린 날이나 비 오는 날에는 광량제어가 곤란하며, 계절에 따른 일조시간 제어가 불가능하여 작물의 생육조건에 적합한 생장제어 불량으로 작물의 품질관리와 계획생산이 어려운 재배방식이다. 특히, 여름철 고온기 냉방부하의 증가로 냉방시설 가동비용, 저온기 난방비와 같은 운영비가 증가할 우려가 높다. 반면에 건축비가 싸고 유동비도 싸서 생산비용을 낮출 수 있는 장점이 있고, 앞으로 적외선을 반사시키고 가시광선을 잘 투과시키는 피복재가 개발되면 재배환경 제어를 크게 향상시킬 수 있을 것으로 기대된다.

### (2) 작물 배치방법에 따른 분류

#### ① 평면식

작물을 평면상에 배치하는 방법으로, 조명 등 재배관리 작업이 편리하고 균일하게 관리할 수 있으나 공간이용효율이 떨어진다.

#### ② 입체식

작물을 입체식으로 배치하는 방법으로, 공간이용효율은 높으나 조명 등을 균일하게 할 수 있는 장치가 필요하며 관리작업에 노력이 많이 들고 자동화에도 많은 어려움이 뒤따른다.

### (3) 작물의 이동 여부에 따른 분류

식물공장생산시스템에서 작물이 이동하는지 또는 고정되어 있는지에 따라 이동식과 고정식으로 나누어진다. 이동식은 제어방식이 복잡하고 설치비가 많이 드나 일정한 장소에서 농작업을 할 수 있어 생력화가 가능하며 작물의 생육 정도에 따라 작물의 주간(株間)을 조절할 수 있어 공간이용효율을 높일 수 있다.

### 6·3·3 식물공장생산시스템의 현황

#### (1) 유럽의 식물공장

유럽에서는 덴마크의 크리스텐센(Christensen)농장 이후 식물공장에 대한 많은 연구개발이 활발하게 진행되었다. 유럽의 대표적인 식물공장생산시스템인 스웨덴에서 개발한 'Swedeponic'이라는 식물공장생산시스템과 벨기에의 Hortiplan 사에서 개발한 재배베드자동이송시스템(mobile gulley system) 모두 어느 정도 표준화가 이루어져 있다. 이들 방식은 하나의 생산단위가 2레인으로 너비 25 m, 길이 141 m 의 규모이며, 잎상추의 경우 1 일 5,000 주, 허브류는 1 일 8,000 개를 생산할 수 있으며 피트모스를 이용한 피트블록에 파종하여 육묘한 뒤 재배생산라인에 정식하여 생육단계에 따라 거리간격이 자동으로 조절되도록 되어 있다. 상추의 경우 여름철에는 정식 후 16 일, 겨울에는 23 일 만에 약 200 g 을 수확할 수 있으며, 판매가격은 생산비의 2 배 정도라고 한다.

네덜란드를 중심으로 한 유럽에서는 대부분 대형 유리온실에 인공광을 병용한 태양광병용형 식물공장생산시스템으로 체계화되는 경향이다.

#### (2) 미국의 식물공장

미국에서 식물공장생산시스템에 대한 본격적인 실용화 연구는 1970 년대에 시작되었다. 미국의 제너럴일렉트릭사, 제너럴밀즈사, 제너럴후즈사에서 차례로 완전세어형 식물공장생산시스템을 개발하였으나 모두 채산성의 결여로 중단되었다. 미국과 같이 토지가 넓은 곳에서는 작물생산의 대규모화로 생산성 향상이 가능하므로 완전제어형 식물공장과 같은 집약적 농업은 시급히 요구되지 않았을지도 모른다.

이후 화이트팜사는 제너럴밀즈의 식물공장생산시스템을 인수한 뒤 심야전력을 이용하여 상추·시금치 등과 허브류를 생산하여 채산성을 맞추었다. 화이트팜사의 생산시스템은 재배면적이 4,800 m$^2$ 에 달하고 16 개의 재배레인을 가지고 있으며, 여기서 생산된 농산물은 슈퍼마켓 등지에서 사용되었고, 유나이티드항공사의 기내식으로도 일부 사용되었다.

1980 년대에 들어 미국에서는 어그리시스템사 · 어그로노틱스사 등에서 대형의 자동화된 태양광병용형 식물공장생산시스템을 개발하여 실용화하였다.

어그리시스템사의 식물공장생산시스템은 캘리포니아의 건조지대에 위치해 있으며, 공조방법은 저비용의 증발냉방시스템을 사용하고 국소냉방방법으로 공조비를 절감할 수 있도록 하였으며, 파종, 이식, 수확의 자동화도 실현하였다. 이 밖에 스피드링크사는 화훼 · 채소 · 수목 등 여러 종류의 식물육묘공장생산시스템을 실용화하기도 하였다.

1990 년대부터는 NASA 등에서 CELSS(폐쇄생태계 생명유지시스템)에서의 작물생산시스템에 관한 연구를 계속해 오고 있다.

### (3) 일본의 식물공장

일본에서는 1974 년 히다찌제작소의 중앙연구소에서 처음으로 식물공장생산시스템에 관한 연구를 시작하였다. 그 후 1985 년 쯔꾸바에서 개최된 과학박람회에 상추 식물공장생산시스템을 전시한 것을 계기로 식물공장생산시스템에 대한 연구개발이 본격적으로 이루어지기 시작하였고, 이때부터 기업체에서도 관심을 갖고 참여하기 시작하였다.

같은 해에 치바현에 위치한 다이에사의 슈퍼마켓 내에 있는 채소매장에 20 평 규모의 식물공장생산시스템인 '바이오팜'을 설치하고 무농약으로 재배한 신선한 잎상추를 매일 100 주 정도씩 생산하여 현지 판매하기도 하였다.

1992 년부터 선진적 농업생산 종합추진대책사업(시설채소생산 고도화사업)에 있어서 식물공장생산시스템의 설치에 대한 보조금을 조성하였으며, 1995 년부터 실시 중인 농업생산체제 강화 대책사업에 있어서도 계속 보조대상으로 지정되어 있다.

식물공장생산시스템을 보조 지원하기로 한 이유는 ①식물공장생산시스템이 많은 장점이 있는 반면에 설치비와 운영비가 많이 들어 장려조치를 강구하지 않으면 그 보급이 쉽지 않고 ②설치비가 많이 들어 개인이 설치하기보다 농업단체가 설치하는 경우가 많으므로 장려조치로서 무이자 자금제공보다 보조사업이 유리하기 때문이다.

태양광병용형은 경제성 측면에서 보아도 경제성과 실용화가 가능하다고 판단하고 있다. 반면에 완전제어형 식물공장은 최초로 실용화된 삼포농원의 식물공장은 버섯재배용으로 전환하였으며, 큐비 · 다바이엑스팩 등이 경비절감에 성공을 거두었다고 하나 품목은 잎상추를 중심으로 한 수종류의 엽채류에 한정되어 있는 상황이다. 그러나 아직도 일본에서는 식물공장에 대한 연구개발이 가장 활발하게 이루어지고 있으며, 식물공장에 대한 관심과 기대가 큰 편이다.

### (4) 우리나라의 식물공장

우리나라에서의 식물공장생산시스템에 관련된 연구는 1990년대 원예연구소에서 스테인리스 체인 컨베이어에 의한 작물이동식 양액재배시스템으로 상추를 재배한 연구가 유일하지만, 이는 태양광이용형으로 단지 작물의 이동재배만 고려한 것으로 식물공장생산시스템과는 거리가 있다. 서울대학교의 완전제어형 식물공장생산시스템에 대한 연구는 소규모의 챔버 내에서 생장정보의 계측과 생육제어에 대하여 수행되었으며, 작물의 생육환경과 배양액의 자동제어에 대한 것을 중심으로 이루어졌다.

최근 농림특정연구과제의 일환으로 서울대학교는 식물공장생산시스템에서의 주요 작업공정인 이식, 파종자동화 연구를 수행하고 있으며, 서울시립대학교는 엽채류와 장미의 식물공장생산시스템과 작물생장에 관한 기초연구를 수행하고 있다. 반면에 농업기계화연구소는 작물 수평이동식재배상과 자동스페이싱시스템을 개발하였다.

최근 연구기관과 기업에서는 식물공장과 수직농장(vertical farm)에 대한 실용화에 많은 관심을 표명하면서 산업화가 앞당겨질 수 있을 것으로 본다.

## 6·3·4 원예작물 식물공장

식물공장은 고능률, 고품질의 계획생산을 도모함과 동시에 생력적인 생산을 목적으로 하고 있다. 원예작물 식물공장에서 생산되는 작물은 엽채류(葉菜類)·과채류(果菜類) 및 화훼류(花卉類)로 분류된다. 생력화(省力化)를 위하여 파종부터 생산 및 포장까지의 전 과정에 완전자동화 설비를 갖추었고, 계획적인 생산과 출하를 하기 위하여 많은 비용이 투자되므로 파종부터 생산까지 재배기간이 짧은 엽채류와 화훼류가 많이 재배되고 있다. 광원으로 자연광, 자연광과 인공광의 혼합 또는 완전 인공광원 하에서 재배되며, 재배방식은 근권부 양·수분 환경을 쉽게 제어할 수 있는 수경재배시스템이다.

### (1) 엽채류 식물공장

온실 내의 수경재배와 함께 식물의 공장생산에 관한 연구는 유럽과 일본을 중심으로 진행되어 왔다. 식물공장의 실용화는 덴마크의 크리스텐센(Christensen)농장에서 처음으로 이루어졌으며, 이 농장에서는 컨베이어시스템을 이용하여 크레스(cress)라는 싹채소를 생산하였다. 그 후 오스트리아의 루트너(Ruthner)사에서 입체수경법을 고안하였는데, 이는 온실을 높게 만들어 상하로 움직이는 컨베이어에 식물을 기르는 방식이다. 이후 미국이나 일본 등지에서 상추 생산을 위한 대단위 식물공장이 건립되기 시작하여 현재는 10여 개의 식물공장이 가동 중에 있다. 유럽에서는 스웨덴의 스웨드포닉(Swedponics)사에서 개발한 채소 및 허브용 엽채류 식물공장이 유럽 전역에 설치되어 실용적으로 활용되고 있다. 최근에는 벨기에의 홀티플란(Hortiplan)사에서 개발한 재배베드자동이송시스템(mobile gulley system)에 의한 완전 자동화된 채소식물공장시스템이 저렴한 가격에 설치되어 운영되고 있다.

근래 우주농업에 대한 연구가 활발한데, 이는 우주기지에서 식물재배를 통한 신선한 채소의 공급이 요구되기 때문이다. 따라서, 양액의 공급이나 환경제어 등에 관한 연구가 이루어지고 있다. 우주기지에서 한 사람에게 충분한 채소를 공급하기 위해서는 20 $m^2$의 공간이 필요한데 이 면적을 줄이는 연구도 진행되고 있다.

엽채류의 파종에서 생산까지의 기간은 과채류에 비해 짧고 단위면적당 재식거리를 짧게 할 수 있다. 엽채류 식물공장에서는 순수수경인 담액수경

**그림 6-10** 벨기에와 네덜란드에서 재배베드자동이송시스템을 채용한 태양광병용형 식물공장에서 상추류를 재배하고 있는 광경

이나 박막수경 재배방식을 이용하여 스티로폼을 양분이 혼합된 물 위에 띄우거나, 유기배지나 무기배지를 화분에 충전하여 그림 6-10 에서 보는 바와 같이 거터를 이용하여 재배할 수 있다.

### (2) 과채류의 식물공장

과채류의 식물공장은 파종에서 과실 생산까지의 기간이 길므로 많이 상용화되어 있지 않지만 딸기 · 토마토 · 착색단고추(paprika)의 공장형 생산시스템이 네덜란드에서 개발되어 생산현장 도입단계에 있다. 과채류 생산공성에 필요한 적엽, 적과, 수확 및 포장 단계를 거치면서 많은 노동력의 투입을 대체할 생력화를 위해, 그리고 토지이용효율을 향상시키기 위해 'working plant', '수확로봇', '유인로봇' 등을 개발하였고, 토지생산효율을 증대시키기 위해 과채류의 고정식 재배시스템에서 이동식 재배시스템으로의 이전 및 개발 단계에 있다.

그림 6-11 은 2004 년에 네덜란드에서 개발한 1 ha 규모의 딸기 식물공장으로, 냉동 육묘된 딸기를 주기적으로 정식하여 생산하는 과정을 보여준다.

**그림 6-11** 자연광과 인공광원을 이용한 딸기 식물공장(네덜란드)

토마토나 오이의 경우 정식부터 수확종료까지의 기간은 11.5 개월 정도까지 가능하지만 토마토는 부정근이 잘 발생하므로 양 · 수분을 흡수할 수 있는 배지를 회전이 가능한 드럼에 부착하여 그 위에 줄기를 감고 양 · 수분을 공급하면 양 · 수분의 이동거리도 짧아 수년 동안 재배가 가능하게 된다. 이러한 방식은 부정근이 잘 발달하고 이를 유인할 수 있는 품목에 제한되어 있다.

직립성인 착색단고추의 경우에는 분화재배에서 많이 적용되는 재배 시스템은 이동식 벤치를 이용한다(그림 6-12 참조).

**그림 6-12** 자연광과 인공광원을 이용한 착색단고추 묘생산 식물공장(네덜란드)

# 6·4 우주농업

## 6·4·1 서 언

최근 들어 우주탐사의 거점기지로서 국제우주정거장(International Space Station, ISS)이 건설되고, 달 표면 또는 화성 등에 유인기지의 건립계획으로 우주에서 인간이 체류할 시간이 늘어나고 있다.

우주농업(宇宙農業 ; space farming)이란 우주에서 작물을 재배하는 것을 의미한다. 작물은 우주에서 장기간 체류하며 임무를 수행하는 우주비행사의 생명을 지원하는 데 필요한 기본요소이다. 우주기지에서 재배되는 작물은 근본적으로 식품의 원료로서 이용될 뿐만 아니라 우주비행사들의 생리활동에 필요한 산소와 수분의 공급원이기도 하다.

### 6·4·2 생명지원시스템과 작물의 생산

생명지원시스템(life support system)이란 장기간에 걸쳐 우주에서 임무를 수행하는 인간의 생명을 지원하기 위한 시스템으로, 우주탐사와 더불어 개발의 필요성이 제기되었다.

#### (1) 폐쇄생태계 생명지원시스템

폐쇄생태계 생명지원시스템(closed ecological life support system, controlled ecological life support system, CELSS)이란 우주기지에 폐쇄공간을 구축한 후 지구로부터 식품 또는 에너지의 재공급 없이 그곳에서 인간의 생명이 유지되도록 환경을 제어하면서 작물생산, 물·공기의 정화 및 재생, 폐기물처리 등이 가능한 생명지원시스템을 뜻한다(그림 6-13 참조).

**그림 6-13** 우주기지에서의 생명지원시스템의 개념도

CELSS와 유사한 형태로서 생물재생 생명지원시스템(bioregenerative life support system, BLSS) 또는 고급 생명지원시스템(advanced life support system, ALSS)이 있다. 생명지원시스템은 크게 작물모듈과 거주모듈로 구성된다(그림 6-14 참조). 작물모듈에서는 식량작물의 재배가 이루어지고, 거주모듈은 인간을 비롯한 동물의 생존공간에 해당한다. 작물모듈에서 수확된

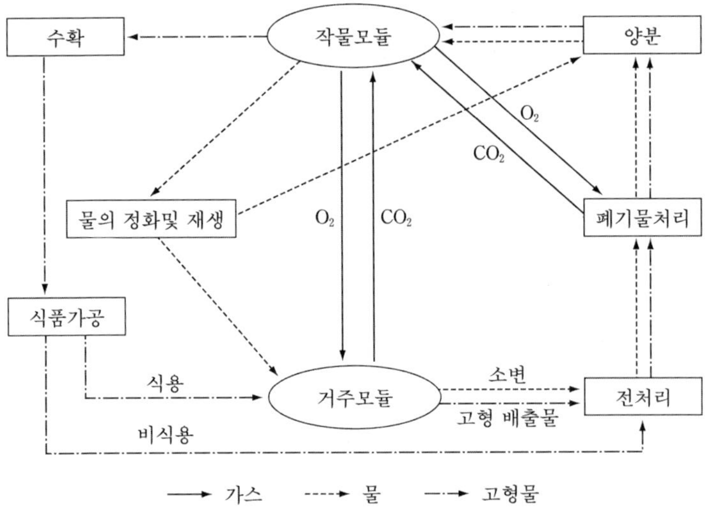


**그림 6-14** 폐쇄형 생명지원시스템의 구성

작물의 식용부위는 식품의 원료로 사용되고, 비식용 부위는 폐기물로 처리된다. 폐기물은 재처리 과정을 거쳐 작물의 생장에 필요한 영양분으로 바뀐다. 이 밖에 인간이 사용한 물이나 인간으로부터 배출된 땀과 소변은 회수되어 정화과정을 거친 후 재활용될 수 있다.

### (2) 생명지원시스템과 작물

생명지원시스템에서 재배되는 작물은 식품의 원료로 쓰이거나, 공기와 물에 대한 정화 또는 재생의 기능을 갖는다. 작물모듈에서 재배되는 작물은 광합성작용에 의하여 이산화탄소를 흡수하고 산소를 방출하며, 이때 방출된 산소는 거주모듈에서 기거하는 인간의 호흡에 사용된다. 한편, 인간의 호흡작용에 의하여 발생된 이산화탄소는 작물의 광합성에 쓰인다.

생명지원시스템에서 재배되는 작물은 영양학적 또는 심리적으로 인간의 건강을 만족시켜야 한다. 그러므로 생명지원시스템에서 재배 가능한 작물은 높은 생산성, 식용성, 소화성, 조리성, 자동화 가능성, 짧은 줄기, 높은 증산속도 등을 지녀야 하는데, 밀・벼・감자・고구마・땅콩・콩・사탕무・상추・토마토・당근・양배추・딸기・셀러리・파・고추・완두・시금치・강낭콩 등은 이러한 기준에 적합한 작물이다.

## 6·4·3 우주에서 적용 가능한 작물 생산시설

### (1) 달과 화성의 환경

태양계 가운데 유인기지가 건립될 대상으로 달(moon) 또는 화성(Mars)을 들 수 있다. 달 또는 화성에 설치될 생명지원시스템에서 작물을 생산하려면 달 또는 화성 표면의 환경조건을 살펴야 한다. 즉, 달 표면 또는 화성 표면에서 물의 존재 가능성을 비롯하여 중력 · 압력 · 기온 · 대기조성 등을 분석하여 작물 생산의 가능성과 극복방안을 검토해야 한다.

지구의 위성에 해당하는 달은 지구로부터 약 $3.8\times10^5$ km 떨어져 있다. 우주탐사에 힘입어 달 표면에 생명지원시스템의 건설 필요성이 제기되고 있으나, 긴 자전주기와 주 · 야간의 심한 온도차 때문에 실현 가능성은 낮은 편이다. 지구로부터 약 $7.5\times10^7$ km 떨어진 화성의 자전주기는 지구의 자전주기와 거의 같으며(표 6-8 참조), 계절의 변화주기도 지구와 유사하다. 화성은 태양계의 행성 가운데 물과 생명체가 존재할 가능성이 높기 때문에 여러 국가들에 의하여 탐사가 시도되고 있다.

**〔표 6-8〕** 화성 · 달 및 지구의 크기, 주기 및 물리적 특성

| 구 분 | 화 성 | 달 | 지 구 |
|---|---|---|---|
| 지름(km) | | | |
| 적도지름 | 6,804.9 | 3,476.2 | 12,756.3 |
| 극지름 | 6,754.8 | 3,472.0 | 12,713.5 |
| 공전주기(일) | 687 | 27.3 | 365 |
| 자전주기(일, 시간) | 24.62 시간 | 27.3 일 | 23.93 시간 |
| 중력($m\cdot s^{-2}$) | 3.69 | 1.62 | 9.78 |
| 표면에서의 압력(kPa) | 0.69～0.9 | $3\times10^{-13}$ | 101.4 |
| 평균밀도($kg\cdot m^{-3}$) | 3,934 | 3,346 | 5,515 |
| 표면온도(K) | | | |
| 최고 | 293 | 396 | 331 |
| 최저 | 133 | 40 | 185 |
| 평균 | 210 | 250 | 288 |
| 태양상수($W\cdot m^{-2}$) | 589 | | 1,368 |

달과 화성의 표면압력은 각각 $3\times10^{-13}$ kPa, 0.69~0.9 kPa 로서 지구의 대기압에 비하여 매우 낮다. 또한, 달과 화성에서 표면온도의 최저값은 40~133 K 로 매우 낮다. 이러한 압력과 기온 조건 하에서 물은 액체상태로 존재할 수 없다. 한편, 달과 화성에서의 중력은 지구 중력의 16~38 % 에 불과하다. 그러므로 달 또는 화성에서의 생명지원시스템은 저온, 저압 및 저중력 조건에서 정상적으로 작동되어야 한다.

달과 화성의 대기조성은 지구와 비교할 때 차이가 크다(그림 6-15 참조). 달의 대기조성을 살펴보면, 헬륨 25 %, 네온 25 %, 수소 23 %, 아르곤 20 % 로서 이들이 대기의 대부분을 차지하고 있다. 한편, 메탄 · 암모니아 · 이산화탄소 등은 기타에 해당한다. 화성의 대기를 구성하고 있는 주요 성분은 이산화탄소로서 95.5 % 를 차지하고 있으며, 이 밖에 질소, 아르곤 및 산소가 각각 2.7 %, 1.6 % 및 0.15 % 정도이다.

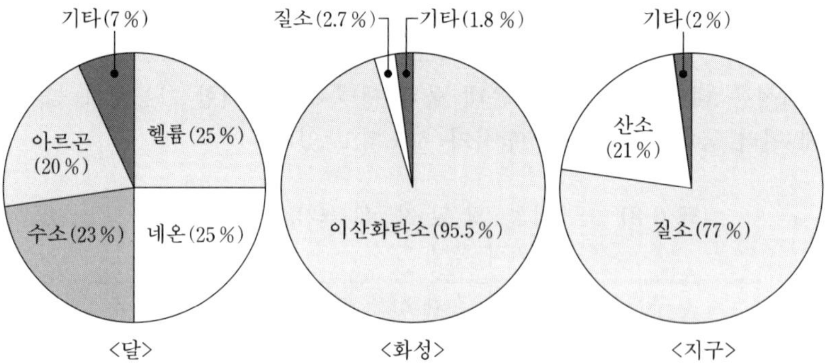


**그림 6-15** 달 · 화성 및 지구의 대기조성

### (2) 우주농업의 제한요인과 극복방안

#### ① 낮은 중력과 압력

달 또는 화성 표면의 중력은 지구에 비하여 작다. 더구나 달 또는 화성 표면에서의 압력은 지구 대기압의 1 % 에도 미치지 못한다. 그러므로 우주에서 작물을 생산하려면 낮은 중력 또는 저압 조건에서 구조적으로 견딜 수 있는 생산시설이 필요하다. 또한, 작물의 생육에 미치는 중력과 압력의 영향이 구명되어야 한다.

저압 환경에서 재배되는 작물은 증산량의 급격한 증가로 인하여 쉽게 시들음〔萎凋〕에 이를 수 있다. 뿌리의 호흡 특성을 고려할 때 작물 재배에 필요한 산소분압의 한계는 5 kPa 정도이다. 산소분압을 5 kPa로 유지할 때 시설 내의 전체 압력을 21 kPa까지 낮출 수 있다(표 6-9 참조).

**〔표 6-9〕** 저압조건을 이루기 위한 가스조성 〈WHEELER, 2000〉

| 구 분 | 가스조성과 분압 | |
|---|---|---|
| 기본가스 | 산소 | 5 kPa |
| | 수증기 | 2 kPa |
| 압력가스 | 이산화탄소 | ≤ 1 kPa |
| | 질소/아르곤 | 13 kPa |
| 전체 압력 | | 21 kPa |

저압조건에 있는 작물생산시설에서 증기압의 변화가 시설 내의 전체 압력에 커다란 영향을 미친다. 작물의 증산 또는 수경재배시설에서 이루어지는 수분의 증발로 인하여 시설 내의 증기압이 올라간다. 그러므로 증발에 의한 수분손실을 줄이기 위해서는 저압조건의 수경재배시설에 대한 밀폐성과 작물생산시설 내의 상대습도를 적정하게 유지할 수 있는 환경제어 기술이 요구된다.

② **물질순환**

생명지원시스템은 인간·동물 및 식물이 공존하는 생태계로서 계(系) 내에서 산소·이산화탄소·수분 등의 물질이 순환된다. 폐쇄형 공간에서 순환되는 물질이 평형상태를 이루려면 물리적·화학적 및 생물학적 방법을 적절하게 조합하여 생태계를 구성해야 한다. 즉, 고등식물·조류·광합성세균과 같이 광합성

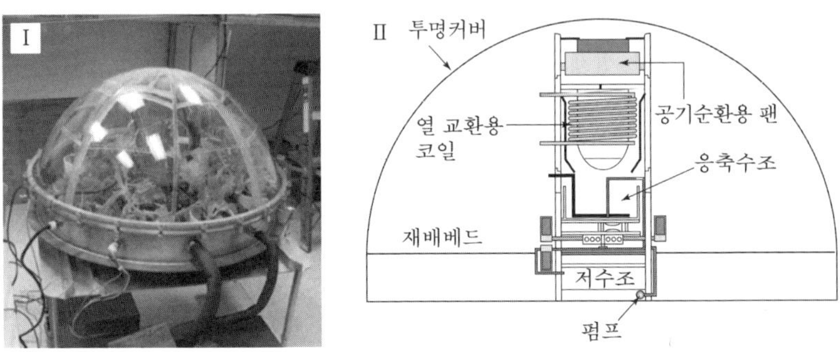


**그림 6-16** 미항공우주국(NASA)에서 제작한 돔형 저압 작물 생산시설(Ⅰ)의 실례와 내부 구성(Ⅱ)

능력을 지닌 생물과 인간·동물·균류 등과 같이 광합성능력을 가지지 못한 생물 사이에 이산화탄소와 산소의 교환이 제대로 이루어져야 한다.

### ③ 물의 재생

물은 우주에서 귀중한 자원에 해당한다. 생명유지시스템에 필요한 물질을 지구로부터 다시 공급받는 것이 불가능한 상황에서 음료·위생·세정 등에 요구되는 물이 시스템 내에서 재생되어야 한다. 물의 재생을 목적으로 반투막에 의한 여과, 흡수, 이온교환에 의한 여과, 증류와 같은 물리적 또는 화학적 방법이 이용되고 있다. 작물은 산소의 공급은 물론, 물을 재생하여 순환시키는 바이오필터로서의 기능을 갖는다.

### ④ 폐기물의 처리

우주와 같은 한정된 공간 또는 미소 중력 하에서 발생된 폐기물의 처리를 위해서 습식산화법, 초임계산화법, 열분해, 플라스마처리 등이 시도되고 있다. 이 가운데 습식산화법 또는 초임계산화법은 생명지원시스템 내의 인간 또는 동·식물로부터 배출된 유기폐기물을 산화시켜 무기물로 바꾼다. 즉, 고온·고압 하에서 산화되거나 분해된 유기물의 탄소는 이산화탄소로 바뀌어 공기 중으로 방출되고, 질소는 암모니아로서 추출된다. 이러한 방법에 의하여 비료성분으로 적합한 인산, 칼리 및 기타 금속원소의 분리 및 추출이 가능하다.

### ⑤ 미량 유해가스의 제거와 병원성 미생물의 살균

생명지원시스템 내의 동물, 식물 또는 자재로부터 미량의 유해가스가 발생하여 시스템 내에 축적될 수 있다. 유해가스가 한계농도 이상으로 증가하면 생물에 해를 끼치게 된다. 그러므로 환경오염에 대한 저항성을 고려하여 시스템 내에 도입되는 작물을 선택한다. 또한, 생명지원시스템에 사용되는 모든 자재를 대상으로 유해가스의 발생 가능성을 검토하고, 유해 휘발성 가스 성분을 제거하기 위해 여과시스템을 설치한다.

병원성 미생물은 배양액을 재활용하는 데 있어서 매우 위협적인 요소이다. 미생물의 생존은 압력·복사·온도 등의 환경조건에 따라 변한다. 살균을 위해 자외선 조사, 여과, 살충제 처리 등의 방법을 적용할 수 있으나, 효과를 극대화하기 위해서는 위생과 살균을 병행한 조합기술이 필요하다.

### ⑥ 조 명

달 표면 또는 화성 표면에서의 태양복사는 지구 상에서의 그 값에 비해 작다. 더구나 화성 표면에서의 광합성유효복사(光合成有效輻射 ; photosynthetically active radiation, PAR)와 스펙트럼 분포에 대한 구체적인 자료가 제시되어 있지 않다. 우주전리방사선(宇宙電離放射線 ; ionizing space radiation)을 차폐하기 위한 특수 피복재를 작물생산시설에 설치할 경우 피복재의 광투과율이 낮아져 보광이 요구될 수 있다. 또한, 지나치게 크거나 작은 광주기는 작물의 생장에 적합하지 않다. 예를 들면, 달 표면에서의 광주기는 약 28 일로서 명기와 암기는 각각 14 일이다. 이러한 암조건 하에서 대부분의 작물은 정상적인 생육이 불가능하다. 그러므로 작물의 생육에 부적합한 광강도 또는 광주기 조건에서는 인공광을 이용한 보광이 필요하다.

**⑦ 배양액의 공급**

낮은 중력조건에서는 배양액이 원활하게 공급되지 않고 중력차로 인하여 생장속도가 다르게 나타날 수 있다. 또한, 무중력 상태에 있는 배양액에서는 공기가 떠오르지 않으므로 기포의 발생이 불가능하다. 그러므로 저중력 또는 저압 조건에서 양액과 산소를 제대로 공급할 수 있는 방식이 개발되어야 한다.

## 6·5 수확 후 관리

얼마 전까지 시설원예와 수확 후 관리 및 저장은 서로 상반되는 개념을 가진 분야이었다. 전자는 주년생산을 통해 연중 신선한 농산물을 소비자에게 제공하는 체계이고, 후자는 적기에 수확한 농산물을 다음 생산시기 전까지 소비자가 이용할 수 있도록 보관하는 방법이었다. 그러나 최근 들어 농산물은 단순한 1 차 생산물에 지나지 않고 식품의 개념이 추가되면서 생산지, 특히 시설원예와 같이 생산량 예측과 품질의 균일성이 보장되는 생산시설은 농산물의 가치를 높이는 포장시설 등 기타 수확 후 관리시설을 포함하는 경우가 늘어나고 있다(그림 6-17 참조).

특히, 최근에 착색단고추(paprika)와 같은 수출농산물을 중심으로 생산과 더불어 수확 후 관리시설까지 포함한 농산물산지유통센터(agricultural products processing center, APC)가 늘어나고 있는데, 이러한 선진국형 생산 및 유통 시스템은 GAP(good agricultural practices) 등 품질인증이 일반화되어 가고 있는 추세에서 더욱 확산될 것으로 보인다.

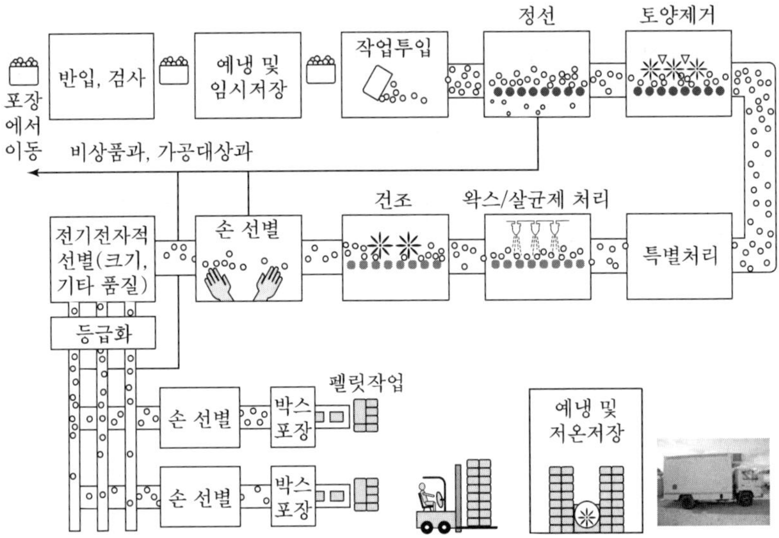


**그림 6-17** 자동기계화 패킹하우스의 상세 흐름도〈KADER, 2002〉

생산시설과 연계하여 운영되는 패킹하우스(packing house)는 수확한 농산물의 반입과 검사를 거쳐 정선, 선별, 포장의 단계뿐만 아니라 예냉과 저온저장 그리고 수송차량에 상차의 과정에 이르기까지, 수확 직후부터 유통까지의 전 과정이 이루어진다(그림 6-17 참조). 이에 본 장에서는 패킹하우스의 구성요소가 되는 예냉, 저장, 포장, 선별 및 소비자에게 전달되는 수송에 대해 알아보고자 한다.

## 6·5·1 예 냉

수확된 농산물은 살아 있는 생물이기에 호흡이 이루어지고, 이 호흡과정은 일정한 열을 발생한다. 이처럼 수확 후 농산물의 호흡열과 외기온에 의해 발생되는 포장열은 농산물 자체의 온도를 높이고, 이는 다시 호흡속도를 높여 품질저하와 부패를 촉진한다. 이러한 수확 농산물의 포장열(圃場熱; field heat)을 없애주는 과정을 예냉(豫冷; pre-cooling)이라고 한다.

그림 6-18은 품질저하가 급격한 딸기의 수확 후 품질저하 양상을 나타낸 것인데, 30℃(86°F)의 고온에서는 6시간 만에 상품과율이 50% 이하로 감소되는 것을 볼 수 있다.

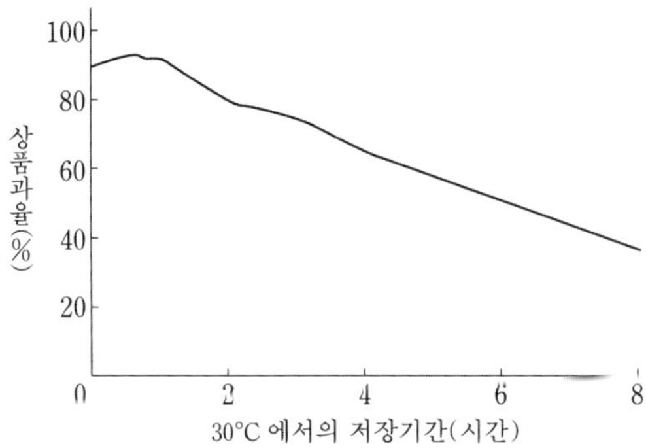


**그림 6-18** 수확 후 고온에서 급격히 품질이 저하하는 딸기〈KADER, 2002〉

이와 같이 수확 후 포장열에 의하여 발생하는 급격한 품질저하는 다양한 예냉방법으로 줄일 수 있다. 예냉방법(豫冷方法)에는 공냉법(air cooling) 중 강제통풍식(conventional room precooling), 차압통풍식(forced air precooling)과 냉수냉각법(hydrocooling), 진공냉각법(vaccum cooling), 빙냉법(icing 또는 contact icing) 등이 있는데, 단순한 찬 공기의 유동에 의하여 진행되는 강제통풍식이나 차압통풍식에 비하여 공기보다 열전도율이 높은 물을 이용하는 냉수냉각법이 보다 효과적이다(그림 6-19 참조). 그러나 이와 같이 냉각효과가 우수한 냉수냉각법이나 직접 얼음과 농산물을 접촉시키는

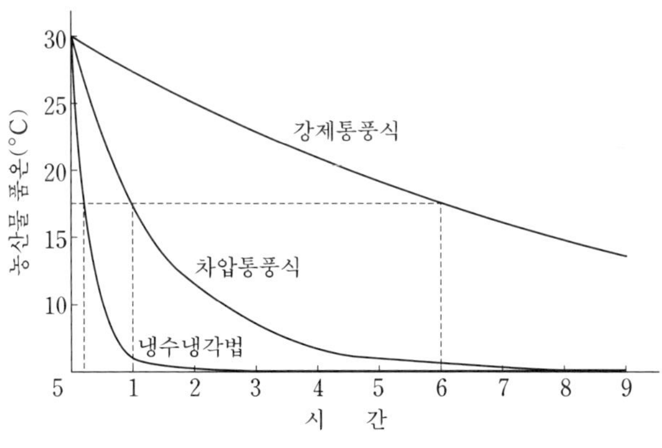


**그림 6-19** 세 가지 냉각방법에 따른 농산물의 품온 변화

빙냉법의 경우 적용대상 작물이 저온장해가 발생하지 않는 일부 작물로 제한되고 있다.

냉각효과에 있어서는 진공상태를 더해 농산물 표면에 수분의 증발로 작물 자체의 온도를 낮추는 진공냉각법이 가장 우수하다. 이러한 진공냉각법은 예냉 전 농산물의 표면에 수분을 공급하는 등의 작업과 감압을 위한 고가의 시설이 필요하나(그림 6-20 참조), 최근 미국 등 선진국에서는 예냉속도가 빠르고, 대상작물의 제한이 적어 널리 사용되고 있다. 이에 비해 국내 실정은 예냉의 필요성이 크게 부각되지 못하여 일부 작물에서만 실시되고 있으며 주로 강제통풍식의 형태에 머물고 있다. 그러나 수출 등 장기간 유통을 요하는 경우나 GAP 농산물의 경우 작물에 적합한 예냉이 이루어질 것이라고 예상된다.

**그림 6-20** 진공냉각 장치〈KADER, 2002〉

### 6·5·2 저 장

작물의 수확 후 생리적 특성과 이용방법 그리고 우리나라 기후의 특성 등에 의하여 감자·고구마·마늘·양파 등은 실내에서 상온저장으로, 월동보관이 필요한 무·당근·배추 등은 움·도랑 등에서 보온저장으로 이루어지고 있다. 그러나 이와 같은 특별한 경우를 제외하고는 상하기 쉬운 원예산물은 온도·습도·대기조성 등과 같은 저장 환경조건을 달리한 다양한 저장방법이 이용되고 있다.

이러한 저장 환경조건은 농산물 저장성을 좌우하는데, 농산물은 살아 있는 생명체이므로 수확 후 저장 동안에 호흡, 증발산(蒸發散) 등의 생리활동으로 품질저하가 일어나므로 농산물의 생리활동을 생명이 유지되며 장해가 나타나지 않는 범위 내에서 최대한 억제하는 다양한 저장방법이 개발되어 왔다.

여기에서는 이 중 가장 널리 사용되며 효과적인 저온저장, CA(controlled atmosphere)저장, 그리고 MA(modified atmosphere)저장에 대하여 소개하기로 한다.

### (1) 저온저장

저온저장(低溫貯藏; cold storage)이란 저장환경의 온도를 일정한 수준

〔표 6-10〕 채소의 작물별 최적 저장조건(CA/MA 조건 포함) 〈KADER, 2002〉

| 작 물 | 최적온도(℃) | 최적온도 범위(℃) | % $O_2$ | % $CO_2$ |
|---|---|---|---|---|
| 브로콜리 | 0 | 0~5 | 1~2 | 5~10 |
| 양배추 | 0 | 0~5 | 2~3 | 3~6 |
| 멜론 | 3 | 2~7 | 3~5 | 10~20 |
| 콜리플라워 | 0 | 0~5 | 2~3 | 3~4 |
| 셀러리 | 0 | 0~5 | 1~4 | 3~5 |
| 배추 | 0 | 0~5 | 1~2 | 0~5 |
| 오이 | 12 | 8~12 | 1~4 | 0 |
| 허브 | 1 | 0~5 | 5~10 | 4~6 |
| 결구상추 | 0 | 0~5 | 1~3 | 0 |
| 잎상추 | 0 | 0~5 | 1~3 | 0 |
| 버섯 | 0 | 0~5 | 3~21 | 5~15 |
| 양파 | 0 | 0~5 | 1~2 | 0~10 |
| 파슬리 | 0 | 0~5 | 8~10 | 8~10 |
| 단고추 | 8 | 5~12 | 2~5 | 2~3 |
| 고추 | 8 | 5~12 | 3~5 | 0~5 |
| 무 | 0 | 0~5 | 1~2 | 2~3 |
| 시금치 | 0 | 0~5 | 7~10 | 5~10 |
| 단옥수수 | 0 | 0~5 | 2~4 | 5~10 |
| 녹숙 토마토 | 12 | 12~20 | 3~5 | 2~3 |
| 완숙 토마토 | 10 | 10~15 | 3~5 | 3~5 |
| 치커리 | 0 | 0~5 | 3~4 | 4~5 |

(동결점 이상)까지 낮춘 후 저온에서 저장하는 방식을 말하며, 일반적으로 냉장(冷藏)이라고도 한다. 저온저장은 살아 있는 수확 후 농산물의 호흡을 포함한 모든 대사활동과 효소에 의한 지질의 산화와 갈변, 영양성분의 손실, 미생물의 증식 및 수분손실 현상을 효과적으로 지연시키며, 온도저하로 인한 저장환경의 상대습도를 높이는 효과까지 가져와 가장 널리 사용되는 저장방법이 되었다. 이 때문에 저온저장은 품질저하가 빠른 원예작물에서 장기저장을 위해 필수조건이다. 그러나 열대 및 아열대가 원산지인 작물에서는 0~13℃ 범위의 저온에서 저온장해가 발생하여 상온에서보다 품질저하가 빨리 진행되는 경우가 있어, 작물별 적정 저장온도를 지켜야 한다(표 6-10 참조).

### (2) CA 저장

저장대기 기체의 일부나 특정 기체를 첨가하거나 제거하여 농산물의 저장환경 내 대기성분을 장해 없이 대사활동을 억제할 수 있는 수준으로 조절하는 저장방식을 CA 저장(controlled atmosphere storage)이라고 한다. 즉, 저장된 농산물의 호흡을 줄여 저장양분의 소모를 줄이기 위해 저온과 적습의 조건에서 저장대기 중 산소농도를 낮추고 이산화탄소농도를 높여주

〔표 6-11〕 작물별 최소 산소 허용농도와 최대 이산화탄소 허용농도 〈Kader, 2002〉

| 최소 산소 허용농도 (%) | 작물의 종류 | 최대 이산화탄소 허용농도 (%) | 작물의 종류 |
|---|---|---|---|
| 2 | 고구마 · 토마토 · 피망 · 엔디브 · 상추 · 배추 · 셀러리 | 0.5 | 견과류 |
| 5 | 완두 · 고추 · 가지 · 콜리플라워 · 양배추 · 무 · 당근 · 울다다기양배추 | 1.0 | 브로콜리 · 버섯 · 마늘 · 양파 · 신선편이 농산물 |
| 10 | 오이 · 감자 · 양파 · 파 · 마늘 · 아스파라거스 · 브로콜리 · 파슬리 | 2.0 | 상추 · 딸기 · 멜론 · 콩 · 셀러리 · 양배추 · 콜리플라워 · 단옥수수 · 방울다다기양배추 |
| 15 | 딸기 · 근대 · 멜론 · 단옥수수 · 버섯 · 시금치 · 케일 | 3.0 | 토마토 · 오이 |
| | | 5.0 | 완두 · 감자 · 아스파라거스 · 고구마 |

는 저장방법이다. 그러나 작물에 따라 대기보다 다소 낮은 산소조건이나, 다소 높은 수준의 이산화탄소 조건에서 장해를 나타내는 경우가 있어 작물에 알맞은 대기조성을 취하는 것이 무엇보다 중요하다(표 6-11 참조).

### (3) MA 저장

MA 저장(modified atmosphere storage)이란 농산물을 가스의 투과가 제한되는 필름 등으로 포장하여 저장하는 방법으로, 저장과 동시에 유통판매의 여러 단계에서 농산물의 저장성을 유지할 수 있는 방법이다. 농산물의 포장은 상품적 가치를 높이는 동시에 앞에서 서술한 CA 저장 조건이 농산물의 자체 호흡에 의하여 자연적으로 형성되어 농산물의 저장수명을 연장시키는데, 이와 같이 포장에 의하여 농산물 주위의 대기조성이 변화하는 조건을 MA 조건이라고 한다. 또한, MA 저장은 포장 내 습도를 높은 수준으로 유지할 수 있어 엽채류 등 수분함량이 많고 작물 외피가 발달하지 못해 저장 중 수분손실이 가장 큰 품질저하 요인이 되는 작물에 효과가 있어 작물의 종류에 따라 차이는 있으나 저장수명이 일반 저온저장에 비해 25~50 % 증진된다(그림 6-21 참조).

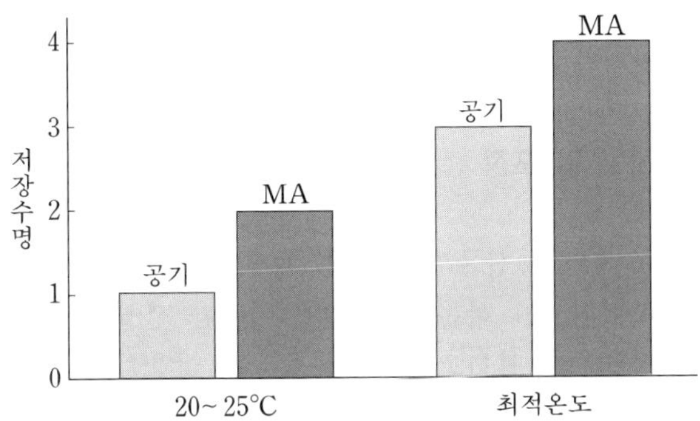


**그림 6-21** MA 저장과 일반저장의 저장성 비교
〈KADER, 2002〉

MA 저장의 종류는 기존의 수동적 MA 저장과 능동적 MA 저장으로 구분되는데, 수동적 MA 저장이란 작물 자체의 호흡으로 저장대기의 산소농도의 감소와 이산화탄소농도의 증가로 포장 내에 적절한 대기가 조성되는 것을 말한다. 이 경우 포장 내의 가스조성은 작물의 호흡특성과 함께 저장온도, 그리고 포장재의 가스 투과도에 의하여 좌우된다. 따라서, 수동적

MA 저장에서 포장재 기체조성을 조절하는 데 한계가 있다. 이러한 단점을 개선한 능동적 MA 저장은 저장 전 포장 내부의 대기조성을 인위적으로 조절해 주는 방법을 말한다. 이 경우 포장재는 투과성이 매우 낮은 종류를 사용하여 포장 내부와 외부 간 가스교환으로 인한 조성변화를 억제한다. 그러나 능동적 MA 저장은 포장재의 투과성이 매우 낮아 부적절한 온도관리로 발생되는 이취(異臭) 등 품질저하가 더욱 가속화되므로 보다 세심한 관리가 요구된다.

이러한 MA 저장 조건을 이용한 포장농산물을 MAP(modified atmosphere package)라고 하는데, 저온유통체계관리가 철저한 선진국에서는 대부분의 농산물, 특히 최근 그 소비가 급증하고 있는 신선편이(新鮮便易) 농산물에 전적으로 이용되고 있다. 그러나 우리나라 포장농산물은 저온유통체계가 확립되지 못해, MAP의 형태는 갖추고 있으나 이취 발생을 막기 위해 통기구(通氣口)를 두어 적절한 MA 조건이 조성되지 않는다. 이러한 이취는 포장재 내 낮은 산소조건에서 농산물의 알코올발효로 나타나는데, 국내 유통조건에서 온도관리 미흡으로 종종 발생하는 고온은 농산물의 급격한 호흡증가를 초래하여 이취에 취약하다. 특히, 시설원예 생산물은 MAP 형태가 유통판매의 주를 이루고 있는데, 작물별 적정 온도와 MA 조건에 맞는 취급관리가 요구된다(표 6-10 참조).

### 6·5·3 선별 및 포장

선별(選別)은 수확한 농산물의 가치를 재평가하는 단계로, 유통판매체계에서는 반드시 포함되어야 하는 과정이다. 이러한 선별은 객관적인 품질평가기준에 따라 등급을 분류하고, 분류된 등급에 상응하는 품질을 보증함으로써 유통판매에서는 상거래질서를 공정하게 유지하고, 재배단계에서는 소득증대를 위한 농산물의 고품질화를 유도한다. 최근 소비자의 농산물 선택기준이 지금까지의 단순한 크기 위주의 품질에서 색택 및 풍미 등 관능적 평가기준에 의한 기호도로 바뀌면서 선별방법이 보다 복잡하고 첨단화되고 있다.

선별의 기준은 크게 크기·모양·색택·외부흠집 등의 외적인 요소와 풍미(風味), 조직감(組織感) 그리고 식품으로서의 영양성분과 기능성 등의 내적인 요소로 구분되는데, 비교적 손쉽게 기계화와 비파괴화가 가능한 외적인 요소가 선별기준으로 주로 사용되어 왔으며 대표적으로 중량선별기(重量選別機), 용적선별기(容積選別機), 색채선별기(色彩選別機)가 여기에 속한다. 이에 비해 내적인 요소의 측정은 일반적으로 파괴적인 방법에 여러 단계가 필요하여 기존의 NIR(near infra-red)방식의 검사나 그 밖의 비파괴적 방법의 개발 및 현장 적용이 요구된다.

포장(包藏 ; packaging, packing)은 생산에서 소비에 이르기까지의 취급과정에서 물리적인 충격, 병충해, 미생물 등에 의한 오염과 온도·습도 등 환경변화에 의한 변질을 방지하고, 나아가서는 소비자의 기호도에 맞는 디자인으로 상품가치를 증대시키는 데 목적이 있다. 포장은 크게 랩, 트레이, 비닐팩 포장 등 소비자 단위의 소규모 포장(packaging)과 수송 시 취급의 편리를 위하여 소규모 포장단위를 모아 포장하는 골판지상자포장과 같은 대규모 포장법(packing)으로 나누어진다. 이 중 소규모 포장은 이취발생을 막기 위해 대부분 통기구를 두고 있으나, 최근 농산물에서 간편편이 식품으로 품목 전환된 신선편이나 싹채소 등에서는 미생물 등 외부 이물질의 투과를 막을 수 있는 MAP 형태의 유지가 필수적이다.

현재 우리 농산물의 포장상자는 그 규격이나 재료 등이 농산물 출하규격에 정해져 있으나 기준이나 종류가 다소 미흡하다. 농산물 포장상자의 재료는 농산물의 종류, 적재규모, 유통 및 저장 조건, 소비패턴 등에 따라 달라져야 하지만 국내 농산물 포장상자는 대부분 골판지로 만들어져 유통이나 저장 중에 붕괴되는 일이 발생하기도 한다. 또한, 외국의 농산물 포장용 상자와 비교해 볼 때 국내 포장용 상자는 예냉에 대한 이해부족으로 상자의 구조에 냉기의 흐름을 보장하는 공기유동 구멍이 없어 예냉과 냉각의 효율이 떨어진다(그림 6-22 참조).

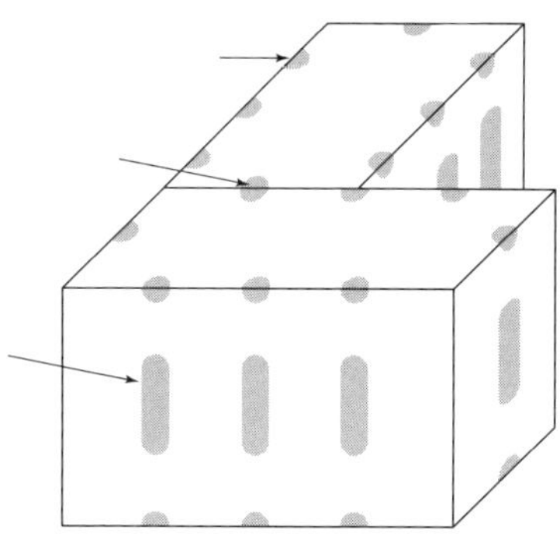

**그림 6-22** 예냉 및 냉각 효과를 최대화한 박스의 공기유동 구멍(→)과 선적 시 박스간의 연결부위〈KADER, 2002〉

### 6·5·4 수 송

미국과 유럽 등 선진국의 농산물 수송은 주로 냉장 트레일러(trailer)나 컨테이너(container)를 이용하는데, 이들 국가들은 산지에서 소비지까지가 수백~수천 km 에 달해 신선상태의 농산물 수송에 냉장트레일러의 이용은 필수조건이라고 하겠다. 또한, 장거리 농산물 수출을 위해 냉장컨테이너도 사용하고 있다. 이에 비하여 우리나라의 경우 산지에서 소비지까지의 거리가 5 시간 미만으로 냉장트레일러의 필요성이 크게 대두되지 못하였다. 그러나 최근 농산물의 다양화로 냉장유통관리가 반드시 요구되는 신선편이 농산물 및 싹채소의 생산이 늘어나면서 냉장트레일러의 이용이 증가하고 있다. 또한, 생산관리뿐만 아니라 수확 후 관리에서도 안전성이 요구되는 GAP 농산물과 수출농산물의 증가는 우리나라의 농산물 수송에 많은 변화를 가져올 것이라고 예상된다. 원예산물의 대형 수송장치에는 냉각기·공기순환장치 등이 설치되며, 크기에 따라 냉기 유동경로를 달리한다. 우리나라에서 주로 사용되는 소형 냉장차량은 냉기의 이동통로가 설치되어 있지 않지만, 대형 트레일러나 냉장컨테이너처럼 용량이 큰 수송장치는 냉기를 수송대상물에 고르게 전달시키기 위하여 냉기 순환통로를 두고 있다(그림 6-23 참조).

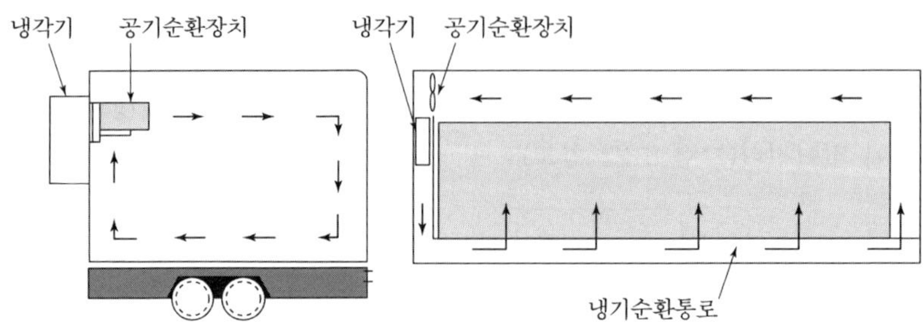


**그림 6-23** 농산물 수송용 소형 냉장트레일러(왼쪽)와 냉장컨테이너(오른쪽) 내부의 공기 유동경로〈Kader, 2002〉

### 6·5·5 우수농산물관리제도

우리나라의 농산물 품질관리는 현재 국립농산물품질관리원의 주도로 친환경농산물인증제도(親環境農產物認證制度), 우수농산물관리제도(優秀農產物管理制度 ; Good Agricultural Practices, GAP), 지리적 표시제도(地理的 表示制度) 등 다양하게 행해지고 있으며, 기존의 품질인증제도는 2008년부터 폐지되었다. 친환경농산물인증제도의 경우도 저농약, 무농약, 전환기, 그리고 유기의 4단계에서 2007년부터 전환기재배를 유기재배에 편입하여 3단계로 운영되고 있다.

본 장에서는 이상의 우리나라 품질관리제도 중 재배 및 수확 후 관리를 모두 포함하는 우수농산물관리제도(GAP)에 관하여 서술하기로 한다.

우수농산물관리제도는 농장에서 식탁까지 농산물의 생산 및 공급 과정에서 농약·중금속·병원성 미생물 등 위해요소를 집중 관리하여 농식품의 위생 및 안전성을 확보하고 관리사항을 소비자가 알 수 있게 하는 제도로, 농산물의 재배, 수확, 수확 후 처리, 저장과정 중 토양·수질 등의 농업환경 및 농산물에 잔류할 수 있는 농약, 중금속 또는 유해생물 등의 위해요소를 관리한다(표 6-12 참조).

**〔표 6-12〕** GAP(우수농산물관리제도) 생산기술(공통)

〈농산물품질관리원, 2008〉

| 구 분 | 생물학적 위해요인 | 화학적 위해요인 | 물리적 위해요인 |
|---|---|---|---|
| 생산단계 | 생산환경<br>비료 | 재배시설<br>농약 | 토양<br>관개용수 |
| 수확단계 | 수확단계 | | |
| 수확 후 단계 | 농산물 저장 | 농산물 운송 | |
| 관리단계 | 시설설비<br>저장 운송 | 작업자 | 제품취급 |

이러한 우수농산물관리제도의 도입배경은 첫째 안전한 농산물에 대한 소비자의 욕구충족을 위하여 생산에서 판매 단계까지의 농산식품 안전관리체계 구축이 필요하고, 둘째 농산물의 안전성 확보를 통해 국내 소비자의 농산물에 대한 신뢰를 높이며, 셋째 도하개발아젠다(DDA)협상 이후 더욱 치열해진 국제시장에서 우리 농산물의 경쟁력을 강화하고, 마지막으로 우리나라의 농업을 저투입 지속형 농업으로 전환하여 자연환경에 미치는 악영향을 최소화하고 농업의 지속성을 확보할 수 있는 제도 기반을 마련하는 데 있다.

우수농산물관리제도는 다음과 같은 인증기준에 적합한 개별 생산농가, 생산자단체, 유통업자를 대상으로 선정되며, 농협중앙회·유통공사 등 민간 전문인증기관에서 업무를 수행하고 있다. 인증 대상품목은 농산물품질관리심의회의 심의를 거쳐 농림수산식품부장관이 고시하는데 2008년 현재 쌀·콩 등 10개 품목의 식량작물과 참깨·녹차잎 등 4개 품목의 특용작물, 구기자·인삼·더덕 등 29품목의 약용작물, 9개 품목의 버섯류, 28개 품목의 채소류, 그리고 14개 품목의 과수류 등 총 100여 품목에 적용되고 있다.

**♧ GAP 제도의 인증기준 ♧**

우수농산물관리기준(농촌진흥청장 고시)에 의하여 생산
교육(농촌진흥청의 교육)을 받은 자에 의하여 생산
우수농산물관리시설(농산물품질관리원 지원장이 지정)에서 처리
농산물이력추적관리 등록(농산물품질관리원 출장소)
기타 농림수산식품부장관이 우수농산물 인증을 위하여 필요하다고 인정하여 정하는 기준에 적합할 것

우수농산물관리제도의 주요 특징으로, 첫째 품목별 인증제가 아니고 농가단위로 농산식품 위해요소를 집중 관리할 수 있는 관리과정을 인증하는 제도이며, 둘째로 위생 및 안전성에 대한 문제를 사전에 예방하기 위해 생산 농산물의 저장·포장 과정의 안전성 확보 및 이력추적시스템이 필수인 제도이다.

GAP 농산물의 생산자, 유통업자 그리고 판매자는 이력추적관리 등록을 해야 하는데 농산물품질관리원 출장소장에게 등록·신청한다. 등록기준은 당해 농산물이 생산단계부터 판매단계까지 이력추적관리가 가능하도록 일련 정보의 기록·관리와 제공의 가능 여부이다.

우수농산물관리제도의 도입효과는 첫째, 소비자가 만족하는 투명한 우수농산물 생산체계 구축을 통하여 국산 농산물에 대한 소비자 인식 제고 및 신뢰 향상으로 수익성 증대를 도모할 수 있다는 것이고, 둘째는 국산 농산물의 수출 경쟁력 확보가 가능하며, 수입 농산물에 GAP를 적용할 경우 수입억제 효과도 기대되는데, '내국민 대우의 원칙'에 의하여 자국에서 GAP를 시행하게 되면 수입 농산물에 대해서도 동등 수준의 적용을 요구할 수 있게 된다.

# ◇ 참 고 문 헌 ◇


1. 강승원, 백준필, 서상규, 김선형, 박권우, 이용범 공역. 2008. 식물공장. 월드 사이언스.
2. 김용현. 2000. 농업기계공학분야에서 바이오테크놀러지의 응용-폐쇄형 식물묘 생산시스템 개발을 중심으로-. 한국농업기계학회지 25(4) : 311~326.
3. ―――. 2005. 우주에서 식물생산을 위한 공학적 접근. 생물환경조절학회지 14(3) : 218~231.
4. ―――, 김정만, 정종성. 2006. 감자 '수미' 플러그묘의 묘소질에 미치는 DIF와 플러그셀 크기의 영향. 한국생물환경조절학회 추계 학술대회 논문집 15(2) : 330~333.
5. ―――, 송대빈. 1999. 인공광하에서 $CO_2$ 농도와 기류속도 제어가 플러그묘의 생육에 미치는 효과. 생물환경조절학회지 8(4) : 275~280.
6. 김진국, 김용현, 이명규, 최유화. 2003. 폐쇄형 묘생산시스템의 에너지 수지 분석. 생물환경조절학회지 12(3) : 147~152.
7. ―――――――, 최유화, 이명규. 2003. 폐쇄형 묘생산시스템의 수분수지 분석. 생물환경조절학회지 12(3) : 153~159.
8. 농촌진흥청. 1999. 식물공장생산시스템-연구동향분석과 금후연구방향. 연구동향분석 보고서 1999-4.
9. 문 원, 김종기, 이지원. 2004. 원예작물학 Ⅰ. 한국방송통신대학교 출판부.
10. 박효근, 이승구, 문 원. 2002. 원예학. 한국방송통신대학교 출판부.
11. 이승구. 1996. 원예작물의 수확후 생리. 성균사.
12. 이용범, 이병일, 김영식. 2000. 식물공장의 최적배양액관리 자동화시스템 개발. 농림부.
13. ―――. 2003. 오이 관비재배 기술개발 보고서. 남양주시 농업기술센터.
14. ―――, 김완순, 나택상. 2003. 공장형 장미생산기술 및 시스템 개발. 농림부.
15. ―――. 2007. 원예작물의 관비재배기술. 제7차 남북 농업과학 심포지움(월드비전) : 남북 농업기술 협력〈감자·채소·과수·벼·유전자〉.
16. 임상철. 2003. 채소 관비재배 기술. 제3차 남북 농업과학 심포지움(월드비전) : 남북 농업기술 협력〈씨감자·채소·과수〉. pp. 231~247.
17. 임재욱. 2003. 경기지역의 시설원예 관비재배기술 현황과 발전 방향. 한국시설원예연구회 제17회 심포지엄 : 고품질 원예산물 생산을 위한 관비재배 현황과 발전방향 pp. 25~70.
18. 임재현, 이인복, 김홍림. 2001. 시설 오이의 관비재배를 위한 토양용액과 엽병즙액중 질산태 농도 기준 설정. 한국토양비료학회지 34(5) : 316~325.
19. 최관호. 2000. 관비재배의 과학적 시비법. 토양과 비료. 한국토양비료학회. pp. 19~39.
20. 高速正基. 1997. 日本植物ハンドブック(Handbook of plant factory). 東海大學出

版會.

21. 古在豊樹. 1999. 閉鎖型苗生産システムの開發と利用. 養賢堂.

22. 日本植物工場學會. 1992. ハイテク農業ハンドブック. 東海大學出版會.

23. Bucklin, R.A., Leary, J.D., Rygalov, V., Mu, Y. & P.A. Fowler. 2001. Design parameters for Mars deployable greenhouse. Paper 01ICES-307. International Conference on Environmental Systems, July 2001, Orlando, FL. Society of Automotive Engineers.

24. Fowler, P.A., Wheeler, R.M., Bucklin, R.A. & K.A. Corey. 2000. Low pressure greenhouse concepts for Mars. NASA Technical Memorandum 2000-208577. pp. 116~123.

25. Hayashi, M., Kozai, T., Tateno, M., Fujiwara, K. & Y. Kitaya. 1993. Effects of the lighting cycle on the growth and morphology of potato plantlets in vitro under photomixotrophic culture conditions. Environ. Control in Biol. 31 : 169~175.

26. He, C.J., Davies Jr., F.T., Lacey, R.E. & Que Ngo. 2004. Hypobaria affects gas exchange, ethylene evolution and growth of lettuce in NASA Advanced Life Support Systems. HortScience 39(4) : 794.

27. Kader, A.A. 2002. Postharvest technology of horticultural crops. 3 rd edition. University of California, Division of Agriculture and Natural Resources, Oakland, CA. USA.

28. Kays, J.S. 1991. Postharvest physiology of perishable plant products. AVI Publishing, NY. USA.

29. ———— & E.R. Paull. 2004. Postharvest Biology. Exon Press, Athens, GA. USA.

30. Kim, Y.H., Kim, J.K., Lee, S.H., Choi, Y.H., Lee, M.G. & H.J. Kim. 2002. Production of potato transplants under controlled environment. ASAE Paper No. 024114. ASAE Annual International Meeting/CIGR XVth World Congress, July 28-31, 2002, Chicago, Illinois, USA.

31. Lacey, R., Drew, M. & R. Spanarkel. 2000. Low pressure systems for plant growth chamber. NASA Technical Memorandum 2000-208577. pp. 39~47.

32. Tibbits, T.W. & R.M. Wheeler. 1987. Utilization of potatoes in bioregenerative life support systems. Adv. Spce Res. 7(4) : 115~122.

33. Wheeler, R.M. 2000. Can $CO_2$ be used as a pressurizing gas for Mars greenhouse? NASA Technical Memorandum 2000-208577. pp. 58~63.

34. http : //www.earthandwater.com.au/pdfs/Fertigation%20Systems.pdf

35. http : //www.jains.com/Fertigation

36. http : //www.netafim.com

# 제 7 장 시설 내 생리장해와 병충해

원예작물의 수요가 주년화됨에 따라 작물의 재배도 온도·광·습도 등의 환경이 노지와는 다른 시설 내에서 인위적으로 재배환경을 조절하여 연중 이루어지고 있다. 이러한 제한된 공간에서 재배하는 작물들은 다수확을 목적으로 밀식, 다비 재배를 하는 경향이 있기 때문에 생육이 건전하지 못하여 환경이나 병에 대한 내성이 약해져 오히려 수량을 감소시키는 경우가 많다. 또한, 동일한 시설 내에서 동일한 작물을 연작하거나, 동일한 작물이 아니더라도 공통 성질을 지닌 작물을 연속적으로 재배하는 경향이 많기 때문에, 작물에 공통적으로 기생할 수 있는 병충해의 밀도가 높아질 뿐만 아니라 토양 중 특정 양분이 결핍되거나 과다 집적됨으로써 생리장해도 많이 발생하게 된다.

## 7·1 생리장해

### 7·1·1 생리장해의 유발요인

작물의 수량은 태양광선, 탄산가스 및 물로부터 잎에서 만들어지는 광합성 산물이 물관〔導管〕을 통하여 전류되어 수확목적물에 축적되는 양에 의하여 결정된다. 따라서, 광합성, 전류, 축적으로 이어지는 일련의 대사과정이 순조롭지 못할 경우에는 수량이 감소되는데, 이 과정에서 작물이 각종 물리·화학적 환경과 스트레스에 저항할 수 없을 때 나타나는 생리적인 이상현상을 생리장해(生理障害; physiological disorder)라고 한다. 이러한 생리장해는 대사과정과 연관되는 기온·광·습도·공기 등의 지상부 환경과 산도·수분·영양·지온 등의 지하부 환경뿐만 아니라 시설 및 재배에 이용되는 각종 자재 등도 단독 또는 복합적으로 작용하여 발생한다.

### (1) 기온과 지온

시설 내부는 외부와 차단된 공간이므로 저온기에도 낮 동안에 환기를 하지 않으면 기온이 생육적온 이상으로 상승하여 작물은 대사과정의 장해와 아울러 도장·낙뢰·낙과·일소 등의 고온장해가 유발되는 경우가 많다.

저온기의 밤 동안에는 방열에 의하여 열을 빼앗기게 되므로 별도의 보온이나 가온 등에 의한 온도관리가 이루어지지 않으면 저온에 의하여 작물이 직접 동해를 받거나 동화물질의 전류, 축적 과정에 이상이 생겨 오이의 순멎이, 토마토의 난형과, 고추의 석과 등의 생리장해가 발생한다.

반면에 밤 동안의 고온은 광합성 산물의 전류가 빨라져 과실 비대는 빨라지지만 다른 부위로의 분배가 적고, 뿌리가 약해지므로 양·수분의 흡수장해를 초래하며 다음날 광합성작용도 활발하지 않게 되어 오이의 끝이 가는 과, 수박의 황대과·육질악변과, 토마토의 공동과의 유발을 촉진한다. 또한, 낮은 지온은 뿌리의 호흡을 감소시켜 양·수분의 흡수 및 이행에 있어서 뿌리세포의 원형질 유동성과 세포막의 투과성 감소 등으로 대사작용에 장해를 초래한다.

### (2) 광

광이 지나치게 강하면 일소·열과 등의 장해현상이 나타나지만, 저온기의 태양광은 기본적으로 약할 뿐만 아니라 시설의 골재나 피복자재에 의하여 차광되기 때문에 시설 내의 광량도 부족하기 쉽다.

광량이 부족하게 되면 작물은 광합성작용이 불충분하여 토마토의 경우에는 공동과·줄썩음과 등이 많이 발생하고, 오이의 경우에는 곡과·끝이 가는 과·곤봉과, 참외의 발효과, 수박의 황대과·육질악변과 등이 많이 발생할 뿐만 아니라 낙화 및 낙과도 유발한다.

자외선이 강할 때에는 생육이 억제되어 마디사이〔節間〕와 초장이 짧아지고, 자외선이 차단되면 안토시안계 색소의 발현이 불량하여 가지·포도·장미 등의 착색이 불량해진다. 또한, 꿀벌은 자외선이 없으면 방향감각을 잃기 때문에 딸기 등과 같이 수정작업에 꿀벌을 이용하는 작물에서는 기형과가 증가한다.

### (3) 토양 공기 및 수분

토양의 통기성이 좋은 상태에서는 뿌리의 분포가 넓어져 토양 중에서 이동이 어려운 양분도 흡수하여 이용할 수 있을 뿐만 아니라 토양미생물의 번식 등에도 유리하여 간접적으로 뿌리의 양분흡수에 도움을 준다. 이러한 통기성에 영향을 미치는 토양수분이 지나치면 습해를 입을 우려가 있으며, 반대로 너무 건조하여도 건조에 의하여 일소과의 발생이 조장될 뿐만 아니라 석회나 붕소 등의 흡수가 저해되어 오이의 낙하산 잎, 토마토의 배꼽썩음과 등이 많이 발생한다. 또한, 토양수분이 건조한 상태로 유지되다가 습한 상태로 변하면 토마토・수박 등의 경우 열과를 유발한다.

### (4) 토양 염류와 산도

시설재배(施設栽培)는 계속적인 비료의 다량시비와 용탈되지 않는 특성 때문에 암모니아태질소・칼리・칼슘・고토 등의 염기가 집적되는데, 이들은 단독으로 영향을 끼치거나 염류농도가 높은 곳에서는 성분간의 길항작용에 의하여 흡수장해가 이루어지기도 하며, 염기의 농도에 따라 흡수양상이 달라지기도 한다. 칼슘이 토양 내에 과잉 집적되면 오히려 식물체 내 흡수가 저해되어 결핍증상이 유발된다.

산성토양에서는 칼슘의 흡수가 억제되어 토마토의 배꼽썩음병 등이 발생하고, 알칼리성 토양에서는 붕소의 불용화로 결핍증이 유발되어 오이의 순멎이 등이 발생한다.

### (5) 농업자재 및 재배관리

생장조절제는 극미량으로도 큰 효과를 나타내는데, 고농도 사용이나 중복사용 등 작물체의 영양상태나 환경조건을 고려하지 않고 부적절하게 사용할 경우에는 토마토의 공동과 등과 같은 장해를 유발하게 된다.

과채류의 개화기에 농약을 살포하면 매개곤충의 활동을 제한하여 수정장해를 일으키며, 제초제를 살포한 후에 잔류독성을 완전히 제거하지 않고 작물을 재배하면 토마토의 백화현상과 같은 여러 가지 장해현상이 나타난다.

난방기 연료의 불완전연소로 인해 발생하는 유해가스인 아황산가스나 일산화탄소는 잎을 황화시켜 광합성능력을 저하시킨다. 토양에 시용한 유기질 비료나 질소질 비료의 분해과정에서 방출되는 암모니아가스나 아질산가스도 잎에 장해를 초래한다.

### 7·1·2 주요 시설재배 작물의 생리장해

시설재배 작물들은 여러 가지 요인들이 단독 또는 복합적으로 작용하여 다양한 장해현상을 나타내고 있으며, 이러한 장해현상의 발생원인은 대부분 밝혀져 있다. 그러나 이들 장해현상의 발생은 많은 요인들이 복합적으로 작용하는 경우가 많으므로 실제 재배현장에서의 방지대책은 유효하지 못한 경우가 많다.

생리장해현상은 토마토·고추·수박·참외 등에 발생하는 열과, 고추·토마토 등에 나타나는 배꼽썩음병 등과 같이 작물이 다르더라도 유사한 발생원인에 의하여 동일한 생리장해가 발생하기도 하고, 또한 변형과(기형과)와 같이 작물에 따라 다양한 발생요인에 의하여 다양한 형태로 나타나기도 한다.

〈토마토〉 〈수박〉 〈참외〉

**그림 7-1** 작물별 열과 증상

〈토마토〉 〈착색단고추〉

**그림 7-2** 작물별 배꼽썩음병 증상

〔표 7-1〕 시설재배 주요 과채류의 생리장해 증상, 발생원인 및 대책

| 구 분 | | 주요 증상 | 발생원인 | 대 책 |
|---|---|---|---|---|
| 오이 | 곡과 | 과실이 구부러진 것 | 양·수분 부족, 일조부족 및 착과 과다 등에 의한 동화작용 및 전류 불량 | 초세유지 및 착과조절<br>적기 시비 및 적정 관수관리<br>적정 재식거리 및 엽수 확보 |
| | 곤봉과 | 과실의 밑부분이 과도하게 자라 곤봉과 같이 뭉툭하게 된 것 | 일조부족, 고 야온, 영양부족, 염류장해 등에 의한 동화작용 및 전류 억제와 부분수정 | 밀식회피, 초세유지 및 착과조절<br>퇴비시용 및 칼리부족 방지<br>야온관리 철저 |
| | 순멎이 | 생장점 부근에 암꽃이 착생하면서 생육이 정지되는 현상 | 저온, 붕소 등의 영양부족에 의한 대사작용 이상으로 영양생장 장해 | 적온관리<br>건조 및 과습 방지<br>적정 시비관리 |
| 참외 | 이상발효과 | 과실을 절단해 보면 과육의 내벽부 및 태좌부분이 먼저 익어 수침상으로 변하여 발효냄새를 풍기는 증상 | 저온, 고온, 일조부족, 질소과다 흡수, 석회결핍, 생장조정제에 의한 착과 등에 의한 과실 내의 탄수화물대사 장애, 과피경화 | 건조, 과습, 저온, 고온 방지<br>질소, 칼리 과잉 방지<br>접목재배 시 약세대목 이용 및 감비<br>착과제 저농도 살포 |
| | 물찬과 | 과실을 절단해 보면 과육은 이상이 없으면서 태좌부분에 물이 고인 증상 | 건조 후 관수 과다, 과도한 초세 | 안정적인 토양수분관리<br>착과 및 적심에 의한 초세조절<br>접목재배 시 약세대목 이용 |
| | 배꼽과 | 꽃이 떨어진 부분이 비정상적으로 비대하거나, 배꼽부분이 갈라져서 불규칙하게 튀어나오는 증상 | 꽃눈분화기의 고온, 저온, 건조, 과습, 일조부족, 영양과잉 등에 의한 꽃눈의 이상분화, 착과제의 고농도 및 혼용처리 | 적정한 온도 및 토양수분관리<br>수광률 향상<br>질소비료 과잉방지<br>환경 적응한 착과제 농도 조절 |
| | 깨알증상<br>(과면오점과) | 과실비대성기 이후에 과면에 갈색 또는 농녹색의 작은 반점, 즉 깨알모양의 반점이 생기는 증상 | 일조부족, 토양수분 및 공중습도 과다, 질소과다, 통풍불량, 과도한 초세, 약제살포 과다 | 질소시비량 감량 및 추비 조기종료<br>토양수분 과다방지 및 환기<br>적정 착과수 유지<br>과실비대기 농약의 살포농도 낮춤 |

| 구 분 | | 주요 증상 | 발생원인 | 대 책 |
|---|---|---|---|---|
| 딸기 | 기형과 | 과실의 모양이 흐트러져 정상이 아닌 과형으로 된 것 | 고온, 저온, 일조부족, 개화기 약제살포 등에 의한 꽃가루의 이상이나 발아불량 및 수분의 불충분 | 적정 온도 유지를 위한 보온 및 환기<br>수광률 향상 및 개화기 약제살포<br>방화곤충 방사 |
| | 착색불량과 | 과실의 모양이 흐트러져 정상이 아닌 과형으로 된 것 | 다습, 고온, 저온, 일조부족, 산성토양 재배에 의한 안토시아닌색소 생성억제 | 적정 온도 유지를 위한 보온 및 환기<br>균형시비 및 토양 pH 조절<br>밀식 및 과번무 방지 |
| 수박 | 피수박<br>(육질악변과) | 과육부의 종자 부근이 적자색으로 되어 피가 들어 있는 듯한 상태 | 과실 내 온도상승에 의한 이상 호흡, 오이 녹반모자이크바이러스에 감염 | 퇴비 증시, 심경 및 토양수분관리<br>초세유지 및 과실의 직사광선 회피<br>적정 엽면적 확보 및 과다착과 방지 |
| | 황대과 | 과육의 꽃이 떨어진 부분에서 꼭지부분에 걸쳐 실모양의 백색이나 황색의 섬유질이 생기는 것 | 일조부족, 약광, 적산온도 부족, 건조, 석회 및 붕소 흡수 저해 등으로 동화양분의 생성 및 전류장애 등으로 당 축적 부족 | 퇴비 증시, 심경 및 토양수분관리<br>균형시비에 의한 과번무 방지<br>야간 고온방지 및 수광률 향상<br>과실의 직사광선 노출방지 |
| | 급성시들음증<br>〔급성위조증〕 | 과실비대 후기부터 낮에는 시들고 밤에는 회복되다가 말라죽는 것 | 뿌리의 흡수력 저하와 강 정지 등에 의한 착과과다에 과실과 잎의 수분경합 | 퇴비 증시, 심경 및 토양수분관리<br>과다착과 방지 및 측지수 조절<br>신토좌 등의 호박대목 이용 |
| 고추 | 석과 | 과실에 주름이 많고 과장과 과폭이 작아 과실이 작아지는 것 | 일조부족, 다습, 저온 및 고온에 화분불임 또는 수정불완전에 의한 단위결과 | 적정 온도 유지를 위한 보온 및 환기<br>수광률 및 통풍 향상<br>적정 관수관리 |
| | 일소과 | 과면이 햇빛에 타서 검게 되거나 희게 되어 부패되는 것 | 고온, 건조 시에 과실이 직사광선에 노출, 과면에 물방울 부착 | 과실의 직사광선 회피<br>안정적인 토양수분 유지<br>환기에 의한 적온 및 적습 유지 |
| | 흑자색과 | 과면이 검은색 또는 자주색으로 착색되는 것 | 저온과 건조에 의해 식물체 내에 탄수화물이 다량 축적, 낮은 지온에 의한 질소나 인산흡수 불량, 찬 공기가 과면에 닿을 때 | 저온기 야간보온<br>토양 내 수분의 건조방지<br>지온을 높여 양분흡수 원활하게 |

| | | | | |
|---|---|---|---|---|
| 토마토 | 공동과 | 종자를 둘러싸고 있는 젤리상의 물질과 과육부분 사이에 공간이 생긴 것 | 착과호르몬의 고농도, 고온기 및 미숙한 꽃에 처리, 일조부족이나 과다착과 및 야간고온 등 동화양분의 합성 및 전류의 장해 | 종자형성을 위한 적온관리<br>적정 방법에 의한 착과제 처리<br>지베렐린 혼용처리<br>과번무 방지 및 수광률 향상 |
| | 배꼽썩음과 | 과실의 꽃이 떨어진 부위가 갈변하여 썩는 것 | 석회의 흡수불량, 전류불량, 및 중화미흡 | 적정 토양습도 및 지온 유지<br>질소 및 칼리의 과용 억제<br>적정 기온 및 광도 유지 |
| | 난형과 | 과실의 모양이 불규칙하게 변형된 것 | 꽃눈분화기의 저온 및 양·수분 공급의 과잉 | 꽃눈분화 시 적온관리<br>질소 및 수분의 과잉 흡수 방지<br>정식 후 적정 초세 유지 |
| | 창문과 | 과실의 꼭지부분에서 아래 부분까지 지퍼모양의 선이 생기고, 이 선 상에 구멍이 뚫려 태좌부분이 드러난 것 | 꽃눈분화기의 저온, 고온, 토양수분의 과습 또는 건조, 일조부족 등에 의한 동화양분 부족 | 꽃눈분화기의 저온 및 고온 방지<br>균형시비 및 석회부족 방지<br>안정적인 토양수분관리<br>과번무 방지 및 수광률 향상 |
| | 선첨과 | 꽃자리가 뾰족하게 나온 과실 | 저온, 일조부족, 과번무 등에 의한 과실로의 동화양분 전류 부족, 고농도 호르몬제 처리 | 적정 지온 및 토양수분 유지<br>수광률 향상 및 과번무 방지<br>적정 농도의 호르몬제 처리 |
| | 열과 | 과실의 과피가 꼭지 부근에서 방사상으로 갈라지거나 어깨부분에서 동심원상으로 갈라지는 것 | 온도 및 토양수분의 급변이나 과면의 코르크층에서 수분을 흡수함으로써 과피와 과육부의 발달차이 | 적정 관수로 토양수분 급변 방지<br>과면에 물기가 없도록 관리<br>심경, 퇴비증시에 의한 근군 확대<br>과실의 직사광선 회피 |
| | 이상경 | 줄기 중앙부가 오므라들고 심하면 구멍이 생기는 것 | 생장이 빠른 시기에 질소의 과잉 흡수에 의한 석회와 붕소의 흡수 억제 | 어린묘 정식 회피 및 1화방 착과<br>적정 온도 및 토양수분 유지<br>질소과용 회피<br>붕소 및 석회 엽면살포 |

〔표 7-2〕 시설재배 주요 절화류 및 과수의 생리장해 증상, 발생원인 및 대책

| 구분 | | 주요 증상 | 발생원인 | 대책 |
|---|---|---|---|---|
| 카네이션 | 언청이꽃〔악할꽃〕 | 꽃잎을 둘러싸고 있는 꽃받침이 터져 꽃잎이 꽃받침 바깥으로 흩어져 나옴 | 주·야간 온도 급변에 의한 꽃잎 수의 증가, 질소결핍 및 칼리과잉 | 발생이 적은 품종 선택<br>주·야간 온도의 일교차 감소<br>균형시비 및 붕소결핍 방지 |
| | 수곡현상 | 꽃 목부분이 생육의 차이로 굽는 것 | 저온, 단일 및 일조부족 조건과 생육이 왕성할 때 발생 | 저온, 단일시기에 장일처리<br>수광률 향상 및 보온관리<br>질소비료 과다 방지 |
| 국화 | 버들눈 | 끝눈이 미숙꽃눈이 되는 것 | 꽃눈 발달에 필요한 한계일장을 받지 못할 때, 단일기간 중 고온, 장일조건에서 꽃눈분화 | 지나친 고온 및 저온 회피<br>건전모주 양성 및 영양조건 개선<br>차광재배 시에도 일정한 일장 유지 |
| 거베라 | 경절현상 | 꽃대가 가로로 갈라지는 것 | 유전적인 요인, 붕소결핍, 생육속도와 양분흡수의 불균형 | 발생이 적은 품종 선택<br>양분흡수 균형유지<br>급격한 온도변화 방지 |
| 포도 | 축과병 | 경핵기에 흑갈색 반점이 생기고 그 부분이 함몰된 것 | 수분의 흡수량보다 증산량이 많아 과실로부터 잎으로 수분이 탈취 | 심경, 유기물 시용에 의한 토양개량<br>수세안정 및 과도한 증산 억제<br>안정적인 토양수분 유지 |
| | 꽃떨이현상〔화진현상〕 | 개화 후 수정이 되지 않거나 탈립으로 결실이 불량한 것 | 화기 결함, 저장양분 부족, 붕소결핍, 저온, 다습, 신초의 웃자람, 잿빛곰팡이병 이병 | 질소과용, 밀식, 강전정 회피<br>결실과다, 조기낙엽 및 병해 방지<br>적온 및 적습 관리<br>적절한 송이솎기 및 붕소 엽면살포 |
| 감귤 | 부피과 | 착색이 진행됨에 따라 과피와 과육 사이에 공극이 생기고, 과피가 뜬 과실 | 과육의 발육이 정지된 후 과피만 발육하거나 노화된 과피의 흡수 팽창 | 주·야간 온도 일교차 감소<br>성숙기 이후의 질소시비 억제<br>착색기 이후 고온 및 다습 방지<br>적기 수확 및 칼슘살포 |

〈오이 곡과〉

〈참외 기형과〉

〈참외 배꼽과〉

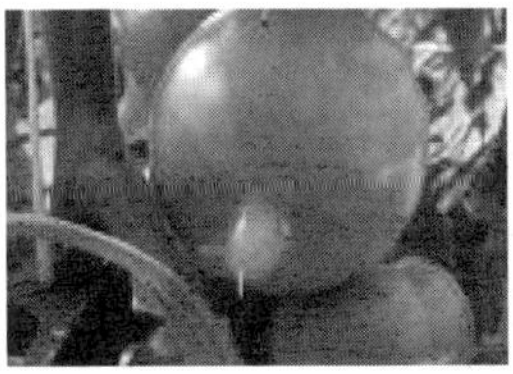
〈토마토 선첨과〉

〈토마토 창문과〉

**그림 7-3** 각종 변형과의 형태

이러한 생리장해 중에서 중요한 장해증상의 발생원인과 대책을 주요 과채류와 화훼 및 과수를 중심으로 하여 살펴보면 표 7-1, 7-2 와 같다.

## 7·2 시설재배의 병해

### 7·2·1 시설재배에서 발생하는 병의 병원균 및 특징

시설재배에서 각 작물에 발생하는 병의 병원균에는 크게 곰팡이 · 세균 및 바이러스의 3 종류가 있다.

#### (1) 곰팡이

곰팡이 병해는 원예작물 병 중에서 가장 종류가 다양하여 수백여 종이 넘는다. 병원균은 실 같은 균사와 포자를 형성하는 것들이 대부분이고, 병원균의 종류에 따라 고온에서 잘 발병하는 것과 저온에서 잘 발병하는 것, 건조한 조건에서 잘 발병하는 것과 다습한 조건에서 잘 발병하는 것으로 분류되나, 대체로 10～30℃ 범위의 온도와 다습한 환경에서 생육이 좋고 약산성에서 잘 자란다.

곰팡이는 식물체의 겉껍질을 뚫고 직접 침입이 가능하며, 상처부위나 식물체의 자연개구를 통하여 침입하기도 한다. 병에 걸린 부위는 곰팡이의 일부인 잿빛 또는 흰색의 실모양의 균사나 가루모양의 포자, 쥐똥모양의 균핵, 핑크색의 점물질(포자퇴) 등을 볼 수 있는 경우가 많다.

또한, 대부분 물러 썩는 경우는 드물고 잎이나 줄기에 형성된 병 무늬형태가 일정한 것이 많으며, 균핵병·탄저병·잿빛곰팡이병 등은 초기에는 물러 썩는 경우가 있으나 후기에는 눈과 같이 흰 균사가 있고 균핵이나 잿빛의 곰팡이가 생기며 포자퇴를 볼 수 있는 경우가 많다. 물러 썩는 경우에도 악취가 나지 않는다.

### (2) 세 균

세균에 의하여 발생하는 병은 곰팡이에 의하여 발생하는 것에 비해 현저히 적다. 세균은 곰팡이에서 볼 수 있는 균사나 포자가 없으며, 코와 같은 끈끈한 점물질의 상태로 생육한다. 세균은 대부분 30℃ 이상의 고온을 좋아하는 고온균에 속하고, 세균의 생육에는 다습조건이 필수적이며, 일반적으로 산성을 싫어하고 중성이나 약알칼리성에서 잘 자란다. 세균의 경우 식물체의 겉껍질을 뚫고 침입하는 일은 거의 없고 대부분 상처나 자연개구를 통하여 침입한다.

세균은 잎에 반점 및 무름, 과일과 뿌리의 썩음, 식물체의 시들음, 궤양 등을 유발하며 병에 걸린 부위는 곰팡이와는 달리 대부분 물러 썩거나 병반이 수침상으로 형성되며, 병 무늬가 불규칙한 경우가 많다. 병든 부위에서는 고약한 냄새가 나고, 공기 중의 습도가 높을 때에는 병든 부위에서 고름과 같은 세균점액이 누출되어 있다.

### (3) 바이러스

바이러스는 순수 활물기생균으로서 살아 있는 세포에서만 증식하여 생존이 가능하고, 식물의 조직 안에 있으므로 세균이나 곰팡이와는 달리 온도·습도·산도 등에 대한 분화가 뚜렷하지 않으며, 담배모자이크바이러스처럼 물리적 환경에 대하여 아주 안정된 바이러스도 있다.

바이러스에 이병(罹病)되면 곰팡이, 세균병과는 달리 바이러스입자의 외부누출은 볼 수 없으며 물러 썩거나 수침상의 병 증세는 없다. 주로 모자이크, 기형, 위축, 괴저 증상을 일으키며, 잎이 말리거나 잎맥에 이상이 생기고, 잎에 반점을 형성하기도 한다.

### 7·2·2 시설 병해발생의 특징

시설재배는 노지재배와는 온도·습도·광 등의 지상부 환경조건뿐만 아니라 지하부 환경조건도 매우 다르기 때문에 병해의 종류와 발생양상도 노지재배와는 큰 차이가 있다. 예를 들면, 박과나 가지과 작물의 잿빛곰팡이병은 노지재배에서는 피해가 적지만 시설재배에서는 피해가 큰 병해 중의 하나인 반면, 역병은 노지재배에서는 심하게 발생하지만 시설재배에서는 적게 발생한다.

이러한 병해발생의 차이는 노지 포장과 시설 내 포장의 지상부 및 지하부 환경조건에 따른 작물과 병원균의 생육환경의 차이에서 비롯된 것이다.

#### (1) 온도환경과 병 발생

시설재배는 주로 저온기에 이루어지기 때문에 시설 내의 기온은 노지포장에서와 같이 균일하게 변화하지 않는다. 시설 내의 기온은 햇빛의 영향을 쉽게 받아 낮에는 급격히 상승하여 필요 이상의 고온이 되기 쉬우나 밤에는 작물의 생육최저한계온도까지 기온이 급격히 떨어지는 등 기온의 일변화가 매우 심하다. 이러한 기온변화는 작물의 생장에 영향을 주는 외에 각종 병원균의 발아 및 생장에도 결정적인 요인의 하나로 작용한다.

시설 내의 온도가 낮을 때에는 노균병·잿빛곰팡이병·균핵병 등의 저온균에 의한 병 발생이 많고, 온도가 높아지면 풋마름병·시들음병·덩굴쪼김

〔표 7-3〕 시설재배에서 잘 발생하는 병원균의 발육온도(단위 : ℃)

| 병 해 명 | 최적온도 | 최고온도 | 최저온도 | 비 고 |
|---|---|---|---|---|
| 잿빛곰팡이병 | 20 | 31 | 2 | 14℃에서 만연 |
| 균핵병 | 20 | 30 | 8 | |
| 잎곰팡이병(토마토) | 20~25 | 34~35 | 9~10 | 20℃ 이상에서 만연 |
| 검은별무늬병(오이) | 21 | 35 | 2 | 17℃에서 만연 |
| 노균병(오이) | 15~19 | 30~32 | 4 | 20~24℃에서 만연 |
| 흰가루병(오이) | 20~25 | — | — | |
| 시들음병(토마토) | 27~28 | 35~40 | 4~5 | |
| 역병(토마토) | 24 | 30 | 10~13 | |

병 등의 고온균에 의한 병 발생이 많다.

### (2) 습도환경과 병 발생

시설재배는 저온기에 이루어지므로 무가온하우스의 야간 상대습도는 100%에 가까울 정도로 높게 유지될 뿐만 아니라, 낮에도 시설 내 온도확보를 위해 환기가 불충분하여 다습해지기 쉽고, 또한 낮과 밤의 온도교차에 의해 결로가 발생하여 식물체 잎이 젖어 있는 기간이 길어지는 경우가 많다.

이러한 시설 내의 다습조건은 대부분의 병원균의 발아와 침입에 좋은 환경이 되어 다습상태를 좋아하는 잿빛곰팡이병균·노균병균·균핵병균·세균성 점무늬병균 등의 증식을 촉진한다.

### (3) 광환경과 병 발생

일반적으로 일조가 어느 수준 이하로 부족하게 되면 작물의 광합성은 저하되고 이병하기 쉽게 된다. 앞에서 설명한 바와 같이 시설을 이용한 재배는 주로 가을부터 봄에 걸쳐 일조가 약한 시기에 이루어질 뿐만 아니라, 보온을 위한 다중피복으로 시설 내의 일조량도 더욱 적어진다. 또한, 집약적 경영으로 다비, 다관수, 밀식을 하는 경향이 있어 작물의 생육은 노지에서와 같이 건전하지 못하고 조직이 연약해지기 쉽다. 따라서, 여러 가지 병해에 대한 저항성이 약해져서 발병하기 쉬운 상태로 된다.

### (4) 토양환경과 병 발생

시설재배에서의 토양수분은 인위적으로 조절하기 때문에 일정한 유지가 어렵고 변화가 많다. 다습한 토양조건에서는 풋마름병·무름병 등이 발생하기 쉽고, 건조하거나 토양수분의 변화가 심한 곳에서는 시들음병이 발생하기 쉽다. 또한, 시설 내의 토양이 습하게 되면 공중습도도 높아져 지상부 병해의 발생도 증가한다.

토양 내의 유기물은 직접 식물체의 각종 영양원으로 작용하여 건전한 생육을 유도함으로써 간접적으로 식물체의 병에 대한 저항성을 증진시키는 역할도 한다.

산성토양은 대부분의 토양전염성 곰팡이의 번식에 알맞아 시들음병·균핵병·역병 등의 발생을 증가시키는 원인으로 작용하는 반면, 유용미생물의 대부분을 차지하고 있는 세균의 번식에는 불리하여 병 발생을 가중시킨다.

### 7·2·3 시설재배 주요 병해의 전염방법

시설재배에서 발생하는 병해는 그 전염방법에 따라 공기전염성 병해 · 종자전염성 병해 및 토양전염성 병해로 나누어진다. 바이러스병은 공기전염을 하지 않으며 진딧물 등 곤충에 의하여 충매전염을 하는 것이 많고 이밖에 즙액전염 · 접촉전염 등을 한다.

#### (1) 종자전염성 병

종자의 내외 표피, 배, 배유 속에 있는 병원균이 전염하는 병해들로서, 곰팡이 병해로는 탄저병 · 노균병 · 덩굴쪼김병 등이 대표적이고, 세균병으로

〔표 7-4〕 시설재배에서 발생하는 주요 병해의 기주 및 전염방법

| 병해명 | 병원균 | 주요 기주 | 주 전염방법 | |
|---|---|---|---|---|
| | | | 1차 전염 | 2차 전염 |
| 노균병 | 곰팡이 | 오이·참외·수박·호박·배추·시금치·상추·장미·포도 등 | 종자, 이병식물 잔재물 | 이슬, 비, 바람 |
| 잿빛곰팡이병 | 곰팡이 | 오이·토마토·딸기·고추·상추·카네이션·국화·장미·거베라·안개초·포도 등 | 이병식물 잔재물 | 바람 |
| 흰가루병 | 곰팡이 | 오이·수박·참외·호박·고추·토마토·딸기·장미·거베라·안개초·포도 등 | 이병식물 잔재물 | 바람 |
| 탄저병 | 곰팡이 | 오이·수박·참외·호박·고추·토마토·딸기·포도·감귤 등 | 종자, 이병식물 잔재물 | 비바람 |
| 균핵병 | 곰팡이 | 오이·수박·호박·고추·가지·배추·상추·국화·포도·감귤 등 | 토양 | 바람 |
| 역병 | 곰팡이 | 오이·수박·참외·호박·고추·토마토·딸기·안개초·백합·거베라·감귤 등 | 토양 | 물, 빗방울 |
| 시들음병 | 곰팡이 | 오이·수박·참외·고추·토마토·딸기·무·국화·거베라 등 | 종자, 토양 | 없음 |
| 풋마름병 | 세균 | 토마토·고추·가지 등 | 종자, 토양 | 없음 |
| 세균성 점무늬병 | 세균 | 토마토·고추·수박·오이·참외·카네이션 등 | 종자, 이병식물 잔재물 | 비바람 |
| 바이러스병 | 바이러스 | 오이·수박·참외·호박·고추·토마토·가지·배추·백합·카네이션·포도 등 | 종자, 곤충, 토양, 잡초 | 접촉, 곤충 |

〔표 7-5〕 시설재배에서 주요 병해의 발병환경 및 방제법

| 병해명 | 주요 증상 | 발병환경 | 방 제 법 |
|---|---|---|---|
| 노균병 | 잎에 황색 다각형의 병반이 형성되고, 잎 뒷면에 서릿발 모양의 곰팡이가 생김 | 온도가 낮고 습도가 높을 때, 질소부족에 의한 식물체의 생육이 좋지 않을 때 | 배수개선 및 다습방지<br>밀식회피, 통풍 및 수광률 향상<br>적절한 추비에 질소부족 방지<br>관수할 때 토양병균의 튀김방지 |
| 잿빛곰팡이병 | 잎에는 대형의 갈색 병반이 형성되고, 과실은 물러 썩으며, 피해부위는 쥐색 곰팡이로 덮힘 | 온도가 낮고 습도가 높을 때, 질소과다에 의해 식물체가 도장할 때 | 멀칭, 가온, 환기에 의한 다습방지<br>밀식 및 질소과다 시용 방지<br>병든 부위의 조기제거 |
| 흰가루병 | 잎, 줄기 및 과실이 흰가루로 덮힘 | 온도의 일교차가 심하고 약간 건조할 때, 질소를 과다 시용할 때 | 적절한 온·습도 유지<br>밀식 회피 및 균형시비<br>병든 부위의 조기제거 |
| 탄저병 | 잎에는 윤문상 병반 형성, 줄기와 과실의 병반부 주위가 함몰되며 황갈색의 포자퇴가 돌출함 | 고온(고추) 또는 저온(박과채소) 조건에서 밀식, 질소과다, 통풍 및 배수가 불량할 때 | 내병성 품종 및 건전종자 이용<br>밀식 및 질소과다 시용 방지<br>토양 과습방지 및 통풍향상<br>병든 부위의 조기제거 |
| 균핵병 | 병든 부위는 수침상으로 되며, 이 부위에 눈처럼 흰 곰팡이 덩어리가 생긴 후 쥐똥모양의 균핵형성 | 온도가 낮고 습도가 높을 때, 질소를 과다 시용하여 연약하게 자랄 때 | 담수, 태양열 소독 및 윤작실시<br>멀칭 및 환기에 의한 다습방지<br>균형시비에 의한 건전생육 도모<br>자외선역 제거필름 피복으로 발병억제 |

| | | | |
|---|---|---|---|
| 돌림병 | 주로 지제부가 물러 썩음에 따라 식물체 전체가 시들며, 과실은 수침상으로 부패하고 오래된 병반에는 흰 균사가 밀생함 | 고온(박과채소) 또는 저온(토마토·딸기)조건에서 강우가 많을 때, 토양이 과습할 때, 유기물이 부족할 때, 산성일 때 | 배수개선, 높은 이랑에 얕게 정식<br>관수량 감소 및 지제부 관수 회피<br>멀칭 및 환기로 다습방지<br>유기물, 석회 시용으로 토양개량<br>토양소독 및 윤작실시 |
| 시들음병 | 줄기나 뿌리의 물관부가 갈변하거나 줄기가 세로로 쪼개져 식물체가 시듦 | 고온조건에서 건습변화가 심한 토양이나 산성토양, 유기물이 부족한 토양, 연작토양, 질소비료를 과다 시용할 때 | 건전종자 이용 및 접목재배<br>토양소독 및 윤작실시<br>보수력 향상, 안정적인 수분관리<br>질소질 비료 과용방지<br>유기물, 석회 시용으로 토양개량 |
| 풋마름병 | 물관이 갈변되어 풋마름 상태로 시들어 말라죽고, 갈변된 물관 속에서 우유색의 세균 점액이 나옴 | 고온조건에서 배수가 불량할 때, 건습의 차가 심할 때, 연작토양, 선충피해가 있을 때 | 건전종자 이용 및 접목재배<br>토양소독 및 윤작실시<br>배수개선 및 안정적인 수분관리<br>고온기 지온상승 방지 |
| 세균성 점무늬병 | 잎에 수침상의 작은 반점이 생긴 후 황갈색의 병반을 형성하고, 병반 안쪽은 회백색을 나타냄 | 다습, 배수불량, 환기 불충분, 질소질 비료 과용, 주·야간 온도교차 심한 조건 | 멀칭, 가온, 환기에 의한 다습방지<br>배수개선 및 관수량 감소<br>건전종자 이용, 이병부위 조기제거<br>유기물 시용 및 균형시비 |
| 바이러스병 | 잎·줄기·과실에 모자이크, 괴저, 오갈증상, 기형, 위축증상 등을 나타냄 | 바이러스 종류에 따라 종자, 토양, 곤충, 접촉전염 | 저항성 품종, 무병종묘 및 종자 이용<br>TMV 약득바이러스 이용<br>병든 식물체 제거 및 작업도구 소독<br>토양소독 및 연작방지<br>반사필름 멀칭, 한랭사 피복재배<br>매개충 및 잡초 방제 |

는 세균성 점무늬병을 들 수 있다. 감염된 종자가 1차 전염원으로 되어 공기나 토양 전염을 겸하여 전염된다. 담배모자이크바이러스(TMV)에 의한 괴저바이러스병도 종자를 통하여 전염된다.

### (2) 공기전염성 병

공기전염성 병이란 병환부 표면에 형성된 포자가 바람에 의해 공중으로 비산하여 전염하는 병해로, 잿빛(회색)곰팡이병・흰가루병〔白粉病〕 등이 전형적인 경우이고, 노균병(露菌病, 버짐병)・탄저병・세균성 점무늬병〔斑點細菌病〕도 이 부류에 속한다. 병원균은 늘 공기 중에 존재하는 것은 아니며, 수확 후 포장 주위에 남아 있던 병든 식물체의 잔재물에서 월동한 후 다음해 병환부에 형성된 포자가 공중으로 확산하여 1차 전염원이 된다.

### (3) 토양전염성 병

토양전염성 병이란 기주식물체 없이 병원균이 토양 속에서 내구체를 형성하여 장기간 생존하는 병해를 말하며, 곰팡이병으로는 역병(疫病, 돌림병)・시들음병〔萎凋病, 萎黃病, 덩굴쪼김병〕・균핵병・밑둥썩음병・잘록병이 있고, 세균병으로는 무름병・풋마름병〔青枯病〕・검은썩음병이 있다. 담배모자이크바이러스에 의한 괴저바이러스병도 토양전염을 한다.

### (4) 바이러스 병해

바이러스병은 대부분 진딧물에 의하여 충매전염을 한다. 진딧물은 식물체 흡즙 시 바이러스도 함께 흡즙하여 한 개체로부터 다른 개체로 바이러스를 매개한다. 일단 발생한 바이러스병은 즙액전염에 의하여 2차적으로 확산된다.

## 7·2·4 시설재배 주요 병해의 증상, 발병환경 및 방제법

시설재배에서 발생하는 병해는 작물이 다르더라도 동일한 병원균에 의하여 발병되는 경우가 있으며, 병원균의 종이 다르면서도 병 증상이 비슷한 것도 있다. 이러한 병해들은 동일한 병명으로 불리는 경우가 많은데 방제법상에는 큰 차이가 없다. 시설재배에서 발생하는 주요 병해의 발병환경과 약제방제를 제외한 일반적인 방제법은 표 7-5와 같다.

## 7·3 시설재배의 충해

### 7·3·1 시설재배에서 충해발생의 특징

시설재배는 계절에 관계없이 연중 이루어지기 때문에 과거에는 발생되지 않거나 따뜻한 남쪽 지방에서만 발생하던 해충이 북쪽 지방에서도 크게 발생하는 경향이 있다. 또한, 시설재배는 매년 같은 장소에서 같은 작물을 연작함에 따라 토양에서 문제되는 해충과 선충의 발생 및 피해가 증가하고 있으며, 다양한 외국농산물의 수입이 증가됨에 따라 외래해충의 발생이 현저히 증가하고 있다.

이러한 요인들에 의하여 과거에 문제되던 몸체가 큰 해충의 피해는 줄어들고 1년에 여러 차례 발생하는 몸체가 작은 새로운 해충들이 문제해충으로 등장하는 등의 특징을 나타내고 있다.

### 7·3·2 시설재배에 발생하는 해충의 가해형태 및 피해

해충의 가해 및 피해는 해충의 종류, 발생량 또는 작물의 크기에 따라 달라지나 대체로 해충의 입이나 모양에 따라 달라진다.

배추흰나비의 애벌레나 도둑나방과 같은 해충은 작물체의 외부로부터 가해하여 어린싹·잎·꽃·이삭·과실·줄기·뿌리·괴경(塊莖, 덩이줄기) 등의 일부 또는 전부를 갉아먹는다. 반면에 굴파리류와 좀나방류 등은 잎 속으로 들어가 굴을 파고 엽육(葉肉, 잎살)만 먹어 겉에 표피만 남게 되는 피해를 준다.

입이 침으로 되어 있는 진딧물류·노린재류·깍지벌레류와 같은 해충은 직접 잎이나 줄기, 과실에 침을 박고 즙액을 빨아먹어 잎의 위축 및 영양부족을 초래하고, 간접적으로 바이러스병을 전염시킨다.

갉아서 즙액이 나오면 빨아먹는 두 가지 모양의 입을 가진 총채벌레류의 피해를 받으면 잎 표면에 엽록소가 죽으므로 흰색의 반점이 생기고, 그 부위에는 세균이 번식하여 병해를 유발한다.

많은 해충이 작물체 속에 알을 낳는데, 알을 낳을 때 산란관(産卵管)으로 조직에 상처를 입히게 되므로 그 주위의 조직이 죽게 된다. 또한, 잎, 가지 또는 줄기의 조직에 알을 낳아 애벌레가 깨어 나올 때 껍질이 찢어져서 상처를 주며, 과실에 알을 낳으면 과실에서 점액이 나와 과실이 기형으로 된다.

해충이 작물의 새순이나 꽃눈·잎·가지·뿌리 등에 알을 낳고 알에서 깨어난 어린벌레는 외부 또는 조직 속에서 생활을 하면 그 부분의 세포가 비정상적으로 증식하며 혹 같은 모양의 벌레혹이 생겨 해충에 영양을 공급하고 외부로부터 해충을 보호한다. 뿌리혹이 생기면 잔뿌리가 없어서 양분이 흡수되지 않는다.

### 7·3·3 시설재배에서 발생하는 주요 해충

시설재배에서 발생하는 해충은 진딧물을 비롯하여 응애류·총채벌레류·굴파리류·가루이류·선충류·나방류·달팽이류·나비류 등 다양하다(표 7-6 참조). 그러나 최근 시설재배에서 공통적으로 큰 피해를 주는 해충은 나비류나 나방류와 같이 몸집이 큰 해충보다는 응애류·총채벌레류와 같이 크기가 작고 시설 내에서 1년에 여러 세대를 경과하는 해충들이다.

〔표 7-6〕 시설재배에서 발생하여 피해를 주는 주요 해충

| 분류 | 주요 해충 |
|---|---|
| 진딧물류 | 목화진딧물·복숭아혹진딧물·감자수염진딧물·조팝나무진딧물 등 |
| 응애류 | 점박이응애·차먼지응애·차응애 등 |
| 총채벌레류 | 오이총채벌레·꽃노랑총채벌레·파총채벌레·대만총채벌레 등 |
| 굴파리류 | 아메리카굴파리·오이굴파리·완두굴파리 등 |
| 가루이류 | 온실가루이·담배가루이 등 |
| 선충류 | 뿌리혹선충·뿌리썩이선충·잎선충·줄기선충 등 |
| 나방류 | 파밤나방·목화바둑명나방·거세미나방·담배거세미나방·각시들명나방 등 |
| 달팽이류 | 민달팽이·들민달팽이·명주달팽이·제주털달팽이 등 |

#### (1) 진딧물류

진딧물은 흡즙에 의하여 잎이 위축되거나 황화되는 등 작물의 생육이 저

해될 뿐만 아니라, 배설물이 작물 표면에 부착되어 그을음병을 유발시켜 수확물의 상품가치를 저하시키고, 종에 따라서는 바이러스병을 매개함으로써 피해가 크다.

시설재배에서는 목화진딧물과 복숭아혹진딧물에 의한 피해가 크며, 세대 진전이 빨라 시설 내에서는 연간 23 회까지 발생한다. 목화진딧물의 경우 무시충(無翅蟲)의 크기는 1.5 mm 로서 계절에 따라 몸색깔이 녹황색, 흑록색 또는 흑색을 띠며, 유시충(有翅蟲)의 크기는 1.4 mm 로서 봄에는 녹색, 여름에는 황색 또는 황갈색, 가을에는 갈색 또는 흑갈색을 띤다. 복숭아혹진딧물은 크기가 1.8~2.5 mm 로서 몸색깔이 목화진딧물과 같이 무시충은 연황색, 녹황색, 녹색, 분홍색으로의 변화를 보이고, 유시충은 황색, 황갈색, 녹색으로의 변화를 보인다.

### (2) 응애류

응애류는 흡즙성 해충으로 표피조직 밑의 엽육세포를 파괴하고 그 내용물을 흡즙하므로 피해 잎은 표피에 흰 반점이 무더기로 나타나고 심하면 말라죽는다.

시설재배에서 피해를 많이 주는 응애의 종류로는 점박이응애와 차먼지응애 등이 있는데, 따뜻한 노지포장에서도 연간 11 회 정도 발생하나 시설 내에서는 연중 피해가 많은 해충이다. 크기는 점박이응애가 0.3~0.4 mm, 차먼지응애는 0.17~0.26 mm 정도로 육안으로 관찰이 어려울 정도로 작다. 점박이응애의 몸색깔은 담황색 내지 황록색으로 몸통의 좌우에 검은 무늬가 있으며, 차먼지응애는 암컷이 장타원형의 담갈색을 띠고 수컷이 육각형의 황갈색을 띤다.

### (3) 총채벌레

오이총채벌레와 꽃노랑총채벌레가 대표적 해충인 총채벌레는 국내에서 1993 년에 처음 피해가 관찰된 외래해충으로, 시설 내에서는 연간 20 세대 정도 경과하는 것으로 추정하고 있다. 피해부위는 반점이 나타나고 기형이 되며, 심하면 갈변하고 잎은 말라죽는다. 입모양은 갉아서 흡즙하는 형태를 가지고 있으며, 오이총채벌레는 오이 잎의 엽맥(葉脈, 잎맥)부위를 집중 가해하지만, 꽃노랑총채벌레는 엽맥과 엽맥 사이를 가해하여 흡즙흔을 남긴다. 꽃노랑총채벌레는 주로 꽃을 먼저 가해하는 특성을 지니고 있다.

성충의 크기는 오이총채벌레의 암컷이 1~1.4 mm, 수컷이 0.8~1.0 mm로 담황색~등황색을 띠며, 꽃노랑총채벌레는 암컷이 1.4~1.7 mm, 수컷이 1.0~1.2 mm로 밝은 황색에서 갈색으로 변이가 심하고 배의 마디에는 갈색의 반점이 있다. 날개는 다른 곤충과는 달리 막대기 모양의 길다란 날개에 긴 털이 규칙적으로 붙어 있는 형태이다.

#### (4) 굴파리류

굴파리류 중 시설재배에서 피해를 주고 있는 것은 아메리카잎굴파리로, 국내에서는 1994년에 처음으로 피해가 확인된 외래해충으로 시설 내에서는 연간 15회 정도 발생이 가능하다. 알에서 부화한 애벌레가 잎조직 내에서 구불구불한 굴을 파고다니면서 가해하며, 성충은 산란관으로 구멍을 뚫고 흡즙하여 피해를 주기 때문에 잎 표면에 흰색의 줄무늬와 작은 반점들이 많이 생긴다.

성충은 2 mm 정도 크기의 작은 파리로서 머리·가슴 및 다리는 대부분 황색이고 나머지 부분은 검은색으로 광택이 있다. 암컷은 수컷에 비해 약간 크고 배 끝부분에 잘 발달된 산란관을 가지고 있다.

#### (5) 가루이류

가루이류는 성충 및 유충이 잎 뒷면에 기생하여 식물의 즙액을 흡즙하여 생육억제, 잎의 퇴색, 위축 및 낙엽, 수량감소 등의 피해를 주며, 배설물인 감로(甘露)에 의하여 그을음병이 유발되어 광합성을 저해할 뿐만 아니라 바이러스병을 매개하는 간접적인 피해도 큰 해충이다.

온실가루이는 1977년, 담배가루이는 1998년에 국내에서 처음 보고된 외래해충으로, 시설 내에서는 연중 휴면 없이 발생할 수 있는 난방제(難防除) 해충 중의 하나이다. 온실가루이는 크기가 1.5 mm 정도로 백색의 날개를 가진 작은 파리이며, 담배가루이도 흰 날개를 가지며 온실가루이와 크기도 비슷하나 몸색깔이 짙은 황색을 띠며, 날개 중앙부위가 겹쳐지지 않고 일자 형태로 벌어져 있는 것이 온실가루이와 다르다.

#### (6) 선충류

식물에 기생하는 선충(線蟲)의 종류는 1,000여 종이 알려져 있으며, 연작지(連作地) 시설재배에서 가장 문제되는 것은 뿌리혹선충이다. 뿌리혹선충은 뿌리에 기생하는 유충이 분비하는 특수한 생리활성물질에 의하여 뿌리가 혹모양으로 부풀어올라 양분이 이 혹으로 집중적으로 이동하게 될 뿐만 아니라 양분과 수분의 흡수기능이 저해됨으로써 작물의 생육이 불량하게 된다.

성충의 크기는 암컷이 0.5 mm 내외로 서양배 모양이고, 수컷이 1~1.4 mm로 회충모양을 하고 있으며 머리부분에 구침(口針)이 있어 식물의 조직을 뚫고 흡즙을 하거나 조직을 뚫고 안으로 침범하여 기생한다.

## 7·4 병충해 방제법

시설재배에서 병해충 발생에 의한 피해는 병원균과 해충의 밀도와 활력, 시설 내 환경조건 및 작물의 병해충에 대한 저항성에 따라 달라진다. 따라서, 병원균과 해충의 밀도와 활력을 줄일 수 있는 환경조건을 만들어 주고, 작물이 병에 내성을 지닐 수 있도록 강건하게 키우며, 병충해에 대해 내성이 강한 품종을 이용하면 병해충의 피해를 줄일 수 있다.

이러한 병충해를 줄이기 위하여 경종적 방제, 생물적 방제, 생물기술적 방제, 물리적 방제 및 화학적 방제 등이 이용되고 있다.

실제 농가에서는 방제효과가 신속하게 나타나는 화학적 방제방법에 지나치게 의존하는 경우가 많은데, 이는 환경오염·잔류독성·중독사고 등의 문제를 야기할 수 있을 뿐만 아니라, 약제의 과다살포에 의한 식품위생상의 문제점도 발생할 수 있으므로 발생요인을 제거할 수 있는 종합적인 대책을 강구하면서 약제방제를 겸하는 것이 바람직하다.

### 7·4·1 경종적 방제

경종적 방제(耕種的 防除)에는 병충해에 대해 내성을 지닌 품종을 이용하는 방법과 특별한 재배기술을 도입하거나 재배환경을 조절하여 병해충의 발생을 억제하는 방법이 있다.

작물의 종류는 물론이고 같은 종 내에서도 품종에 따라 병충해에 대한 저항성이 다르므로 가능한 한 저항성을 지닌 품종을 선택하여 재배한다. 재배하고자 하는 품종이 병충해에 대한 저항성이 없을 경우에는 저항성을 지닌 대목(臺木)을 이용하여 접목재배를 실시한다.

병에 감염된 종자나 종묘는 유묘 때부터 병의 발생으로 어려움을 겪을 수 있으므로 무병 종자나 종묘를 이용하고, 특히 딸기·카네이션 등과 같은 영양번식 작물은 바이러스감염을 억제하기 위하여 생장점을 배양하여 무병묘를 획득하여 이용한다.

작물을 연작할 경우에는 한번 발생되었던 토양전염성 병의 병원균이나 선충 등이 누적적으로 증가하여 큰 피해를 준다. 따라서, 병해충의 기주범위가 다른 작물과의 윤작을 실시하거나, 잡초 등과 같은 기주식물이나 감염된 식물체 등을 사전에 제거하여 병해충의 밀도를 줄인다.

시설 내의 온도·광·습도·토양 등의 환경이 좋은 조건에서 자란 작물은 병해충에 대한 내성도 증가하므로 가온·환기·멀칭 등으로 시설 내 온도 및 습도 환경을 조절해 주고, 소식, 정지 및 유인 작업과 피복재의 세척 등으로 수광태세(受光態勢)를 좋게 한다. 아울러 토양분석을 통한 합리적인 시비와 유기질 비료 및 석회 시용 그리고 심경으로 토양의 화학성과 물리성을 개선한다.

그 밖의 경종적 방제방법으로 잿빛곰팡이병 방제를 위한 자외선차단필름 피복, 해충의 시설 내 유입을 차단하기 위한 환기창 등에 망사를 피복하는 방법 등이 있다.

### 7·4·2 생물적 방제

생물적 방제(生物的 防除; biological control)란 생물을 인위적으로 이용하여 특정 가해 동·식물이나 미생물의 개체군(個體群) 밀도를 감소시키는 방법이다.

미생물 중에는 작물에 피해를 주는 병원균과 그 병원균의 발아나 생장을 억제하면서 작물의 생장을 촉진시켜 주는 유용한 미생물이 있다. *Pseudomonas* 속, *Bacillus* 속의 세균들은 균주에 따라 영양분 경쟁, 항생물질 생산, 포자의 발아억제 등을 통하여 병원균의 발아와 생장을 억제시킨다. 이러한 세균을 이용한 미생물 농약 중에서 *Bacillus pumilus* 는 흰가루병·노균병·녹병 등의 병해방제용 살균제로, BT(*Bacillus thuringiensis*)제는 나방류의 살충제로 이용되고 있다.

천적에는 기생벌·기생파리와 같이 해충에 기생하는 것, 무당벌레·포식성 노린재류 등과 같이 해충을 포식하는 것, 곤충병원성 선충 등과 같이 해충의 체내로 침입하여 병을 일으키는 것 등이 있다.

시설재배에서 발생하는 주요 해충의 천적으로 이용되고 있는 것을 몇 가지 살펴보면 표 7-7과 같다.

〔표 7-7〕 시설재배에서 발생하는 주요 해충의 천적

| 대상해충 | 주요 천적 |
|---|---|
| 진딧물 | 무당벌레(*Harmonia axyridis*), 콜레마니진딧벌(*Aphidius colemani*) 등 |
| 응애 | 칠레이리응애(*Phytoseiulus persimilis*), 캘리포니쿠스응애(*Neoseiulus californicus*) 등 |
| 총채벌레 | 오이이리응애(*Amblyseius cucumeris*), 애꽃노린재류(*Orius laevigatus, Orius strigicollis*) 등 |
| 잎굴파리 | 굴파리좀벌(*Diglyphus isaea*), 잎굴파리고치벌(*Dacnusa sibirica*) 등 |
| 온실가루이 | 온실가루이좀벌(*Encarsia formosa*) 등 |
| 담배가루이 | 지중해이리응애(*Amblyseius swirskii*), 황온좀벌(*Eretmocerus eremicus*) 등 |
| 나방 | 쌀좀알벌(*Trichogramma evanescens*), 곤충병원성 선충(*Steinernema carpocapsae*) 등 |

또한, 담배모자이크바이러스의 약독바이러스를 접종하여 바이러스병을 예방하거나 메리골드와 같은 살선충 식물을 이용하여 토양 내 선충을 방제하는 방법도 있다.

### 7·4·3 생물기술적 방제

생물기술적 방제(生物技術的 防除)란 유해생물의 개체군을 조성하기 위하여 특정한 물리적, 화학적 자극에 대한 유해생물의 본능적 반응을 이용하는 방법이다.

물리적 자극에는 유아등(誘蛾燈)을 이용하여 해충을 유인하여 살충하거나, 알루미늄 증착필름을 멀칭하여 은백색 광을 싫어하는 진딧물과 같은 해충의 접근을 막는 시각적인 자극과 전기음향이나 총 등을 이용하여 소리로 해충의 접근을 막는 청각적인 자극방법이 있다.

화학적 자극은 암컷이 수컷을 유인하기 위하여 분비하는 성페로몬과 종내 다른 개체들을 불러 모으기 위하여 분비하는 집합페로몬이 주로 이용되고 있다.

### 7·4·4 물리적 방제

물리적 방제(物理的 防除; physical control)란 화학적 물질 이외의 수단을 이용하여 직접 또는 간접적으로 병해충이나 잡초를 방제하는 방법으로, 주로 열과 물을 이용하여 토양 또는 배지를 소독하고 있다.

열을 이용한 소독방법에는 고온기인 여름철에 토양 내에 유기물과 같은 발열재료를 넣고 심경(深耕, 깊이갈이)을 하여 두둑을 만들고 투명한 플라스틱필름을 멀칭하여 시설을 밀폐하면 태양열에 의하여 지온이 상승하는 태양열 소독방법과 토양에 증기를 주입할 수 있는 배관을 설치하여 뜨거운 증기를 주입하여 소독하는 증기소독방법, 그리고 소규모의 토양이나 배양토 또는 상토를 철판이나 회전드럼통에 넣고 열을 가하여 적당히 구워 소독하는 소토법(燒土法) 등이 있다.

물을 이용하는 소독방법은 시설재배가 끝난 후에 장시간 담수하거나 벼를 재배하여 병해충과 잡초의 발생을 경감시키는 방법을 이용한다.

### 7·4·5 화학적 방제

화학적 방제(化學的 防除; chemical control)란 각종 농약을 이용하여 병충해를 방제하는 방법으로, 방제대상에 따라 살균제, 살충제, 살균·살충제 등이 있다.

농약은 사용방법에 따라 살포제·훈증제·연무제·토양처리제 등으로 분류되는데, 약제별 사용지침에 따라 적기에 이용하면 방제효과가 뚜렷하다. 그러나 동일한 약제를 연용하면 병해충에 따라서는 약제에 대한 내성이 증가하는 것이 있으며, 과용하거나 안전사용 기준을 지키지 않으면 수확물의 농약잔류로 문제가 된다.

따라서, 농약에 의한 화학적 방제는 예방 위주로 사용하거나 병해충 발생 초기에 사용하며, 연용이나 과용은 삼가면서 경종적인 방제방법 등을 병행하는 것이 좋다.

## ◇ 참 고 문 헌 ◇


1. 김광용 등. 2001. 과채류 생리장해 진단과 대책. 과학원예.
2. 남기웅. 2001. 시설재배에서 발생하는 병해발생 생태 및 방제대책. 시설원예연구 14(1) : 23~29.
3. 문 원, 김종기, 이지원. 2004. 원예작물학-Ⅰ. 한국방송통신대학교 출판부.
4. 박상근, 김병수, 정범윤. 1987. 시설채소의 생리장해와 병해진단. 서울종묘출판부.
5. 박효근, 문 원, 이승구. 2002. 원예학. 한국방송통신대학교 출판부.
6. 이병일 등. 1993. 신제 시설원예학. 향문사.
7. ——— 등. 2000. 삼고 채소원예총론. 향문사.
8. ———, 문 원, 손정익. 2004. 시설재배학. 한국방송통신대학교 출판부.
9. 이성찬. 2004. 시설작물의 주요 병해방제 대책. 시설원예연구 17(2) : 2~9.
10. 이중섭. 1998. 시설재배 주요 발생병해 및 방제대책. 시설원예연구 11(1) : 45~53.
11. 조종택. 1976. 우리나라 시설원예의 병해 현황과 그 방제대책 및 문제점. 한국식물보호학회지 15 : 213~219.

# 찾아보기

# INDEX

## A



## B



## C



## D



## E



## F

## G



## H



## I



## L



## M



## N



## P



## R



## S

## ◇ 저 자 약 력 ◇


강 호 민(姜鎬旻)

고려대학교 농과대학 원예학과 졸업
고려대학교 대학원 농학박사
강원대학교 농업생명과학대학 원예학과 교수

김 영 식(金永植)

고려대학교 농과대학 원예학과 졸업
일본 동경대학 농학부 원예학과 박사
상명대학교 산업대학 식물산업공학과 교수

김 용 현(金容顯)

서울대학교 농과대학 농공학과 졸업
서울대학교 대학원 농공학과 박사
전북대학교 농업생명과학대학 생물산업 기계공학과 교수

김 일 섭(金一燮)

강원대학교 농과대학 원예학과 졸업
일본 큐슈대학 농학과 박사
강원대학교 농업생명과학대학 원예학과 교수

남 상 운(南相運)

서울대학교 농과대학 농공학과 졸업
서울대학교 대학원 농학박사
충남대학교 농업생명과학대학 생물자원 공학부 교수

박 권 우(朴權瑀)

서울시립대학교 원예학과 졸업
독일 뮌헨대학교 대학원 농학박사
고려대학교 생명과학대학 생명공학부 교수

박 중 춘(朴重春)

경상대학교 농과대학 농학과 졸업
동국대학교 대학원 농학박사
경상대학교 농업생명과학대학 명예교수

박 한 영(朴漢永)

고려대학교 농과대학 농학과 졸업
동경농업대학 농학연구과 채소원예학 박사
건국대학교 명예교수

배 종 향(裵鍾響)

원광대학교 농과대학 원예학과 졸업
원광대학교 대학원 원예학과 박사
원광대학교 생명자원과학대학 원예애완 동식물학부 교수

서 전 규(徐銓圭)

경북대학교 농과대학 원예학과 졸업
경북대학교 대학원 원예학과 박사
경북대학교 농업생명과학대학 응용생명 과학부 교수

**손 정 익(孫禎翼)**

서울대학교 농과대학 농공학과 졸업
일본 동경대학 대학원 농학박사
서울대학교 농업생명과학대학 식물생산과학부 교수

**오 명 민(吳明敏)**

서울대학교 농업생명과학대학 원예학과 졸업
미국 캔자스주립대학교 원예학과 박사
충북대학교 농업생명환경대학 원예과학과 교수

**이 용 범(李龍範)**

서울시립대학교 원예학과 졸업
서울대학교 대학원 농학박사
서울시립대학교 자연과학대학 환경원예학과 교수

**이 정 현(李正玄)**

전남대학교 농업생명과학대학 원예학과 졸업
네덜란드 Wageningen 대학교 원예학박사
전남대학교 농업생명과학대학 식물생명공학부 교수

**이 현 우(李賢雨)**

경북대학교 농과대학 농공학과 졸업
경북대학교 농과대학 농공학과 박사
경북대학교 농업생명과학대학 농업토목공학과 교수

**임 상 철(林相喆)**

동국대학교 농과대학 농학과 졸업
동국대학교 대학원 농학박사
상지대학교 생명자원과학대학 교수

**전 하 준(全夏俊)**

영남대학교 원예학과 졸업
일본 쯔쿠바(筑波)대학 농학박사
대구대학교 자연자원대학 원예조경학부 교수

**정 병 룡(鄭秉龍)**

경상대학교 농과대학 농학과 졸업
미국 콜로라도주립대학교 대학원 Ph.D
경상대학교 농업생명과학대학 농생명학부 교수

**조 영 열(曺永烈)**

서울시립대학교 자연과학대학 환경원예학과 졸업
서울대학교 대학원 원예학과 박사
제주대학교 생명자원과학대학 환경원예전공 교수

**최 종 명(崔鍾鳴)**

충남대학교 농과대학 원예학과 졸업
미국 North Carolina 주립대학교 원예학박사
충남대학교 농업생명과학대학 원예학과 교수

**황 승 재(黃勝載)**

경상대학교 농과대학 원예학과 졸업
경상대학교 대학원 농학박사
경상대학교 농업생명과학대학 원예학과 교수

**황 재 문(黃在文)**

서울대학교 원예학과 졸업
서울대학교 대학원 농학박사
안동대학교 자연과학대학 원예학 전공 교수

신고 **시설원예학**

2010 년 7 월 15 일 1 판 1 쇄
2019 년 7 월 10 일 1 판 4 쇄

저 자 / 이용범 · 전하준
손정익 외 19명

발행인 / 나 중 렬
조 판 / (주)동국문화
인 쇄 / 청아문화사
제 본 / 대원바인더리
발행처 / **향 문 사**
등 록 / 1957. 11.25 (제1957-000001호)
ISBN 978-89-7187-229-1 93520

**정가 33,000 원**

서울시 서초구 사임당로17길 107
전화 : 584-5671~2 팩스 : 584-5673